普通高等教育“十四五”规划教材

大气污染控制工程与设备

沈伯雄　王夫美　张　笑　主编

吕宏虹　副主编

中国环境出版集团·北京

图书在版编目（CIP）数据

大气污染控制工程与设备 / 沈伯雄，王夫美，张笑主编. -- 北京 : 中国环境出版集团, 2024.4
普通高等教育“十四五”规划教材
ISBN 978-7-5111-5286-2

Ⅰ. ①大… Ⅱ. ①沈…②王…③张… Ⅲ. ①空气污染控制－设备－高等学校－教材 Ⅳ. ①X510.6

中国版本图书馆 CIP 数据核字(2022)第 161081 号

出 版 人 武德凯
策划编辑 葛 莉
责任编辑 范云平
封面设计 宋 瑞

出版发行 中国环境出版集团
（100062 北京市东城区广渠门内大街 16 号）
网 址：http：//www.cesp.com.cn
电子邮箱：bjgl@cesp.com.cn
联系电话：010-67112765（编辑管理部）
发行热线：010-67125803，010-67113405（传真）
印 刷 玖龙（天津）印刷有限公司
经 销 各地新华书店
版 次 2024 年 4 月第 1 版
印 次 2024 年 4 月第 1 次印刷
开 本 787×1092 1/16
印 张 21.5
字 数 490 千字
定 价 75.00 元

环保设备工程系列教材

序

为适应国家大力发展低碳、环保等战略性新兴产业的需要，2012 年教育部将环保设备工程专业正式列为《普通高等学校本科专业目录（2012 年）》中的特色专业。一批高等院校陆续设置了该专业。2013 年，国内较早设置环保设备工程专业的 9 所高校在中国石油大学（华东）召开了“首届全国环保设备工程专业（方向）课程建设及人才培养研讨会”，共同探讨环保设备工程专业的定位、学科体系和支撑体系建设、教材体系构架等关键问题。教育部环境科学与工程教学指导委员会、环境保护部宣教司、中国环保产业协会以及部分环保企业的领导和专家出席了会议。这次研讨会的召开标志着该专业建设开启了有组织、规范化的合作探索模式，环保设备工程专业建设稳步推进。

2015 年 1 月，教育部环境科学与工程教学指导委员会批准建立了“教育部环境科学与工程教学指导委员会环保设备工程专业建设小组”。建设小组负责制定该专业的战略发展规划、教学质量国家标准、教学规范以及开展课程建设、教材建设等方面的工作。该专业的顶层设计将极大提升专业建设的科学性和规范性。2015 年 11 月，高校环境类课程教学系列报告会设置了环保设备工程专业分会场，会上大家共同讨论该专业系列教材的建设和专业的发展。卓有成效的交流与研讨工作对该专业获得社会的广泛认知和认可、吸引更多高校参与到该专业建设中来都起到了重要的推动作用。

在连续召开的 7 次环保设备工程专业（方向）课程建设及人才培养研讨会上，环保设备工程专业特色教材体系建设是历届专业研讨会的主题之一。相关高校在全面研究已有相近专业培养方案、课程体系和教材体系的基础上，逐步确立了环保设备工程专业的核心教材体系，组建了由中国环境出版集团作为总协调的全国环保设备工程专业教材编委会，启动了“环保设备工程专业系列教材”的编写工作。经过 7 年来教材的探讨与编写，“环保设备工程专业系列教材”陆续出版。我们相信，这一专业特色教材体系的逐渐完善,对专业教育的课程体系建设乃至专业人才的培养定位、培养规格都将起到极为重要的支撑作用,也必将吸引越来越多的院校和行业企业参与到这一新兴专业的建设中来。

感谢中国环境出版集团为环保设备工程专业建设与发展所做出的贡献。早在2012 年环保设备工程专业批准设置之初,中国环境出版社便积极参与到该专业的建设工作中来,在环保设备工程专业的课程建设与人才培养方面开展了一系列卓有成效的工作,搭建的校际交流及教材建设平台为该专业建设起到了重要的桥梁和纽带作用。应该说,中国环境出版集团作为国家级唯一的环境专业出版社,为环保新兴产业人才的培养做了一件非常有意义的事情。

感谢教育部环境科学与工程教学指导委员会、生态环境部宣教司、中国环保产业协会以及相关行业企业,正是在他们的大力支持和指导下,环保设备工程专业才得以健康、快速地发展。感谢教育部环境科学与工程教学指导委员会副主任委员、同济大学周琪教授,清华大学胡洪营教授对新专业建设给予了专业的指导。感谢同济大学周琪教授、赵由才教授,四川大学蒋文举教授,中国环保产业协会燕中凯主任对教材大纲进行的审定,他们提出了许多建设性意见,使教材在结构框架和知识点上有了准确的定位和把握。感谢开设该专业的各高校教师在教材编写中的通力合作以及提出的建议和意见。

与战略性新兴产业相关的环保设备工程专业的人才培养是关乎环保产业发展原动力的关键,今天我们所做的一切必将引领这个行业的人才走向。我们的责任和担子无比重大。在生态环境部的大力支持下,在教育部环境科学与工程教学指导委员会、行业协会和各校通力合作下,我们必将推动环保设备工程专业的健康、快速发展。

专业数年,囿于其间,寥寥数语,序不尽言!

“环保设备工程专业系列教材”编委会

2019 年 7 月

前　言

近年来，大气污染问题日益引起全球范围内的关注和关切。工业排放、车辆尾气、生活废弃物燃烧等源头污染物不断释放，给大气环境带来了严重的危害。党的“二十大”报告指出深入推进环境污染防治，持续深入打好蓝天、碧水、净土保卫战。加强污染物协同控制，基本消除重污染天气。在我国不断努力下，尽管环境空气质量显著改善，但大气污染防治的长期性、复杂性、艰巨性依然存在。这就需要我们高度重视大气污染防治，在可持续发展理论、绿色发展理论、节能低碳发展理论等指导下，根据大气污染成因，制定科学治理方案，从而有效改善大气污染状况，降低大气污染影响。

《大气污染控制工程与设备》是环境保护相关专业的主干专业课之一。本书系统地阐述了以工程为主的大气污染控制的原理、技术、设备，以及系统设计、设备选型与运行管理等。本书以读者为本，选材以成熟的常用技术为主，适当反映国内外的新理论和新技术，力求理论联系实际、符合国情，在保证专业理论知识分布科学合理的基础上，有利于对学生的分析和解决问题能力的培养，并突出工程应用能力和技能的培养。

全书共分七章。第 1 章主要讲述了大气污染的含义、主要污染物的发生机制、国内外大气污染控制概况、环境空气质量标准体系以及大气污染综合防治的基本知识；第 2 章以较大篇幅讲述了常规除尘器（重力沉降室、惯性除尘器、旋风除尘器、电除尘器、过滤式除尘器以及湿式除尘器）的除尘机理及其设计，并根据节能减排、超低排放等的要求，介绍了节能减排新设备、新技术、新方法，如低低温电除尘技术、电袋复合除尘器等；第 3、4、5 章介绍了典型大气污染物 SO_x、NO_x 和 VOCs 的污染现状、脱除原理、脱除技术及其设计，并对具有代表性的治理工程特点给予必要地说明。第 6 章介绍了室内空气的净化技术与方法，并对当前实用的室内空气净化技术做了介绍；第7章从工程实际需要出发，讲述了同类书籍尚没有且十分重要的典型气体净化设备、净化系统的设计计算、选型与运行管理等内容。通过深入的理论讲解和实际案例分析，旨在为环境相关专业学生、大气污染控制工程师、环境科研人员以及相关学习者提供权威和实用的参考资料，为环境保护事业做出贡献。

本书由沈伯雄、王夫美、张笑担任主编，吕宏虹担任副主编。本书的编写过程得到了广泛的支持和帮助，河北工业大学的王志、张茹杰、贾玉杰、曾亚军等审读了教材，并做了大量的文字编辑、图表绘制等工作，在此表示感谢。编撰过程中参考和引用了一些科研、设计、教学和生产工作同行撰写的著作、论文、手册、教材、样本和学术会议文集等，在此对所有作者表示衷心感谢。也要感谢所有对本书的编写和出版做出贡献的人员和机构，特别是本书的编委会成员、专家顾问和编辑们，他们在编写过程中提供了宝贵的意见和建议，使得本书的质量得到了提高。

由于水平有限，书中疏漏和不妥之处在所难免，殷切希望读者朋友批评指正。

编者

2022年6月于天津·河北工业大学

目 录

第1章 绪 论

地球大气，简称大气（atmosphere），是指地球外围的空气层。随着高度增加，大气越来越稀薄，并逐渐向宇宙空间过渡，无明显的上界。大气由氮气（N_2）、氧气（O_2）、二氧化碳（CO_2）、氩气（Ar）等多种气体混合组成，还包含一些悬浮着的固体杂质及液体微粒。

垂直运动、水平运动、湍流运动以及扩散运动，使不同高度、不同地区的大气得以交换和混合，因而从地面到 90 km 的高度，干洁空气的组成百分比基本稳定。也就是说，在人类经常活动的范围内，地球上任何地方干洁空气的组成基本保持不变，物理性质也基本相同，可以看成理想气体。本书涉及的大气主要侧重于和人类关系密切的近地大气。

习近平总书记指出，大自然是人类赖以生存发展的基本条件，必须站在人与自然和谐共生的高度谋划发展。党的二十大报告指出深入推进环境污染防治，持续深入打好蓝天、碧水、净土保卫战。加强污染物协同控制，基本消除重污染天气。我国大气污染问题虽然在不断改善，但大气污染防治的长期性、复杂性、艰巨性依然存在。这就需要我们高度重视大气污染防治，在可持续发展理论、绿色发展理论、节能低碳发展理论等指导下，依据大气污染成因，制定科学治理方案，从而有效改善大气污染状况，降低大气污染影响。

1.1 大气的组成

自然状态下大气由多种气体混合而成，还包含一些水汽和固体杂质，就其组成可以分为恒定组分、可变组分和不定组分。

氮气、氧气、氩气加上微量的氖、氦、氪、氙、氡等惰性气体，都是大气中的恒定组分。其中，氮气占总体积的 78.09%、氧气占 20.95%、氩气占 0.93%，这 3 种气体占大气总体积的 99.97%。

可变组分指大气中的二氧化碳和水蒸气。通常情况下二氧化碳的含量为 0.02%～0.04%，水蒸气的含量低于 4%。可变组分在大气中的含量随季节和气象的变化而发生变化，人们的生产、生活活动也会对其产生影响，如大量的森林被破坏，导致二氧化碳浓度升高。

不定组分指大气中除恒定组分和可变组分之外的其他部分，包括硫氧化物、氮氧化物和尘埃等。空气中不定组分的来源有以下两类：①自然界的火山喷发、森林火灾、海啸、地震等暂时性的灾难引起的。由此产生的污染物如尘埃、硫、硫化氢、硫氧化物、氮氧化物、盐类及恶臭气体等。这些不定组分进入大气，可造成局部和暂时性的污染。②人类社会的发展，城市增多和扩大，人口更加密集，或城市工业布局不合理、环境管理不好等人为因素，使大气中增加了某些不定组分，如煤烟、尘、硫氧化物、氮氧化物等。后者是空气中不定组分的主要来源，也是造成大气污染的主要根源。

含有恒定组分和可变组分的空气被认为是纯净空气。没有水汽的纯净空气就是干洁空气。干洁空气的平均分子质量为 28.996，在标准状态下（273.15 K，101 325 Pa），其密度为 1.293 kg/m^3，其具体含量见表 1-1。

表 1-1 干洁空气的成分

成分	相对分子质量	体积分数/%	成分	相对分子质量	体积分数/%
氮气（N_2）	28.01	78.09	氦（He）	4.003	0.000 5
氧气（O_2）	32.00	20.95	氪（Kr）	83.70	0.000 1
氩气（Ar）	39.94	0.93	氢气（H_2）	2.016	0.000 05
二氧化碳（CO_2）	44.01	0.03	氙（Xe）	131.30	0.000 008
氖（Ne）	20.18	0.001 8	臭氧（O_3）	48.00	0.000 001

1.2 大气污染

在干洁空气中，痕量气体的组成是微不足道的。但可能对人、动物、植物及材料等物品产生不利影响和危害。大气污染（或空气污染）是指人类活动或自然过程引起的某些物质进入大气（空气）中，聚集足够的浓度和持续足够的时间，并因此危害了人体的舒适、健康和福利，或危害了生态环境的现象。

1.2.1 造成大气污染的因素

造成大气污染的因素既有自然因素又有人为因素。

（1）自然因素

自然因素包括火山活动、森林火灾、岩石和土壤风化、动植物尸体的腐烂等，自然因素造成的污染往往不会超过自然界的承受容量。

（2）人为因素

目前人们更关注的主要是人为因素造成的空气污染，如工业废气、化石燃料燃烧、汽车尾气和核爆炸等。随着人类生产生活活动的开展，在大量消耗能源的同时，也将大量的废气、烟尘等物质排入大气，严重影响了大气环境质量，这种现象在人口稠密的城市和工业区域尤为明显。

人为因素又可以分为生产污染、生活污染和交通运输污染。

1）生产污染。生产污染是大气污染的主要来源，包括①燃料的燃烧，主要是煤和石油燃烧过程中排放的大量有害物质，如烧煤可排出烟尘和二氧化硫（SO_2）等，烧石油可排出二氧化硫和一氧化碳等；②生产过程排出的烟尘和废气，火力发电厂、钢铁厂、石油化工厂、造纸厂、水泥厂等对大气的污染最为严重；③农业生产过程中喷洒农药产生的粉尘和雾滴。

2）生活污染。生活炉灶和采暖锅炉耗用煤炭，特别是对低品位煤炭的使用，容易产生烟尘、二氧化硫等有害气体。

3）交通运输污染。汽车、火车、轮船和飞机等排出的尾气，其中汽车排出的有害尾气距离呼吸带最近，能被人直接吸入，其污染物主要是氮氧化物、碳氢化合物、一氧化碳和铅尘等。

1.2.2 大气污染的特点

大气具有良好的流动性，因此具有较大的稀释容量。与受到边界条件约束的水体和固体污染相比，大气污染情况更复杂，既表现出局地严重性，又表现出全球性的特点。局地严重性是指一般情况下大气污染严重的地区往往出现在污染源附近，污染的急性效应往往随着扩散距离的增加而迅速衰减；而局地的污染与地形、地理位置、气象条件等密切相关。大气污染的全球性体现在大气无国界：那些在大气中具有较长停留时间的污染物可扩散到全球各地，并在迁移转化的过程中发生新反应，产生新变化，进而影响全球气候，对生态系统产生慢性效应，如全球气候变暖、臭氧层遭到破坏和酸雨等。

1.3 大气污染物

1.3.1 大气污染物定义

大气污染物是指由于人类活动或自然过程排入空气或在空气中转化生成的对人类或生态环境产生有害影响的物质。

1.3.2 大气污染物的特点

大气污染物与水体污染物不同，有许多大气污染物是一次污染物在空气中相互作用或与空气的正常组分发生化学反应或者光化学反应而生成的新污染物，被称为二次污染物，它区别于其前体物，即一次污染物。例如，NO_2 和 O_3 是大气中一次污染物发生化学反应生成的二次污染物：

$$2NO+HC+O_2+\text{阳光} \longrightarrow NO_2+O_3+\text{有机物} \tag{1-1}$$

1.3.3 大气污染物的类型

1.3.3.1 按来源分类

按污染物的来源分类，大气污染物主要可以分为两类，即天然污染物和人为污染物。人为污染物主要源于燃料燃烧和大规模的工矿企业生产。

1.3.3.2 按存在状态分类

按照存在状态分类，大气污染物可以概括为两大类，即气溶胶状态污染物和气体状态污染物。

（1）气溶胶状态污染物

气溶胶状态污染物是指沉降速度可以忽略的小固体粒子、液体粒子或者在气体介质中的悬浮体。从大气污染控制角度，按照气溶胶的来源和物理性质，气溶胶状态污染物可以分为粉尘（dust）、烟（fume）、飞尘（fly ash）、黑烟（smoke）、雾（fog）。

我国的《环境空气质量标准》中，根据粉尘颗粒大小，将气溶胶状态污染物分为总悬浮颗粒物（total suspended particles，TSP）、可吸入颗粒物（inhalable particles，PM_{10}）和细颗粒物（fine particles，$PM_{2.5}$）。

（2）气体状态污染物

气体状态污染物是以分子状态存在的污染物，简称气态污染物。

气态污染物的种类很多，按污染物的组成元素不同可以分为五大类：①以二氧化硫为主的含硫化合物；②以一氧化氮和二氧化氮为主的含氮化合物；③碳氧化物；④有机化合物；⑤卤素化合物。

气态污染物又可以分为一次污染物和二次污染物。如表 1-2 所示，一次污染物是指直接从污染源排放到大气中的原始污染物质；二次污染物是指由一次污染物与大气中已有的组分或几种一次污染物之间通过一系列的化学或光化学反应生成的与一次污染物不同的新污染物质。

在大气污染控制中，受到普遍重视的一次污染物主要有硫氧化物、氮氧化物、碳氧化物及有机化合物等，二次污染物主要有硫酸烟雾（sulfurous smog）和光化学烟雾（photochemical smog）。

表 1-2 气态污染物的主要类型

污染物类型	一次污染物	二次污染物
含硫化合物	SO_2、H_2S	SO_3、H_2SO_4、MSO_4
含氮化合物	NO、NH_3	NO_2、HNO_3、MNO_3
碳氧化物	CO、CO_2	—
有机化合物	C_1～C_{10}化合物	醛、酮、过氧乙酰硝酸酯、O_3
卤素化合物	HF、HCl	—

注：MSO_4、MNO_3 分别为硫酸盐和硝酸盐。

1.4 大气污染的危害

1.4.1 对人和动物的危害

大气污染对人和动物健康的直接危害主要表现为会引发呼吸道疾病，在突发的高浓度污染环境下，可以造成急性中毒，甚至在短时间内死亡。长期接触低浓度的污染物会引起支气管炎、支气管哮喘、肺气肿，甚至肺癌等疾病。长期接触低浓度污染物的途径主要有三种：表面接触、食入含污染物的食物和水、吸入被污染的空气。其中以第三种途径最为常见。

大气污染对人和动物健康还可能产生间接危害。臭氧层是地球最好的保护伞，它吸收了来自太阳的大部分紫外线。1984 年，英国科学家首次发现南极上空出现臭氧“洞”。现在，不仅在南极，在北极上空也出现了臭氧减少的现象。2020 年，在长三角、成渝等重点区域，以臭氧为首要污染物的超标天数占总超标天数的 43.1%，仅次于 $PM_{2.5}$ 的占比（51.3%）。阳光紫外线 UV-B 的增加对人类健康有严重的危害作用。潜在的危险包括引发和加剧眼部疾病、皮肤癌和传染性疾病。联合国发布报告称，如果各国不采取行动恢复臭氧层，2030 年前后，全球每年可能新增 200 万皮肤癌患者。对有些危险如皮肤癌已有定量的评价，但其他影响如传染病等目前仍存在很大的不确定性。

1.4.2 对植物的危害

生物界中，植物比动物更容易受到大气污染的影响和危害。因为植物既有庞大的叶面积与空气接触并进行着活跃的气体交换；但又不能像高等动物那样具有优异的循环系统，可有效缓解外界影响，为其细胞和组织提供较为稳定的内环境；此外，植物的分布一般又是固定不动的，不像动物可以通过移动避开污染。

植物受大气污染伤害一般分为两类：植物若受高浓度的大气污染影响，短期内即在叶片上出现坏死斑，被称为急性伤害；若长期与低浓度污染物接触，会使植物生长受阻，发育不良，出现失绿、早衰等现象，被称为慢性伤害。也就是说，只要大气污染物的浓度超过了植物的忍耐程度，就会使植物的细胞和组织器官受到伤害，使生理功能和生长发育受阻，使产量下降、品质变坏，甚至造成植物群落组成发生变化、植物个体死亡、种群消失。

大气污染物中对植物影响较大的是二氧化硫、氟化物、氧化剂和乙烯。氮氧化物也会伤害植物，但毒性较小。氯气、氨气和氯化氢等虽会对植物产生毒害，但一般是事故性泄漏引起的，危害范围不大。此外，当大气污染物为氮氧化物以及硫氧化物时，在遇到雨水天气时，便会产生酸雨。酸雨的产生不仅会对植物叶片造成影响，甚至会直接作用于植物的根系，导致部分树种被限制生长，部分植被群落受到严重损害。

1.4.3 对材料与设备的腐蚀

被污染的大气会造成材料和设备受损，如污染了的大气可使金属腐蚀加快，缩短金属制品的使用寿命；油漆在污染了的大气中更容易脱落；大气中的臭氧可以氧化橡胶制品，使其不能使用。

1.4.4 对气候的影响

大气污染对气候的影响很大，对局部地区和全球气候都会产生一定影响，从长远来看，将产生严重影响之一的是温室效应。燃料中含有碳，完全燃烧产生二氧化碳，大量燃烧燃料使大气中的二氧化碳浓度不断增加，破坏了自然界二氧化碳的平衡，可能引发温室效应，致使地球气温上升。

1.5 污染物排放、传输和受体

污染源向大气中排放有害物质，部分污染物在传输的过程中被去除掉，不能到达受体；有些污染物则经过稀释或物理作用、化学作用、生物作用等，最后到达受体，损害受体的健康、侵蚀受体或影响环境（图 1-1）。

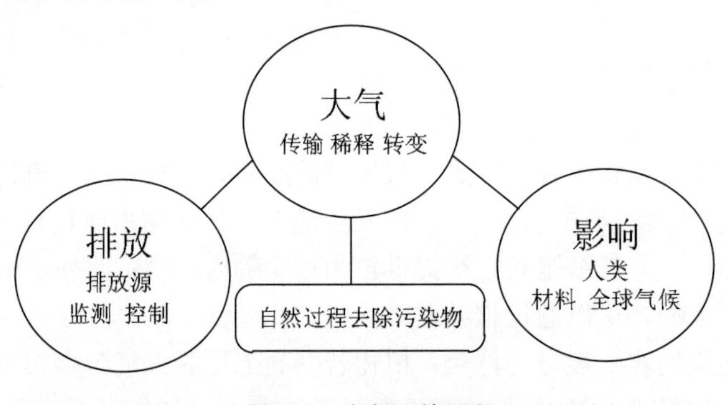

图 1-1 大气污染过程

1.6 大气污染综合防治及措施

所谓大气污染综合防治，实质上就是为了达到区域性环境空气质量控制目标，对多种大气污染物控制方案的技术可行性、经济合理性、区域适应性和实施可能性等进行最优化选择和评价，从而得出最优的控制技术方案和工程措施。大气污染综合防治的基本特点是防与治的综合，具有区域性、系统性和整体性的特点。大气污染综合防治措施包括四个方面。

（1）全面规划、合理布局

为了控制城市和工业区的大气污染，必须进行区域性经济和社会发展规划，同时做好全面环境规划，采取区域性综合防治措施。环境规划是经济、社会发展规划的重要组成部分，是体现环境污染综合防治的最重要、最高层次的举措。我国明确规定，所有新、改、扩建的工程项目，必须全部进行环境影响评价，论证该项目的建设可能会产生的环境影响和需要采取的环境保护措施。

（2）严格环境管理

环境管理的概念，一般有两个范畴：一种是狭义的环境管理，即对环境污染源和污染物的管理，通过对污染物的排放、传输、承载三个环节的调控达到改善环境的目的；另一种是广义的环境管理，即对环境经济、环境资源、环境生态的平衡管理，通过对经济发展的全面规划和自然资源的合理利用，达到保护生态和改善环境的目的。完善的环境管理体制由环境立法、环境监测和环境保护管理机构三部分组成。

（3）控制大气污染的技术措施

1）实施清洁生产。包括清洁的生产过程和清洁的产品两个方面。

2）实施可持续发展的能源战略。包括综合能源规划和管理，提高能源利用效率和节能水平，推广清洁煤技术，开发新能源和可再生能源。

3）建立综合性工业基地，如生态工业园等。

（4）控制污染的经济政策

控制污染的经济政策遵循“污染者和使用者支付原则”，我国已经实行的经济政策有排污收费制度、排污许可证制度、治理污染的排污费返还和低息贷款制度，以及综合利用产品的减免税制度等。

（5）绿化造林

绿化造林具有美化环境、调节空气温湿度、保持水土、净化空气和降低噪声等作用。

（6）安装废气净化装置

安装废气净化装置是控制环境空气污染的基础，也是实行环境规划与管理等综合防治措施的前提。

1.7 环境空气质量标准体系

（1）环境空气质量标准

环境空气质量标准是以保护和改善生态环境和保障人群健康为目标而对各种污染物在环境空气中的允许浓度所做的限制规定。我国于 1982 年制定并于 2012 年第三次修订的《环境空气质量标准》（GB 3095—2012）规定了二氧化硫、二氧化氮、一氧化碳、臭氧、颗粒物（粒径≤10 μm）、细颗粒物（粒径≤2.5 μm）、总悬浮颗粒物、铅和苯并[*a*]芘（BaP）9 种污染物的浓度限值。根据对空气质量要求的不同，将环境空气质量分为两级，即要求环境空气中 9 种污染物满足一级或二级浓度限值，详细标准限值见《环境空气质量标准》（GB 3095—2012）。

该标准将环境空气功能区分为两类：一类区为自然保护区、风景名胜区和其他需要特殊保护的区域；二类区为居民区、商业交通居民混合区、文化区、工业区和农村地区。一类区适用一级浓度限值，二类区适用二级浓度限值。

（2）大气污染物排放标准

大气污染物排放标准是以实现空气质量标准为目标，对排入大气的污染物浓度（或数量）所做的限制规定，是控制大气污染物的排放量和进行净化装置设计的依据。按照综合性排放标准与行业性排放标准不交叉执行的原则，我国目前的相关大气标准为：《大气污染物综合排放标准》（GB 16297—1996）；《水泥工业大气污染物排放标准》（GB 4915—2013）；《工业炉窑大气污染物排放标准》（GB 9078—1996）；《炼焦化学工业污染物排放标准》（GB 16171—2012）；《火电厂大气污染物排放标准》（GB 13223—2011）；《恶臭污染物排放标准》（GB 14554—1993）；《锅炉大气污染物排放标准》（GB 13271—2014）；《轻型汽车污染物排放限值及测量方法（中国第六阶段）》（GB 18352.6—2016）；《重型柴油车污染物排放限值及测量方法（中国第六阶段）》（GB 17691—2018）；《摩托车和轻便摩托车排气污染物排放限值及测量方法（双怠速法）》（GB 14621—2011）。

（3）大气污染控制技术标准

大气污染控制技术标准是根据污染物排放标准引申出来的辅助标准，是为了保证达到污染物排放标准而从某一方面做出的具体技术规定，目的是使生产、设计和管理人员容易掌握和执行。

（4）大气污染警报标准

大气污染警报标准是为了防止环境空气质量不致恶化或根据大气污染发展趋势，预防发生污染事故而规定的污染物含量的极限值。超过这一极限值时就发出警报，以便采取必要的措施。

1.8 环境空气质量指数

空气污染指数（air pollution index，API）是世界上许多国家和地区用来评估空气质量状况的一种指标，是一种反映和评价空气质量的方法，其将常规监测的几种空气污染物的浓度简化成为单一的概念数值，并分级表征空气质量状况与空气污染的程度，其结果简明直观、使用方便，适用于表示城市的短期空气质量状况和变化趋势。

空气污染指数的确定原则：空气质量的好坏取决于各种污染物中危害最大的污染物的污染程度。空气污染指数是根据环境空气质量标准和各项污染物对人体健康和生态环境的影响来确定污染指数的分级及相应的污染物浓度限值。

目前我国所使用的空气污染指数的分级标准为：①API 50 点对应的污染物浓度为《环境空气质量标准》（GB 3095—1996）中的日均一级浓度限值；②API 100 点对应的污染物浓度为日均二级浓度限值；③API 200 点对应的污染物浓度为日均三级浓度限值；④API 更高值段对应于各种污染物对人体健康产生不同影响时的浓度限值，API 500 点对应人体产生严重危害时各项污染物的浓度。

根据我国空气污染的特点和污染防治工作的重点，目前计入空气污染指数的污染物项目暂定为二氧化硫、氮氧化物和可吸入颗粒物或总悬浮颗粒物。随着环境保护工作的深入和监测技术水平的提高，再调整增加其他污染项目，以便更为客观地反映污染状况。

API 分级计算参考的标准是 1996 年发布的《环境空气质量标准》（GB 3095—1996），评价的污染物仅为 SO_2、NO_2 和 PM_{10} 三项。随着《环境空气质量标准》（GB 3095—2012）的实施，我国已将环境空气污染指数（API）改为环境空气质量指数（air quality index，AQI），与国际通行的名称一致。“污染指数”变成了“质量指数”，在 API 的基础上增加了细颗粒物（$PM_{2.5}$）、臭氧（O_3）、一氧化碳（CO）三种污染物指标。

如表 1-3 所示，空气质量指数分为 24 h 平均的指数、1 h 平均的指数以及 8 h 平均的指数，所以不同类型的指数计算方法也各不相同。常用的 AQI 指数为 24 h 的以及 1 h 的，气象平台发布的实时 AQI 数据是根据 1 h AQI 标准计算所得。24 h AQI 则更能体现当天的整体空气质量情况。

表 1-3 污染物浓度限值和空气质量分指数计算标准

空气质量分指数（IAQI）	污染物项目浓度限值									
	SO_2 24h 平均浓度限值/（μg/m³）	SO_2 1h 平均浓度限值/（μg/m³）(1)	NO_2 24h 平均浓度限值/（μg/m³）	NO_2 1h 平均浓度限值/（μg/m³）(1)	PM_{10} 24h 平均浓度限值/（μg/m³）	CO 24h 平均浓度限值/（mg/m³）	CO 1h 平均浓度限值/（mg/m³）(1)	O_3 1h 平均浓度限值/（μg/m³）	O_3 8h 平均浓度限值/（μg/m³）	$PM_{2.5}$ 24h 平均浓度限值/（μg/m³）
0	0	0	0	0	0	0	0	0	0	0
50	50	150	40	100	50	2	5	160	100	35
100	150	500	80	200	150	4	10	200	160	75
150	475	650	180	700	250	14	35	300	215	115
200	800	800	280	1200	350	24	60	400	265	150
300	1600	(2)	565	2340	420	36	90	800	800	250
400	2100	(2)	750	3090	500	48	120	1000	(3)	350
500	2620	(2)	940	3840	600	60	150	1200	(3)	500
说明	（1）SO_2、NO_2 和 CO 的 1h 平均浓度限值仅用于实时报，在日报中需使用相应污染物的 24h 平均浓度限值。 （2）SO_2 的 1h 平均浓度值高于 800 μg/m³ 时，不再对其进行 IAQI 计算，此时 SO_2 的 IAQI 按照 24h 平均浓度计算的分指数报告。 （3）O_3 的 8h 平均浓度值高于 800 μg/m³ 时，不再对其进行 IAQI 计算，此时 O_3 的 IAQI 按照 1h 平均浓度计算的分指数报告。									

若实际测得 $PM_{2.5}$ 的浓度为 425μg/m³，则 $PM_{2.5}$ 的空气质量分指数（IAQI）可通过式（1-2）计算：

$$\text{IAQI}（\text{PM}_{2.5}）=\frac{500-400}{500-350}\times(425-350)+400\approx 450 \quad (1\text{-}2)$$

与此同时，其他污染物的 IAQI 低于 450，则空气质量指数 AQI 取所有污染物 IAQI 的最大值。

环境空气质量指数及对应的空气质量级别见表 1-4。

表 1-4 环境空气质量指数及对应的空气质量级别（仅供参考）

环境空气质量指数	空气质量级别	空气质量状况	表征颜色	对健康的影响	建议采取的措施
0～50	Ⅰ	优	绿	空气质量令人满意，基本无空气污染	各类人群可正常活动
51～100	Ⅱ	良	黄	空气质量可接受，但某些污染物可能对极少数异常敏感人群健康有较弱影响	极少数异常敏感人群应减少户外活动
101～150	Ⅲ	轻度污染	橘	易感人群症状有轻度加剧，健康人群出现刺激性症状	儿童、老年人及有心脏病、呼吸系统疾病的患者应减少长时间、高强度的户外锻炼
151～200	Ⅳ	中度污染	红	进一步加剧易感人群症状，可能对健康人群的心脏、呼吸系统有影响	儿童、老年人及有心脏病、呼吸系统疾病的患者避免长时间、高强度的户外锻炼，一般人群适量减少户外运动
201～300	Ⅴ	重度污染	紫	心脏病和肺病患者症状显著加剧，运动耐受力降低，健康人群普遍出现症状	儿童、老年人和心脏病、肺病患者应停留在室内，停止户外运动，一般人群减少户外运动
＞300	Ⅵ	严重污染	褐红	健康人群运动耐受力降低，有明显强烈症状，提前出现某些疾病	儿童、老年人和病人应当留在室内，避免体力消耗，一般人群应避免户外活动

1.9 大气污染特征与排放量估算

大气主要污染物（如烟尘、SO_2和 NO_x）主要来源于燃料燃烧，燃料依据形态分为固体燃料、液体燃料和气体燃料。不同燃料形成的大气污染又分为煤烟型大气污染和石油型大气污染。根据《中国能源大数据报告（2022）》，2021 年，我国的能源结构中，煤炭占能源消耗总量的 56%，且煤为主体能源的地位短期内难以改变，所以煤烟型污染是我国大气污染的主要特征。但在局部地区，如人口比较集中的大城市，大量汽车尾气的排放等，有可能导致以石油型污染为主要特征的大气污染。

燃料燃烧所需要的氧一般是从空气中获得，单位质量燃料按燃烧反应方程式完全燃烧所需的空气量称为理论空气量。建立燃烧化学方程式时，通常假设：

（1）空气仅为氮气和氧气组成，其体积比值为 3.78（79.1/20.9）；

（2）燃料中的固态氧可以参与燃烧；

（3）燃料中的硫主要被氧化为 SO_2；

（4）热力型的 NO_x 可以忽略；

（5）燃料中的 N 在燃烧时转化为 N_2和 NO，一般为 N_2；

（6）燃料的化学式为 $C_xH_yS_zO_w$，其中的下标 x、y、z、w 分别表示碳原子、氢原子、硫原子和氧原子数。

由此可得燃料与空气中氧完全燃烧的化学反应方程式

$$C_xH_yS_zO_w+（x+y/4+z-w/2）O_2+3.78（x+y/4+z-w/2）N_2 \longrightarrow$$
$$xCO_2+y/2H_2O+zSO_2+3.78（x+y/2+z-w/2）N_2+Q$$

燃料完全燃烧时所需的实际空气量称为实际供应空气量，在混合和燃烧的理想条件下，理论空气量可以保证燃料完全燃烧，但在实际燃烧装置中，为了使燃料完全燃烧，一般要提供多于理论空气量的空气。把实际空气量V_α与理论空气量 V_0之比定义为空气过剩系数α，即

$$\alpha=\frac{V_\alpha}{V_0} \tag{1-3}$$

有时也采用空燃比（AF）。空燃比定义为单位质量燃料燃烧所需要的空气质量。例如，汽油的理论空燃比大约为 15。

通过测定烟气中污染物浓度，根据实际排烟量，很容易计算污染物的排放量。下面用例题说明有关计算。

例 1-1 某燃烧装置采用重油燃料，重油成分分析结果如下（按质量百分比）：C 88.3%；H 9.5%；S 1.6%；H_2O 0.05%；灰分 0.1%，试确定燃烧 1 kg 重油所需要的理论空气量；如果空气过剩系数 α 为 1.2，求烟气中 SO_2 浓度（假设硫全部转化为 SO_2），并计算这时干烟气中 CO_2 的含量。

解：以 1 kg 重油燃烧为基础，则：

	重量/g	摩尔数/mol	需氧量/mol
C	883	73.58	73.58
H	95	47.5	23.75
S	16	0.5	0.5
H_2O	0.5	0.027 8	0

所以理论需氧量为：73.58+23.75+0.5=97.83 mol/kg 重油

假设干空气中氮和氧的摩尔比为 3.78∶1，则 1 kg 重油完全燃烧所需的理论空气量为

$$97.83\times（3.78+1）\approx 467.63 \text{ mol/kg 重油}$$

即

$$467.63\times\frac{22.4}{1\,000}\approx 10.47\ \text{m}^3\text{/kg 重油}$$

理论空气量条件下烟气组成为（mol）：

CO_2：73.58　　　　H_2O：47.5+0.027 8

SO_2：0.5　　　　N_2：97.83×3.78

理论烟气量为

$$73.58+47.5+0.027\,8+0.5+97.83\times 3.78\approx 491.4 \text{ mol/kg 重油}$$

即

$$491.4\times\frac{22.4}{1\,000}\approx 11.01\ \text{m}^3\text{/kg 重油}$$

空气过剩系数为 1.2 时，实际烟气量为

$$11.01+10.47\times0.2\approx13.10\ \text{m}^3/\text{kg 重油}$$

烟气中 SO_2 的体积为

$$0.5\times\frac{22.4}{1\,000}=0.011\,2\ \text{m}^3/\text{kg 重油}$$

$$\rho_{SO_2}=\frac{0.011\,2}{13.10}\approx854.96\times10^{-6}$$

当 α 为 1.2 时，干烟气量为

$$[491.4-(47.5+0.027\,8)]\times\frac{22.4}{1\,000}+10.47\times0.2\approx12.04\ \text{m}^3/\text{kg 重油}$$

CO_2 的体积为

$$73.58\times\frac{22.4}{1\,000}\approx1.648\ \text{m}^3/\text{kg 重油}$$

所以干烟气中 CO_2 的含量为

$$\frac{1.648}{12.04}\times100\approx13.69\%$$

习题

1. 某排放口尾气的温度为 150℃，压力与标准大气压相同，SO_2 质量浓度为 300 mg/m^3，试求其体积分数和标准状况下的质量浓度。

2．我国大气污染的特点以及我国大气环境质量标准有哪些？

3．某锅炉燃烧的烟煤组成：C 80.67%，H 4.85%，N 0.8%，S 0.58%，O 13.10%；灰分 10.92%；水分 3.20%。假设 S 全部转化为 SO_2，N 全部转化为 N_2，燃烧空气中含水量为 1%。试求燃烧此煤所需的理论空气量、燃烧形成的理论烟气量及烟气组成，以及当过剩空气系数为 1.2 时的烟气组成。

4．已知煤气组成为：CO 28.70%，H_2 11.5%，CH_4 0.44%，C_2H_4 0.06%，H_2S 0.26%，CO_2 5.43%，N_2 53.61%。假设燃烧时的过剩空气系数为 1.05。每小时燃烧这种煤气 400 m^3（标准状态下），形成的烟气温度为 120℃，试求控制流速为 5 m/s 以下的烟道横截面积。

第 2 章　颗粒污染物控制技术与设备

理论上大气污染中的颗粒物一般指直径大于分子的颗粒物，但实际上的最小界限为 0.01 μm。工程技术中，一般也把颗粒物简称为粉尘。本章重点介绍颗粒物的基本性质和除尘设备。

2.1　颗粒物的粒径及分布

颗粒物的粒径及其分布是颗粒物控制的主要参数，它们对除尘过程的机制、除尘器的设计及其运行效果有很大的影响，因此研究它们具有重要意义。

2.1.1　颗粒物的粒径

粒径是颗粒物的基本参数之一。颗粒物的粒径不同，它们的物理、化学性质就不同，对人和环境的危害也不同。颗粒物的粒径会影响除尘的机制和性能。

颗粒物的粒径是指表示颗粒物大小的代表性尺寸。对于大小均匀的球形颗粒物来说，其直径可作为颗粒的代表性尺寸，也就是颗粒物的粒径。但是对于现实中的颗粒物来说，不仅大小不同，而且往往形状各异，需要按一定的方法确定表示颗粒物大小的代表性尺寸，作为颗粒物的粒径。

粒径通常分为代表单个颗粒大小的单一粒径和代表不同大小颗粒组成的粒子群的平均粒径。

2.1.1.1　单一粒径

单一粒径是用来表示单个颗粒大小的代表性尺寸。对于球形颗粒可用其直径作为其粒径，对于非球形颗粒一般用三种方法来定义其粒径，即投影径、几何当量径和物理当量径。

（1）投影径

投影径是指在显微镜下观察到的粒径，有以下三种表示方法：

1）定向直径 d_f 。也称菲雷特（Feret）直径，为各颗粒在投影图同一方向上的最大投影长度。此直径可取任意方向，通常采用与底边平行的投影长度，如图 2-1（a）所示。

2）定向面积等分直径 d_m 。也称马丁（Martin）直径，指将颗粒物的投影面积二等分的直线长度。其与所取的方向有关，通常采用与底边平行的等分线作为粒径，如图 2-1（b）所示， $A_1 = A_2$ 。

3）投影面积粒径 d_A 。也称黑乌德（Heywood）直径，为与颗粒投影面积相等的圆的直径，如图 2-1（c）所示。

若面积为 A，则 $d_A=\left(\dfrac{4A}{\pi}\right)^{1/2}$

根据黑乌德的分析，通常 $d_f > d_A > d_m$。

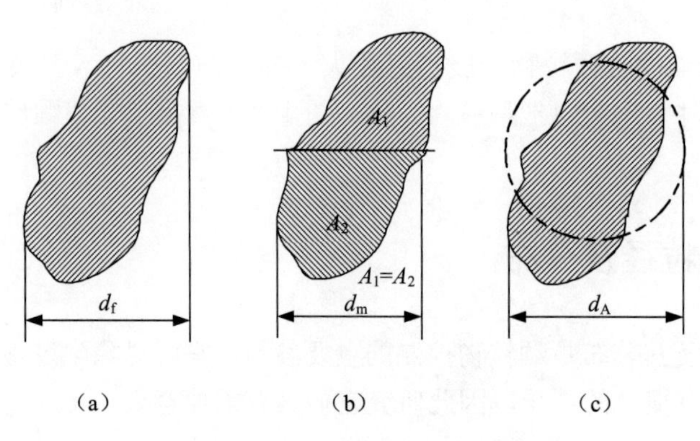

图 2-1　三种投影径示意图

（2）几何当量径

几何当量径是指与颗粒的某一几何量相等的球形颗粒的直径，表示方法如下：

1）投影面积粒径 d_A。与颗粒的投影面积相等的某一圆面积的直径，计算方法同上。

2）等体积粒径 d_v。与颗粒体积相等的某一球形颗粒的直径，即

$$d_v=\left(\frac{6v_p}{\pi}\right)^{1/3}=1.24\sqrt[3]{v_p} \tag{2-1}$$

3）等表面积粒径 d_s。与颗粒物外表面积相等的某一圆球的直径，即

$$d_s=\left(\frac{s_p}{\pi}\right)^{1/2} \tag{2-2}$$

4）颗粒的体积表面积平均粒径 d_e。与颗粒体积与表面积之比相等的圆球的直径，即

$$d_e=\frac{6v_p}{s_p} \tag{2-3}$$

（3）物理当量径

物理当量径是指与颗粒的某一物理量相等的球形颗粒的直径，有以下几种表示方法：

1）自由沉降粒径 d_1。指在特定的气体中，在重力作用下，颗粒自由沉降达到的末速度与密度相等的球形颗粒达到的末速度相等时球形颗粒的直径。

2）空气动力粒径 d_a。在静止的空气中颗粒的沉降速度与密度为 1 g/cm^3 的圆球沉降速度相等时圆球直径。

3）斯托克斯直径（Stokes）d_{st}。层流区（颗粒的雷诺数 $Re<2.0$）的空气动力学直径，即

$$d_{st}=\left[\frac{18\mu u_t}{(\rho_p-\rho)g}\right]^{1/2} \tag{2-4}$$

式中：u_t——颗粒在流体中的终端沉降速度，m/s；

μ——流体的黏度，Pa/s；

ρ_p——颗粒的密度，kg/m^3；

ρ——流体的密度，kg/m^3；

g——重力加速度，m/s^2。

4）分割粒径（或半分离粒径）d_{50}。指除尘器分级效率为 50%的颗粒直径。这是一种表示除尘器性能的代表性粒径。

2.1.1.2　平均粒径

平均粒径是表示由大小不同的颗粒组成的粒子群大小的代表性尺寸。平均粒径的表示方法有很多，实际工程计算中应根据装置的任务、粉尘的物理化学性质选择最为恰当的粒径计算方法。下面给出几种常用的粒子群平均粒径的计算方法。其中 n_i 代表粒子群中粒子的总个数，d_i 代表粒子群单个粒子的粒径。

（1）长度平均径

长度平均径为单一粒径的算术平均值，其值等于粒子群所有粒子粒径的总长度除以粒子的总个数。计算公式为

$$\overline{d_1}=\sum(n_i d_i)/\sum n_i \tag{2-5}$$

（2）几何平均径

几何平均径为各粒子粒径的几何平均值，计算公式为

$$d_g=(d_1 d_2 d_3\cdots)^{1/N} \quad \text{或} \quad d_g=(d_1^{n_1} d_2^{n_2} d_3^{n_3}\cdots)^{1/N} \tag{2-6}$$

（3）面积长度平均径

面积长度平均径为粒子群的总表面积除以其总长度。主要用于表示吸附现象时粒子群的代表性尺寸。计算公式为

$$\overline{d_2}=\sum(n_i d_i^2)/\sum(n_i d_i) \tag{2-7}$$

（4）体积表面积平均径

体积表面积平均径为粒子群的总体积除以其总表面积，计算公式为

$$\overline{d_3}=\sum(n_i d_i^3)/\sum(n_i d_i^2) \tag{2-8}$$

（5）质量平均径

粒子群的质量平均径的定义为，如果粒子群的总质量及总个数与一个均一粒子群的总质量及总个数分别相等，则此均一粒子群的粒径即该粒子群的质量平均径。质量平均径主要用于描述燃烧等物理化学过程造成质量变化的情况，其计算公式为

$$\overline{d_4}=\sum(n_i d_i^4)/\sum(n_i d_i^3) \tag{2-9}$$

（6）表面积平均径

表面积平均径为粒子群的总表面积除以其总个数之后取平方根。计算公式为

$$\overline{d_s}=\left[\sum(n_i d_i^2)/\sum n_i\right]^{1/2} \tag{2-10}$$

（7）体积平均径

体积平均径为粒子群的总体积除以其总个数之后取立方根。主要用于光散射、喷雾的质量分布比较。计算公式为

$$\overline{d_v}=\left[\sum(n_i d_i^3)/\sum n_i\right]^{1/3} \tag{2-11}$$

除了以上平均粒径的表示方法之外，平均粒径中比较重要的概念还有众径和中位径。其中众径用 d_{om} 来表示，代表粒径分布中频率密度值最大的粒径。中位径用 d_{50} 表示，其物理意义为粒径分布累计值为50%的粒径。对于同一粒子群，按上述的方法进行计算时平均粒径的差值很大，一般顺序为 $\overline{d_1}<\overline{d}_s<\overline{d}_v<\overline{d}_3<\overline{d}_4$。

由此可见，粒径的测定方法不同，其定义方法也不同，得到的粒径数值往往差别很大，很难进行比较。因而实际工作中多是根据应用目的来选择粒径的定义和测定方法。此外粒径的测定结果还与颗粒的形状密切相关。通常用圆球度来表示颗粒形状与球形颗粒不一致的程度。圆球度是指与颗粒体积相等的圆球的表面积与颗粒表面积之比。通常用 ϕ_s 来表示，ϕ_s 值总是小于 1。其中：

对于正方体来说，ϕ_s=0. 806；

对于圆柱体来说，若其直径为 d，高为 l，则 $\phi_s=2.62\left(l/d\right)^{2/3}\big/\left(1+2l/d\right)$。

2.1.2 颗粒物粒径的分布

粒径分布又称粒子的分散度，指某一粒子群中不同粒径的粒子所占的百分数。可以

用质量、个数、表面积来表示。当用质量来表示时称为质量分布，用个数来表示时称为个数分布，用表面积来表示时称为表面积分布。其中除尘过程中经常采用的是质量分布。

测定某种粉尘粒径分布时，取得尘样质量。经测定得到各粒径间隔 d_p 至 $d_p+\Delta d_p$（粒径宽度为 Δd_p）粉尘的质量为 Δm（g），将测定的数据和按下述定义计算的结果列于表 2-1 中，并绘图 2-2。

表 2-1　粒径测定和计算结果

序号	粒径间隔/μm	间隔中值/μm	粉尘质量/g	频率分布 g/%	间隔宽度/μm	频度分布 q/%	间隔上限/μm	筛下累积频率分布 G/%
1	0～5	2.5	1.95	19.5	5	3.90	5	19.5
2	5～10	7.5	2.05	20.5	5	4.10	10	40.0
3	10～15	12.5	1.50	15.0	5	3.00	15	55.0
4	15～20	17.5	1.00	10.0	5	2.00	20	65.0
5	20～30	25.0	1.20	12.0	10	1.20	30	77.0
6	30～40	35.0	0.75	7.5	10	0.75	40	84.5
7	40～50	45.0	0.45	4.5	10	0.45	50	89.0
8	50～60	55.0	0.25	2.5	10	0.25	60	91.5
9	＞60	—	0.85	8.5	—	—	—	100.0

注：m_0=10 g，Σm=10 g。

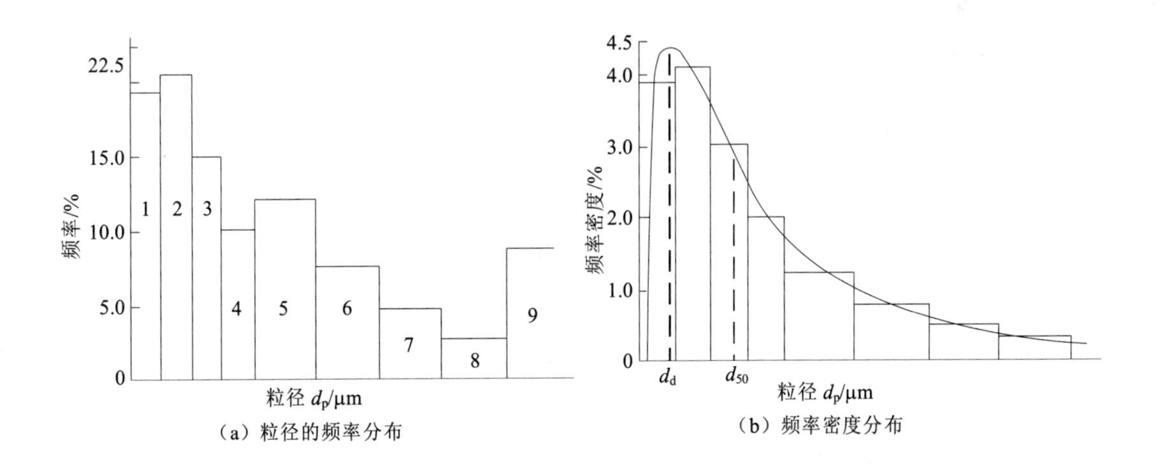

（a）粒径的频率分布　（b）频率密度分布

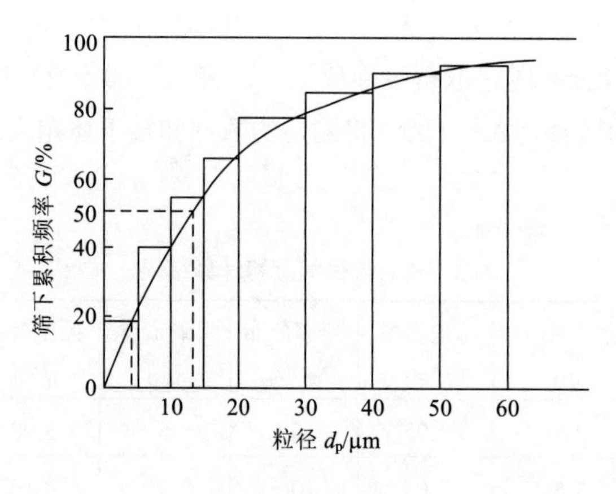

（c）累积频率分布

图 2-2 粒径的频率（a）、频率密度（b）、累积频率（c）分布

2.1.2.1 粒径分布相关的概念

（1）相对频数分布 g

相对频数分布 g 也称频率分布，是指粒径为 $d_p \sim d_p + \Delta d_p$ 的粒子质量占粒子群总质量的百分数。

$$g = \Delta m / m \tag{2-12}$$

并有
$$\sum g = 1$$

式中：Δm——粒径宽度为 Δd_p 的粒子质量，g；

m——粒子群的总质量，g。

（2）频度分布 q

频度分布 q 也称频率密度分布，是指在单位粒径间隔宽度（Δd_p=1 μm）下粒子质量占粒子群总质量的百分数。

$$q = g / d_p \tag{2-13}$$

频度为最大时的粒径，又称众径（d_{om}）。

（3）筛上和筛下累积频率分布

筛上累积频率分布简称筛上累积分布，是指大于粒径 d_p 的所有粒子质量占粒子群总质量的百分数。即

$$D(d_p)=\sum_{d_p}^{d_{max}} g=\sum_{d_p}^{d_{max}} f\Delta d_p \tag{2-14}$$

反之，将粒径小于 d_p 的所有粒子质量占粒子群总质量的百分数 G（%）称为筛下累积分布。即

$$G(d_p)=\sum_{0}^{d_p} g=\sum_{0}^{d_p} f\Delta d_p \tag{2-15}$$

如果粒径间隔宽度 $\Delta d_p \to 0$，取极限形式，则式（2-14）和式（2-15）可转化为

$$D(d_p)=\int_{d_p}^{d_{max}} f(d_p)\,\mathrm{d}(d_p) \tag{2-16}$$

$$G(d_p)=\int_{0}^{d_p} f(d_p)\,\mathrm{d}(d_p) \tag{2-17}$$

其中
$$f(d_p)=\frac{\mathrm{d}D}{\mathrm{d}d_p}=-\frac{\mathrm{d}G}{\mathrm{d}d_p}$$

G 与 D 的关系为

$$D+G=1 \tag{2-18}$$

即粒径频率分布曲线下的面积为100%。

中位径 d_{50} 即当 $G=D$=50%时的直径。

根据表2-1中的数据可以绘出频率 g 分布直方图，可见频率分布 g 值与选取的粒径宽度大小有关。

2.1.2.2 粒径分布的表示方法

粒径分布的表示方法有数学函数法、列表法、图形法，其中数学函数法是最完美的表示方法。通过对颗粒物粒径分布的各种实例进行考察可知，粒径的分布虽是随机的，但也具有一定的规律性，所以可以用函数方程式来表示颗粒物粒径的分布。用来表示粒径分布的最常用的函数有正态分布函数、对数正态分布函数以及罗辛-拉姆勒（Rosin-Rammler）分布函数，其中罗辛-拉姆勒分布函数又称R-R分布函数。

（1）正态分布函数

正态分布又称高斯（Gauss）分布，是最简单的函数分布形式。正态分布图形为呈对称的钟形。对于粒径分布来说，其正态分布的频率密度 f 分布曲线是关于算术平均粒径 $\overline{d_1}$ 对称的钟形曲线，如图2-3所示。

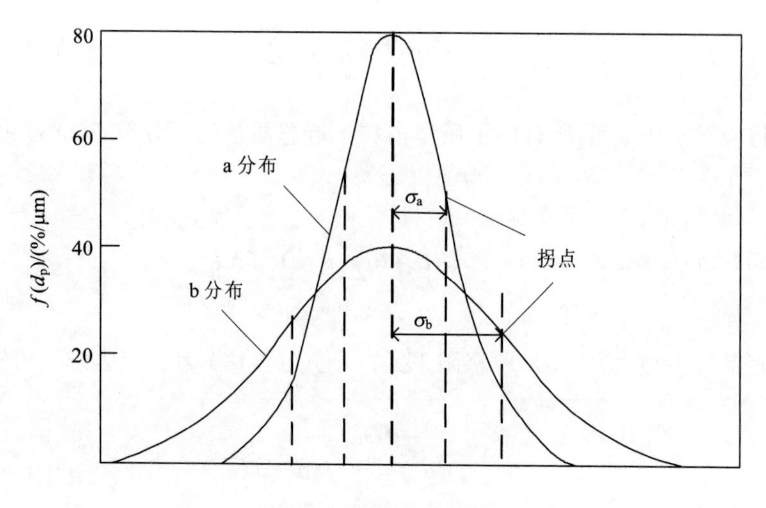

图 2-3 正态分布曲线

正态分布的频率密度函数为

$$f(d_p)=\frac{1}{\sigma\sqrt{2\pi}}\exp\left[-\frac{(d_p-\overline{d_1})^2}{2\sigma^2}\right] \tag{2-19}$$

式中：$\overline{d_1}$——粉尘的算术平均粒径；

σ——标准差，用来衡量 d_p 的测定值与均值 $\overline{d_1}$ 的偏差。

$$\sigma^2=\frac{\sum(d_p-\overline{d_p})^2}{N-1} \tag{2-20}$$

式中：N——粉尘粒子的总个数。

在正态分布的频率密度曲线中，σ 和 $\overline{d_1}$ 是两个特征常数。σ 和 $\overline{d_1}$ 确定后，就可以确定函数 $f(d_p)$。标准差 σ 可以反映曲线的形状和特点。σ 越大，曲线越平缓，说明粒径分布比较分散；σ 越小，曲线越陡直，说明粒径分布比较集中，大多数集中在算术平均粒径附近。

根据式（2-16）、式（2-17）和式（2-19）得出筛上累积频率分布 D 和筛下累积频率分布 G 分别为

$$D=\int_{d_p}^{d_{max}}f(d_p)d_p=\int_{d_p}^{d_{max}}\frac{1}{\sigma\sqrt{2\pi}}\exp\left[-\frac{(d_p-\overline{d_p})^2}{2\sigma^2}\right]\mathrm{d}(d_p) \tag{2-21}$$

$$G=\int_{0}^{d_p} f(d_p)\,d_p=\int_{0}^{d_p}\frac{1}{\sigma\sqrt{2\pi}}\exp\left[-\frac{(d_p-\overline{d_p})^2}{2\sigma^2}\right]\mathrm{d}(d_p) \tag{2-22}$$

正态分布的累积频率分布 D 曲线在正态坐标纸上为一条直线，如图 2-4 所示。其斜率取决于标准差σ 值。从 D 曲线可以查出，对应于 D=15.9%的粒径 $d_{15.9}$，D=84.1%的粒径 $d_{84.1}$，以及 D=50%的中位径 d_{50}，可以按下式计算出标准差

$$\sigma=d_{84.1}-d_{50}=d_{50}-d_{15.9}=(1/2)(d_{84.1}-d_{15.9}) \tag{2-23}$$

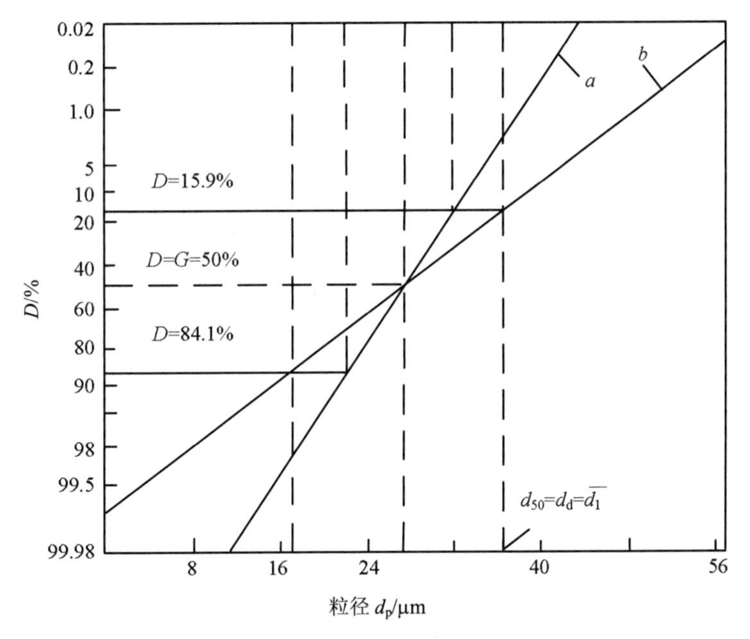

图 2-4 累积频率分布曲线

正态分布函数很少用于描述粉尘的粒径分布，因为大多数粉尘的频度 f 不是关于平均粒径的对称性曲线，而是向大颗粒方向偏移。正态分布函数可以用于描述单分散的实验粉尘、某些花粉和孢子以及专门制备的聚乙烯胶乳球等的粒径分布。

（2）对数正态分布函数

对数分布函数是最常用的粒径分布函数。如果以粒径的对数 $\ln d_p$ 代替粒径 d_p 作出频度的曲线 f，得到像正态分布一样的对称性钟形曲线，则认为该粒径的分布符合对数正态分布，其频率密度 f 公式为

$$f(d_p)=\frac{\mathrm{d}D(d_p)}{\mathrm{d}d_p}=\frac{1}{\sqrt{2\pi}d_p\ln\sigma_g}\exp\left[-\left(\frac{\ln d_p/d_g}{\sqrt{2}\ln\sigma_g}\right)^2\right] \tag{2-24}$$

式中：d_g——几何平均粒径；

σ_g——几何标准差，定义式如下。

$$\ln\sigma_g=\left[\frac{\sum n_i(\ln d_p/d_g)^2}{N-1}\right]^{1/2} \tag{2-25}$$

对数正态分布的筛下累积频率分布 G 的表达式：

$$G(d_p)=\frac{1}{\sqrt{2\pi}\ln\sigma_g}\int_{-\infty}^{\ln d_p}\exp\left[-\left(\frac{\ln d_p/d_g}{\sqrt{2}\ln\sigma_g}\right)^2\right]\mathrm{d}(\ln d_p) \tag{2-26}$$

几何平均粒径 d_g 实质上是 $\ln d_p$ 的算术平均值，由于用 $\ln d_p$ 作的频度曲线是对称性的正态分布曲线，所以几何平均粒径 $d_g=d_{50}$，其值不随坐标由 d_p 改为 $\ln d_p$ 而改变。符合对数正态分布的粉尘粒径的累积频率分布曲线在对数概率坐标纸上为直线，直线的斜率取决于几何标准差 σ_g。这也是检验粉尘粒径分布是否符合对数正态分布的一种简便方法。根据从图 2-5 中查得的 d_{50}（相应于 G=50%）、$d_{15.9}$（相应于 G=15.9%）和 $d_{84.1}$（相应于 G=84.1%），可以求出几何标准差

$$\sigma_g=\frac{d_{84.1}}{d_{50}}=\frac{d_{50}}{d_{15.9}}=\left(\frac{d_{84.1}}{d_{15.9}}\right)^{1/2} \tag{2-27}$$

对于呈对数正态分布的粉尘颗粒来说，其质量分布、个数分布和表面积分布都呈对数正态分布，而且这 3 种对数正态分布的标准差（σ_g）均相同。若将这 3 种对数正态分布的曲线绘于对数概率纸上，则呈 3 条相互平行的直线。显然，对于同一种粉尘，有了一种物理量表示正态分布的平均粒径或分布函数，即可确定另两种物理量表示的平均粒径或分布函数。如图 2-5 所示。

若以 MMD 表示质量中位直径，NMD 表示个数中位直径，SMD 表示表面积中位直径，则三者的换算关系为

$$\begin{aligned}\ln\mathrm{MMD}&=\ln\mathrm{NMD}+3\ln^2\sigma_g\\ \ln\mathrm{SMD}&=\ln\mathrm{NMD}+2\ln^2\sigma_g\end{aligned} \tag{2_28}$$

对于符合对数正态分布的粉尘，由 σ_g 和 MMD（或 NMD）的值，可以求出各种平均直径，具体如下。

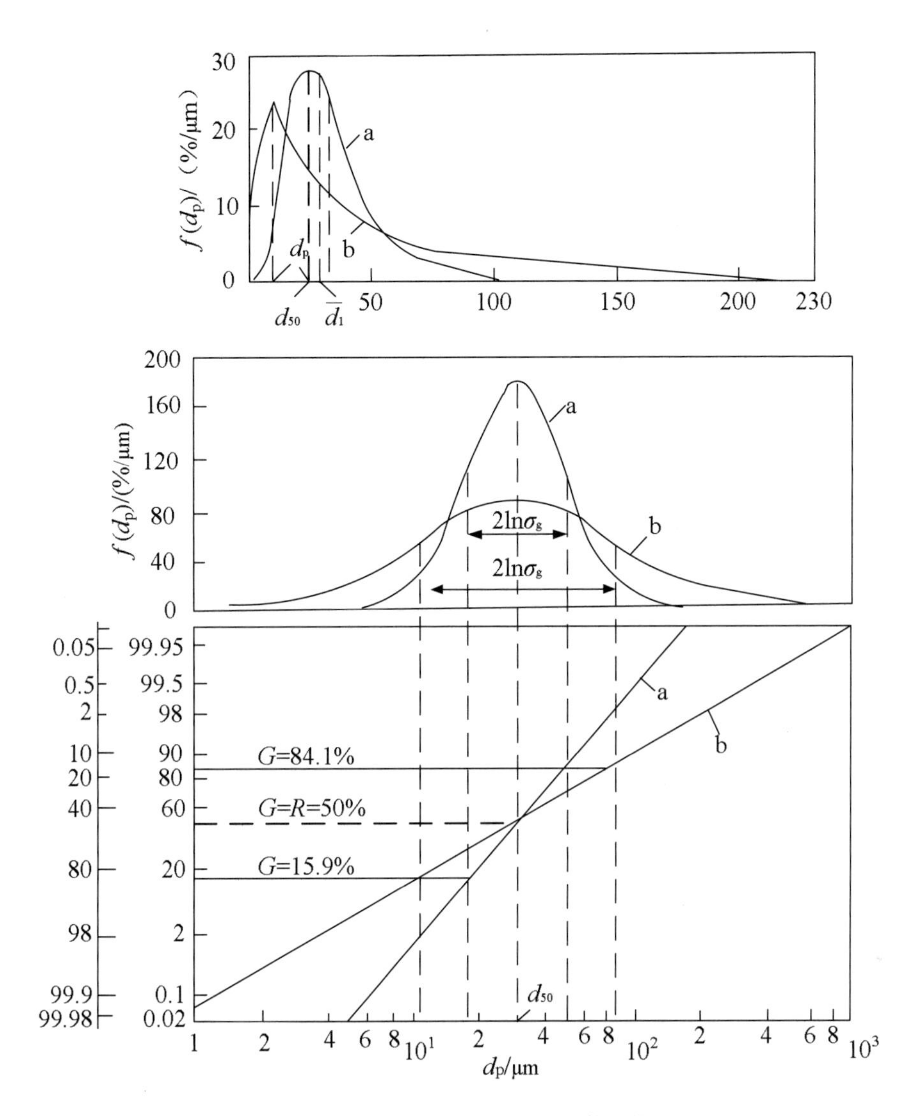

图 2-5　对数正态分布曲线及特征数的估计

算术平均直径

$$\ln \overline{d_L} = \ln \mathrm{NMD} + \frac{1}{2}\ln^2 \sigma_g = \ln \mathrm{MMD} + \frac{5}{2}\ln^2 \sigma_g \tag{2-29}$$

表面积平均直径

$$\ln \overline{d_s} = \ln \mathrm{NMD} + \ln^2 \sigma_g = \ln \mathrm{MMD} - 2\ln^2 \sigma_g \tag{2-30}$$

体积平均直径

$$\ln \overline{d_v} = \ln \mathrm{NMD} + \frac{3}{2}\ln^2 \sigma_g = \ln \mathrm{MMD} - \frac{3}{2}\ln^2 \sigma_g \tag{2-31}$$

体积表面积平均直径

$$\ln\overline{d_{sv}}=\ln \mathrm{NMD}+\frac{5}{2}\ln^2\sigma_g=\ln \mathrm{MMD}-\frac{1}{2}\ln^2\sigma_g \tag{2-32}$$

（3）罗辛-拉姆勒分布函数

罗辛-拉姆勒分布函数的表达式为

$$R(d_p)=\exp(-\beta d_p{}^n) \tag{2-33}$$

$$R(d_p)=(10^{-\beta'})^{d_p{}^n} \tag{2-34}$$

式中：n——分布指数；

β,β'——分布系数，$\beta=\ln 10\times\beta'=2.303\beta'$。

对式（2-33）两端取两次对数可得

$$\lg\left[\lg\frac{100}{R}\right]=\lg\beta'+n\lg d_p \tag{2-35}$$

若以$\lg d_p$为横坐标，$\lg\left[\lg\frac{100}{R}\right]$为纵坐标作图，则可得到一条直线。直线的斜率为指数$n$，直线在纵坐标上的截距为$d_p$=1 μm时的$\lg\beta'$值，即

$$\beta'=\lg\left[\frac{100}{R(d_p=1)}\right] \tag{2-36}$$

若将中位径d_{50}代入式（2-36）中，可以求得

$$\beta=\frac{\ln 2}{d_{50}{}^n}=\frac{0.693}{d_{50}{}^n} \tag{2-37}$$

再将上式代入（2-34）可得

$$R(d_p)=100\exp\left[-0.693\left(\frac{d_p}{d_{50}}\right)^n\right] \tag{2-38}$$

2.2 粉尘的基本性质

2.2.1 粉尘的密度

粉尘的密度是指单位体积中粉尘的质量，其单位是 kg/m^3 或 g/cm^3。粉尘的产生情况不同、实验条件不同，故获得的密度值也不相同。粉尘的密度有两种表示方法，即真密度和堆积密度。

（1）真密度

粉尘自身所占的体积，不包括粉尘颗粒之间和颗粒内部的空隙体积，称为粉尘的真实体积。以粉尘的真实体积求得的密度称为粉尘的真密度。用 ρ_p 来表示。固体磨碎形成的粉尘，在表面未氧化时其真密度与母料密度相同。

（2）堆积密度

呈堆积状态的粉尘，其堆积体积包括颗粒之间和颗粒内部的空隙体积。以堆积体积求得的密度称为粉尘的堆积密度。粉尘的堆积密度用 ρ_b 来表示。

若将颗粒间和内部空隙的体积与堆积粉尘的总体积之比称为空隙率，用 ε 来表示，则真密度 ρ_p 和堆积密度 ρ_b 两者之间的关系为

$$\rho_b = (1-\varepsilon)\rho_p \tag{2-39}$$

对于一定种类的粉尘来说，ρ_p 为定值，而 ρ_b 随空隙率而变化。ε 值与粉尘的种类、粒径及填充方式等因素有关。粉尘的真密度用于研究尘粒在空气中的运动，而堆积密度可用于存仓或灰斗容积的计算等。

2.2.2　粉尘的安息角与滑动角

粉尘的安息角也称堆积角或动安息角。粉尘从漏斗连续落到水平面上，自然堆积成一个圆锥体，圆锥体的母线与水平面的夹角即为粉尘的安息角。粉尘的安息角的平均值为 35°～55°。粉尘的滑动角是指自然堆放在光滑平板上的粉尘随平板做倾斜运动时，粉尘开始发生滑动时平板的倾斜角，也称静安息角。一般为 40°～55°。

粉尘的安息角与滑动角是评价粉尘流动性的一个重要指标。安息角小的粉尘，其流动性好；安息角大的粉尘，其流动性差。粉尘的安息角和滑动角是设计除尘器灰斗（或粉料仓）的锥度及除尘管路倾斜度的主要依据。影响粉尘安息角和滑动角的主要因素有粉尘粒径、含水率、粒子形状、颗粒表面光滑程度及粉尘的黏性等。对同一种粉尘，粒径越大，含水率越低、球性系数越接近于 1，黏附性越小、安息角越小。表 2-2 为几种常见粉尘的安息角。

表 2-2　几种常见粉尘的安息角

粉尘名称	静安息角/（°）	动安息角/（°）	粉尘名称	静安息角/（°）	动安息角/（°）
白云石		35	无烟煤粉	37～45	30
黏土		40	飞灰	15～20	
高炉灰		25	生石灰	45～50	25
烧结混合料		35～40	水泥	40～45	35
烟煤粉	35～45				

2.2.3 粉尘的比表面积

粉尘的比表面积是指单位体积的粉尘具有的总表面积，用 S_p（cm^2/cm^3）来表示。对于平均粒径为d_p，空隙率为ε的表面光滑球形颗粒，其比表面积的定义式为

$$S_p = \frac{\pi d_p^{\ 2}(1-\varepsilon)}{\frac{\pi d_p^{\ 3}}{6}} = \frac{6(1-\varepsilon)}{d_p} \tag{2-40}$$

对于非球形颗粒组成的粉尘，其比表面积的定义式为

$$S_m = \frac{6(1-\varepsilon)}{\varphi_m d_p} \tag{2-41}$$

式中：φ_m——颗粒群的形状系数，即$\varphi_m = \frac{S_p}{S_m}$。细砂的平均形状系数$\varphi_m$=0.75，细煤粉的平均形状系数$\varphi_m$=0.73，烟灰的平均形状系数$\varphi_m$=0.55，纤维尘的平均形状系数$\varphi_m$=0.30。

比表面积常用来表示粉尘总体的细度，是研究通过粉尘层的流体阻力，以及研究化学反应、传质传热现象的参数之一。

2.2.4 粉尘的含水率

粉尘中含有一定量的水分。根据水分与颗粒的结合方式，可将粉尘中的水分分为三大类，即自由水、结合水和化学结合水。自由水是指附着在颗粒表面上的和包含在凹坑及细孔中的水分；结合水是指紧密结合在颗粒内部的水分；化学结合水是颗粒的组成部分，如结晶水，其不能用干燥的方法除去，否则会破坏物质的分子结构，因此通常不将其作为水分来看。

在上述三种水分中，通过干燥可以除去自由水分和一部分结合水分，其余部分作为平衡水分的残留，平衡水分的量随干燥条件的变化而变化。粉尘含水率的大小会影响粉尘的其他物理性质，如导电性、黏附性、流动性等。所有这些在设计除尘装置时都必须加以考虑。

2.2.5 粉尘的润湿性

粉尘的润湿性是用来表征粉尘粒子能否与液体相互附着或附着难易的性质。根据粉尘能被水润湿的程度可将粉尘大致分为容易被水润湿的亲水性粉尘和难以被水润湿的疏水性粉尘两类。如金属氧化物微粒（如石灰）是亲水性的；而炭、硫黄、氧化锌、氧化铁微粒等为疏水性的。粉尘的润湿性既与粉尘的种类、粒径、形状、生成条件、组分、温度、含水率、表面粗糙度及荷电性等性质相关，还与液体的表面张力、对尘粒的黏着力及相对

于尘粒的运动速度有关。如气溶胶中小于 5 μm 特别是小于 1 μm 的尘粒很难被水润湿。这主要是由于细粉尘和水滴表面皆存在着一层气膜，只有两者以较高的相对速度运动时，才能冲破气膜，相互凝并。除此之外，粉尘的润湿性还随着温度的升高而减小，随压力的升高而增大，而且粉尘的润湿性还与液体的表面张力及尘粒与液体之间的黏附力和接触方式有关。因此对于同一种微粒来说，随着条件的不同，其润湿性也会发生变化。

粉尘的润湿性可以用试管中粉尘的润湿速度来表征。通常取润湿时间为 20 min，测出此时的润湿高度 L_{20}（mm），则润湿速度为：

$$v_{20}=\frac{L_{20}}{20}\quad (\text{mm/min}) \tag{2-42}$$

按润湿速度提出评定粉尘润湿性的指标，可将粉尘分为四大类，见表 2-3。

表 2-3　粉尘类型

粉尘类型	I	II	III	IV
润湿性	绝对疏水	疏水	中等亲水	亲水
v_{20}/（mm/min）	＜0.5	0.5～2.5	2.5～8.0	＞8.0
粉尘举例	石蜡、聚四氟乙烯、沥青	石墨、煤、硫	玻璃微珠、石英	锅炉飞灰、钙

在除尘技术中，粉尘润湿性是各种湿式除尘器除尘的重要设计依据，对于润湿性好的亲水性粉尘（中等亲水、强亲水），可以采用湿式除尘器净化；对于润湿性差的憎水性粉尘，则不宜采用湿式除尘器。对于水泥、熟石灰和白云石粉尘等，它们虽是亲水性的，但一旦吸水后就会形成不溶于水的硬垢，一般将这一类粉尘称为水硬性粉尘，不宜采用湿式除尘器。

2.2.6　粉尘的荷电性和导电性

2.2.6.1　粉尘的荷电性

粉尘在其产生过程中，由于相互碰撞、摩擦、放射线照射、电晕放电及接触带电等几乎都带有一定的电荷。在空气干燥的情况下，粉尘表面的最大荷电量约为 2.7×10^{9} C/cm^{2}，而天然粉尘和人工粉尘的荷电量仅为最大荷电量的 1/10 量级。粉尘荷电后可改变其某些物理特性，如凝聚性、附着性及其在空气中的稳定性等，同时对人体的危害增强。粉尘的荷电量随温度升高，随表面积增大及含水率减小而增大，粉尘的荷电性还与其化学组成及外部的荷电条件有关。表 2-4 为某些粉尘的天然荷电量。

粉尘荷电在除尘中有重要作用，如电除尘器就是利用粉尘荷电来除尘的，袋式除尘器和湿式除尘器也可利用粉尘或液滴荷电来进一步提高对细尘粒的捕集性能。实际上，由于粉尘天然荷电量很小，所以一般多采用高压电晕放电等方法来实现粉尘荷电。

表 2-4 某些粉尘的天然荷电量

粉尘	电荷分布			比电荷	
	正	负	中性	正	负
飞灰	31	26	43	6.3×10^{-6}	7.0×10^{-6}
石膏尘	44	50	6	5.3×10^{-10}	5.3×10^{-10}
熔铜炉尘	40	50	10	6.7×10^{-11}	1.3×10^{-11}
铅烟	25	25	50	1.0×10^{-12}	1.0×10^{-12}
实验室除尘	0	0	100	0	0

2.2.6.2 粉尘的导电性

粉尘的导电性用比电阻来表示，单位为欧姆·厘米（Ω·cm）。粉尘的导电不仅包括粉尘颗粒本体的容积导电，还包括颗粒表面因吸附水分等形成化学膜的表面导电。在低温范围内（一般为 100℃以下）主要是靠尘粒表面导电；在中温范围内（100～200℃）表面导电和容积导电都发挥作用；在高温（一般为 200℃以上）时，容积导电占主导地位。因此粉尘的电阻率与测定时的条件有关，如气体的温度、湿度和成分、粉尘的粒径以及堆积的松散度等，图 2-6 体现了温度与粉尘比电阻的关系。由此可见，粉尘的电阻率仅为一种可以相互比较的表观电阻率，所以称为比电阻。

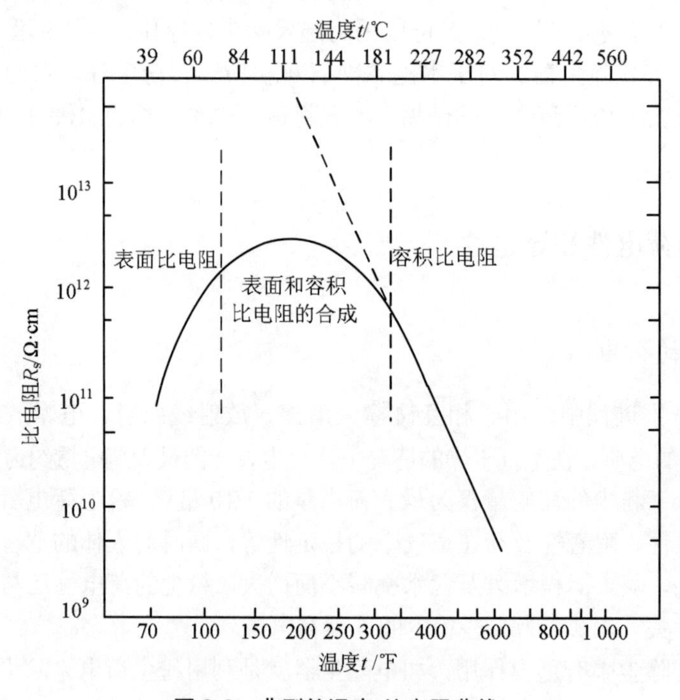

图 2-6 典型的温度-比电阻曲线

注：℉=32+1.8℃。

比电阻 R_s 是截面积为 1 cm^2，厚度为 1 cm 的微粒物层的电阻值。可用下面的公式来表示：

$$R_s = \frac{Uf}{I\delta} \tag{2-43}$$

式中：U——通过微粒层的电压，V；

I——通过微粒层的电流强度，A；

f——微粒层的横截面积，cm^2；

δ——粉尘层的厚度，cm。

粉尘比电阻对电除尘器的运行有很大的影响，最适宜于电除尘器运行的比电阻范围是 $10^4 \sim 10^{10}$（Ω·cm）。当比电阻值超出这一范围时，就需要采取某种措施进行调节。

2.2.7　粉尘的黏附性

黏附是指粉尘颗粒之间相互凝结或粉尘对器壁的黏附堆积。其中粉尘颗粒之间的相互黏结称为自黏。黏附性是指粉尘相互黏附或对器壁黏附堆积的可能性。把附着的强度，即克服附着所需要的力（垂直作用于颗粒物的中心上）称为黏附力。

通常用粉尘层的断裂强度作为表征粉尘自黏性的指标。在数值上断裂强度等于粉尘层断裂所需的力除以其断裂的接触面积。根据粉尘层断裂强度的大小可将各种粉尘分成四类：不黏性、微黏性、中等黏性和强黏性。按粉尘的断裂强度进行分类的指标见表 2-5。

表 2-5　粉尘的黏附性质

粉尘性质	不黏性	微黏性	中等黏性	强黏性
断裂强度/Pa	＜60	60～300	300～600	＞600

粉尘黏附既有有利的一面，也有有害的一面。就气体除尘而言，许多除尘装置都依赖于施加捕集力以后粉尘在捕集表面的黏附，此时粉尘黏附是有利的；不利的一面是在含尘气流管道和某些设备中要防止粉尘在壁面上的黏附，以免造成管道和设备的堵塞。

2.2.8　粉尘的自燃性和爆炸性

（1）粉尘的自燃性

粉尘的自燃是指粉尘在常温下存放会自燃发热，此热量经长时间的积累，达到该粉尘的燃点，引起的燃烧现象。

各种粉尘的自燃温度相差很大，根据不同的自燃温度可将可燃性粉尘分为两大类：一类是粉尘的自燃温度高于环境温度；另一类是自燃温度低于周围环境温度。前者只有在加热的条件下才能燃烧，危险性小；后者的自燃温度低，甚至可以在不发生质变的情况下引起自燃，危险性很大。一般悬浮在空气中的粉尘自燃温度比堆积粉尘的自燃温度高很多。

粉尘自燃发热的原因有氧化热、分解热、聚合热、发酵热等。影响粉尘自燃的因素，除了取决于粉尘自身的结构和物理化学性质外，还取决于粉尘存在的状态和环境。

（2）粉尘的爆炸性

粉尘的爆炸性是悬浮在空气中的某些粉尘（如煤粉等）达到一定浓度时，若在高温、明火、电火花、静电、撞击等条件下就会引起爆炸，称这类粉尘为爆炸性粉尘。可燃物爆炸必须具备两个条件：一是由可燃物与空气或氧构成的可燃混合物达到一定的浓度；二是存在能量足够的火源。能够引起爆炸的浓度范围称为爆炸极限，其中能够引起爆炸的最高浓度称为爆炸上限，最低浓度称为爆炸下限。多数粉尘的爆炸上限浓度很高，在多数情况下达不到这个浓度，因此粉尘的爆炸浓度上限没有实际意义。粉尘着火所需要的最低温度称为粉尘的着火点，它与火源的强度，粉尘的种类、粒径、湿度，通风情况，氧气浓度等因素有关。一般粉尘越细，燃点越低。粉尘的爆炸下限越小，燃点越低，爆炸的危险性越大。此外有些粉尘与水接触后会引起自燃或爆炸，如镁粉、碳化钙粉等；有些粉尘互相接触或混合后也会引起爆炸，如溴和磷、锌与镁等。

2.2.9 粉尘的阻力特性

在不可压缩的连续流体中，做稳定运动的颗粒必然受到流体阻力，包括两个方面，一是形状阻力，二是摩擦阻力。形状阻力是颗粒运动时必须排开其周围的流体，导致其前面的压力较后面的压力大而产生的。摩擦阻力是颗粒与其周围流体之间存在摩擦而产生的阻力。通常把两种阻力同时考虑在一起，称为流体阻力（F_D）。阻力的大小取决于颗粒的形状、粒径、表面特性、运动速度及流体的种类和性质。阻力的方向总是和速度向量方向相反，其大小可按下式计算：

$$F_D = \frac{1}{2} C_D A_P \rho u^2 \text{（N）} \tag{2-44}$$

式中：C_D——由试验确定的阻力系数；

A_p——颗粒在其运动方向上的投影面积，m^2；球形颗粒 $A_p = \pi d^2 / 4$；

ρ——流体的密度，kg/m^3；

u——颗粒与流体之间的相对运动速度，m/s。

由相似理论可知，阻力系数是颗粒雷诺系数的函数，即 $C_D = f(Re_p)$，一般可以分为三个区域。当 $Re_p \leqslant 1$ 时，颗粒运动处于层流状态，C_D 与 Re_p 呈近似直线关系：

$$C_D = \frac{24}{Re_p} \tag{2-45}$$

对于球形颗粒，将上式代入式（2-44）中，得到

$$F_D = 3\pi \mu d_p u \text{（N）} \tag{2-46}$$

式（2-46）即著名的斯托克斯（Stokes）阻力定律。通常把 $Re_p \leqslant 1$ 的区域称为斯托克斯区域。

当 $1 < Re_p \leqslant 500$ 时，颗粒运动处于湍流过渡区，C_D 与 Re_p 呈曲线关系，C_D 的计算式有

多种，如伯德（Bird）公式

$$C_D = \frac{18.5}{Re_p^{0.6}} \tag{2-47}$$

当 $500 < Re_p \leqslant 2\times10^5$ 时，颗粒运动处于湍流状态，C_D 几乎不随 Re_p 变化，近似取值为 0.44，是通常所说的牛顿区域，流体阻力公式为

$$F_D = 0.055\pi\rho d_p^2 u^2 \tag{2-48}$$

当颗粒尺寸小到与气体分子平均自由程差不多时，相对颗粒来说，气体不再具有连续流体介质的特性，流体阻力将减小。为了对这种滑动条件进行修正，可以将坎宁汉（Cumningham）系数 C 引入斯托克斯阻力定律，则流体阻力计算公式为

$$F_D = \frac{3\pi\mu d_p u}{C} \tag{2-49}$$

坎宁汉系数的值取决于努森（Knudsen）数 $Kn = 2\lambda / d_p$ ，可用戴维斯（Davis）建议的公式计算：

$$C = 1 + Kn\left[1.257 + 0.400\exp\left(-\frac{1.10}{Kn}\right)\right] \tag{2-50}$$

气体分子平均自由程 λ 可按下式计算：

$$\lambda = \frac{\mu}{0.449\rho\bar{v}} \tag{2-51}$$

其中，$\bar{v}$ 是气体分子的算术平均速度

$$\bar{v} = 1.60\sqrt{\frac{RT}{M}} \tag{2-52}$$

式中：R——通用气体常数，R=8 314 J/（mol·K）；

T——气体温度，K；

M——气体的摩尔质量，kg/mol。

坎宁汉系数 C 与气体的温度、压力和颗粒大小有关，温度越高、压力越低、粒径越小，C 值越大。粗略估计，在 293K 和 101 325 Pa 下，$C = 1 + 0.165 / d_p$，其中 d_p 的单位是μm。

2.3　除尘装置的性能

根据分离捕集粉尘的主要机理可将除尘器分为如下四类：

（1）机械式除尘器。利用质量力（重力、惯性力和离心力等）的作用使粉尘与气流分离沉降的装置，包括重力沉降室、惯性除尘器和旋风除尘器等。

（2）湿式除尘器。亦称湿式洗涤器。它是利用液滴或液膜洗涤含尘气流，使粉尘与气流分离沉降的装置。湿式洗涤器既可用于气体除尘，亦可用于气体吸收。

（3）过滤式除尘器。它是使含尘气流通过织物或多孔的填料层进行过滤分离的装置。它包括袋式防尘器、颗粒层除尘器等。

（4）电除尘器。它是利用高压电场使尘粒荷电，在库仑力作用下使粉尘与气流分离沉降的装置。

除尘装置性能包括技术指标和经济指标。技术指标主要有处理能力、净化效率和压力损失等；经济指标主要有设备费、运行费和占地面积等。此外，还应考虑装置的安装、操作、检修的难易等因素。本节以净化效率为主介绍净化装置技术性能。

2.3.1 处理能力

除尘装置的处理能力是指除尘装置在单位时间内所能处理的含尘气体的流量，一般用 Q_N（m^3/s）表示。实际运行的净化装置存在本体漏气等情况，往往装置的进口和出口气体流量不同，因此，用两者的平均值表示处理能力。

$$Q_N = \frac{1}{2}(Q_{1N} + Q_{2N}) \tag{2-53}$$

式中：Q_{1N}——装置进口气体流量，m^3/s；

Q_{2N}——装置出口气体流量，m^3/s。

2.3.2 净化效率

净化效率是表示除尘装置捕集粉尘效果的重要技术指标，可定义为被捕集的粉尘量与进入装置的总粉尘量之比。

（1）总效率 η

总效率是指在同一时间内净化装置去除的污染物数量与进入装置的污染物数量之比。

设装置进口的气体流量为 Q_{1N}(m^3/s)，污染物流量为 S_1(g/s)，污染物浓度为 C_{1N}(g/m^3)；装置出口的气体流量为 Q_{2N}（m^3/s），污染物流量为 S_2（g/s），污染物浓度为 C_{2N}（g/m^3）；装置捕集污染物流量为 S_3（g/s），则有

$$\eta = \frac{S_3}{S_1} = 1 - \frac{S_2}{S_1} \tag{2-54}$$

或

$$\eta = 1 - \frac{C_{2N}Q_{2N}}{C_{1N}Q_{1N}} \tag{2-55}$$

若装置不漏气，即 $Q_{1N}=Q_{2N}$，则式（2-55）可简化为

$$\eta = 1 - \frac{C_{2N}}{C_{1N}} \tag{2-56}$$

（2）分级除尘效率

捕集效率与被处理颗粒的粒度有很大关系。例如，用高效旋风除尘器捕集 50 μm 以上的尘粒，其效率接近 100%；而捕集 5 μm 的尘粒，效率会降到 70%左右。因此，要正确评价颗粒物捕集设备的效果，必须确定其对不同粒径颗粒物的捕集效率，即分级除尘效率。分级除尘效率是对某一粒径或一定粒径范围的颗粒物的捕集效率，即

$$\eta_i = \frac{m_2 \Delta\phi_{2i}}{m_1 \Delta\phi_{1i}} = \eta \frac{\Delta\phi_{2i}}{\Delta\phi_{1i}} \tag{2-57}$$

式中：η_i——分级除尘效率；

$\Delta\phi_{1i}$——进入捕集设备的颗粒物中在粒径范围 Δd_1 内的颗粒物所占的质量分数；

$\Delta\phi_{2i}$——被捕集的颗粒物中在粒径范围 Δd_2 内的颗粒物所占的质量分数。

由上式可得

$$\eta_i \Delta\phi_{1i} = \eta \Delta\phi_{2i} \tag{2-58}$$

对整个粒径范围求和

$$\sum_{i=1}^{n} \eta_i \Delta\phi_{1i} = \sum_{i=1}^{n} \eta \Delta\phi_{2i} = \eta \sum_{i=1}^{n} \Delta\phi_{2i} \tag{2-59}$$

因为 $\sum_{i=1}^{n} \Delta\phi_{2i}$ =100%，所以颗粒污染物的分离全效率为

$$\eta = \sum_{i=1}^{n} \eta_i \Delta\phi_{1i} \tag{2-60}$$

全效率描述了捕集设备对颗粒物的捕集效果，而分级除尘效率反映了捕集设备所能去除的颗粒物的粒径大小情况。

各种除尘器对不同粒径粉尘的除尘效率见表 2-6。

表 2-6 各种除尘器对不同粒径粉尘的除尘效率 单位：%

除尘器名称	除尘粒径			除尘器名称	除尘粒径		
	50 μm	5 μm	1 μm		50 μm	5 μm	1 μm
惯性除尘器	95	26	3	干式除尘器	>99	97	85
中效旋风除尘器	94	27	8	湿式除尘器	>99	98	92
高效旋风除尘器	96	73	27	中能文氏管除尘器	100	>99	97
冲击式洗涤器	98	85	38	高能文氏管除尘器	100	>99	99
自激式湿式洗涤器	100	93	40	振打袋式除尘器	>99	>99	99
空心喷淋塔	99	94	55	逆喷袋式除尘器	100	>99	99

（3）组合装置的效率

颗粒物捕集设备的组合方式有串联、并联两种。

1）颗粒物捕集设备串联

如果有 n 级捕集设备串联，则总效率为

$$\eta_{1\sim n}=1-(1-\eta_1)(1-\eta_2)\cdots(1-\eta_n) \tag{2-61}$$

2）颗粒物捕集设备并联

从理论上说，型号规格相同的捕集装置并联，其效率不变。但在实际应用中，如果各并联分力的阻力不等，气量分配不均，则会导致整个系统效率降低。

2.3.3 阻力

气体通过颗粒捕集设备时，由于与壁面摩擦以及因折流、扩张、收缩、合流、分流等作用，引起气流流动能量的损耗，具体表现为气流的全压下降。这种设备对气流流动的作用通常称为设备的阻力。阻力越大，运转过程的能量消耗越多。

气体通过颗粒物捕集设备发生的压降，可用以下通式表示：

$$\Delta p=\xi\frac{v_g{}^2\rho_g}{2} \tag{2-62}$$

式中：Δp——压降，Pa；

v_g——气体流速，m/s；

ρ_g——气体密度，kg/m^3；

ξ——阻力系数。

由式（2-62）可知，计算压降时阻力系数值与某一动压值对应（通常是设备入口气压），查阅资料选用阻力系数时应注意。颗粒物捕集设备串联时，系统总阻力等于各个阻力之和。单个阻力相同的设备并联，系统阻力保持不变。

2.4 重力沉降室

2.4.1 重力沉降的基本原理

当气体由进风管进入降尘室时，由于气体流动通道横断面积突然增大。气体流速迅速下降，粉尘便借本身重力作用，逐渐沉落，最后落入下面的集灰斗中，经输送机械送出。

图 2-7 为含尘气体在水平流动时，直径为 d 的粒子的理想重力沉降过程。

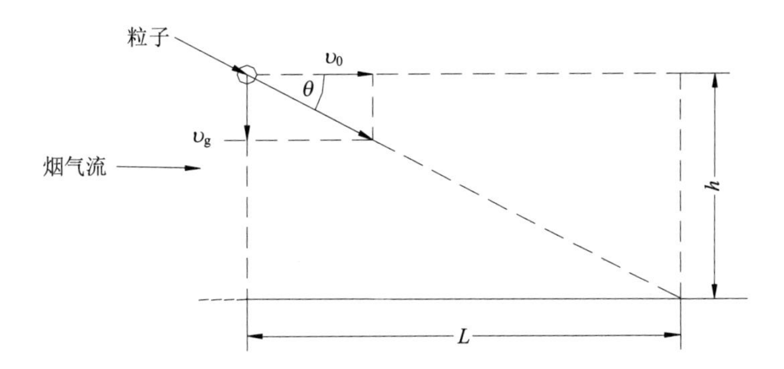

图 2-7　粉尘粒子在水平气流中的理想重力沉降

由重力产生的粒子沉降力 F_g 可用下式表示：

$$F_g=\frac{\pi}{6}d^3(\rho_p-\rho_g)g \tag{2-63}$$

式中：F_g——粒子沉降力，N；

d ——粒子直径，m；

ρ_p——粒子密度，kg/m^3；

ρ_g——气体密度，kg/m^3；

g ——重力加速度，m/s^2。

假定粒子为球形，粒径在 3～100 μm，且符合斯托克斯定律中的范围，则粒子从气体中分离时受到的气体黏性阻力 F_D 为：

$$F_D = 3\pi\mu d v_s \tag{2-64}$$

式中：μ ——气体的黏度，Pa·s；

v_s ——粒子分离沉降速度，m/s。

含尘气体中的粒子能否分离取决于粒子的沉降力和气体阻力的关系，即 F_g=F_D。由此得出粒子分离沉降速度 v_s。

$$v_s=\frac{d^2(\rho_p-\rho_g)g}{18\mu} \tag{2-65}$$

由上式可以看出，粉尘粒子的沉降速度与粒子直径、尘粒体积质量（$\rho_p g$）及气体介质的性质有关。当某一种尘粒在某一种气体中（ρ_p、g、μ 为常数），在重力作用下尘粒的沉降速度 v_s 与尘粒直径平方成正比。所以粒径越大，沉降速度越大，越容易分离；反之，粒径越小，沉降速度变得很小，以致难以从气流中分离。

在图 2-7 中，设烟气的水平流速为 v_0，尘粒 d 从高度 h 开始沉降，那么尘粒落到水平距离上的位置时，其 v_s/v_0 关系式为

$$\tan\theta=\frac{v_s}{v_0}=\frac{d^2(\rho_p-\rho_g)g}{18\mu\upsilon_0}=\frac{h}{L} \tag{2-66}$$

2.4.2 重力沉降室的效率

在沉降室内（图 2-8），尘粒在垂直方向上以沉降速度 v_s 下降，在水平方向上随着气流以沉降室内的流速继续向前运动，如果气流平均流速为 u（m/s），则气流通过沉降室的时间为 $t=L/u$（s）。要使沉降速度为 v_s 的尘粒在重力沉降室内全部沉降下来，必须使气流通过沉降室的时间大于或等于尘粒从顶部沉降到底部所需时间，即

$$\frac{L}{u} \geqslant \frac{H}{v_s} \tag{2-67}$$

式中：L——沉降室长度，m；

u——沉降室内气流运动速度，m/s；

H——沉降室高度，m；

v_s——尘粒的沉降速度，m/s。

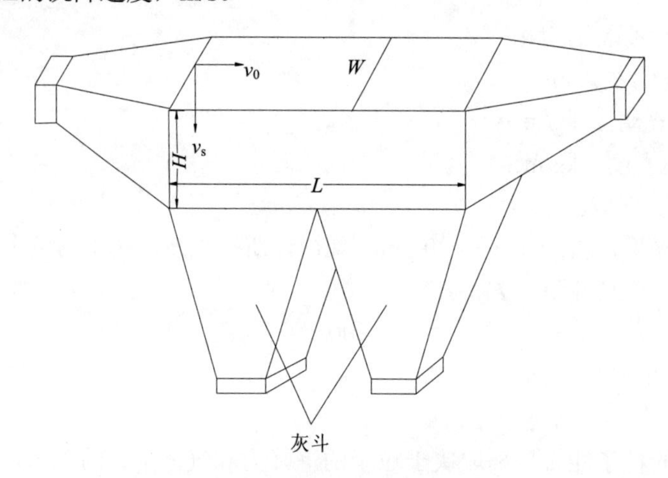

图 2-8　简单的重力沉降室

室内气流速度 u 应尽可能地小，一般取值范围是 0.2～2 m/s。这样当沉降高度 H 确定之后，由式（2-67）可求出沉降室的最小长度 L；反之，若 L 已定，可求出最大高度 H，沉降室宽度 W 取决于处理气体流量 Q（m^3/s）。

$$Q = WHu = \frac{WHL}{t} \leqslant \frac{WHLv_s}{H} = WLv_s \tag{2-68}$$

所以

$$\frac{H}{v_s} \leqslant \frac{L}{u} = \frac{WHL}{Q} \tag{2-69}$$

式（2-68）说明，沉降室的处理气体量 Q，在理论上仅与沉降室的水平面积（WL）及尘粒的沉降速度 v_s 有关。在 H、L 确定以后，便可由 Q 确定出宽度 W。

在时间 t 内，粒径为 d_p 的尘粒（沉降速度为 v_s）的垂直降落高度（h）为

$$h = v_s t \tag{2-70}$$

显然，当 $h \geqslant H$ 时，粒径为 d_p 的尘粒可全部降落至室底，即对 d_p 的分级除尘效率 η_d 达到100%；当 $h < H$ 时，粒径为 d_p 的尘粒不能全部捕集，即 $\eta_d < 100\%$。不同粒径（d_p）的尘粒有不同的沉降速度 v_s，因而在时间 t 之内降落的距离 h 也不同。因此用 h/H 表示沉降室对某一粒径粉尘的分级除尘效率，即

$$\eta_d = \frac{h}{H} = \frac{v_s L}{Hu} = \frac{v_s LW}{Q} \tag{2-71}$$

给定沉降室的结构，便可按式（2-71）求出对不同粒径粉尘的分级除尘效率或做出分级效率曲线，从而计算出总除尘效率。当沉降室的尺寸和气体速度 u（或流量 Q）确定后，可求得该沉降室所能捕集的最小尘粒的粒径 d_{min}。

$$d_{min} = \sqrt{\frac{18Hu\mu}{\rho_p gL}} = \sqrt{\frac{18\mu Q}{\rho_p gWL}} \tag{2-72}$$

理论上，$d_p \geqslant d_{min}$ 的尘粒可全部捕集下来，但实际上，由于受气流运行状况、浓度分布等影响，沉降效率会有所降低。

分析式（2-71）可知，提高重力沉降室的捕集效率可以采用以下三种措施：①降低室内气流速度 u；②降低沉降室的高度 H；③加大沉降室长度 L。这些措施在沉降室的工艺设计中是可以实现的。但是 u 过小或 L 过长，都会使沉降室体积变大。多层沉降室在室内沿水平方向设置了多层隔板（图2-9）。若设置 n 层隔板，其沉降高度就降为 $H/(n+1)$。气流速度要根据粉尘的密度和粒径来确定，一般 u=0.2～2.0 m/s。

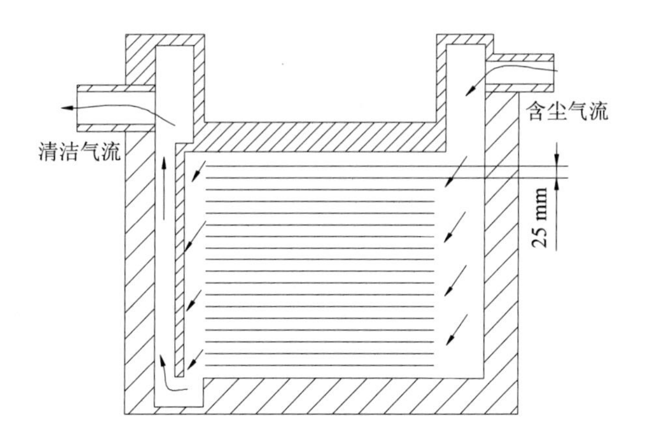

图2-9 多层沉降室

2.4.3 重力沉降室的应用与设计

根据有关公式和给定的粉尘粒径等物理性质，重力沉降室的设计计算步骤为：首先根据粉尘的真密度和粒径计算出沉降速度 v_s，再假设沉降室内的气流水平速度 u 和沉降室高

度 H（或宽度 W），然后计算确定沉降室的长度 L 和宽度 W（或高度 H）。

沉降室适用于净化密度大、颗粒粗的粉尘，特别是磨损性很强的粉尘。它能有效地捕集 50 μm 以上的尘粒，但难以捕集 20 μm 以下的尘粒。重力沉降室体积虽大，但效率不高，一般仅为 40%～70%。但其具有结构简单、投资少、压力损失小（50～100 Pa）及维护管理方便等优点，一般作为第一级或预处理设备。

例 2-1 设计一锅炉烟气除尘用的沉降室。已知烟气量 Q=2 800 m³/h，烟气温度 T=150℃，烟尘真密度 ρ_p=2 100 kg/m³，要求能除掉粒径为 50 μm 以上的烟尘。

解：烟气温度为 150℃时，黏度为 $\mu=2.4\times10^{-5}$ Pa·s（近似取空气的值），由式（2-65）可得，粒径为 50 μm 的尘粒沉降速度为

$$v_s=\frac{d^2(\rho_p-\rho_g)g}{18\mu}$$

$$v_s=\frac{d_p^2\rho_p g}{18\mu}=\frac{(50\times10^{-6})^2\times2\,100\times9.8}{18\times2.4\times10^{-5}}=0.119\ \mathrm{m/s}$$

取沉降室内流速 u=0.5 m/s，高度 H=1.5 m，由式（2-69）可得沉降室最小长度

$$L=Hu/v_s=1.5\times0.5/0.119=6.3\ \mathrm{m}$$

显然沉降室过长。若采用二层水平隔板（三层沉降室），取每层高 ΔH=0.4 m（总高 H=0.4×3=1.2 m），则此时所得沉降室长度

$$L=\Delta Hu/v_s=0.4\times0.5/0.119=1.68\ \mathrm{m}$$

若取 L=1.7 m，则沉降室宽度为

$$W=\frac{Q}{3\,600\,(n+1)\Delta Hu}=\frac{2\,800}{3\,600\,(2+1)\times0.4\times0.5}\approx1.3\ \mathrm{m}$$

式中 n=2 代表隔板层数。因此沉降室的尺寸 LWH=1.7 m×1.3 m×1.2 m。这时能捕集的最小粒径为

$$d_{\min}=\sqrt{\frac{18\mu Q}{g\rho_p LW(n+1)}}=\sqrt{\frac{18\times2.4\times10^{-3}\times(2\,800/3\,600)}{9.8\times2\,100\times1.7\times1.3\times(2+1)}}$$

$$=49.6\times10^{-6}(\mathrm{m})=49.6\ \mu\mathrm{m}$$

式中的气流量 Q，由于设了二层水平隔板，应为 Q/（n+1）= Q/（2+1）= Q/3。

在设计沉降室时，气流速度尽可能选低一些，以保持接近层流状态。为保证沉降室横断面上气流分布均匀，一般将气管设计成渐扩管型，若场地受到限制，可装设导流板、扩散板等气流分布装置。用于净化高温烟气时，由于热压作用，排气口以下的空间有可能出现气流减弱，从而降低体积利用率和除尘效率，这时，沉降室的进出口位置应低一些。

2.5　惯性除尘器

2.5.1　惯性沉降的基本原理

惯性除尘器的主要除尘机理是惯性沉降（惯性碰撞和拦截）。通常认为，气流中的颗粒随着气流一起运动，很少有不产生滑动的。但是，若有一静止的或缓慢运动的障碍物（如液滴或纤维等）处于气流中，则成为一个靶子，使气体产生绕流，使部分颗粒由于惯性沉降到障碍物上面。颗粒能否沉降到靶上取决于颗粒的质量及相对于靶的运动速度和位置。图 2-10 中所示的小颗粒 1 随着气流一起绕过靶；距停滞流线较远的大颗粒 2 也能避开靶；距停滞流线较近的大颗粒 3 因惯性较大而脱离流线，保持自身原来运动方向而与靶碰撞，继而被捕集，通常将这种捕尘机制称为惯性碰撞；颗粒 4 和颗粒 5 刚好避开与靶碰撞，但其表面与靶表面接触时而被靶拦截住，并保持附着状态。

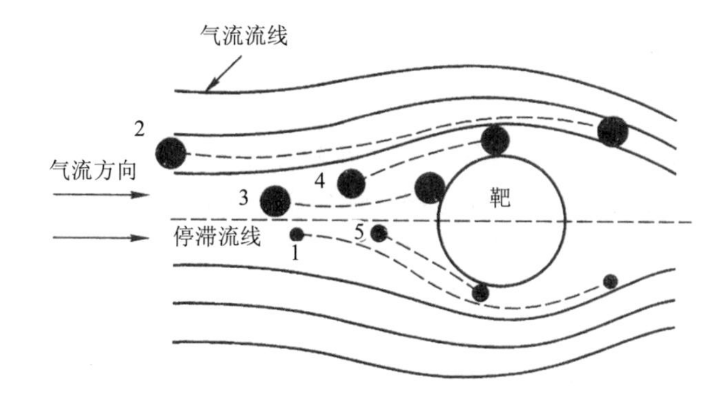

图 2-10　运动气流接近靶时颗粒运动的几种可能性

2.5.1.1　惯性碰撞

惯性碰撞的捕集效率主要取决于以下 3 个因素。

（1）气流速度在捕集体（靶）周围的分布

气流速度在靶周围的分布随着气体相对捕集体流动的雷诺数 Re_D 而变化。Re_D 定义式为

$$Re_D = \frac{u_0 \rho D_c}{\mu} \tag{2-73}$$

式中：u_0——未被扰动的上游气流相对捕集体的流速，m/s；

D_c——捕集体的定性尺寸，m。

在 Re_D 较高时，除了邻近捕集体表面的部分，气流流型与理想气体一致，即为势流；当 Re_D 较低时，气流受黏性力支配，即为黏性流。

（2）颗粒运动轨迹

颗粒运动轨迹取决于颗粒的质量、气流阻力、捕集体的尺寸和形状，以及气流速度等。

（3）颗粒对捕集体的附着

颗粒对捕集体的附着通常假定为100%。

2.5.1.2 拦截

颗粒在捕集体上的直接拦截一般刚好发生在颗粒距捕集体表面 $d_p/2$ 的距离内，所以用无因次特性参数，即直接拦截比 R 来表示拦截效率：

$$R=\frac{d_p}{D_c} \tag{2-74}$$

对于惯性大沿直线运动的颗粒，即 $St\to\infty$时，除了在直径为 D_c 的流管内的颗粒都能与捕集体碰撞外，与捕集体表面的距离为 $d_p/2$ 的颗粒也会与捕集体表面接触。因此靠拦截引起的捕集效率的增量 η_{DI}：对于圆柱形捕集体 $\eta_{DI}=R$；对于球形捕集体 $\eta_{DI}=2R+R^2\approx 2R$。

2.5.2 惯性除尘器除尘机理

为了改善沉降室的除尘效果，可在沉降室内设置各种形式的挡板，使含尘气流冲击在挡板上，气流方向发生急剧转变，借助尘粒本身的惯性力作用，使尘粒与气流分离。图2-11所示是含尘气流冲击在两块挡板上时尘粒分离的机理。当含尘气流冲击到挡板 B_1 上时，惯性大的粗尘粒（d_1）首先被分离下来。被气流带走的尘粒（d_2，且 $d_2<d_1$），由于挡板 B_2 使气流方向转变，借助离心力作用也被分离下来。若设该点气流的旋转半径为 R_2，切向速度为 u_t，则尘粒 d_2 所受离心力与 $d_2^2\frac{u_t^2}{R_2}$ 成正比。

回旋气流的曲率半径越小，越能分离捕集细小的粒子。显然这种惯性除尘器，除借助惯性力作用外，还利用了离心力和重力的作用。

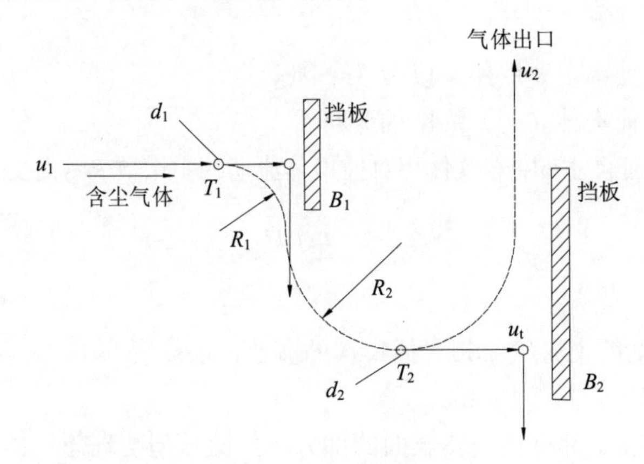

图 2-11 惯性分离原理

2.5.3　惯性除尘器的种类和结构

惯性除尘器有多种形式，可归纳为碰撞式和反转式两类。

2.5.3.1　碰撞式

碰撞式又称冲击式（图 2-12），是在含尘气流前方加挡板或其他形状的障碍物。碰撞式惯性除尘器既可以是单级的［图 2-12（a）］，也可以是多级的［图 2-12（b）］，但碰撞级数不宜太多（一般不超过 3～4 级），否则阻力增加很多，而效率提高不显著。

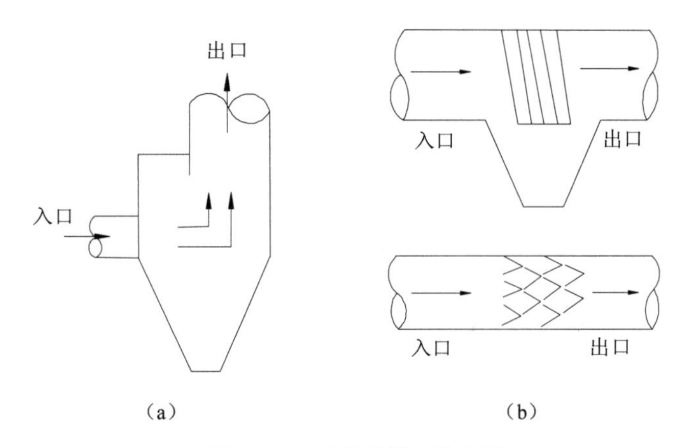

图 2-12　碰撞式惯性除尘器

2.5.3.2　反转式

这种惯性除尘器设有弯曲的入口或导流片，使含尘气流弯曲或转折。弯管式、百叶式惯性除尘器和碰撞式惯性除尘器一样，都适于安装在烟道上使用（图 2-13）。

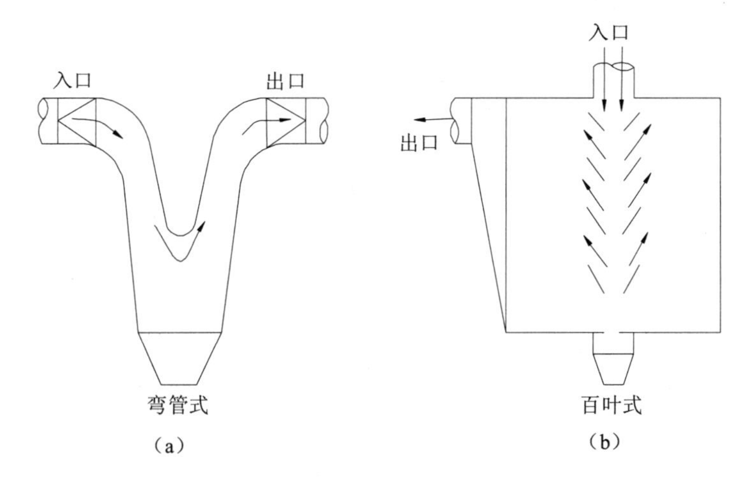

图 2-13　反转式惯性除尘器

2.5.4 惯性除尘器的应用

一般惯性除尘器的气流速度越高，气流方向转变角度越大，转变次数越多，净化效率越高，压力损失也越大。惯性除尘器用于净化密度和粒径较大的金属或矿物性粉尘时具有较高除尘效率。对黏结性和纤维性粉尘，则因易堵塞而不宜采用。惯性除尘器的净化效率不高，故一般只用于多级除尘中的第一级除尘，根据除尘装置形式不同，可以捕集粒径 10～20 μm 的粗尘粒。压力损失依形式而定，一般为 100～1 000 Pa。

2.6 旋风除尘器

旋风除尘器是使含尘气体做旋转运动，借作用于尘粒上的离心力把尘粒从气体中分离出来的装置。旋风除尘器的特点为：①结构简单、体积小、造价和运行费较低、操作维修方便；②动力消耗不大，压力损失中等，除尘效率较高；③无运动部件，运行管理简便等；④可用各种材料制造，适用于粉尘负荷变化大的含尘气体，性能较好，能用于高温、高压及腐蚀性气体的除尘，可直接回收干粉尘；⑤旋风除尘器历史较久，现在一般用来捕集 5 μm 的尘粒，除尘效率可达 80%左右。

2.6.1 离心力沉降原理

旋风除尘器内微粒的运动情况很复杂，分离过程涉及理论主要有三种：转圈理论、筛分理论和边界层分离理论。这些理论分别对尘粒的运动作简化假定，进而推导出相应的计算公式。

2.6.1.1 有效分离粒径

在旋转气流内，微粒随气流做圆周运动。如果运动处于斯托克斯区，则微粒切向运动方程为

$$\frac{\pi}{6}d_{\mathrm{p}}^3(\rho_{\mathrm{p}}-\rho_{\mathrm{g}})\frac{1}{r}\frac{\mathrm{d}}{\mathrm{d}t}(r^2\frac{\mathrm{d}\theta}{\mathrm{d}t})=3\pi\mu d_{\mathrm{p}}(v_{\mathrm{t}}-v_{\mathrm{r}}) \tag{2-75}$$

$$\frac{\mathrm{d}}{\mathrm{d}t}(r^2\frac{\mathrm{d}\theta}{\mathrm{d}t})=\frac{18\mu}{(\rho_{\mathrm{p}}-\rho_{\mathrm{g}})d_{\mathrm{p}}^2}r(v_{\mathrm{t}}-v_{\mathrm{p}}) \tag{2-76}$$

式中：θ——圆周运动中心角，(°)；

r ——圆周运动半径，m；

t ——运动时间，s；

v_{t}——气体切向运动速度，m/s；

v_{r}——微粒切向运动速度，m/s；

ρ_{p}——粒子密度，kg/m^3；

ρ_{g}——气体密度，kg/m^3；

μ——流体的黏度，Pa/s；

d_p——粉尘粒径，m。

微粒径向运动方程为

$$\frac{\pi}{6}d_r^3(\rho_p-\rho_g)[\frac{d^2r}{dt^2}-r(\frac{d\theta}{dt})^2]=-3\pi\mu d\frac{dr}{dt} \tag{2-77}$$

$$\frac{d^2r}{dt^2}-r(\frac{d\theta}{dt})^2=-\frac{18\mu}{(\rho_p-\rho_g)d_p^2}\frac{dr}{dt} \tag{2-78}$$

经适当简化后得

$$\frac{d^2r}{dt^2}+\frac{18\mu}{(\rho_p-\rho_g)d_p^2}\frac{dr}{dt}-\frac{v_t^2}{r}=0 \tag{2-79}$$

略去高阶微分项可得

$$\frac{18\mu}{(\rho_p-\rho_g)d_p^2}\frac{dr}{dt}-\frac{v_t^2}{r}=0 \tag{2-80}$$

由此可得离心力作用下微粒的径向运动速度：

$$v_r=\frac{dr}{dt}=\frac{(\rho_p-\rho_g)d_p^2}{18\mu}\frac{v_t^2}{r} \tag{2-81}$$

将上式整理并积分后可得微粒由 r_1 运动到 r_2 所需的时间

$$t=\frac{9\mu(r_2^2-r_1^2)}{(\rho_p-\rho_g)d_p^2v_t^2} \tag{2-82}$$

转圈理论认为，进入除尘器的尘粒一方面在离心力作用下向筒壁趋进，另一方面随气流旋转下降。如果尘粒在下降到底部以前就已碰到筒壁，则认为该尘粒能被有效分离，称为有效分离直径。

旋转气流中的尘粒由内筒外壁面（$r=r_b$）运动至外筒内壁面（$r=r_c$）所需时间可用式（2-82）表示：

$$t=\frac{9\mu(r_c^2-r_b^2)}{(\rho_p-\rho_g)d_p^2v_t^2} \tag{2-83}$$

气流由入口旋转下降至底部所需时间

$$t_0=\frac{2\pi n}{v_t}(\frac{r_c+r_b}{2}) \tag{2-84}$$

式中：n——气流在除尘器内旋转圈数（图2-14），计算公式为

$$n=\frac{h}{a}-1 \tag{2-85}$$

式中：h——除尘器筒体锥体的总高度，m；

a——除尘器进口高度，m。

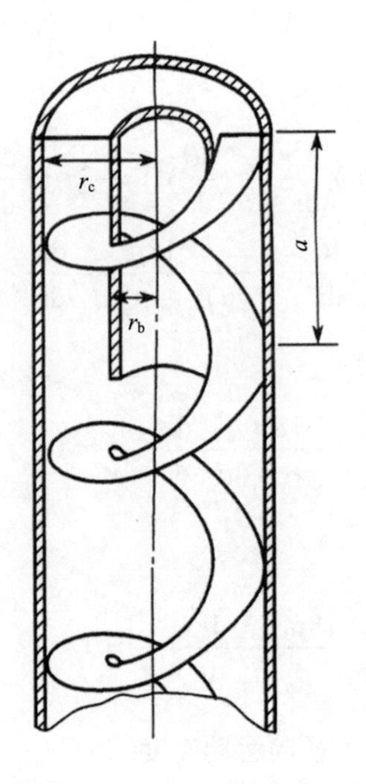

图 2-14 气流转圈示意

尘粒被有效捕集的极限条件是 $t=t_0$，由式（2-83）和式（2-84）可得

$$\frac{9\mu(r_c^2-r_b^2)}{(\rho_p-\rho_g)d_p^2v_t^2}=\frac{2\pi n}{v_t}(\frac{r_c+r_b}{2}) \tag{2-86}$$

化简后可得旋风除尘器有效分离粒径的计算式

$$d_{p(\min)}=\sqrt{\frac{9\mu(r_c-r_b)}{\pi n(\rho_p-\rho_g)v_t}} \tag{2-87}$$

式中：$d_{p(\min)}$——有效分离粒径，m；

r_c——内筒外壁面半径，m；

r_b——外筒内壁面半径，m；

v_t——圆周运动的切向速度，m/s。

2.6.1.2 分割粒径

上述转圈理论仅考虑气体做螺旋转运动，即涡流。实际上旋风除尘器中还存在外围气体向中心的运动。所以其中的尘粒既受离心力的向外推动，又受向心气流的向内推动。如果离心力大于向心气流的推力，尘粒向外运动；反之，尘粒向内运动。

筛分理论认为，尘粒处于外旋流中就有可能被捕集，如果进入内旋流，就可能被旋转中上升的气流带出。因此，内外旋流的交界面就好像一层筛网（图 2-15）。

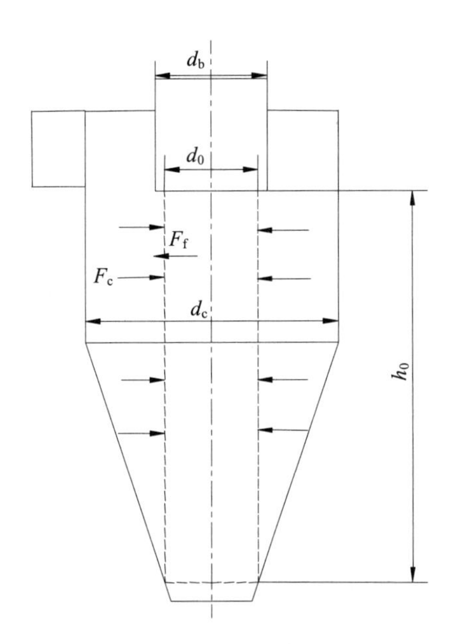

图 2-15 筛分理论示意

尘粒做旋转运动时受到的离心作用力

$$F_c = m_p \frac{v_t^2}{r} = \frac{\pi d_p^2 \rho_p}{6} \frac{v_t^2}{r} \tag{2-88}$$

式中：m_p——尘粒质量，kg;

r ——旋转半径，m。

尘粒受向心气流的推力（层流状态）

$$F_f = 3\pi \mu v_r d_p \tag{2-89}$$

式中：v_r——气流与尘粒径向相对运动速度，m/s。

由式（2-88）、式（2-89）可知，离心力和气体向内的推力二者都与尘粒大小和所在位置有关。一定大小的尘粒在一定位置，其所受离心力与向心推力平衡。如果某一粒径的尘粒的平衡位置正好处在内外旋流交界面上，这样大小的尘粒就在分界面上做旋转运动，它进入内旋流和外旋流的概率相等。根据筛分理论的假定，此时除尘器对该粒径尘粒的捕集效率为 50%。通常将上述尘粒的粒径称为离心除尘器的分割粒径（d_c）。

由前面的分析可得

$$\frac{\pi}{6} \frac{d_c^3 \rho_p \upsilon_{ot}^2}{r_o} = 3\pi \mu v_{ro} d_{pc} \tag{2-90}$$

式中：υ_{ot}——分界面上尘粒的切向速度，m/s;

r_o——分界面半径，m;

v_{ro}——分界面上的径向气速，m/s;

d_c——分割粒径，m。

由此可得

$$d_{pc}=(\frac{18\mu v_{ro}r_o}{\rho_p v_{ot}^2})^{1/2} \tag{2-91}$$

2.6.2 旋风除尘器的工作原理

普通旋风除尘器由筒体、锥体和进气管、排气管等部分组成，其构造如图 2-16 所示。

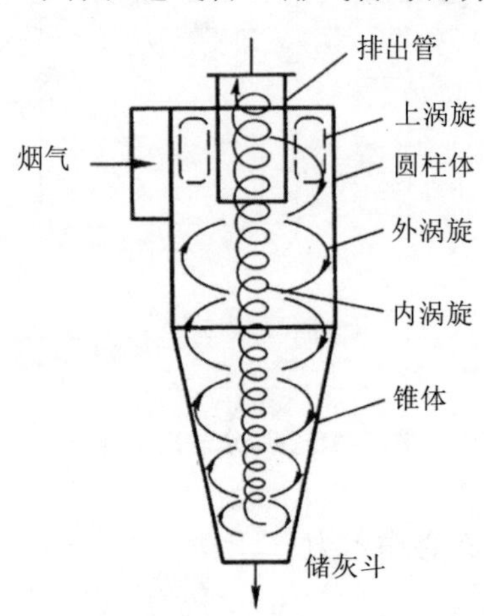

图 2-16 普通旋风除尘器的结构及内部气流

含尘气体由进口切向进入后，沿筒体内壁由上向下作圆周运动，并有少量气体沿径向运动到中心区内。这股向下旋转的气流大部分到达锥体顶部附近时折转向上，在中心区域旋转上升，最后由排气管排出。这股气流做向上旋转运动时，也同时进行着径向的离心运动。一般将旋转向下的外圈气流称为外涡流，将旋转向上的内圈气流称为内涡流，把外涡流变为内涡流的锥顶附近区域称为回流区。内涡流与外涡流旋转方向相同，在整个流场中起主导作用。气流做旋转运动时，尘粒在离心力作用下逐渐向外壁移动，到达外壁的尘粒，在外涡流的推力和重力的共同作用下，沿器壁落至灰斗中，实现与气流的分离。

此外，当气流从除尘器顶向下高速旋转时，顶部压力下降，使一部分气流带着微细尘粒沿筒体内壁旋转向上，到达顶盖后再沿排气管外壁旋转向下，最后汇入排气管被排走。通常将这股旋转气流称为上涡流。上涡流携带细尘汇入内涡流被排走。

对于旋风除尘器内气流运动流场的测定发现，进入的气体不是理想气体，且具有黏性，所以实际气流的运动是很复杂的。外涡流内部及其与尘粒之间存在摩擦损失，因而外涡流不是纯净的自由涡，而是所谓的准自由涡，它具有向下低速向心的径向运动。内涡流类似于刚体圆柱的转动，称为强制涡，它具有向上高速向外的径向运动。

为研究方便，通常把内部流场看成复杂的三元流动体系，把流速分解为三个速度分量，即切向速度、径向速度和轴向速度。

2.6.2.1 切向速度

旋风除尘器的切向速度是控制气流稳定的主要因素，它决定了气流圆周运动速度的大小，从而也决定了除尘器的效率与阻力。

切向速度与旋转半径 R 之间的关系可表示为

$$v_t R^n = 常数 \tag{2-92}$$

式中的指数 $n = -1\sim1$，包括了自由涡（$n = 1$）到强制涡（$n = -1$）的各种情况。

图 2-17 为旋风除尘器内部不同位置的切向速度曲线，从图中可以看到，旋风除尘器内旋流和外旋流的切向速度是不一样的。对内旋流，通常认为是强制涡，与刚体转动类似，即

$$v_t R^{-1} = 常数 = \omega \tag{2-93}$$

式中：ω ——旋转角速度。

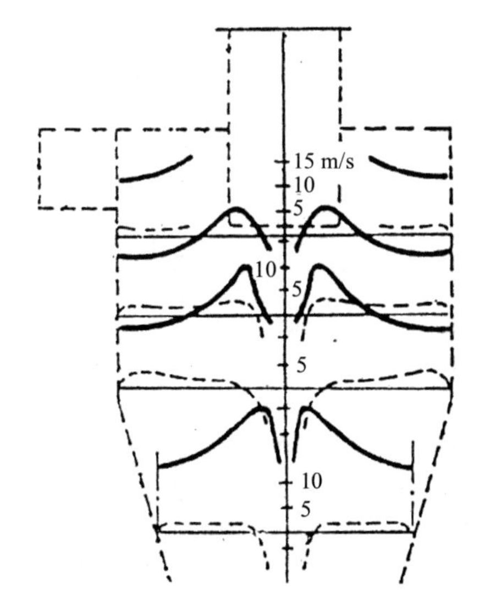

图 2-17 旋风除尘器的切向速度（实线）和径向速度（虚线）曲线

对于外旋流，n 值与筒体半径及气体温度有关，相对较为复杂。Alexander 得出的经验公式为

$$n = 1-(1-0.67D^{0.14})\left(\frac{T}{283}\right)^{0.3} \tag{2-94}$$

式中：D ——筒体直径，m；

T ——气体温度，K。

内、外旋流交界处的切向速度最大。交界面的位置与排气管的大小有关，交界面的直径 $d_0 =$（0.6～1.0）d_e（d_e 为排气管直径）。

2.6.2.2 径向速度和轴向速度

旋风除尘器中的径向速度较低且平稳，在整个断面上几乎为常数，速度方向朝向轴心，但中心部分例外，速度方向朝向筒壁。

在外旋流与内旋流交界处，径向速度可以表示为外旋流进入内旋流的平均速度

$$v_{\mathrm{r}}=\frac{Q}{2\pi r_0 h_0} \tag{2-95}$$

式中：r_0 ——内外旋流交界面圆柱半径，m;

h_0 ——内外旋流交界面圆柱的高度，m。

外流区轴向速度向下，内旋流区轴向速度向上，因而在内外旋流之间必然存在一个轴向速度为 0 的交界面。在内旋流中，随着气流的逐渐上升，轴向速度不断增大，在排气管底部达到最大值。

由上述气流运动 3 个速度分量的分析可以看出旋风除尘器内压力分布情况。从图 2-18 中可以看出，全压和静压沿径向变化较大，由外壁向轴心逐渐降低，轴心部分静压为负值，并一直延伸至灰斗。气流压力沿径向的显著变化不是因为尘粒之间的摩擦，而是由尘粒在气流中的离心力引起的。

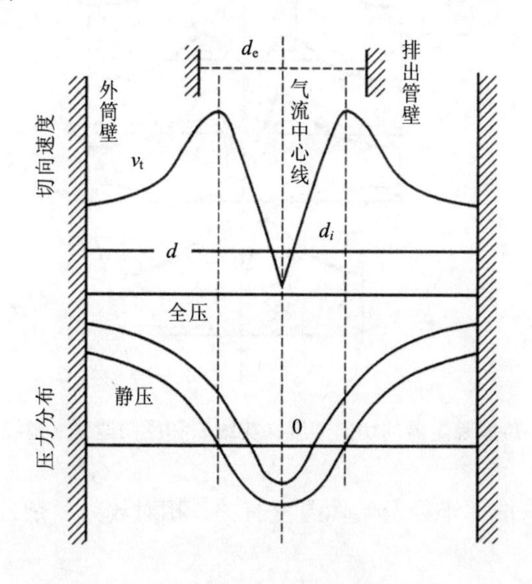

图 2-18 旋风除尘器内气流切向速度与压力分布

2.6.3 旋风除尘器的压力损失

在评价旋风除尘器设计和性能时的一个重要指标是气流通过旋风除尘器的压力损失，又称压力降。是用气体通过旋风除尘器时的总能量消耗表述的，这种能耗由气流入口、出口和旋涡流场三部分组成，以旋涡流场能耗为主。压力损失与旋风除尘器结构形式和运行

条件等因素有关，其数值难以通过理论计算精确得到。根据实验，压力损失与进口气流速度的平方成正比。即

$$\Delta p = \zeta \frac{\rho_g u^2}{2} \tag{2-96}$$

式中：Δp——压力损失，Pa；

ρ_g——进口气体密度，kg/m^3；

u——进口气体平均速度，m/s；

ζ——旋风除尘器阻力系数，量纲一。

表 2-7 是几种旋风除尘器的局部阻力系数值，可供参考。

表 2-7　局部阻力系数值

旋风除尘器形式	XLT	XLT/A	XLP/A	XLP/B
ζ	5.3	6.5	8.0	5.8

阻力系数 ζ 可看成除进口气流压以外其他因素的综合影响，对于结构形式一定的旋风除尘器，ζ 为一个常数，一般由实验确定，可用下式计算：

$$\zeta = \frac{30bh\sqrt{D}}{d_e^2\sqrt{L+H}} \tag{2-97}$$

式中：D——筒体直径，m；

b——进口宽度，m；当 D 一定时，b 可取 $D/5$；

h——进口高度，m；当 D 一定时，h 可取 $3D/5$；

d_e——排气管直径，m；当 D 一定时，d_e 可取 $D/2$；

L——筒体长度，m；L 可取 D；

H——锥体长度，m；H 可取 $2D$。

在缺少实验数据时，还可用下式估算：

$$\zeta = 16A / d^2 \tag{2-98}$$

式中：A——旋风除尘器进口面积，m^2。

由于旋风除尘器各部分的尺寸都是筒体直径 D 的倍数，所以只要进口气速 u 相同，不管多大的旋风除尘器，其压力损失都相同。因此，在压力损失相同时，小型除尘器的进口宽度 b 值较小，则除去的最小粒径也较小。所以，若干个小型除尘器并列组成一个除尘器组，代替一个大除尘器，可以提高除尘效率。旋风除尘器的压力损失一般为 1～2 kPa。

2.6.4　旋风除尘器的除尘效率

计算分割直径是确定除尘效率的基础。因假设条件和选用系数不同，所得计算分割直径的公式亦不同。在旋风除尘器内，粒子的沉降主要取决于离心力 F_C 和向心运动气流作

用于尘粒上的阻力 F_D 在内外涡旋界面上。如果 $F_C > F_D$，则粒子在离心力推动下移向外壁而被捕集；如果 $F_C < F_D$，则粒子在向心气流的带动下进入内涡族，最后由排气管排出；如果 $F_C = F_D$ 作用在尘粒上的外力之和等于零，则粒子在交界面上不停地旋转。实际上由于各种随机因素的影响，处于这种平衡状态的尘粒有 50%的可能性进入内涡旋，也有 50%的可能性移向外壁，它的除尘效率为 50%。此时的粒径即为除尘器的分割直径，用 d_c 表示。因为 $F_C = F_D$，对于球形粒子，由斯托克斯定律可得

$$\frac{\pi}{6} d_c^3 \rho_p \frac{v_{to}^2}{r_0} = 3\pi\mu d_c v_r \tag{2-99}$$

式中：v_{to}——交界面处气流的切向速度，m/s，可根据式（2-92）计算；

v_r——可由式（2-95）估算，则

$$d_c = \sqrt{\frac{18\mu v_r r_0}{\rho_p v_{to}^2}} \tag{2-100}$$

d_c 越小，说明除尘效率越高，性能越好。

当 d_c 确定后，可以根据雷思-利希特模式计算其他粒子的分级效率

$$\eta_i = 1 - \exp\left[-0.6931 \times \left(\frac{d_p}{d_c}\right)^{\frac{1}{n+1}}\right] \tag{2-101}$$

其中涡流指数 n 可由式（2-102）计算。

$$n = 1 - (1 - 0.67 D^{0.14})\left(\frac{T}{283}\right)^{0.3} \tag{2-102}$$

另一种广泛采用的分级效率公式是分析大量实验数据后提出的经验公式，其精度完全可以满足工程设计需要。

$$\eta_i = \frac{(d_{pi}/d_c)^2}{1 + (d_{pi}/d_c)^2} \tag{2-103}$$

2.6.5 旋风除尘器的结构形式

2.6.5.1 按进气方式分类

按进气方式分类旋风除尘器可分为切向进入式和轴向进入式两类，如图 2-19 所示。

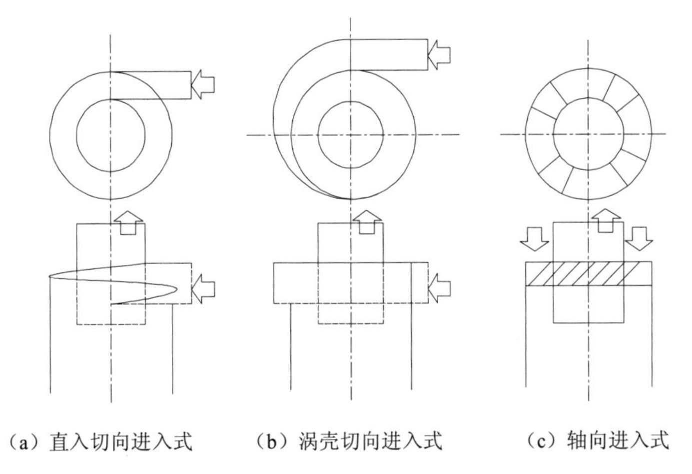

图 2-19　旋风除尘器进口形式

切向进入式又分为直入式和蜗壳式，前者的进气管外壁与筒体相切，后者进气管内壁与筒体相切，进气管外壁采用渐开线形式，渐开角有 180°、270°和 360°三种。蜗壳式入口形式易于增大进口面积，进口处有一环状空间，使进口气流距筒体外壁更近，缩短了尘粒向器壁的沉降距离，有利于粒子的分离。另外，蜗壳式进气还减少了进气流与内涡旋气流的相互干扰，使进口压力降减小，直入式进口管设计与制造方便，且性能稳定。

轴向进入式是利用固定的导流叶片促进气流旋转，在相同的压力损失下，能够处理的气体量大，且气流分布较均匀，主要用于多管旋风除尘器和处理气体量大的场合。

2.6.5.2　按气流组织分类

按气流组织分类旋风除尘器有回流式、直流式、平旋式和旋流式等多种，工业锅炉运用较多的是回流式和直流式两种。

2.6.5.3　多管旋风除尘器

多管旋风除尘器是由若干个相同构造、形状和尺寸的小型旋风除尘器（又称旋风子）组合在一个壳体内并联使用的除尘器组。当处理烟气量大时，可采用这种组合形式。多管旋风除尘器布置紧凑，外形尺寸小，可以用直径较小的旋风子（D=100 mm、150 mm、250 mm）来组合，能够有效地捕集 5～10μm 的粉尘，多管旋风除尘器可用耐磨铸铁铸成，因而可以处理含尘浓度较高的（100 g/m^3）气体。

常见的多管除尘器有回流式和直流式两种，图 2-20 所示为回流式多管旋风除尘器。在这种装置中每个旋风除尘器都是轴向进气，所以在每个除尘器圆筒周边都设置了许多导流叶片，以使轴向导入的含尘气流变为旋转运动。就回流式旋风除尘器来说，必须注意使每个旋风子的压力损失大体一致，否则，在一个或几个旋风除尘器中可能会发生倒流，从而使除尘效率大大降低。为了防止倒流，要求气流分布尽量均匀，下旋气流进入灰斗的风量尽量减少；也可采用在灰斗内抽风的办法保持一定负压，一般抽风量为总风量的 10%左右。

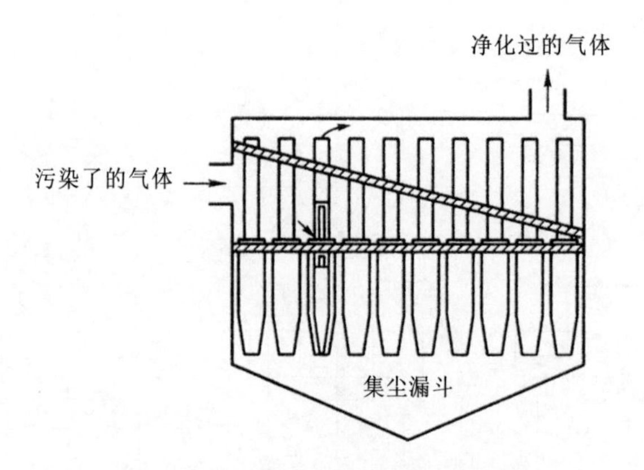

图 2-20 回流式多管旋风除尘器

多管旋风除尘器具有效率高，处理气量大，有利于布置和烟道连接方便等特点。但是，对旋风子制造、安装和装配的质量要求较高。

2.6.6 旋风除尘器的设计选型

1）应根据含尘浓度、粒度分布、密度等烟气特征及除尘要求、允许的阻力和制造条件等因素全面分析，合理地选择旋风除尘器的形式。特别应当指出，锅炉排烟的特点是烟气流量大，而且烟气流量变化也很大。在选用旋风除尘器时，烟气流量的变化应与旋风除尘器适宜的烟气流速相适应，以期在锅炉工况变动时均能取得良好的除尘效果。

2）根据使用时允许的压力降确定进口气速 u，如果制造厂已提供各种操作温度下进口气速与压力降的关系，则可根据工艺条件允许的压降就可选定气速 u；若没有气速与压降的数据，则根据使用时允许的压降计算进口气速，由式（2-96）可得

$$\Delta p=\zeta\frac{\rho_{\mathrm{g}}u^{2}}{2} \tag{2-104}$$

$$u=\sqrt{\frac{2\Delta p}{\zeta\rho_{\mathrm{g}}}} \tag{2-105}$$

若没有提供允许的压力损失数据，一般取进口气速为 12～25 m/s。

3）确定旋风除尘器的进口截面 A、入口宽度 b 和高度 h，根据处理气量由下式决定进口截面积

$$A=bh=\frac{Q}{u} \tag{2-106}$$

式中：Q——旋风除尘器处理烟气量，m^3/s。

4）确定各部分几何尺寸，由进口截面积 A 和入口宽度 b 及高度 h 确定各部分的几何尺寸。几种常用旋风除尘器的标准尺寸比例见表 2-8。

表 2-8 几种常用旋风除尘器的主要尺寸比例

尺寸名称		XLP/A	XLP/B	XLT/A	XLT
入口宽度，b		$(A/3)^{1/2}$	$(A/2)^{1/2}$	$(A/2.5)^{1/2}$	$(A/1.75)^{1/2}$
入口高度，h		$(3A)^{1/2}$	$(2A)^{1/2}$	$(2.5A)^{1/2}$	$(1.75A)^{1/2}$
筒体直径，D		上 $3.85b$ 下 $0.7D$	$3.33b$ $(b=0.3D)$	$3.85b$	4.96
排出筒直径，d_e		上 $0.6D$ 下 $0.6D$	$0.6D$	$0.6D$	$0.58D$
筒体长度，L		上 $1.35D$ 下 $1.0D$	$1.7D$	$2.26D$	$1.6D$
锥体长度，H		上 $0.50D$ 下 $1.0D$	$2.3D$	$2.0D$	$1.3D$
灰口直径，d_1		$0.296D$	$0.43D$	$0.3D$	$0.145D$
进口速度为右值时的压力损失	12 m/s	700①（600）	5 000（420）	860（770）	440（490）
	15 m/s	1 100（940）	890②（700）	1 350（1 210）	670（770）
	18 m/s	1 400（1 260）	1 450③（1 150）	1 950（1 740）	990（1 110）

注：表中除尘器型号：X—除尘器，L—离心，T—筒式，P—旁路式，A、B 为产品代号。①括号内的数字为出口无涡壳式的压力损失；②进口速度为 16 m/s 时的压力损失；③进口速度为 20 m/s 时的压力损失。

例 2-2 已知烟气处理量 Q=5 000 m^3/h，烟气密度 ρ=1.2 kg/m^3，允许压力损失为 900 Pa，若选用 XLP/B 型旋风除尘器，试确定其主要尺寸。

解：查表可知，阻力系数 ζ=5.8。

旋风除尘器的入口气速

$$u=\sqrt{\frac{2\Delta p}{\rho_g \zeta}}=\sqrt{\frac{2\times 900}{1.2\times 5.8}}=16.1\ \text{m/s}$$

进口截面面积 $A=Q/u$=5 000/（3 600×16.1）=0.086 3 m^2

由表 2-8 查出 XLP/B 型旋风除尘器尺寸比例：

入口宽度 $b=(A/2)^{1/2}=(0.086\,3/2)^{1/2}$=0.208 m

入口高度 $h=(2A)^{1/2}=(2\times 0.086\,3)^{1/2}$=0.42 m

筒体直径 $D=3.33b=3.33\times 0.208 = 0.624$ m

参考 XLP/B 产品系列，取 D=700 mm，则

排气管直径 $d_e=0.6D$=0.42 m

筒体长度 $L=0.7D$=0.09 m

锥体长度 $H=2.3D$=1.61 m

排灰口直径 $d_1=0.43D$=0.3 m

2.7 电除尘器

电除尘器是使含尘气体通过高压电场，在电场力的作用下，将粉尘沉积于电板上，使尘粒从气体中分离出来的一种除尘设备。与其他除尘器不同的是，电除尘器由于其分离作用力（主要是静电力）直接作用于粉尘上而不是气流上，这就决定了其具有以下优点：除尘效率高、可适应处理大烟气量、运行费用低、适用于高温烟气、自动化程度高。

电除尘器的缺点在于：一次性投资费用高；对粉尘性质要求较严，最适宜比电阻为 10^4～5×10^{10} Ω·cm；制造、安装、运行要求严格。

2.7.1 电除尘器的工作原理

实际中的电除尘器有很多类型与构造，但它们都是根据相同的原理设计的。电除尘器的工作原理主要包括电晕放电、粒子荷电、带电粒子的迁移和捕集、颗粒的清除等基本过程。

2.7.1.1 电晕放电

（1）电晕放电的原理

在电除尘器中，当电晕极和集尘极间施加一定电压时，两极之间就会产生一个不均匀的电场，靠近曲率较大电极处的强电场区域称为电晕区。在电晕区，由于电场强度大，气体中的自由电子被加速，足以通过碰撞将其他气体分子的外圈电子碰撞出来，而使其电离，形成正离子和新的自由电子。新的自由电子又会参与对其他气体分子的碰撞，使这种过程反复进行并以指数级数增加，因而被称为雪崩过程。此时在放电极周围的电离区内可以看到淡蓝色的光点或光环，同时能够听见嘶嘶声和噼啪的爆裂声，这一现象称为电晕放电。

电晕放电需要很强的电场强度，为此通常采用非均匀电场，即在一圆线或其他曲率半径很小的电极上施加高压，而另一电极是一个平板或圆筒，这样可以使放电电极附近产生极高强度的电场。

（2）空间电荷的产生

电晕区一般只限于距放电极表面 2～3 mm 范围内，在电晕区以外直到另一电极的空间称为电晕外区。在电晕外区电场强度急剧下降，不会产生雪崩放电过程，只作为输送离子的孤立区，但电晕区内产生的大量电子及负离子在这一区域向集尘极运动，这些电子会被电负性强的气体分子（O_2、H_2O、SO_2 等）俘获并产生负离子，一同向正极运动。

（3）正、负电晕及其特点

当电晕电极是负极时，电离过程中产生的电子迅速由电晕线向接地的集尘极（正极）运动，产生负电晕；当电晕电极为正极时，则产生的正离子向接地的集尘极（负极）运动，产生正电晕。

正负电晕在表现形式上有所不同。负电晕在放电极上呈团状或小球状淡蓝色光点分布在极线上，正电晕沿电极形成淡蓝色的连续光芒。

正负电晕在除尘性能上也有不同。通常负离子的迁移率较正离子高，例如在干空气下负离子的迁移率约 2.1 $cm^2/$（s·V），而正离子的迁移率约为 1.36 $cm^2/$（s·V），因而与分子及粉尘的碰撞机会较多，对粉尘荷电有利。

离子迁移率高，产生的电晕电流也高（图 2-21），同时负电晕的击穿电压也较高，这样除尘器的有效工作范围就较宽，有利于除尘器的运行。

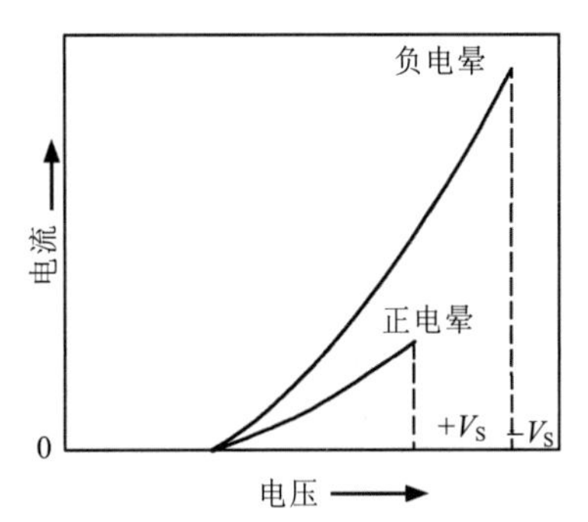

图 2-21　正负电晕离子电流

因此，在实际应用中，工业电除尘中几乎都是采用负电晕工作；但负电晕会产生迁移率很高的负离子，在碰撞电离过程中会产生较多的 O_3 和 NO_x，故在用于净化送风空气（如空调系统等）时常采用正电晕除尘器。

（4）起始电晕电压

在极线上施加的电压未达到产生电晕之前，极间几乎没有电流通过。当气体电离后，会产生大量的正负离子，形成空间电荷，产生电流。开始发生电晕放电的电压称为起始电晕电压，又称临界电压，与之相对应的电场强度称为临界场强。

Peek 通过实验提出了计算临界场强的半经验公式：

对线—管式电场：

$$E_c = 3.1\times10^6 m(\delta + 3.08\times10^{-2}\sqrt{\delta / a}) \tag{2-107}$$

对线—板式电场：

$$E_c = 3.0\times10^6 m(\delta + 3.01\times10^{-2}\sqrt{\delta / a}) \tag{2-108}$$

式中：δ —— 相对空气密度，$\delta = \dfrac{T_0 P}{T P_0}$，其中 $T_0 = 298$ K，$P_0 = 1.0$ atm[①]；

m —— 导线光滑修正系数，$0.5 < m < 1.0$，对光滑圆线 $m = 1$，实际导线由于表面的不平整，可取 $m = 0.6 \sim 0.7$。

故在 $r = a$（电晕极表面）时，线—管电场的临界电压的计算公式为

$$V_c = 3.1\times10^6 ma(\delta + 3.08\times10^{-2}\sqrt{\delta / a})\ln(b / a) \tag{2-109}$$

---

① 1 atm=1.013 25×10^5Pa。

当在电晕线上施加的电压超过 V_c 时，在电场中即可产生电流。

（5）影响电晕特性的因素

起晕电压与烟气性质、电极的形状、电极的几何尺寸等有关。电晕线越细，V_c 越低。电极的形式不同，起晕电压也不相同。芒刺电极的起晕电压要比圆线电极的要低一些。

气体组成对电晕特性也有较大影响。不同的气体分子对电子的亲和力不同，H_2、N_2、Ar 等无电子亲和性，不能捕获电子；O_2、SO_2 等电负性气体对形成负离子起决定性作用；H_2O、CO_2 与高速电子碰撞，能离解出氧原子，进而形成负离子。例如，对起晕电压在洁净空气中为 35.5 kV，同样条件下在氮气中为 38.1 kV，在氧气中为 29.1 kV。

温度和压力既改变起始电晕电压又改变电压-电流关系。在电子的雪崩过程中，两次碰撞之间必须要有足够的时间使电子加速到一定程度。温度和压力导致气体密度改变，分子的平均自由程因而发生变化。气体密度高时，分子的平均自由程变短，需要的起晕电压也高。

2.7.1.2 粒子荷电

粒子荷电是电除尘过程中的重要阶段。荷电量的大小与尘粒的粒径、电场强度、停留时间等因素有关。通常认为离子荷电的主要机理有两种：电场荷电和扩散荷电。依尘粒大小的不同，每种机理所起的作用有所不同。当粉尘粒径大于 0.5 μm 时，以电场荷电为主；当粒径小于 0.2 μm 时，扩散荷电起主要作用；而粒径为 0.2～0.5 μm 时，两者均起作用。

（1）电场荷电

电场荷电是离子在电场力作用下，沿电力线做定向运动而与颗粒发生相撞，并附着于颗粒表面，使颗粒荷电的一种行为。

电场荷电主要是较大粒径粒子的行为，如果引入粒子前外部电场是均匀的，假定粒子为球形，且尘粒的粒径远大于离子的平均自由程，粒子之间没有互相干扰，则在 t 时间内粒子获得的电荷量为

$$q_t = \pi\varepsilon_0 pE_0 d_p^2\left(\frac{t}{t+t_0}\right) \qquad (2\text{-}110)$$

式中：ε_0——真空介电常数，$\varepsilon_0 = 8.55\times10^{-12}$ F/m；

p——常数，$p=\dfrac{3\varepsilon}{\varepsilon+2}$，其中 ε 为尘粒的相对介电常数，通常的粉尘 $p = 1.5$～2.0；

E_0——电场强度，V/m；

t_0——荷电时间常数，

其中，$t_0=\dfrac{4\varepsilon_0}{N_0 eK}$

K——气体离子迁移率，m^2/（s·V）；

N_0——离子密度，m^{-3}；

e——电子电量，$e = 1.6\times10^{-19}$ C。

当 $t \to \infty$ 时，粉尘获得饱和电荷

$$q_s = \pi\varepsilon_0 p E_0 d_p^2 \tag{2-111}$$

故

$$q_t = q_s\left(\frac{t}{t+t_0}\right) \tag{2-112}$$

$$t_0 = 4\varepsilon_0/N_0 eK \tag{2-113}$$

当荷电时间 $t = t_0$ 时，粉尘的荷电量 q_t=0.5q_s，t=10 t_0 时，粉尘的荷电量 q_t=0.91q_s，在实际电除尘器中，t_0 一般为 10^{-3}～10^{-2} s，因而粉尘在 0.1～1 s 可获得极限电荷的 99%，也就是，对于电场荷电，尘粉移动几个厘米荷电就基本可以完成。故可认为在电除尘器的整个过程中，粉尘均带有极限电荷。

（2）扩散荷电

扩散荷电是离子由于做无规则热运动而与尘粒碰撞，并黏附在颗粒表面使其荷电。外加电场虽然有利于扩散荷电，但并不是必需的。

离子的热运动（扩散）只服从于气体分子运动理论，与离子的热能、尘粒大小和停留时间有关。因离子的热运动能量在理论上不存在上限，故扩散荷电没有极限值。同样地，随着粒子上积累的电荷的增加，荷电速率将越来越低。

根据分子运动论可导出扩散荷电的理论方程

$$q_t = \frac{2\pi\varepsilon_0 d_p kT}{e}\ln\left(1+\frac{e^2\bar{u}d_p N_0 t}{8\varepsilon_0 kT}\right) \tag{2-114}$$

式中：$\bar{u}$ ——气体离子的平均热运动速度，m/s；

T ——气体温度，K；

k ——波尔兹曼常数，$k = 1.38\times10^{-23}$ J/K。

上式表明，随着时间的增加，粉尘所能获得的电荷数也增加。但随着时间的增加，电荷数的增加速度将越来越慢。

Heinrich 建议采用以下近似公式：

$$q_t = 2\times10^2 r_p e \tag{2-115}$$

$$r_p = \frac{1}{2}d_p \tag{2-116}$$

（3）电场荷电和扩散荷电的综合作用

对粒径处于中间范围（0.2～0.5 μm）的粒子，需同时考虑两种荷电作用。描述这两种荷电过程的非线性微分方程无法求得解析解，通常采用以下近似解：

①简单地将电场荷电的饱和电量和扩散荷电的电量相加，可粗略表示总电量，但这种计算方法误差较大。

②在一般计算中，由于细粉尘含量极少，故可只考虑电场荷电。

③较精确的计算方法是将两种机理的荷电率相加，然后解出总电荷数。

2.7.1.3 带电粒子的迁移和捕集

（1）粒子的驱进速度

粉尘荷电后，在电场的作用下向集尘极方向运动，粉尘垂直于极板的运动速度称为驱进速度。驱进速度与尘粒的荷电量、收尘的电场强度、气体的性质等有关。

在垂直于极板方向，作用于荷电粒子的力有库仑力和黏性阻力。

库仑力的计算公式为

$$F_e = qE_p \tag{2-117}$$

设尘粒运动处于黏性流范围，服从 Stokes 定律，则黏性阻力为

$$F_D = 3\pi\mu d_p\omega \tag{2-118}$$

式中：q——微粒荷电量，C；

E_p——集尘极电场强度，V/m；

d_p——微粒粒径，μm；

μ——流体黏度；

ω——粒子的驱进速度，m/s。

惯性力的计算公式为

$$F_i = m_p\frac{\mathrm{d}\omega}{\mathrm{d}t} = F_e - F_D = qE_p - 3\pi\mu d_p\omega \tag{2-119}$$

解得

$$\omega = \frac{qE_p}{3\pi d_p\mu}\left[1-\exp\left(-\frac{t}{\tau_m}\right)\right] \tag{2-120}$$

式中$\tau_m = \dfrac{m}{3\pi d_p\mu}$，称为运动时间常数。

当时间$t>5\tau_m$时，可以认为速度ω已经达到了粉尘运动的终末速度。取球形尘粒的密度为 $\rho = 1\,000\ \mathrm{kg/m^3}$，空气的黏度 $\mu = 18.1\ \mathrm{Pa \cdot s}$ 时，计算得时间常数为

$$\tau_m = 3.075\times10^{-6}\, d_p^{\,2} \tag{2-121}$$

对 50 μm 以下的粒子，因为τ_m比较小（在 10^{-3} s 左右），其加速时间与整个停留时间相比是很短的。故可以忽略公式中的指数项，认为整个时间内ω为一常数。

$$\omega = \frac{qE_p}{3\pi d_p\mu} \tag{2-122}$$

一般在实际中为简化计算，经常忽略扩散荷电。

粒子驱进速度 ω 是电除尘器设计中一个关键数值，确定 ω 的方法一般有经验法、类比法、半工业实验法、理论计算法等。通常均是根据烟气和粉尘性质及其他资料和积累的

实践经验来确定，ω 与板间距的关系很大，见表 2-9。

表 2-9　各种粉尘的驱进速度

粉尘名称	ω/（m/s）	粉尘名称	ω/（m/s）
电站锅炉飞灰	0.04～0.2	焦油粉尘	0.08～0.23
粉煤炉飞灰	0.1～0.14	硫酸雾粉尘	0.061～0.071
纸浆及造纸锅炉烟尘	0.065～0.1	石灰回转窑烟尘	0.05～0.08
铁矿烧结机头烟尘	0.05～0.09	石灰石粉尘	0.03～0.055
铁矿烧结机头烟尘	0.05～0.1	镁砂回转窑烟尘	0.045～0.06
铁矿烧结粉尘	0.06～0.2	氧化铝粉尘	0.064
碱性氧气顶吹转炉烟尘	0.07～0.09	氧化锌粉尘	0.04
焦炉烟尘	0.067～0.161	氧化铝熟料粉尘	0.13
高炉烟尘	0.06～0.14	氧化亚铁（FeO）粉尘	0.07～0.22
闪烁炉烟尘	0.076	铜焙烧炉烟尘	0.0396～0.042
冲天炉烟尘	0.3～0.4	有色金属转炉烟尘	0.073
热火焰清理机烟尘	0.0596	镁砂粉尘	0.047
湿法水泥窑烟尘	0.08～0.115	硫酸粉尘	0.06～0.085
立波尔水泥窑烟尘	0.065～0.086	热硫酸粉尘	0.01～0.05
干法水泥窑烟尘	0.04～0.06	石膏粉尘	0.16～0.2
煤磨尘	0.08～0.1	城市垃圾焚烧炉烟尘	0.04～0.12

注：其中，由于给出的是数值范围，烟尘类别亦有限，因此确定 ω 值时应考虑下列因素。

①分析电除尘器的应用状况，适当取值，即应全面了解所需净化粉尘/烟尘的性质，估计将应用除尘器的装备及运行条件，然后再给定 ω 值。

②对比所需净化烟尘相同及类似工艺中已应用的电除尘器，由其实测的效率、伏安特性等获得各项运行参数，反算出 ω 值。

③通过实验获得 ω 值，对某些工艺，特别是未曾用过电除尘器的工艺或是烟尘性质与应用中电除尘器有很大差别时，应通过小型试验取得有关数值。

（2）捕集效率公式

多依奇（Deutsch）从理论上推导出了捕集效率公式。在推导过程中假定：

①粉尘一进入除尘器，立即完成荷电过程；

②紊流与扩散使任何断面上的粉尘浓度都均匀分布；

③通过除尘器的气流速度在各点上均匀分布；

④不考虑二次扬尘、冲刷、反电晕、凝并等影响。

如图 2-22 所示，按气流流动方向取长度坐标 x，除尘器总长度为 L，气流及粉尘在 x 方向流速为 u，流量为 Q。

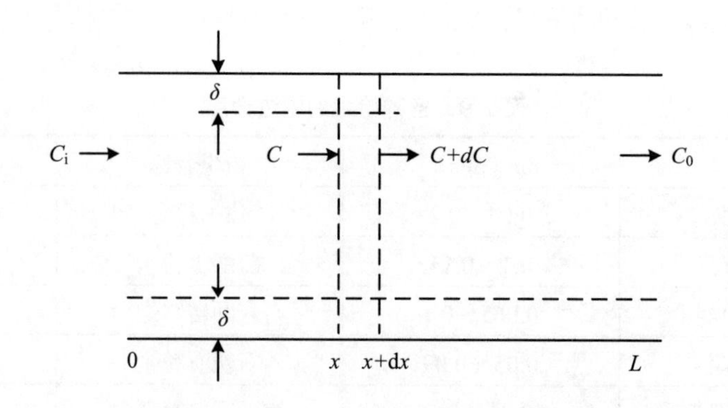

图 2-22 捕集效率方程式推导示意

设 a 为 x 方向单位长度集尘板的面积（板式 $a = 2H$，筒式 $a = \pi D$），A 为集尘板的总面积，L 为电场长度，F 为除尘器在气流方向上的横截面积（板式 $F = BH$，筒式 $F = \dfrac{\pi}{4}D^2$）。在 $\mathrm{d}t$ 时间内，所有进入边界层 δ 区域内的粉尘都将被收下来，则

$$\delta = \omega \mathrm{d}t \tag{2-123}$$

在同一时间内，气流走过的路程为

$$\mathrm{d}x = u\mathrm{d}t \tag{2-124}$$

被捕集的粉尘的质量为

$$\mathrm{d}m_{\mathrm{p}} = (a\mathrm{d}x)\delta C = C(a\mathrm{d}x)\omega\mathrm{d}t \tag{2-125}$$

在 x 到 $x + \mathrm{d}x$ 时间段内，粉尘浓度从 C 增加到 $C + \mathrm{d}C$，则被捕集的粉尘质量为

$$\mathrm{d}m_{\mathrm{p}} = -F\mathrm{d}x\mathrm{d}C \tag{2-126}$$

得

$$C(a\mathrm{d}x)\omega\mathrm{d}t = -F\mathrm{d}x\mathrm{d}C = (a\mathrm{d}x)C\omega\frac{\mathrm{d}x}{u} \tag{2-127}$$

整理后得

$$\frac{a\omega}{Fu}\mathrm{d}x = -\frac{\mathrm{d}C}{C} \tag{2-128}$$

当 $x = 0$ 时，$C = C_{\mathrm{i}}$；$x = L$ 时，$C = C_0$。

积分得

$$\frac{a\omega}{Fu}\int_0^L \mathrm{d}x = -\int_{C_{\mathrm{i}}}^{C_0}\frac{\mathrm{d}C}{C} \tag{2-129}$$

而 $Fu = Q$；$a\omega = A$，故

$$\frac{A}{Q}\omega = -\ln\frac{C_0}{C_{\mathrm{i}}} \tag{2-130}$$

$$\eta = 1 - \frac{C_0}{C_i} = 1 - \exp\left(-\frac{A}{Q}\omega\right) \tag{2-131}$$

式（2-131）是著名的多依奇（Deutsch）公式。该公式描述了效率η与集尘极面积A、气体流量Q和粒子驱进速度ω之间的关系，指明了提高捕集效率的途径，因而广泛应用于电除尘器的设计及性能分析中。

（3）捕集及效率公式的实际应用

多依奇公式中忽略了许多影响因素，尽管有许多对该公式修正得到了更为精确的效率计算公式，但应用起来不如 Deutsch 公式方便。

影响多依奇公式精确性的主要是关于驱进速度的计算，按前述理论计算的ω要比实际测得的大 2～10 倍。对多依奇公式的修正主要是修正有效驱进速度。

传统的工程设计中都采用实测的驱进速度为依据，称为有效驱进速度ω_p。

ω_p的算法是根据同类型或相近类型除尘器对同类型生产工艺（同类粉尘）测定其η、A、Q，按多依奇公式反算出来的。因此ω_p的物理意义不仅反映尘粒向极板的运动速度（理论驱进速度），同时包含如二次扬尘、气流不均、电风等影响因素。这种方法也是带有半经验性质的。

当已知所设计工艺的ω_p时，就可以按多依奇公式推算除尘效率，并作为类似新除尘器的设计依据；或计算给定效率时除尘器收尘板面积等。

如果缺乏所设计对象的有效驱进速度，又没有相应的除尘器可供测定，则应该进行小型实验，再放大使用；但小试结果往往偏高。

目前，较为先进的办法是建立电除尘器的数学模型，以多依奇公式为计算依据，同时包括电场的数值计数，粉尘荷电的计算，以及考虑二次扬尘、气流分布均匀性等因素的影响，借助计算机辅助设计，摆脱纯经验的设计方法。

2.7.1.4 影响电除尘器性能的主要因素

影响电除尘器除尘效率的因素有很多，主要有粉尘性质、烟气性质、电气参数、供电装置及其构件等。

（1）粉尘的浓度和密度

粉尘的浓度和粒度对电除尘器的影响主要表现在对粉尘的荷电上。当入口含尘浓度很高时，会严重影响电晕放电，在一定条件下甚至会形成电晕闭塞，即电晕现象消失，尘粒在电场中根本得不到电荷，电晕电流几乎为零，失去除尘作用。

在这方面起决定性作用的是粉尘的计数浓度（单位体积中尘粒的个数），因为越细小的尘粒，即使质量浓度不高也可能造成电晕闭塞；相反，对于粗颗粒粉尘可以允许入口含尘浓度较高一些。

为了防止电晕闭塞，入口含尘浓度通常不应超过 30 g/m^3。

近年来发展的芒刺放电极对防止电晕闭塞有较好的效果，芒刺电极的放电强度高，可强化尘粒的荷电，消除电晕闭塞。因此，当电除尘器入口含尘浓度高时，可在前面的电场，如第一、第二电场设芒刺电极。

尘粒直径为 0.2～0.4 μm 的粉尘是电除尘器最难捕集的，这是由于电场荷电到扩散荷电的过渡阶段中二者的效率都比较低。

（2）粉尘的比电阻

根据粉尘比电阻的不同，粉尘可分成三类：

①低比电阻粉尘（$\rho<10^4\ \Omega\cdot cm$）；

②中等比电阻粉尘（$10^4\ \Omega\cdot cm<\rho<5\times10^{10}\ \Omega\cdot cm$）；

③高比电阻粉尘（$\rho>5\times10^{10}\ \Omega\cdot cm$）。

电除尘器最适宜捕集的粉尘为中等比电阻粉尘。

对炭黑、未燃烧完全的碳粒子等低比电阻粉尘，在电除尘器中，当其荷电后到达集尘极板表面上时，其导电性良好而很快将其所荷的电传给极板，导致失去电性或者带上与集尘电极相同的电荷，因而易于重新返回气流，造成二次扬尘。此外，低比电阻粉尘附着在绝缘子上后，会降低其绝缘能力，使电压不能升高，影响除尘器的效率。

高比电阻粉尘则相反，当其荷电后附着在收尘极表面上，一方面，由于电阻高而不易放出电荷，粉尘积累在收尘极上越来越多，可以形成很强的电场。粉尘层表面呈现负电性，它将排斥随后来的带负电性的尘粒，故除尘效率将降低。另一方面，在粉尘层内部形成的电场强度达到粉尘层内的击穿电场强度，就会发生击穿，产生与原来放电极放电的方向相反的放电，称为反电晕。反电晕放电产生大量正离子进入极间的空间，可使原来荷有负电的粉尘中和，破坏电除尘器的正常工作，使除尘效率急剧恶化。

解决高比电阻粉尘的捕集问题，可以采用以下措施：

①对烟气进行调质，以降低比电阻值；

②改善除尘器的电极结构，如采用宽间距电除尘器、横向电极电除尘器、双区电尘器、带辅助电极的电除尘器等；

③改变供电设备，如采用脉冲供电等。

（3）烟气性质

对电除尘器工作有重要影响的烟气性质有温度、湿度、密度及其化学成分。其中包括有些含量很低，但影响显著的化学成分（如 SO_2、SO_3）。对燃煤锅炉烟气，煤中的含硫量越高，烟气中含有的 SO_2 也越高，从而会导致粉尘的比电阻降低。

在干式电除尘器中，烟气的温度和湿度对粉尘比电阻有着明显的影响，从而也影响除尘效率。

一般工业炉窑的烟气温度往往正好处在比电阻极限值的范围内，因而给电除尘带来一定的困难。为防止高比电阻产生，可以对烟气进行降温（如喷雾）以降低比电阻值，或将电除尘器设于烟气的高温段，例如设于锅炉的省煤器之前，此时温度可达 300℃以上，比电阻也下降。这种除尘器，习惯上称为高温电除尘器，其温度上限受钢材耐温性能的限制。

在低温段，粉尘的表面除了吸附水分外，还可吸附气体中的一些化学物质，如 SO_3、NH_3 等。特别是当烟气温度接近于露点温度时，这种吸附能力更强。吸附这些化学物质，会增强尘粒的表面导电能力，从而降低粉尘的比电阻。因此在烟气中添加 SO_3、NH_3 等添加剂是降低比电阻、提高除尘效率的重要措施之一。

（4）气流速度

气流速度是影响电除尘器工作的主要因素之一。如图 2-23 所示，当气流速度增大时，除尘效率随之降低。气流速度与电除尘器的有效长度是密切相关的，二者共同决定了粉尘在电除尘器中的停留时间。

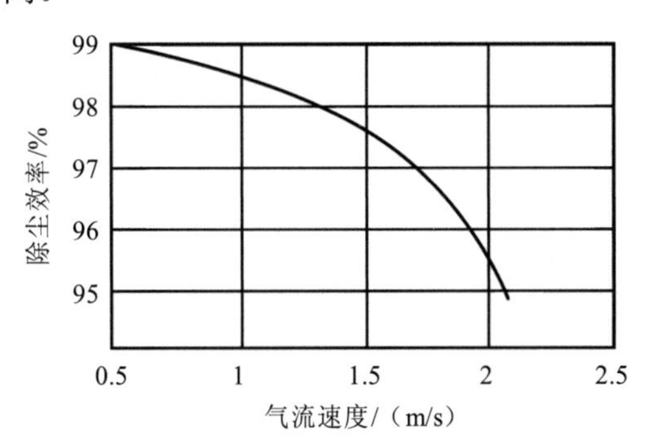

图 2-23 气流速度对除尘效率的影响

由多依奇公式可以得出

$$\eta = 1 - \exp\left(-\frac{L}{vB}\omega\right) \tag{2-132}$$

可见，为保证必需的除尘效率，气流速度 v 的增加，可用相应增加电场长度 L 来补偿，即应保证必需的气流停留时间。实际上，气流速度增加到一定值后，电除尘器的有效长度再增加，除尘效率也不可能再提高很多。其中的原因之一是气流速度的增加会引起二次扬尘量的大大增加。例如，在干式卧式电除尘器中，当气流速度小于 1 m/s 时，二次扬尘量较小，当气流速度由 1.5 m/s 增加到 3 m/s 时，气流的冲刷及振打引起二次扬尘量增加 7～9 倍。因此，对于平板式、棒帷式收尘电极，由于其防止二次扬尘的性能弱，其气流速度不应大于 1 m/s；而对于型板式收尘极板（C 型、Z 型、CS 型等）气流速度可以提高到 1.5～1.7 m/s。

由于气流速度是影响除尘器效率的主要因素，因此气流速度在除尘器断面上的分布均匀程度极为重要。局部地区气流速度超过平均速度 20%～30%时，将使除尘效率急剧降低。尽管在气流速度降低处的除尘效率会稍有提高，但不可能补偿在流速高处的除尘效率的降低值。为使气流速度在除尘器断面上能均匀分布，在除尘器入口渐扩管段内要设置一块或数块气流分布板。

目前，评定气流分布均匀性的方法很多。我国常用的有速度场不均匀系数法（M 值法）和均方根差法。以下介绍评价气流分布均匀性的均方根差法。

设除尘器横断面在横向和纵向分别取 n 及 m 点，构成网格，则气流分布均匀性可由均方根差 σ 表示：

$$\sigma^2 = \frac{1}{nm}\sum_1^n \sum_1^m \left[\frac{v_{ij} - \bar{v}}{\bar{v}}\right]^2 \tag{2-133}$$

式中：v_{ij}——各测点的风速；

$\bar{v}$——断面上的平均风速。

气流完全均匀时，$\sigma=0$，而实际上σ为10%～50%。工业电除尘器的σ<10%时，认为气流分布很好；15%时较好；25%时尚可；大于25%是不允许的。

（5）电器参数

影响电除尘器工作的主要电器参数有电晕电极线上施加的电压和电晕电流强度，这些决定了电除尘器中的电场强度和输入功率。

由前文的推导可知，电场强度对驱进速度起主导作用，驱进速度与荷电场强、收尘场强的乘积成正比。为了保持电除尘器的高效率，应使施加在电除尘器上的电压尽可能高。该电压的高低除和放电电极与收尘电极之间的距离有关外，还和电除尘器的制造、安装质量、含尘气流的性质、供电设备的性能等有关。因此，为了使供电电压保持在较高的水平工作，供电装置要设置自动调压装置，使施加在电极上的最高工作电压接近于火花击穿电压。

在常规电除尘器中，收尘极板之间的距离为300 mm时，施加在电晕线上的电压可达60 kV，此时平均电场强度为4 kV/cm。但在实际运行中，由于结构及工艺等条件的影响，工作电压可能降低，有时仅能达到45 kV左右。因此在设计中可以取电除尘器的平均电场强度为3～4 kV/cm。对极间距为600 mm的宽间距电除尘器，工作电压要求达到90～120 kV。

2.7.2 电除尘器的类型与构造

2.7.2.1 电除尘器的类型

根据电除尘器的不同结构特点，可以产生不同的分类方式。

（1）按集尘极形状分类

电除尘器按集尘极形状可分为板式和管式，如图2-24所示。

板式电除尘器是在一系列平行的集尘电极板构成的通道之间设置放电电极。两块极板之间的通道宽度一般为200～400 mm。长、宽、高等几何尺寸灵活，通道数由几个至几十个至上百个，高度为2～12 m，长度可依据不同要求设计。板式电除尘器清灰方便，制作安装较容易，是工业中应用最为广泛的形式。

管式电除尘器就是在金属圆管的中心放置电极，圆管的内壁为收尘表面。管径一般为150～300 mm，长为2～5 m。由于单管处理的烟气量很小，经常使用多管并列设置，为节省空间和材料也可以采用六角形（蜂房形）排列，适于处理气量较小或含雾滴的含尘气体。

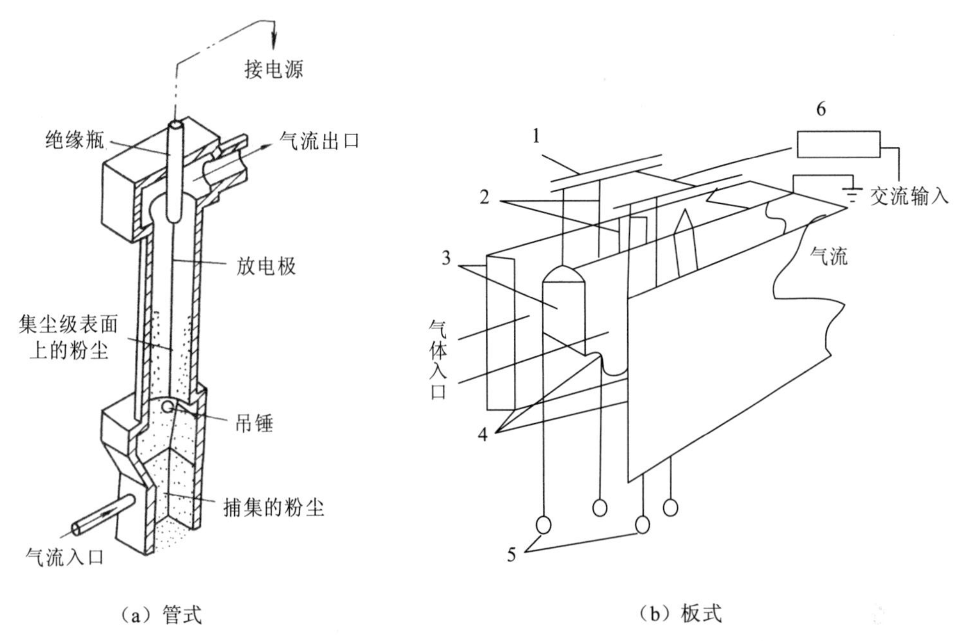

（a）管式　　（b）板式

1—高压母线；2—电晕集；3—挡板；4—收尘挡板；5—重锤；6—高压电极

图 2-24　电除尘器示意

（2）按气流方向分类

电除尘器按气流方向可分为立式和卧式 2 种。

在立式电除尘器中，气流通常由下而上流动。立式电除尘器通常做成管式，这使得其具有占地面积小、捕集效率高的优点。因上部为敞口，对捕集爆炸性粉尘有利。

在卧式电除尘器中，气流沿水平方向通过。卧式电除尘器可设计若干个电场供电，容易实现对不同粒径粉尘的分离，有利于提高总除尘效率，且安装高度比立式电除尘器低，操作和维修方便。在工业废气除尘中，卧式电除尘器是应用最广泛的一种电除尘器。

（3）按荷电和集尘区域的布置不同分类

电除尘器按荷电和集尘区域的布置不同可分为单区和双区。

单区电除尘器的荷电与分离在同一区域，构造简单，应用广泛。

双区电除尘器分荷电区与分离区，粉尘先在荷电区带电后再进入分离区。常用于送风空气的净化。

（4）按清灰方式分类

电除尘器按清灰方式可分为湿式与干式两种。湿式电除尘器使用喷雾、淋水或溢流等方式在收尘极表面形成一流动水膜，将粉尘带走。由于水膜的作用避免了二次扬尘，除尘效率很高；但由于有泥浆产生，需要二次处理。管式除尘器一般采用湿式清灰。

干式电除尘器是利用机械振打或刷子清扫使粉尘落入灰斗。这种方式便于粉尘的回收利用，但是振打清灰可能产生二次扬尘，导致除尘效率降低。

2.7.2.2 电除尘器的构造

虽然电除尘器种类繁多，但从结构上看，可以分为本体和供电装置两大类。电除尘器本体一般由放电电极、集尘电极、振打清灰装置、气流分布装置、外壳等组成，如图 2-25 所示。

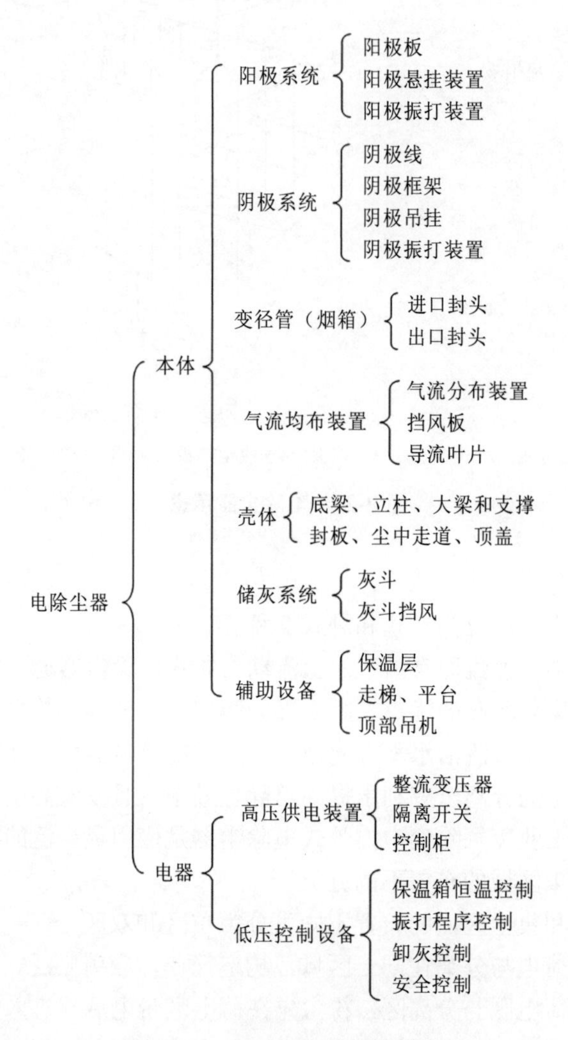

图 2-25 电除尘器主要部件组成

（1）放电电极

放电电极是电除尘器的主要部件之一，它直接影响除尘器的效率。一些常用的电晕电极分类如下。

1）圆形电极。是电除尘器最早使用的一种形式。圆形放电电极的放电强度与其直径成反比，直径越小，放电强度越大。但考虑振打等对机械强度的要求及火花放电对电极线的损伤，直径不能太小。一般采用ϕ为 2～3 mm 的镍铬线。

2）星形电极。由 4～6 mm 普通钢冷拉而成，一般拧成麻花形，有助于保持导线的平直并加大锐边的长度，从而提高放电电流。星形电极由于在其四角上曲率半径小，故在保证必要的放电强度下具有足够的机械强度，大大减少了断线的可能性。

3）锯齿电极。是点状放电电极，一般采用厚度 1.5 mm 的钢带制成。这类电极的放电强度高，是应用较多的一种放电极。由于是片状，断线时只倒向放电线框架平面内，不会倒向集尘电极造成短路。

4）芒刺电极。芒刺电极也属于点状放电电极。种类较多，如芒刺角钢、针刺线、R-S 线等。一般来说芒刺电极的起晕电压低，放电强度强，不易断线。

电晕线与电晕线之间的距离对放电强度也有很大影响。间距太大会减弱放电强度，间距太小也会因屏蔽作用减弱放电强度。最佳线间距一般为 200～300 mm。

（2）集尘电极

集尘电极是电除尘器的主体结构，有很多不同的形式，对板式电除尘器来说，大致可分为以下三类：

①平板式电极。包括网状电极、棒帏式电极等。

②箱式电极。包括鱼鳞板式、袋式电极等，其中袋式电极用于立式除尘器。

③型板式电极。用 1.2～3.0 mm 钢板制成一定断面形状的电极。常用的有 C 型、Z 型、CS 型、波浪型等。

极板之间的距离称为板间距或通道宽度，与工作电压和极板的高度有关。常规电除尘器的板间距一般为 200～350 mm。早期倾向于窄间距，目前几乎都采用 300 mm 宽的板间距，对应的电压为 60～70 kV。近年来提出宽间距电除尘器，通道宽为 400～1 000 mm，相应的电压高为 80～200 kV。

由于设备的大型化，除增加通道数外，极板的高度也在增加，已经由早期的 6 m 增加到现在的 12 m 或更高。

集尘电极对电除尘器的性能影响极大，对集尘电极的设计应考虑以下因素：

1）消耗金属少。集尘极板是主要的金属消耗体，因此降低极板的金属消耗意义重大。不同类型的极板消耗金属不同，其中箱式电极耗钢量大，是型板电极的 2.3～2.8 倍，而且结构复杂，目前除特殊需要外，已很少使用。

2）防止二次扬尘。在气流的冲刷下，特别是在振打时，已经沉积在集尘板上的粉尘可能会重新扬起而返回气流中，降低除尘效率。平板式电极防止二次扬尘的性能最差，只适用于气流速度很低的情况，故很少采用。箱式电极在振打时可以使粉尘落入袋内，避免二次扬尘，但其消耗钢材太多，因而逐渐被型板电极取代。型板式电极的两端有槽沟，在气流通过时，可在表面处形成涡流区，使粉尘不直接受主气流的冲刷，减少二次扬尘。

3）振打性能好。振打性能好的意义在于要在较小的振打力下使板面各点获得足够的振动强度，而且尽可能均匀。振打性能可以通过测定振打加速度的均匀性来评价，CS 型板式电极振打性能较好。

4）电场分布均匀。集尘板表面的电场强度和电流密度分布应尽可能均匀。显然平板式电极的电场分布非常不理想，因此目前有的采用 ZT 型电极。ZT 型电极接近于理想的电流分布，振打性能也好，但在防止二次扬尘方面不如 Z 型和 C 型等电极。

5）机械强度和制造安装精度。机械强度表现在刚度、耐高温和耐腐蚀方面，细长的电极需要足够的强度才不至于扭曲。型板式电极靠预制的沟槽维持强度，棒帏式电极在防止高温变形方面具有良好的特性，尽管其防止二次扬尘的性能较差，但在一些高温的场合仍然有所应用。

极板的歪曲和间距不均匀会导致工作电压降低和效率下降，因此不仅是对极板的机械强度要求高，对极板的制造和安装精度要求也很高。电极间距的安装误差应小于 5%。

（3）振打清灰装置

当集尘极沉积的粉尘达到一定厚度时，电气条件恶化，影响除尘效率。例如集尘板上积灰 10 mm 时，有效驱进速度只有粉尘厚 1 mm 时的 60%，因而必须及时清灰。

电除尘器的清灰方式有两种：湿式清灰和干式清灰。湿式清灰采用喷雾或溢流水冲洗集尘板，使其表面有一水膜，粉尘随时随水膜流下。湿式清灰基本避免了二次扬尘，不会产生反电晕，除尘效率较高。但其他原因使湿式清灰电除尘器发展较慢。

干式清灰主要是通过振打装置将收尘电极上沉积的粉尘层振落到灰斗中。振打方式主要有摇臂锤振打、顶部振打和电磁振打等。目前干式清灰主要采用摇臂锤振打方式。

振打周期对除尘效率的影响在于清灰时能否使脱落的尘块直接落入灰斗。周期太短，粉尘来不及在极板上聚集足够的厚度，以至于振打时造成大量二次扬尘，降低除尘效率；周期太长，极板上沉积的粉尘太厚，影响除尘器的除尘性能，也使除尘效率降低。因此，振打周期有一个最佳范围。此外，对串联的多个电场的除尘器振打周期要分别设定。顺气流方向第一个电场的振打周期要短，最后一个电场要长。

（4）气流分布装置

电除尘器中气流分布的均匀性对除尘效率有很大的影响，当气流分布不均时，在流速低处增加的除尘效率远不足以弥补流速高处效率的降低，因而总效率降低。

增强气流分布均匀程度主要依靠正确选择管道断面与除尘器断面的比例，以及设置气流分布装置来达到。一般是在除尘器电场之前设 1～3 道气流分布板，有时在出口设一道分布板。

增设气流分布装置，会增加除尘器的阻力，但改善了气流的湍流程度，又会使阻力降低，因此设计中可以不考虑阻力的增减。

常用的气流分布板有如下几种：

①圆孔板。实际常用孔径 40～60 mm，开孔率一般为 50%～60%，设置多块板时间距不小于孔距的 5～10 倍。

②百叶板。优点是可以根据实测的气流分布情况，在现场调节百叶板的角度。

③“X”板。可用于开口比（管道断面与除尘器断面的比例）高达 15 的除尘器。圆孔板适用于开口比 1∶7.5 左右的除尘器。

电除尘器在正式投入运行前，必须检查并调整气流分布情况。

（5）外壳

电除尘器的外壳结构主要由箱体、灰斗、进出口风箱及框架等组成。一般横截面大于 10 m^2 的电除尘器多设计成户外式，因此除需考虑自身强度外，还要考虑风霜雨雪等外部附加负载。

壳体的结构不仅要有足够的刚度、强度及气密性，而且要考虑工作环境保护下的耐腐蚀性和稳定性，同时要结合选材、制造、运输和安装等，使壳体结构具有良好的工艺性和经济性，一般要求壳体的气密性（漏风率）小于 5%。

2.7.3　电除尘器的选型与设计

2.7.3.1　电除尘器的设计计算

电除尘器的设计计算主要是根据用户提供的原始资料及使用要求确定电除尘器的集尘板面积、电场横断面积、电场长度、集尘极和电晕极的数量和尺寸等。设计电除尘器时需要提供的原始资料有：

①要求的除尘效率或除尘器进出口浓度；

②烟气的流量、组成、温度、湿度和压力等；

③粉尘的组成、粒径分布、比电阻、密度、黏性及回收价值等。

（1）集尘极面积

由多依奇公式

$$\eta = 1 - \exp\left(-\frac{A}{Q}\omega\right) \tag{2-134}$$

得

$$A = \frac{-Q\ln(1-\eta)}{\omega} \tag{2-135}$$

式中：A——集尘极面积，m^2；

ω——粒子的驱进速度，m/s；

Q——气体流量，m^3/s；

η——除尘效率。

需要指出的是，电除尘器的实际工作条件与设计时设定的条件可能存在差异，因此必须考虑一定的储备能力，目前多采用增大集尘极面积的方法，即集尘极面积 A 乘以储备系数 k，k 值可取 1～1.3。

（2）电场横断面积

电场横断面积可由下式计算：

$$F = \frac{q}{v} \tag{2-136}$$

式中：v——气体平均流速，m/s。

对于一定结构形式的电除尘器，气流速度太大，即使在不振打电极的情况下也很容易引起粉尘的再飞扬，致使电极捕集到的粉尘又随气流逸出电场；气流速度太小，则气体沿电场下部通过，造成电场温度分布不均匀，操作恶化。此外，由于重力作用，其含尘浓度也将产生偏析，在含尘浓度高的区域，容易产生电晕封闭。故无论流速太大或太小，均直接影响除尘效率。目前，一般采用 $v \approx 1.0$ m/s；表 2-10 为常见锅炉的电除尘器的电场风速范围。

表 2-10 常见锅炉的电除尘器的电场风速

<table>
<tr><th colspan="2">主要工业炉窑的电除尘器</th><th>电场风速 v/（m/s）</th><th colspan="2">主要工业窑炉的电除尘器</th><th>电场风速 v/（m/s）</th></tr>
<tr><td rowspan="3">电厂锅炉飞灰</td><td rowspan="3"></td><td rowspan="3">0.7～1.4</td><td rowspan="6">水泥工业</td><td>湿法窑</td><td>0.9～1.2</td></tr>
<tr><td>立波尔窑</td><td>0.8～1.0</td></tr>
<tr><td>干法窑（增温）</td><td>0.8～1.0</td></tr>
<tr><td rowspan="2">纸浆和造纸工业锅炉黑液回收</td><td rowspan="2"></td><td rowspan="2">0.8～1.8</td><td>干法窑（不增温）</td><td>0.4～0.7</td></tr>
<tr><td>烘干机</td><td>0.8～1.2</td></tr>
<tr><td rowspan="4">钢铁工业</td><td>烧结机</td><td>1.2～1.5</td><td>磨机</td><td>0.7～0.9</td></tr>
<tr><td>高炉煤气</td><td>0.8～3.3</td><td colspan="2">硫酸雾</td><td>0.9～1.5</td></tr>
<tr><td>碱性氧气顶吹转炉</td><td>1.0～1.5</td><td colspan="2">城市垃圾焚烧炉</td><td>1.1～1.4</td></tr>
<tr><td>焦炉</td><td>0.6～1.2</td><td colspan="2">有色金属炉</td><td>0.6</td></tr>
</table>

电场断面形状应尽可能与进口烟道截面形状相似，以利于气流扩散。当断面较大时（大于 80 m^2），可设置两个进气烟箱，以使气流沿断面均匀分布。

（3）确定电场有关参数

1）集尘极与放电极的间距和排数

集尘极与放电极的间距对电除尘器的电气性能与除尘效率有很大影响。间距太小，振打引起的位移、加工安装的误差和集尘等对工作电压影响大；间距太大，要求工作电压高，往往受到变压器、整流设备、绝缘材料的允许电压的限制。目前一般集尘极的间距为 200～300 mm，即放电极与集尘极之间的距离为 100～150 mm。

放电极之间的距离对放电强度也有很大影响。间距太大，会减弱放电强度；但电晕线太密，也会因屏蔽作用而使其放电强度降低。考虑到与集尘极的间距相对应，放电极间距一般采用 200～300 mm。

集尘极和放电极的排放可以根据电场断面宽度和集尘极的间距确定：

$$n = \frac{B}{\Delta B} + 1 \tag{2-137}$$

式中：n——集尘极排数；

B——电场宽度，m；

ΔB——极板间距，m。

2）确定电场数 N（个）和室数

一般采用单室或双室，每室 4～6 个电场。

每个电场的集尘面积 A'（m^2）：

$$A' = A / (N \times \text{室数}) \tag{2-138}$$

3）确定极板间距 $2b$

根据烟气、粉尘性质、含尘浓度等以及 ω 值和对 η 的要求确定，目前一般 $2b$ 为 300～450 mm。

①线板式电除尘器：

两极间距：$2b$；

通道数

$$n=\frac{q}{2bhv}，\quad u=\frac{q}{2bhv} \tag{2-139}$$

处理停留时间

$$t=\frac{L}{v}，\quad \eta=1-\exp(-\frac{L}{bv}\omega) \tag{2-140}$$

②线管式电除尘器：

圆筒个数为 n，半径为 R；

通道截面积 $F=n\pi R^2$；

流速

$$u=\frac{Q}{F}=\frac{Q}{n\pi R^2} \tag{2-141}$$

停留时间

$$t=\frac{L}{v}，\quad \eta=1-\exp(-\frac{2L}{Rv}\omega) \tag{2-142}$$

4）极板有效高度 h（m）

①一般 $\frac{L}{h}$ 为 0.5～1.5，对 η 要求较高时，$\frac{L}{h}$ 为 1～1.5，所以可根据 0.5～1.5 的比值和 L 计算出 h。

②当 $F\leqslant 80\ \text{m}^2$，$h\propto\sqrt{F}$；当 $F>80\ \text{m}^2$，$h\propto\sqrt{F/2}$；

调整：当 $F\leqslant 80\ \text{m}^2$，$h'=0.5\ \text{m}+h$；当 $F>80\ \text{m}^2$，$h'=1.0\ \text{m}+h$

③根据经验确定。

5）通道数 n

$$n=\frac{Q}{2bhu}，\quad u=\frac{Q}{2bhn} \tag{2-143}$$

或者

$$n=\frac{A'}{2hl} \tag{2-144}$$

6）电场有效宽度 B（m）

①$B=2bn$；

②$B=(2b-\delta)n$；其中 δ 为极板厚度；

③$B=(2b-k')n$；其中 k' 为极板阻流宽度。

7）电场内壁宽 B'（m）

单进风：$B'=2bn+2\Delta$

双进风：$B'=2bn+4\Delta+e_1'$

式中：Δ——最外层的一排极板中心线与内壁的距离，此值根据除尘器大小在 50～100 mm 间选取；

e_1'——中间小柱宽度。

（4）电场长度

电场长度可由下式计算：

$$L=\frac{A}{2(n-1)h} \tag{2-145}$$

式中：L——电场长度，m;

h——电场高度，m。

当确定有效驱进速度有困难时，也可按含尘烟气在电场内的停留时间 t 来确定电场长度。t 值可取 3～10s。对净化要求高的，停留时间可选长些。此时电场长度可按下式计算：

$$L=vt \tag{2-146}$$

目前常用的单一电场长度为 2～4 m，电场长度过长会造成结构复杂。如果要求的电场长度超过 4 m，可设计成若干串联电场。

（5）工作电压

根据实践经验，一般按下式计算工作电压

$$U=250\Delta B \tag{2-147}$$

式中：U——工作电压，kV。

工作电流可由下式计算：

$$I=Ai \tag{2-148}$$

式中：I——工作电流，A;

i——集尘极电流密度，可取 0.000 5 A/m^2。

2.7.3.2 电除尘器的应用

因为电除尘器具有高效、低阻等特点，所以被广泛应用在各工业部门中，特别是火电厂、冶金、建材、化工及造纸等工业部门。随着工业企业的日益大型化和自动化，对环境质量控制日益严格，电除尘器的应用数量仍不断增长，新型高性能的电除尘器仍在不断地研究、制造并投入使用。

2.8　过滤式除尘器

过滤式除尘器是利用多孔介质分离捕集含尘气体中微粒的净化装置，多用于工业原料气的精制、固体粉料的回收、特定空间内的通风和空调系统的空气净化以及工业排放尾气或烟尘中粉尘粒子的去除等。

过滤式除尘器主要包括以下 3 种类型：

①袋式除尘器。采用纤维织物作滤料（外滤），广泛用于工业除尘。

②颗粒层除尘器。采用砂、砾、焦炭等颗粒物做滤料，过滤气体中的粉尘。其最大的特点是耐高温，使用温度一般在 400～500℃，甚至 800℃以上。

③空气过滤器。采用滤纸或玻璃纤维等填充层做滤料（内滤），主要用于通风及空气调节方面的气体净化。

2.8.1　过滤的基本原理

过滤式除尘器中颗粒物与气体的分离过程比较复杂。一般来讲，粉尘粒子在捕集体上的沉降并非只有一种沉降机理在起作用，而是多种沉降机理联合作用的结果。根据不同粒径的粉尘在流体中运动的不同力学特性，过滤除尘机理涉及以下几个方面：

①惯性碰撞。当含尘气体在流动过程中遇到捕集物时，气体就会绕过捕集物流动，但粒径较大的粒子（d_p>1 μm）由于惯性作用，继续沿原来的运动方向前进，因而撞击到捕集物上被捕集。这种惯性碰撞作用随着粉尘粒径及气体流速的增大而增强。

②截留。粒径较小的颗粒跟随气流一起绕流，若尘粒中心离捕集物的距离不超过颗粒的半径，颗粒因与捕集物接触而被拦截。

③扩散沉降。更小的粒子在气体分子的撞击下脱离流线，像气体分子一样做布朗运动，由于这种无规则热运动，在捕集物附近尘粒可能与捕集物相碰撞而被捕集。随着粉尘粒径的减小、气流速度的减慢，以及温度的增加，尘粒的热运动将会更加显著，扩散效应越显重要。

除此之外，重力沉降和静电效应等捕尘机理在一定的条件下也会起到比较重要的作用。

从尘粒的大小来考虑，惯性碰撞、拦截和重力沉降对大粒子是有效的，其效率随粒径的减小而降低，对粒径 d_p<1 μm 的粒子则可以忽略。扩散沉降仅在 d_p<0.1 μm 时才是重要的。因而粒径为 0.1 μm<d_p<1 μm 的粉尘的捕集效率最低。

2.8.2　袋式除尘器

袋式除尘器是以纤维或织物为滤料对含尘气体进行过滤，使粉尘阻留在滤料上达到除尘目的的分离捕集装置，是一种干式高效过滤式除尘器。布袋除尘器自 19 世纪中叶开始应用于工业生产以来，不断得到发展，特别是 20 世纪 50 年代，由于合成纤维滤料的出现、脉冲清灰及滤袋自动检漏等新技术的应用，为袋式除尘器的进一步发展及应用开辟了广阔的前景。

袋式除尘器主要有以下优点：除尘效率高，除尘效率可达到 99% 以上；适应性强，可以捕集不同性质的粉尘，如高比电阻的粉尘等；使用灵活；结构简单，一次投资较小；工作稳定，便于回收干料，无污泥处理、腐蚀等问题，维护简单。

袋式除尘器主要有以下缺点：应用范围受滤料限制，在耐温、耐腐蚀方面有较大的局限；不适宜于黏结性强及吸湿性强的粉尘，烟气温度不得低于露点，否则会产生结露现象，导致滤袋堵塞；处理风量大时，占地面积大。

2.8.2.1 袋式除尘器的工作原理

简单的袋式除尘器的基本结构如图 2-26 所示。

过滤过程分为两个阶段：首先是含尘气体从下部进入圆筒形滤袋，通过清洁滤料，由于滤料本身的网孔一般为 20～50 μm，这时起过滤作用的主要是纤维，依据惯性碰撞、拦截、扩散、静电等原理捕获粉尘；其次，当阻留的粉尘不断增加，一部分粉尘嵌入滤料内部，一部分覆盖在表面上形成粉尘层，在这一阶段，含尘气体的过滤主要是依靠粉尘层进行的，滤料主要起支撑作用（图 2-27）。

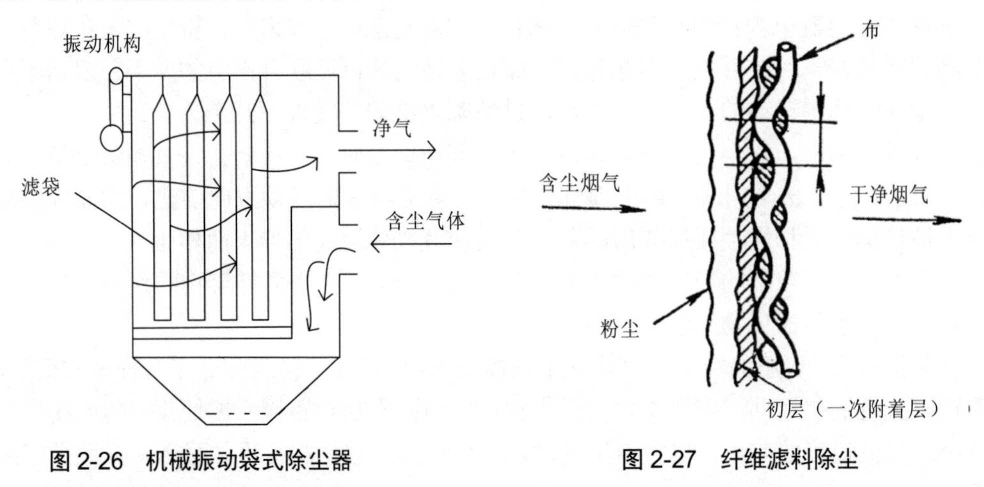

图 2-26 机械振动袋式除尘器　　图 2-27 纤维滤料除尘

这两个不同阶段，对效率及阻力的考虑都有所不同，对工业用袋式除尘器，除尘的过程主要是在第二阶段进行。

随着粉尘在滤袋上积聚，滤袋两侧的压力差增大，会把有些已附在滤料上的细小粉尘挤压过去，使除尘效率下降；另外，若除尘器压力过高，还会使除尘系统的处理气体量显著下降，影响生产系统的排风效果。因此，除尘器阻力达到一定数值后要及时清灰。清灰不能过度，即不应破坏粉尘初层，否则会导致除尘效率显著降低。

2.8.2.2 影响除尘效率的主要因素

除尘效率是衡量除尘器性能最基本的参数，它表示除尘器处理气流中粉尘的能力。它与滤料运行状态有关，并受粉尘性质、滤料种类、阻力、粉尘层厚度、过滤风速及清灰方式等因素的影响。

（1）运行状态的影响

滤料是袋式除尘器的主要部件，滤料的特性不仅直接影响除尘效率，而且对压力损失、维修操作等影响也很大。滤料上粉尘层厚度对除尘效率影响很大，同种滤料在不同状态下的分级效率如图 2-28 所示。显然，清洁滤料的除尘效率最低，积尘后滤料的除尘效率最高，清灰后滤料的除尘效率又有所降低。可见袋式除尘器起主要过滤作用的是滤料表面的粉尘层，滤料仅起形成粉尘初层和支撑骨架的作用。所以清灰时，应保留初始粉尘层，避免过度清灰引起除尘效率的下降。

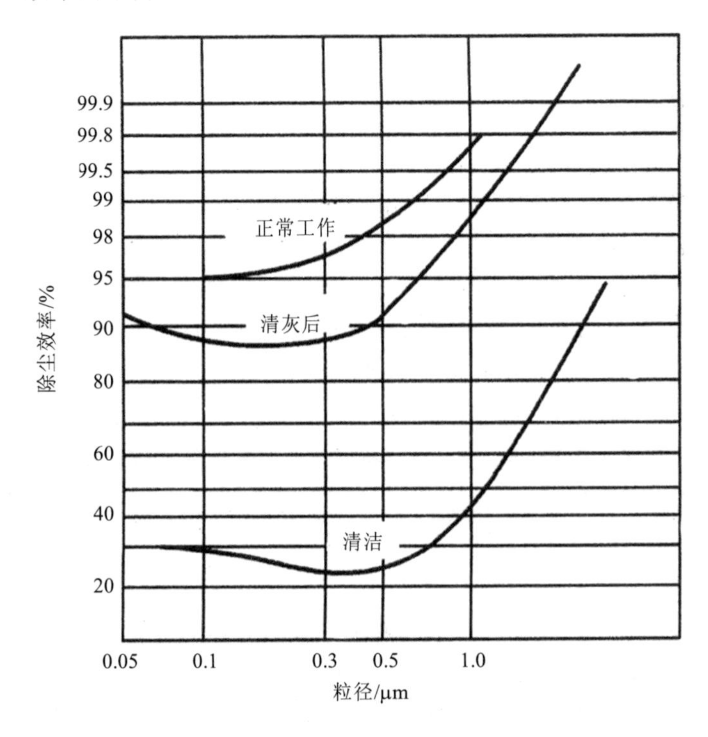

图 2-28　同种滤料在不同状态下的分级效率

（2）过滤速度的影响

除尘器的性能在很大程度上取决于过滤风速的大小。通常将过滤速度定义为烟气的体积流量与滤布的面积之比，计算式为

$$v_F = \frac{Q}{60A} \tag{2-149}$$

式中：v_F——过滤速度，m/min；

Q——通过滤布的气体流量，m^3/h；

A——滤布的总面积，m^2。

过滤速度又称“气布比”，其物理意义为单位时间过滤气体量与过滤面积之比。

由过滤机理可知，较高的过滤速度对惯性捕集有利，而较低的过滤速度对扩散捕集有利。但实际运行时，风速过高，将使积于滤料上的粉尘层压实，阻力急剧增加。由于滤料两侧压力差的增加，将使尘粒渗入滤料内部，甚至透过滤料，致使出口含尘浓度增加。这种现象在刚刚清灰后情况更为明显。在低过滤风速的情况下，阻力低，效率高，然而需要过大的设备，成本提高，占地面积也大。因此对过滤风速的选取，首先要综合考虑粉尘的性质，粉尘细小，滤速也要相应减小；对粗大粉尘可以适当增加滤速；含尘浓度大时，要考虑降低滤速。

（3）清灰性能的影响

通常滤料上沉积的粉尘负荷量达 0.1～0.3 kg/m^2，压降达 1 000～1 500 Pa 时就需要进行清灰。一般滤袋阻力达到 250 mm 水柱压力（2 500 Pa）要求更换滤袋。

由于粉尘和滤料的性质不同，清灰的难易程度是千差万别的。织物比毛毡滤料容易清灰，粗粉尘比细粉尘容易清灰。清灰后应保留的残余附着量（粉尘初层）与总粉尘负荷重量比是衡量清灰性能的定量指标。为简化起见，可取一定过滤速度下清灰前后的压力降比（称为清灰残留率）来表示。

不同的清灰方式效果也各不相同。一般机械清灰比逆气流清灰效果好，但滤布损坏较严重。对于黏性大、倾注密度小的粉尘，必须在清灰的时候停止风机的抽吸（停风机或关闭阀门），否则清灰不彻底甚至无法清灰。脉冲清灰是目前主要的清灰方式，是各种清灰方式中过滤速度最高的。脉冲分室反吹清灰可以防止粉尘的二次污染，清灰效果更好。但脉冲分室反吹清灰结构复杂、制造成本高、维修费用大。风机分室反吹清灰效果没有脉冲清灰效率高，要求的过滤风速要比脉冲清灰的过滤风速小，但由于结构简单、风机使用寿命一般高于脉冲阀，对于大型除尘器（如车间总除尘）采用风机分室反吹可以大大降低投资成本，维修费用也可降低。

2.8.2.3 袋式除尘器的压力损失

袋式除尘器的压力损失比除尘效率有更重要的技术和经济意义，压力损失不仅决定除尘器的能耗，还直接影响除尘器的效率和清灰间隔。

袋式除尘器的压力损失包括结构阻力（ΔP_c）、清洁滤料阻力（ΔP_f）和粉尘层阻力（ΔP_d），即

$$\Delta P = \Delta P_c + \Delta P_f + \Delta P_d \tag{2-150}$$

结构阻力包括气体通过除尘器的进口、出口以及灰斗内的挡板等部位所消耗的能量，可按通常的方法计算。正常情况下结构阻力一般为 200～500 Pa。

清洁滤料阻力是指未过滤粉尘前的滤料阻力。由于气流速度低，流动属黏性流状态，故对清洁滤料有

$$\Delta P_f = \xi_f \mu v \tag{2-151}$$

即阻力与流速成正比（Dancy 方程）。

形成粉尘层后，会产生附加阻力，其大小与粉尘的性质有关，可按 Fair 和 Hatch 提出的公式计算：

$$\Delta P_d / L = \kappa \mu v_f \left(\frac{A_p}{V_p}\right)^2 \frac{(1-\varepsilon)^2}{\varepsilon^3} \tag{2-152}$$

式中：L——沉积在滤料上的粉尘层厚度，$L=\dfrac{m}{\rho_p(1-\varepsilon)}$；

κ ——Kozeny-Carman（克日尼-卡门）系数；

v_f——平均滤速；

A_p/V_p——尘粒表面积与体积之比，对于球形粉尘，$A_p/V_p=6/d_p$。

将该式重新整理，可得

$$\Delta P_d=\left[\frac{\kappa}{\rho_p}\left(\frac{A_p}{V_p}\right)^2\frac{(1-\varepsilon)^2}{\varepsilon^3}\right]\mu m v_f=\alpha m\mu v_f=\xi_d\mu v_f \tag{2-153}$$

式（2-154）中，$\alpha=\dfrac{\kappa}{\rho_p}\left(\dfrac{A_p}{V_p}\right)^2\dfrac{(1-\varepsilon)^2}{\varepsilon^3}$。

在通常情况下，α不是常数，变化范围一般为 10^9～10^{12} m/kg，受粉尘负荷 m、粒径大小 d_p、粉尘层的空隙率ε以及滤料的特性等因素影响。在 m 值大于 0.2 kg/m^{2}时，α 值趋于恒定。因而对球形粒子上式可以简化为 Kozeny 公式

$$\alpha=\frac{180\,(1-\varepsilon)}{\rho_p d_p^2\varepsilon^3} \tag{2-154}$$

于是通过积有粉尘的滤料的总阻力为

$$\Delta P=\Delta P_f+\Delta P_d=(\xi_f+\xi_d)\mu v=(\xi_f+\alpha m)\mu v \tag{2-155}$$

在一般情况下，ΔP_f为 50～200 Pa，ΔP_d为 500～2 500 Pa。清洁滤料的阻力系数ξ_f取决于滤料的结构。

2.8.2.4 滤料

滤料是袋式除尘器中的重要部件，其造价一般占设备费用的 10%～15%。除尘器的过滤效率、设备阻力、维护管理等都与滤料的材质和使用寿命有关。

（1）滤料的特性

除尘器的性能在很大程度上取决于滤料的性能，故对滤料的以下特性应重点考虑。

1）过滤效率。过滤效率既与滤料的结构有关，也与滤料上形成的粉尘层有关。从滤料结构上看，短纤维的滤料过滤效率比长纤维的高，毛毡滤料比织物滤料高。从粉尘层的形成来看，薄滤料清灰后粉尘初层易被破坏，效率降低很多。一般来说，如果滤料没有破裂，均可达到很高的效率（99.9% 以上）。

2）容尘量。容尘量指达到给定阻力时单位面积滤料上积存的粉尘量。滤料的容尘量影响滤料的阻力和清灰周期。容尘量较大的滤料可以避免频繁地清灰。一般毛毡滤料的容尘量比织物大。

3）透气率及阻力。一般指清洁滤料的透气率，即在一定压差下，通过单位面积滤料上的气体量。透气性好的滤料，过滤阻力较小，允许风量也就较大。透气率取决于纤维的细度、纤维的种类和纤维的编织方法等。

4）耐温性。工业烟气温度有时很高，采用高温滤料可以尽可能地避免对烟气的冷却。采用高温滤料（特别是耐温 180℃以上的滤料）的优点有以下几点：

①可以回收热能，节约能源；

②避免结露，特别是当高温烟气中含有 SO_2 时，酸的露点较高，大多在 170～180℃，低温时容易产生酸雾；

③减少掺冷风降温所增加的处理烟气量，从而减少动力消耗；

④简化降温设备。

耐温性是选择滤料的重要因素。除了考虑长期工作温度外，还要考虑发生短期高温的可能性。

5）机械性能。滤料的机械性能主要指抗拉强度、抗弯折强度、尺寸稳定性、耐磨性等。抗拉强度是因为吊挂时要承受滤料自重及灰重，滤袋越长，要求的抗拉强度也越高。同时频繁清灰，造成滤袋的反复曲折，抗弯折性差的滤料会很快断裂，在普遍应用的几种滤料中抗弯折性最差的是玻璃纤维。耐磨性也是评价滤料的重要指标，许多滤袋的破裂都是因为磨损造成的。

6）造价。造价是选择滤料的重要因素。但不能孤立地考虑滤料的造价，要同时考虑使用温度及寿命等因素。有些滤料的造价虽然高，但因寿命较长，对除尘器的运行和维护费用来说，可能也是经济的。因此可以综合考虑，以相对造价（及造价与使用寿命的比值）来衡量成本。例如，单纯考虑造价，聚乙烯滤料成本最低，单纯考虑寿命，聚四氟乙烯最长，如果用相对造价来评价，则诺梅克斯纤维每年的费用最低，见表 2-11。

表 2-11 几种滤料的寿命和相对价格（1 k 为 1 000）

滤料	寿命/a	每 1 m^2 滤料的相对价格/k 元	每年滤料的相对价格/(k 元/t)
聚乙烯	0.5	1.00	2.00
诺梅克斯	1.5	1.99	1.33
聚四氟乙烯	3.0	9.96	3.32

将棉的相对造价定为 1，则不同滤料的相对造价（k 元/t）一般为：毛 2～3.5；化纤 2.5～2.7；玻璃纤维 3～5.5；聚四氟乙烯 25～30；金属 100～160。

（2）滤料的种类

用作滤料的纤维很多，按材质不同可大致分为天然纤维滤料、合成纤维滤料、无机纤维滤料 3 类。

1）天然纤维滤料

棉纤维。与其他天然纤维一样不耐高温，工作温度为 75～85℃。棉纤维的耐酸性差，耐碱性能较好，具有中等耐磨性。棉纤维滤料的过滤性能较好，造价最低，但由于其抗化学侵蚀性差、耐温差、吸湿性强及可燃性等问题，使用受到局限。

毛织滤料。毛织滤料（呢料）的透气性好、阻力小、容尘量大、过滤效率高、易于清灰。其工作温度比棉织物高，为 80～90℃。毛料的造价较高，因而使用越来越少。

丝织滤料。在有色冶金企业中也采用过柞蚕丝布作为滤料。这种滤料表面光滑、透气性好，滤料本身阻力小，类似于玻璃纤维布。

2）合成纤维滤料

合成纤维已经广泛应用在袋式除尘器中，其种类繁多，性能也各有不同，下面介绍一些常用的合成纤维滤料。

聚酯：聚酯纤维（涤纶、的确良）是一种应用最广泛的滤料，可在 130℃下长期使用。聚酯纤维的强度高，耐磨性仅次于尼龙。

聚酰胺：聚酰胺纤维（尼龙）的耐温性较差，长期使用温度为 75～85℃。但耐磨性好，比棉、羊毛高 10～20 倍。可用于破碎、粉磨等设备的气体净化。

芳香族聚酰胺（芳纶 1313、诺梅克斯）：是新一代耐热尼龙纤维。在 210℃高温下物理性能保持不变。使用高峰温度可达 260℃。其机械强度比玻璃纤维高，具有良好的过滤性能和尺寸稳定性。虽然其造价比较高，但由于其寿命高和综合性能好，近年来发展非常迅速。

还有很多合成纤维（如聚丙烯氰纤维、聚砜酰胺纤维、聚四氟乙烯纤维等）也应用在袋式除尘器中。

3）无机纤维滤料

为了使滤料能够耐高温，近年来无机纤维滤料有很大的发展。目前主要应用的无机纤维滤料有玻璃纤维和金属纤维。

玻璃纤维：以铝硼硅酸盐玻璃为原料制成，具有耐高温（230～280℃）、吸湿性小、抗拉强度大、伸长率小、耐酸和价格较低等特点。但玻璃纤维不耐磨，不耐折，不耐碱。特别是抗折性差是其致命弱点。为了提高玻璃纤维滤料的耐温、耐磨蚀和抗折等性能，可以用芳香基有机硅、聚四氟乙烯、石墨等对其进行处理。

金属纤维：主要是以不锈钢为材料制成的，线径为 8～12 μm，也有较粗线径达 100 μm 的。用于高温烟气过滤，耐温特性极好，可高达 600℃；同时有良好的抗化学侵蚀性，但造价极高，只有在特殊情况下使用。

2.8.2.5　袋式除尘器的结构

袋式除尘器的结构形式很多，按滤袋的形状可分为圆袋和扁袋；按气流进入滤袋的方向可分为内滤式和外滤式；按进气口的位置可分为上进气和下进气等。清灰是袋式除尘器运行中十分重要的环节，多数袋式除尘器是按清灰方式分类的，下面介绍按清灰方式分类的典型结构。

（1）机械振打袋式除尘器

机械振打是一种最古老和最简单的清灰方式，是利用机械传动使滤袋振动，将沉积在滤布上的粉尘抖落入灰斗。机械振打清灰大致有 3 种方式，如图 2-29 所示：图 2-29（a）为滤袋沿水平摆动，又可分为上部摆动和腰部摆动两种；图 2-29（b）为滤袋沿垂直方向振动，既可采用定期提升滤袋框架的办法，也可利用偏心轮振打框架的方式；图 2-29（c）为利用机械转动定期将滤袋扭转一定角度，使沉积于袋上的粉尘层破碎落入灰斗。

机械振打袋式除尘器结构简单，因而在部分场合仍然在使用。但是这种结构要求的过滤风速低（1.0～2.0 m/min），而且对袋的损坏严重，在大型除尘器上已经逐渐被其他类型的清灰方式代替。

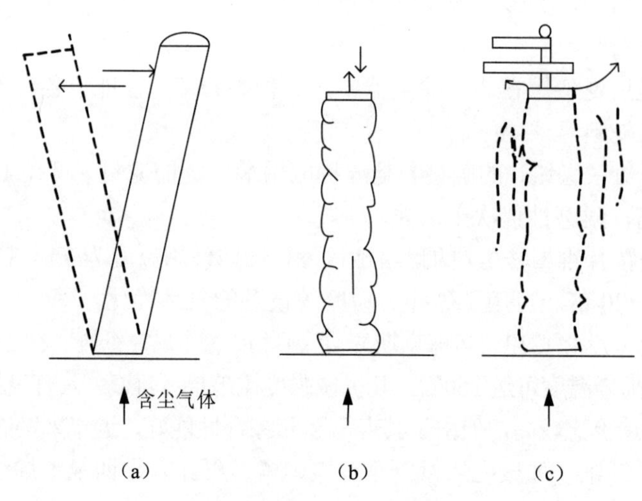

图 2-29 机械清灰的振动方式

（2）脉冲喷吹袋式除尘器

脉冲喷吹袋式除尘器是一种周期性向滤袋内喷吹压缩空气来达到清除滤袋积灰的新型高效除尘器，净化效率可达 99%以上，压力损失为 1 200～1 500 Pa，过滤负荷较高，滤布磨损较轻，使用寿命较长，运行安全可靠，已得到普遍使用。但其需要高压气源做清灰动力，电力用量消耗较大，对高浓度、含湿量较大的含尘气体的净化效果较低。

脉冲喷吹袋式除尘器的结构如图 2-30 所示。过滤时含尘气体由下锥体引入脉冲喷吹袋式除尘器，粉尘阻留在滤袋外表面上，透过滤袋的净气经文氏管进入上箱体，从出气管排出。清灰时，控制器程序控制脉冲阀开闭，开启时，喷吹管与气包相通，高压空气从喷孔中以极高的速度喷出，并形成一个相当于自身体积 5～7 倍的诱导气流，经文氏管进入滤袋，使袋剧烈膨胀、收缩，引起冲击振动；同时在瞬间产生由内向外的逆向气流。

脉冲喷吹的压力、周期、时间等对除尘器性能都有影响，喷吹压力越大，形成的反吹风速就越大，清灰效果好，除尘器的阻力明显下降。通常要求喷吹压力为 0.5～0.7 MPa。

喷吹周期的长短直接影响除尘器的阻力。为了维持给定的除尘器阻力，对不同的过滤风速和入口粉尘浓度，需要不同的喷吹周期，见表 2-12。

表 2-12 不同过滤风速的喷吹周期

过滤风速/（m/min）	入口粉尘质量浓度/（g/m^3）	喷吹周期/s
＜3	5～10	60～120
＜3	＜5	180
＞3	＞10	30～60

通过采用定压控制系统，可以在除尘器达到给定阻力时再进行清灰，因而喷吹周期随滤布上粉尘的积存速度而变化。

一般来说，喷吹时间越长，喷入滤袋内的压缩空气量越多，清灰效果会越好一些。但是喷吹时间增加到一定值后，清灰效果的变化就会很小。

（3）回转反吹扁袋除尘器

回转反吹扁袋除尘器结构如图2-31所示。除尘器采用圆筒外壳，梯形扁袋沿圆筒呈辐射状布置，反吹风管由轴心向上与悬臂管连接，悬臂管下面正对滤袋导口设有反吹风口，悬臂管由专用马达及减速机带动旋转（设计转速为1～2 r/min），含尘气体切向进入过滤室上部，粒径大的尘粒和凝聚粉尘在离心力的作用下沿圆筒壁落入灰斗；粒径小的尘粒弥散在袋间空隙，含尘气体穿过滤袋，尘粒被阻留附着在滤袋外表面，净化气经花板上滤袋导口进入净气室，由排气口排出。附着在滤袋外表面的尘粒，由反吹风机运行实现。

回转反吹扁袋除尘器在相同过滤面积下滤袋占用的空间体积小，即提高了单位体积的过滤面积。扁形滤袋性能好、寿命长、清灰自动化且效果好、运行安全可靠、维修方便。该除尘器运行主要参数：风压约为5 kPa，反吹风量为过滤风量的5%～10%，每只滤袋的反吹时间约为0.5 s。对于黏性较大的细尘粒，过滤风速一般取1～1.5 m/min；而黏性小的粗尘粒，过滤风速取2～2.5 m/min。净化效率一般可达到99%以上。

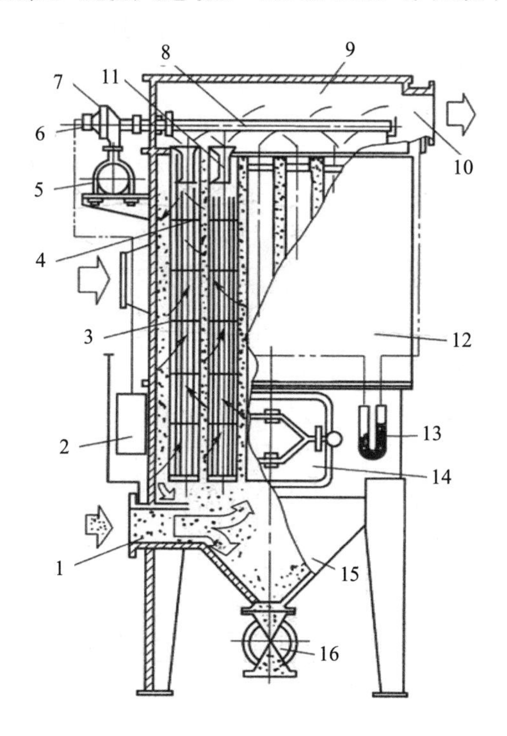

1—进气口；2—控制仪；3—滤袋；4—滤袋框架；5—气包；6—排气阀；7—脉冲阀；8—喷吹管；9—净气箱；10—净气出口；11—文氏管；12—除尘箱；13—“U”形压力计；14—检修门；15—灰斗；16—卸灰阀

图2-30　脉冲喷吹袋式除尘器结构

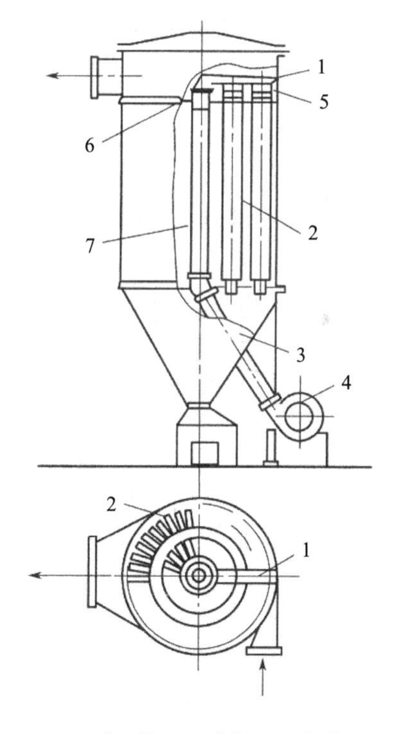

1—悬臂风管；2—滤袋；3—灰斗；4—反吹风机；5—反吹风口；6—花板；7—反吹风管

图2-31　回转反吹扁袋除尘器结构

2.8.3 颗粒层除尘器

颗粒层除尘器是干式除尘器的一种，是利用砂、砾石、焦炭粒、金属屑等颗粒状物料作为填料层的过滤设备，其除尘机理与袋式除尘器相似，主要靠惯性、拦截及扩散作用等使粉尘附着于干颗粒层滤料表面。既可以用于捕集固态颗粒物，也可以用于捕集液态颗粒物（雾滴）。

颗粒层除尘器具有结构简单、维修方便、耐高温、耐腐蚀、效率高、可处理易燃易爆的含尘气体，并且可同时除去气体中 SO_2 等多种污染物的优点。其缺点是过滤气速不能太高，在处理相同烟气气量时颗粒层除尘器的阻力高，过滤面积比袋式除尘器大等。

2.8.3.1 典型构造

耙式颗粒层除尘器是迄今为止使用最为广泛的一种形式。图 2-32 为单层耙式颗粒除尘器的结构形式。图 2-32（a）为工作（过滤）状态。含尘气体从总管切线进入颗粒床层下部的旋风筒，粗颗粒在此被清除，而气流通过插入管进入过滤室，然后向下通过滤层进行最终净化；净化后的气体由干净气体室经阀门引入干净气体总管，分离出的粉尘由下部卸灰阀排出。

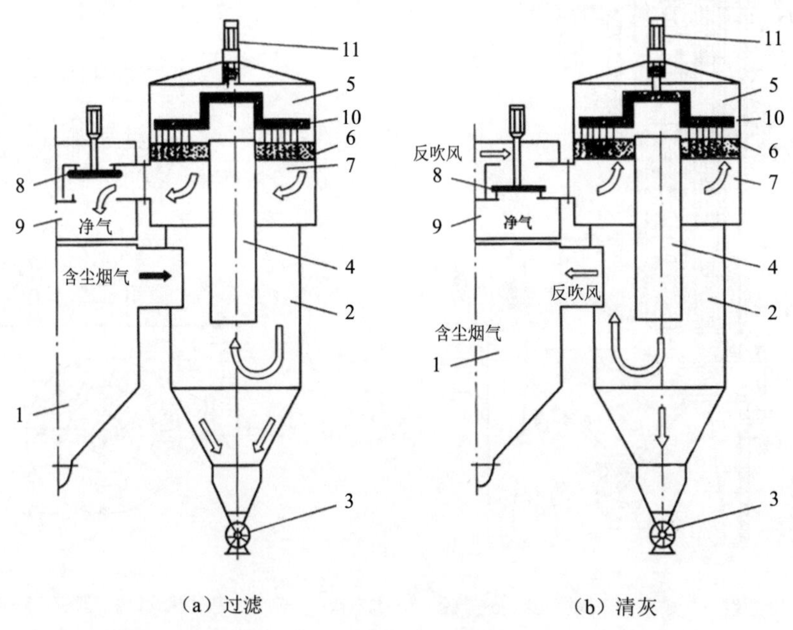

（a）过滤　　（b）清灰

1—含尘气体总管；2—旋风筒；3—卸灰网；4—插入管；5—过滤室；6—过滤床层；7—干净气体室；8—换向阀门；9—干净气体总管；10—耙子；11—电动机

图 2-32 单层耙式颗粒层除尘器

图 2-32（b）为清灰状态。当阻力达到给定值时，除尘器开始清灰，此时阀门将干净气体总管关闭，而打开反吹风风口，反吹气体气流先进入干净气体室，然后以相反的方向

透过过滤床层，反吹风气流将颗粒上凝聚的粉尘剥落下来，并将其带走，通过插入管进入下部的旋风筒，粉尘在此沉降，气流返回到含尘气体总管，进入并联的其他正在工作的颗粒层除尘器中净化。在反吹清灰过程中，电动机带动耙子转动。耙子的作用是打碎颗粒层中生成的气泡和尘饼，并使颗粒松动，以利于粉尘与颗粒分离。另外将床层表面耙松耙平，使在过滤时气流均匀通过过滤床层。

单台除尘器的直径可达 2 500 mm。为扩大除尘器的烟气处理量，可采用多台除尘器并联；为减少占地也可做成上下两层，下部共用一个旋风筒。

对颗粒层除尘器能否正常运行，换向阀门起着重要作用。一方面要保证换向的灵活性，及时打开或关闭风门；另一方面要保证阀门的严密性，上述结构中的阀门系采用重量较大的钢板制作，将其紧压在铸铁做成的密封圈上，阀门直接用液压缸传动操纵。

2.8.3.2　影响颗粒除尘器性能的因素

颗粒除尘器的性能取决于很多因素，其中主要有滤料种类、颗粒床层厚度、过滤风速、清灰方式等。

（1）滤料种类

滤料的形状和表面状况对除尘性能有较大的影响。可用作颗粒层除尘器的滤料有很多种类，如硅石、卵石、煤块、炉渣、焦炭、金属屑、陶粒等。在实际应用中应尽可能选择形状不规则、表面粗糙的滤料，并具有耐高温和耐腐蚀性能，同时具有一定的机械强度，避免在清灰过程中被破碎，造成滤料的损失，影响除尘效果。

（2）颗粒床层厚度

较厚的床层可以获得较高的除尘效率，但阻力也相应增加，因此应综合考虑效率和阻力二者的关系选择床层的厚度，一般采用的厚度为 60～150 mm。

（3）过滤风速

过滤风速的变化对各种捕尘机理的影响不完全一致。一般来说，风速提高、扩散、沉降和截流等效应都有所降低，而惯性效应提高。惯性效应仅对大尘粒有效，而在高风速情况下，大尘粒的反弹和二次冲刷也将加剧，从而效率降低。在目前采用的阻力范围内（1 000～1 500 Pa），风速宜取 0.3～0.8 m/s。

2.8.4　袋式除尘器的选型与设计

2.8.4.1　袋式除尘器的设计内容

袋式除尘器的主要结构由箱体、袋室、灰斗、进出风口四部分组成，并配有支柱、楼梯、栏杆、压气管路系统、清灰控制机构等。

（1）箱体

箱体主要用于固定袋笼、滤袋及气路元件，为全密闭形式。清灰时，压缩空气管路进入箱体，而不再通入各滤袋内部。顶部设有人孔检修门，用于方便安装和更换袋笼、滤袋。根据规格的不同，箱体内又分成若干个室，互相之间均用钢板隔开，互不透气，以实现离线清灰。每个室内均设有一个提升阀，以切换过滤气流。

（2）袋室

袋室位于箱体的下部，主要用来容纳袋笼和滤袋，且形成一个过滤空间，进行含尘气体的净化，同箱体一样，根据规格的不同也分成若干个室，并用隔板隔开，以防在清灰时各室之间的互相干扰，并留有一定的尘降空间。

（3）灰斗

灰斗布置于袋室的下部，它除了存放收集下来的粉尘以外，还作为下进气总管使用。含尘气体进入袋室前先进入灰斗，由于灰斗的容积较大，使气流速度降低，加之气流方向的改变，可使较粗的尘粒在这里得到分离，灰斗下部布置有粉尘输送设备，出口还设有翻板阀等锁风设备，可连续进行排灰。

（4）进出风口

进出风口根据除尘器的结构形式分为两种，一种是进风口为圆筒形，直接焊在灰斗的侧板上，出风口安排在箱体下部、通袋室侧面，通过提升阀板孔与箱体内部相通。另一种是进出风口制成一体，安排在袋室侧面、箱体和灰斗之间，用斜隔板隔成互不透气的两部分，分别为进风口和出风口，这种结构形式体积虽大些，但气流分布均匀，灰斗内预除尘效果好，适合于气体含尘浓度较大的场合使用。

2.8.4.2 袋式除尘器的设计计算

袋式除尘器的设计计算一般可按以下步骤进行：

①确定滤袋的尺寸，即直径 D 和高度 L。

②计算每条滤袋面积。

③计算滤袋数。若需要滤袋数量较多时，可根据清灰方式及运行条件，将滤袋分为若干组。

④进行其他辅助设计。壳体设计，包括除尘器箱体、进排气风管形式、灰斗结构、检修孔及操作平台等，如箱体和进排气管带压，则应按压力窗口设计和轻度计算；粉尘清灰机构的设计和清灰制度的确定；粉尘输送、回收及综合系统的设计等。

（1）确定布袋除尘器的形式

在进行除尘器造型设计时首先要决定采用何种布袋除尘器。例如，处理气体量适中、厂房面积受限制，可以考虑采用脉冲喷吹布袋除尘器；处理气体量大的场合可以考虑采用逆气流清灰布袋除尘器。

（2）根据含尘气体特性，选择合适的滤料

选择时应考虑滤料捕集指定粉尘的性能、耐气体和粉尘腐蚀的能力、耐高温的能力等。因为滤布几乎是以羊毛等天然纤维和各种合成纤维为原料的，所以过滤时，在满足温度、湿度以及化学等其他条件的要求方面，不可能具有完美的性能。

气体的温度和湿度是主要考虑的因素，每种滤料都对应着一个最高使用温度。很多高温烟气适合于采用布袋除尘器捕尘，所以在烟气温度超过滤料耐温上限时，应在袋式除尘器之前加设预冷却装置。随着气体的冷却，气体的相对湿度会增加，必须防止水汽凝结，以免造成粉尘在滤料上结块。

（3）清灰方式的确定

应根据选择除尘器的种类、除尘布袋的材质、粉尘气体含尘浓度的大小、允许的压力损失的大小等因素确定清灰方式。

1）处理气体量的确定方法

计算布袋除尘器的处理气体量时，首先需要知道实际工况下的处理风量（实际通过布袋除尘设备的气体量），其次还要考虑布袋除尘器漏风量的情况。其相关参数需要依据已有工厂的实际运行经验或监测资料确定。如果缺乏相关的数据，可按生产工艺过程产生的气体量，再增加集气罩混进的空气量（20%～40%）来计算。过滤风速的大小取决于含尘气体的性状、织物的类别以及粉尘的性质，一般按除尘设备样本推荐的数据及使用者的实践经验选取。

$$Q=Q_s(l+K) \tag{2-156}$$

式中：Q——通过除尘器的含尘气体量，m^3/h；

Q_s——生产过程产生的气体量，m^3/h；

K——除尘器漏风系数。

应该注意，如果生产过程产生的气体量是工作状态下的气体量，进行选型比较时需要换算成标准状态下的气体量。

2）过滤风速的确定

过滤风速的大小，取决于粉尘的性质、滤料种类、要求的除尘效率和清灰方式等，一般按除尘器样本推荐的数据及使用者的实践经验选取。通常粉尘细、密度大时，应先取较低的过滤风速，过滤风速过高，会导致非常高的压力损失的粉尘通过率；采用素布、玻璃纤维等滤料时，应选取较低时的过滤风速；采用绒布、毛呢滤布时，可适当提高过滤风速；选用毡子滤料时，可选取较高的过滤风速。净化效率要求高时，过滤风速要低一些；反之则可高一些。

3）过滤面积的确定

①总过滤面积的确定。根据需过滤的气体流量和过滤速度即可确定除尘器的过滤面积，计算公式如下：

$$A=\frac{Q+Q_L}{V_f} \tag{2-157}$$

或者

$$A=(Q+Q_L)/q \tag{2-158}$$

式中：A——滤袋总过滤面积，m^2；

Q——处理含尘气体量，m^3/h；

Q_L——通风除尘系统漏风量，m^3/h，一般按需过滤气体流量的 15%～30%选取；

V_f——过滤速度，m/h；

q——滤袋的工作负荷，即每小时单位面积滤布处理的气体量，$m^3/(h\cdot m^2)$。

②滤袋规格。滤袋规格（长度 L 和直径 D）与进入滤袋的入口速度 V_i（m/s）有关，当含尘气体进入每条滤袋时，如果入口速度 V_i 过快，一方面会加速清灰降尘的二次飞扬，

另一方面粉尘的摩擦会使滤袋的磨损急剧增加。一般 V_i 不能大于 2 m/s，滤袋的长径比（L/D）可用过滤速度 V_f 和入口速度 V_i 表示：设单袋气体的流量为 q_i（m^3/s），计算公式为

$$q_i = \pi DLV_f / 60 \tag{2-159}$$

$$q_i = \pi D^2 \frac{v_i}{4} \tag{2-160}$$

则

$$\pi DLV_f / 60 = \pi D^2 VV_i / 4 \tag{2-161}$$

即

$$\frac{L}{D} = 15\frac{V_i}{V_f} \tag{2-162}$$

从以上公式可看出，当过滤速度 V 较高时，L/D 在一个较小的范围内；当过滤速度 V 较低时，L/D 在一个较大的范围内。一般地，袋式除尘器滤袋的长径比 L/D 为 5～40。

除尘布袋的直径由除尘布袋的规格型号确定。一个单位尽量使用同一规格型号的除尘布袋，以便检修更换。一般为除尘布袋的 ϕ100～600 mm，常用的是 ϕ150～300 mm，滤袋长度可在 1.5～10 m 范围内选择。为了便于清灰，滤袋可做成上口小下口大的形式。

除尘布袋的长短对设备的除尘效率和压力损失没有影响，一般取 3～5 m。但是如果除尘布袋设计的太短、占地面积太大、过长的话，会增加除尘器高度，导致检修不方便。

③滤袋数量的确定。滤袋数量 N 是总过滤面积 A 除以单个滤袋的表面积 A_i（m^2），对圆袋有：

$$A_i = \pi DL \tag{2-163}$$

$$N = A / A_i \tag{2-164}$$

式中：N——滤袋数量；

A——滤袋总过滤面积，m^2；

D——单个滤袋直径，m;

L——单个滤袋长度，m。

4）滤袋的排列和间距

滤袋的排列有三角形排列和正方形排列，三角形排列占地面积小，但检修起来不太方便，不利于空气流通，不常采用。正方形排列较常用，当滤袋的直径为 150 mm 时，间距选取 180～190 mm；直径为 210 mm 时，间距选取 250～280 mm；直径为 230 mm 时；间距选取 280～300 mm。

为了除尘器方便安装与检修，当除尘布袋较多时，可将除尘布袋分成若干个箱室，每组制件留有宽 0.4 m 的检修人行道，边排滤袋和壳体也留有 0.2 m 宽的人行道。

5）滤袋清灰时间

袋式除尘器的压力损失为

$$\Delta p = \Delta p_f + \Delta p_p \tag{2-165}$$

式中：Δp_f——通过清洁滤袋的压力损失，Pa；

Δp_p——通过颗粒层的压力损失，Pa。

$$\Delta p_p = R_p {v_f}^2 \rho t \quad (2\text{-}166)$$

式中：R_p——颗粒比阻力系数，min/（g·m）；

v_f——过滤风速，m/min；

ρ——含尘浓度，g/m³；

t——清灰时间，min。

2.9　湿式除尘器

湿式除尘器是使废气与液体（一般为水）密切接触，将污染物从废气中分离出来的装置，又称湿式气体洗涤器。采用湿式除尘器可以有效地去除粒度在 0.1～20 μm 的液滴或固体颗粒，其压力损失在 250～1 500 Pa（低能耗）和 2 500～9 000 Pa（高能耗）之间。

根据净化机理，可将湿式除尘器分为七类，其结构、性能及操作范围见表 2-13。

表 2-13　湿式气体洗涤器的型式、性能和操作范围

洗涤器	对 5μm 尘粒的近似分级效率/%	压力损失/Pa	液气比/（L/m³）
重力喷雾	80	125～500	0.67～268
离心或旋风	87	250～4 000	0.27～2.0
自激喷雾	93	500～4 000	0.067～0.134
泡沫板式	97	250～2 000	0.4～0.67
填料床	99	50～250	1.07～2.67
文丘里	＞99	1 250～9 000	0.27～1.34
机械诱导喷雾	＞99	400～1 000	0.53～0.67

2.9.1　湿式除尘器的原理

在湿式除尘器内含尘气体与水或其他液体相碰撞时尘粒发生凝聚，进而被液体介质捕获，达到除尘的目的。气体与水接触经历如下过程：尘粒与预先分散的水膜或雾状液体接触；含尘气体冲击水层产生鼓泡，形成细小水滴或水膜；较大的粒子在与水碰撞时被捕集，捕集效率取决于粒子的惯性及扩散程度。

2.9.1.1　洗涤的机理

湿式洗涤与过滤的工作介质虽然截然不同，但是二者的主要作用机制基本相同。洗涤过程中直接捕集或促进捕集的作用主要有：

①通过惯性碰撞、截留，尘粒与液滴或液膜发生接触；

②微小尘粒通过扩散与液滴接触；

③加湿的尘粒相互凝集；

④蒸汽凝结，促进尘粒凝集。

对于粒径为 1～5 μm 的尘粒，上述①起主要作用；而对于粒径在 1 μm 以下的尘粒，②③④起主要作用。

2.9.1.2 惯性碰撞数

湿式除尘器在通常工作条件下碰撞和截留起主要作用，因此，惯性碰撞数与尘粒的惯性运动密切相关。含尘气体与液滴的相对运动如图 2-33 所示，气体在液滴前方 x_d 处发生绕流，但处于惯性，继续向前运动。尘粒在前进过程中受气体阻力作用，速度逐渐降低（相当于抛射运动），所以有一个最大运动距离 x_s。当 $x_s \geqslant x_d$ 时才会发生碰撞，x_s/x_d 越大，碰撞越强烈，所以可以用 x_s/x_d 反映碰撞效应。

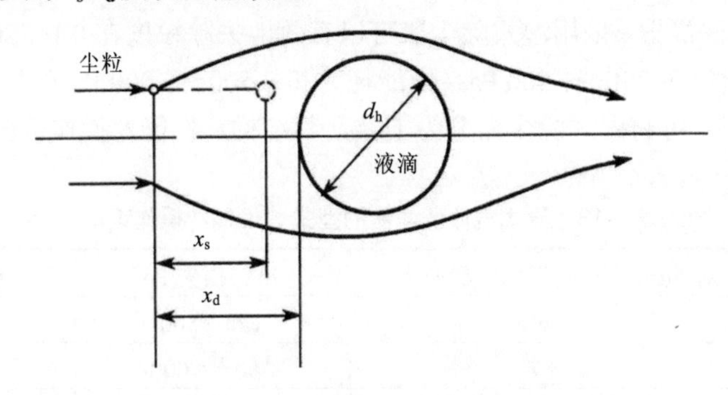

图 2-33 含尘气体与液滴的相对运动

尘粒做减速运动的最大运动距离若考虑滑动修正，则

$$x_s = \frac{\rho_p v_0 d_p^{\ 2} C}{18\mu} \tag{2-167}$$

式中：v_0——尘粒与液滴相对运动的初速度，m/s；

C——滑动修正系数或称为坎宁汉修正系数；

μ——流体的黏度，Pa·s；

d_p——颗粒的定性尺寸，m，对球形颗粒来说 d_p 为直径。

因为 x_s 与液滴直径 d_h 成正比，所以可用 x_s/d_h 组成的无因次 N_1（称为惯性碰撞数）表征碰撞效应：

$$N_1 = \frac{x_s}{d_h} = \frac{\rho_p v_0 d_p^{\ 2} C_u}{18\mu d_h} \tag{2-168}$$

由上式可知，为了增加碰撞效应，要增大气液相对运动速度和减小液滴直径。但液滴也不宜过小，否则液滴容易随气体漂流，相对运动速度反而减小。试验表明，$d_h = 150d_p$ 比较合适。

2.9.1.3　捕集效率

预测湿式除尘器捕集效率的一种方法是分割粒径法。多数惯性分离装置的分级透过率可用下式表示：

$$P_i = \exp(-Ad_p{}^B) \tag{2-169}$$

式中：A，B——常数；对填充塔和泡沫塔除尘器，B=2；对离心洗涤器，B=0.67；对文丘里洗涤器（当惯性碰撞数为 1～10 时），B≈2。

对多分散颗粒的全透过率

$$P = \int_0^{d_{p(\max)}} P_i \phi_i d(d_p) \tag{2-170}$$

式中：ϕ_i——颗粒物的初始粒径频率分布。

2.9.2　典型湿法除尘器举例

2.9.2.1　重力喷雾除尘器

重力喷雾除尘器又称喷雾塔或洗涤塔，是湿式洗涤器中最简单的一种（图 2-34）。在塔内，含尘气体通过喷淋液体形成的液滴空间时，尘粒和液滴之间的碰撞、拦截和凝聚等作用，使较大、较重的尘粒靠重力作用沉降下来，与洗涤液一起从塔底排走。通常在塔的顶部安装除沫器，既可以除去那些非常小的清水滴，又可去除很小的污水水滴，否则这些水滴会被气流夹带出去。按照尘粒与水流动方式的不同，可分为逆流、并流和横流 3 种除尘器。

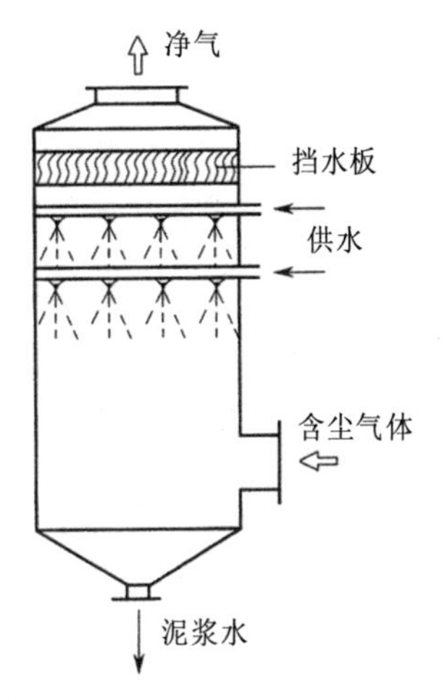

图 2-34　重力喷雾除尘器

这类除尘器具有压力损失小（一般小于 0.25 kPa）、操作稳定、方便等特点，但净化效率低、耗水量大、占地面积大。喷雾塔对小于 10 μm 的尘粒捕集效率较低，不适用于吸收、脱除气态污染物；对大于 10 μm 的尘粒净化效率较好。该除尘器与高效除尘器，如文丘里除尘器联用，可起预净化和降压、加湿作用。

尘粒的粒径和水滴大小对喷雾塔除尘效率的影响。依据斯台尔曼（Stairamand）的实验研究（图 2-35），当尘粒密度为 2 g/cm^3 时，对各种粒径粉尘的除尘效率的最佳水滴直径范围为 0.5～1 mm，从图 2-35 可以看出，当水滴直径为 0.8 mm 左右时，对尘粒捕集效率最高。这是综合了惯性碰撞和拦截左右两种除尘机理的结果。因为在喷水量一定时，靠惯性碰撞捕集尘粒的概率随水滴直径增大而增大。产生的水滴直径在 1 mm 以下的粗喷嘴能满足这一要求，喷水压力为 1.5～8MPa，水汽比一般范围是 0.7～2.7 L/m^3。实验表明，在设计逆流喷淋塔时，进气流取 0.6～1.2 m/s，耗水量为 0.4～1.35 L/m^3，对 10μm 以上尘粒捕集效率一般可达 90%以上。

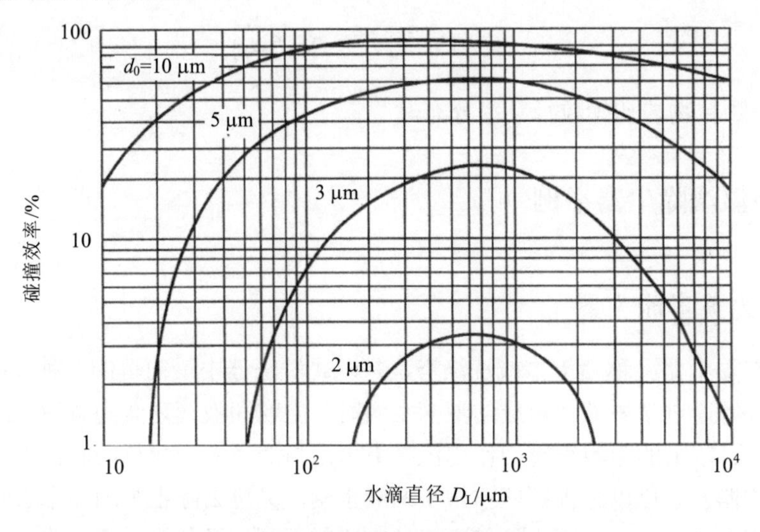

图 2-35　喷雾塔中单个液滴的碰撞效率

2.9.2.2　旋风洗涤除尘器

旋风洗涤除尘器与干式旋风除尘器相比，由于附加了水滴的捕集作用，故除尘效率明显提高。在旋风洗涤除尘器中，带水现象比较少，故可以采用比喷雾塔中更细的喷雾。气体的螺旋运动产生的离心力把水滴甩向外壁，形成壁流流到底部出口，因而水滴的有效寿命较短。为增加捕集效率，可采用较高的入口气流速度，一般为 15～45 m/s，并从逆向或横向对螺旋气流喷雾，使气液间相对速度增大，以提高惯性碰撞效率。随着喷雾变细，虽然惯性碰撞效率变小，但拦截的捕集效率增大。水滴越细，其在气流中保持自身速度和有效捕集能力的时间越短。从理论上已估算出最佳水滴直径为 100 μm 左右，实际采用的水滴直径为 100～200 μm。

旋风离心洗涤器适合用于净化大于 5 μm 的尘粒。对于小于 5 μm 的尘粒，可把洗涤器串联在文丘里洗涤器之后，作为凝聚水滴的脱水器。旋风洗涤器的除尘效率一般达 90%以上，压力损失为 0.25～1 kPa，特别适用于处理气量大和含尘浓度高的气体。常用的旋风洗涤除尘器有旋风水膜除尘器、旋筒式水膜除尘器和中心喷雾旋风除尘器。

1）旋风水膜除尘器

如图 2-36 所示，这种除尘器的内部采用环形方式安装一排喷嘴，喷雾沿切向喷向筒壁，使壁面形成一层很薄的不断下沉的水膜。含尘气体由筒体下部切向导入，并螺旋上升，靠离心力作用甩向壁面的尘粒被水膜黏附。这种除尘器净化效率一般可达 90%以上，是该类除尘器结构中最简单的一种。其按规格不同设有 3～6 个喷嘴，喷水压力为 30～50 kPa，耗水量为 0.1～0.3 L/m^3，压力损失为 0.5～0.75 kPa。

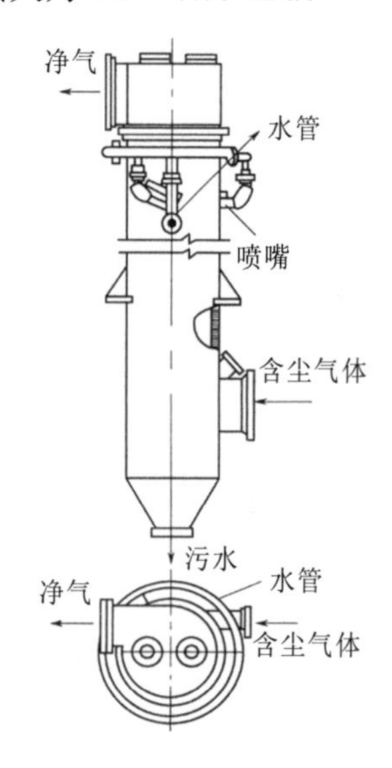

图 2-36　旋风水膜除尘器

该除尘器的净化效率取决于两个因素。第一，净化效率随气流入口速度增大而提高，但入口速度过大，不但压力损失激增，而且还会破坏水膜层，使净化效率反而会降低，同时出现带水现象。所以入口速度一般为 12～22 m/s。第二，净化效率随筒体直径减小，随筒体高度增加而提高，但直径不能太小，高度不能太高，筒体高度一般不大于 5 倍筒体直径。

2）旋筒式水膜除尘器

该除尘器由内筒、外筒、螺旋导流板、集尘水箱和供水装置等组成。旋筒式水膜除尘器亦称鼓形除尘器，如图 2-37 所示。由图可知，内外筒间装设螺旋导流板，使其内部形成一个螺旋形气流通道，在通道内形成多圈均匀的水膜，而含尘气体在通过通道内做螺旋运动。其主要降尘机理包括高速气流依靠螺旋运动向水膜冲击，喷雾水滴与尘粒的惯性碰撞，旋转气流的离心力和甩向外筒形成水膜的黏附作用等。这种除尘器对各种粉尘的净化效率一般都在 90%以上，有的可达 98%。

各类除尘设备必须考虑除尘效率和压力损失两个因素，除尘效率高、压力损失小，该除尘设备才有使用价值。实验表明，对于旋筒式水膜除尘器，要在其筒内通过一定流量的气体和连续供水量，使其保持连续的螺旋通道高度及断面上气流速度，保持各气流形成完整的强度均匀的水膜，这样才能保持除尘效率高和压力损失小。当连续供水量不变时，增大气体流量，会使平衡水位下降，除尘效率低，压力损失升高；在气流流量一定时，向筒内连续加大供水，则水位升高，螺旋通道高度降低，截面变窄，水膜流速加快加厚，使除尘效率和压力损失皆提高。

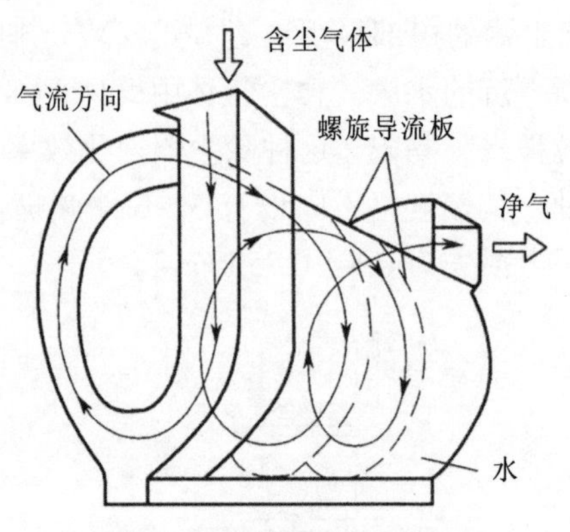

图 3-37 旋筒水膜除尘器

对于旋筒式水膜除尘器，要使除尘效率达到 90%以上，压力损失 0.8～1.2 kPa，并保证良好的工作状态，那么，螺旋形气体的平衡通道高度范围应为 100～150 mm，通道内平均气流流速范围为 11.0～17.0 m/s，连续供水量为 0.06～0.15 L/m^3，气体流量允许波动范围为 20%左右。

3）中心喷雾旋风除尘器

中心喷雾旋风除尘器如图 2-38 所示。含尘气体从圆柱体的下部切向引入，液体通过轴向安装的多头喷嘴喷入，径向喷出的液体与螺旋形气流相遇黏附粉尘颗粒，实现对颗粒物的去除。入口处的导流板可以调节气流入口速度和压力损失。如需进一步控制，则要靠调节中心喷雾管入口处的水压。如果在喷雾段上端有足够的高度时，圆柱体上段就起着除沫器的作用。

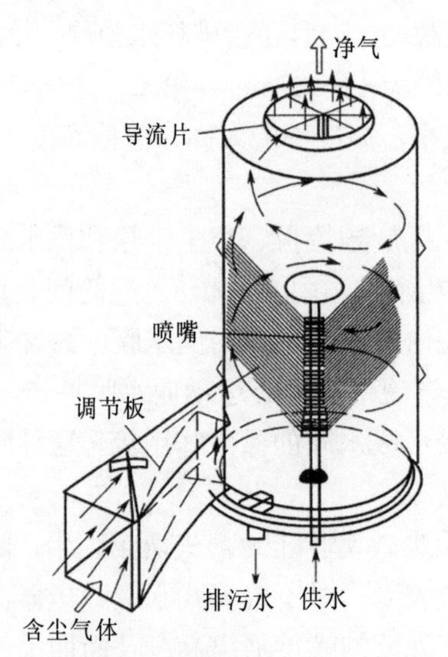

图 2-38 中心喷雾旋风除尘器

中心喷雾旋风洗涤器的入口风速通常在 15 m/s 以上，洗涤器断面风速一般为 1.2～24 m/s，压力损失为 500～2 000 Pa，耗水量为 0.4～1.3 L/m^3，对于各种小于 5 μm 的粉尘净化率可达 95%～98%。这种洗涤器也适合吸收锅炉烟气中的 SO_2，当用弱碱溶液洗涤时，吸收率在 94%以上。也可作文丘里除尘器的脱水器。

中心喷雾旋风除尘器的操作比较简单，可通过入口管上的导流调节板调节含尘气流入口速度；通过供水中心管的多头喷雾嘴调节喷雾水滴大小和流量，以控制除尘效率和压力损失。

2.9.2.3　自激喷雾除尘器

自激喷雾除尘器是依靠气流自身的动能，直接冲击液体表面激起雾滴，达到除尘目的。该除尘器的优点是高含尘浓度时能维持高的气流量，耗水量小，一般低于 0.13 L/m^3（气），压力损失范围为 0.5～4 kPa，除尘效率一般可达 85%～95%。下面介绍两种常见的自激式喷雾除尘器。

（1）冲击式水浴除尘器

简易冲击式水浴除尘器构造如图 2-39 所示。它的除尘过程可分为三个阶段：连续进气管的喷头是淹埋在器内的水室里，含尘气流经喷头高速喷出，冲击水面并急剧改变方向，气流中的大尘粒因惯性与水碰撞被捕集，即冲击作用阶段；粒径较小的尘粒随气流以细流的方式穿过水层，激发出大量泡沫和水花，进一步使尘粒被捕集，达到二次净化目的，为泡沫作用阶段；气流穿过泡沫层进入筒体内，受到激起的水花和雾滴的淋浴，得到进一步净化，即淋浴作用阶段。

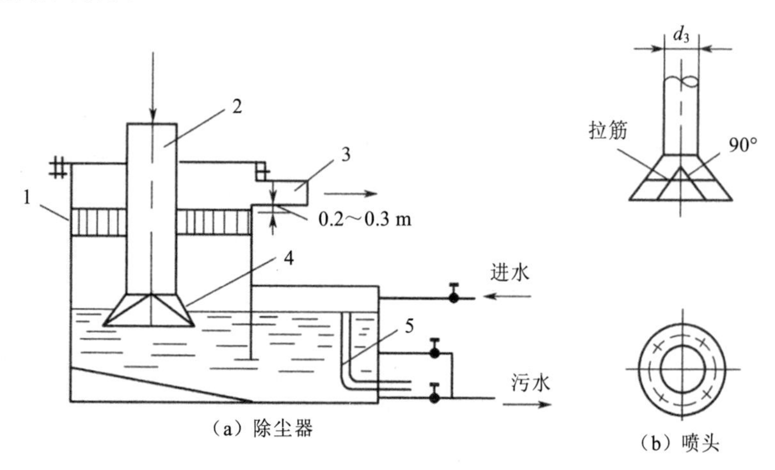

1—挡水板；2—进气管；3—排气管；4—喷头；5—溢流管

图 2-39　简易冲击式水浴除尘器构造示意

这种除尘器的除尘效率和压力损失与下列因素有关：喷头喷射的气流速度、喷头在水室的淹埋深度、喷头与水面接触的周长 S 与气流量 Q 之比值（S/Q）等。实践表明，在一般情况下，随着喷射速度、淹埋深度和比值 S/Q 的增大，则除尘效率提高，压力损失液增大。当喷射速度和淹埋深度到一定值后，除尘效率几乎不变，而压力损失急剧增大。提高除尘效率的经济有效的途径是改进喷头形式，增大比值 S/Q。冲击水浴除尘器喷头淹埋深度为 0～30 mm，喷射速度为 1.4～8 m/s，则除尘效率一般达 85%～95%，压力损失为 1～1.5 kPa。

（2）冲击式除尘器

图 2-40 为冲击式除尘器构造示意。它的主要部件有进气管、排气管、自动供水系统、“S”形精净化室、挡水板、溢流箱、泥浆机械耙等。除尘过程：含尘气体进入器内转弯向下冲击水面，粗尘粒因惯性作用落入水中被水捕获；细尘粒随气流以 18～35 m/s 的速度进入两叶片间的“S”形精净化室，由于高速气流冲击水面激起水滴的碰撞及离心力的作用，使细尘粒被捕获。净化后的气体通过气液分离室和挡水板，去除水滴后排出。被捕集的粗、细尘粒在水中由于重力作用沉积于器内底部形成泥浆，再由机械耙将泥浆耙出。除尘器内的水位由溢流箱控制，在溢流箱盖上设有水位控制装置，以保证除尘器的水位恒定，从而保证除尘器的效率稳定。如果除尘器较小，可以用简单的浮漂来控制水位。这种除尘器随着入口含尘浓度增大，除尘效率有所提高，处理气量在±20%变化时，对除尘效率几乎没有影响。

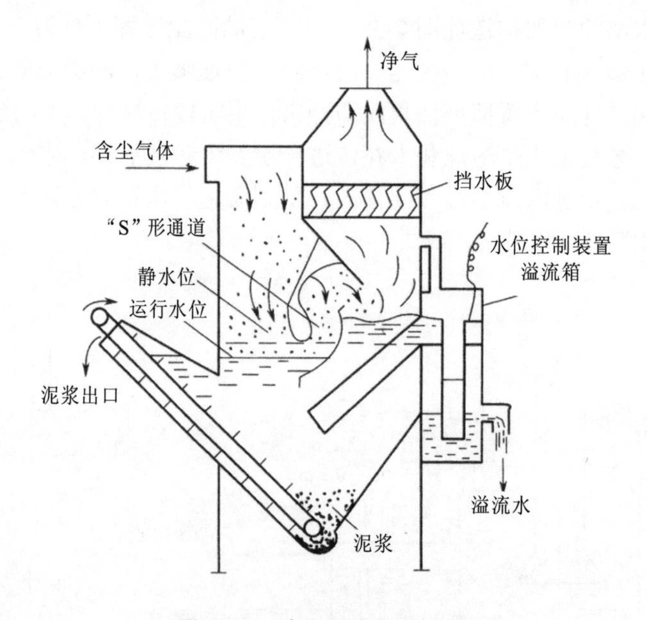

图 2-40　冲击式除尘器示意

2.9.2.4　文丘里除尘器

（1）结构和工作原理

研究表明，减小雾化液滴的直径，提高液滴与尘粒间的相对速度，可进一步提高对微小尘粒的捕集效果。文丘里除尘器就是根据这一原理设计的一种高效除尘器，常用于烟气降温和工业除尘。文丘里除尘器通常也称文氏管除尘器（图 2-41）。文丘里除尘器主要由文丘里管本体、供水装置和气水分离器（也称脱水器）组成。其中文丘里管本体包括收缩管、喉管和渐扩管。

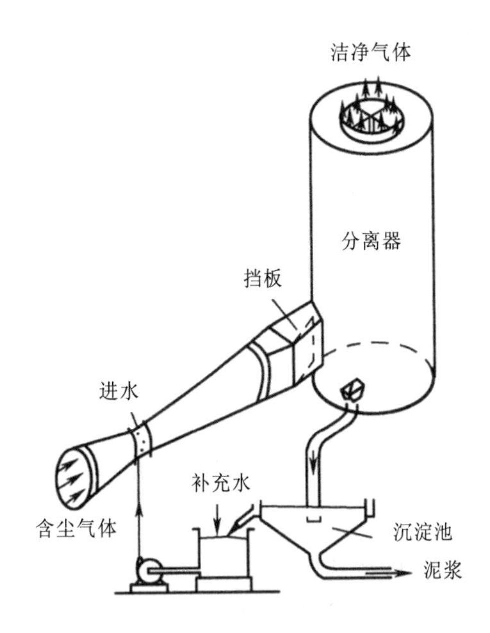

图 2-41 文丘里防尘器构造示意

文丘里除尘器的除尘过程包括雾化、凝聚和脱水 3 个阶段。来自除尘系统的含尘烟气进入收缩管后，横断面积逐渐缩小，管内静压也逐渐转化为动能，使管内流速增加；气流进入喉管后，喉管横断面积不变，管内静压下降到最低值，并维持不变，此时气流流速达到最高值；气流进入渐扩管，横断面积逐渐扩大，管内静压逐渐得到恢复，气流流速也逐渐下降。如果在收缩管末端或喉管处通过喷嘴引入洗涤液，一方面，该处的气流速度很高，由喷嘴喷出的洗涤液在高速气流的冲击下，进一步雾化成更细小的雾滴，而且气、液、固（粒尘）三相的相对速度都很大，使它们得以更充分混合，从而增加了尘粒与液滴碰撞的机会；另一方面，洗涤液雾化充分，使气体达到饱和程度，从而破坏了尘粒表面的气膜，使尘粒完全被水汽润湿，当气流进入扩散管后，这些被水湿润的尘粒与雾滴之间，以及不同粒径的尘粒或雾滴之间，在不同惯性力的作用下，在相互碰撞接触中凝聚成粒径较大的含尘液滴，这些较粗的含尘液滴随气流进入脱水器后，在重力、惯性力、离心力的作用下，从气流中分离出来，从而达到除尘目的。净化后的烟气经除雾器后排放。

当含尘气体高速通过文丘里管时，能量损失较大。低阻的文丘里除尘器（喉管流速为 40～60 m/s）压力损失为 1 500～5 000 Pa，高阻的文丘里除尘器（喉管流速为 60～120 m/s）压力损失为 5 000～20 000 Pa。

文丘里除尘器结构简单、占地面积小、除尘效率高，适用于处理高温或可燃性含尘烟气；其缺点是压力损失大。

（2）设计与计算

文丘里管的截面既可以是圆形的，也可以是矩形的。

1）文丘里管结构尺寸计算

①喉管直径的计算，文丘里管尺寸如图 2-42 所示。

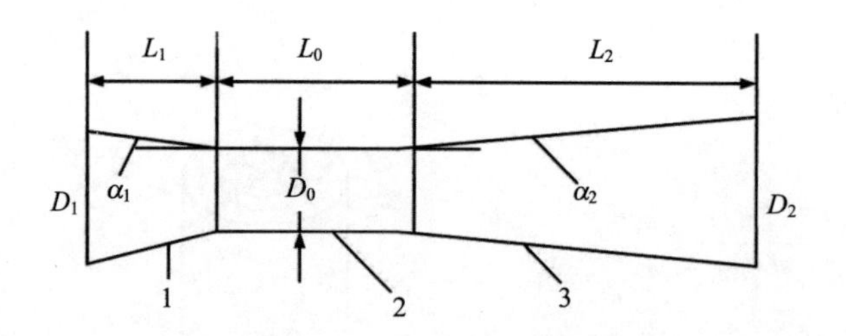

1—渐缩管；2—喉管；3—渐扩管

图 2-42 文氏管几何尺寸

$$D_0 = 0.0188\sqrt{\frac{Q_t}{v_t}} \tag{2-171}$$

式中：D_0——喉管直径，m;

Q_t——温度为 t℃时进口的气体流量，m^3/h;

v_t——喉管中的气流速度，一般为 50～120 m/s。

②喉管长度的计算：

$$L_0=(1\sim3)D_0 \tag{2-172}$$

式中：L_0——喉管长度，m，一般取 0.2～0.8 m。

③收缩管进口直径的计算：

$$D_1 = 2D_0 \tag{2-173}$$

式中：D_1——收缩管进口直径，m。

④渐缩管长度的计算：

$$L_1 = \frac{D_0}{2}\operatorname{ctan}\alpha_1 \tag{2-174}$$

式中：L_1——渐缩管长度，m;

α_1——收缩角，一般为 12.5°。

⑤渐扩管出口直径的计算：

$$D_2 \approx D_1 \tag{2-175}$$

式中：D_2——渐扩管出口直径，m。

⑥渐扩管长度的计算：

$$L_2 = \frac{D_2 - D_0}{2}\operatorname{ctan}\alpha_2 \tag{2-176}$$

式中：L_2——扩张管长度，m;

α_2——扩张角，一般为 3.5°。

2）压力损失

估算文丘里管的压力损失是一个比较复杂的问题，有很多经验公式。下面介绍目前应用较多的计算公式。

$$\Delta p=\frac{v^2\rho S^{0.133}L_{\mathrm{g}}^{\ 0.78}}{1.16} \tag{2-177}$$

式中：Δp ——文丘里管的压力损失，Pa；

v ——喉管处的气体流速，m/s；

S ——喉管的截面积，m^2；

ρ ——气体的密度，kg/m^3；

L_g ——液气比，L/m^3。

3）除尘效率

对 5 μm 以下的尘粒，其除尘效率可按下列经验式估算：

$$\eta=\left(1-9\,266\Delta p^{-1.43}\right)\times 100\% \tag{2-178}$$

式中：η —除尘效率，%；

Δp ——文丘里管压力损失，Pa。

2.10 新型复合除尘器举例

现行的《火电厂大气污染物排放标准》（GB 13223—2011）将烟尘排放浓度限值（标准状态下）由 50 mg/m^3 降至 30 mg/m^3，重点地区降至 20 mg/m^3。同时，《环境空气质量标准》（GB 3095—2012）增设了 $PM_{2.5}$ 排放浓度限值，并给出了监测实施的时间表。

随着环保标准要求不断提高，许多现役电除尘器都面临改造提升；传统改造方法是大幅度增加收尘面积和串联电场数，但是这样可能受到场地的限制而无法进行改造，并且对于直径为 0.1～1.01 μm 的尘粒收尘效率仍然不高。袋式除尘器虽然是一种高效除尘设备，但存在压降大、清灰复杂的缺点，设备庞大且昂贵。因此，电力行业需要技术性能更高的除尘装置来满足现役电除尘器改造需要，以满足新排放标准要求。

2.10.1 低低温电除尘技术

2.10.1.1 低低温电除尘技术发展历史

低低温电除尘技术是从电除尘器及湿法烟气脱硫工艺演变而来的。在日本已有 20 多年的应用历史。三菱重工于 1997 年开始在大型燃煤火电机组中推广应用基于 MGGH 管式气气换热装置，是烟气温度在 90℃左右运行的低低温电除尘技术。在三菱重工的烟气处理系统中，低低温电除尘器出口烟尘浓度（标准状态下）均小于 30 mg/m^3，SO_3 浓度（标准状态下）大部分低于 3.57 mg/m^3，湿法脱硫出口烟尘浓度（标准状态下）可达 5 mg/m^3，湿式电除尘器出口烟尘浓度（标准状态下）在 1 mg/m^3 以下。

随着我国节能减排政策执行力度的进一步加大，国内电除尘领域的众多专家对国内煤种的适应性进行研究后，普遍认为在满足《火电厂大气污染物排放标准》（GB 13223—2011）

和《环境空气质量标准》（GB 3095—2012）并保证经济性的前提下，电除尘器仍有广泛的适应性。电除尘器的除尘效率与粉尘比电阻有很大的关系，低低温电除尘技术可大幅度降低粉尘的比电阻，避免反电晕现象，从而提高除尘效率。低低温电除尘技术不仅具有除尘效率高、设备阻力低、处理烟气量大等常规电除尘器的优点，并且克服了高比电阻引起的反电晕、细粉尘荷电难等常规电除尘技术“瓶颈”，是2013年以来燃煤电厂超低排放改造的主要支撑技术，已成为粉尘治理的主流技术。

2.10.1.2 低低温电除尘技术简介

低低温电除尘器通过低温省煤器或热媒体气气换热装置（MGGH）将烟气温度降低到酸露点以下，约90℃，使烟气中的大部分SO_3在低温省煤器或MGGH中冷凝形成硫酸雾，黏附在粉尘上并被碱性物质中和，大幅降低粉尘的比电阻，避免反电晕现象，从而提高除尘效率，同时去除大部分的SO_3，保证燃煤电厂满足低排放要求，并有效减少$PM_{2.5}$排放。低低温电除尘系统采用低温省煤器时还可以将回收的热量加以利用，具有较好的节能效果。

低低温电除尘技术主要包含两种设备：低低温省煤器和静电除尘器。由于进入电除尘器的烟气温度低于酸露点，因而需要对电除尘器进行相关防腐、输灰等改造。低低温电除尘系统与传统工艺路线布置不同。燃煤电厂烟气治理岛低低温电除尘系统典型布置方式主要有两种，如图2-43所示，在电除尘器的上游布置GGH热回收器，这是目前国内采用的主要工艺路线。图2-44为在电除尘器前布置MGGH，将烟气温度降低，同时将烟气中回收的热量传送至湿法脱硫系统后的再加热器，提高烟囱烟气温度，该工艺路线在日本应用非常广泛。低低温省煤器回收的热量一方面可用于加热锅炉凝结水，提高锅炉热效率；另一方面，可用于再加热脱硫塔出口烟气，起到消除“白烟”视觉污染的作用，形成MGGH系统。

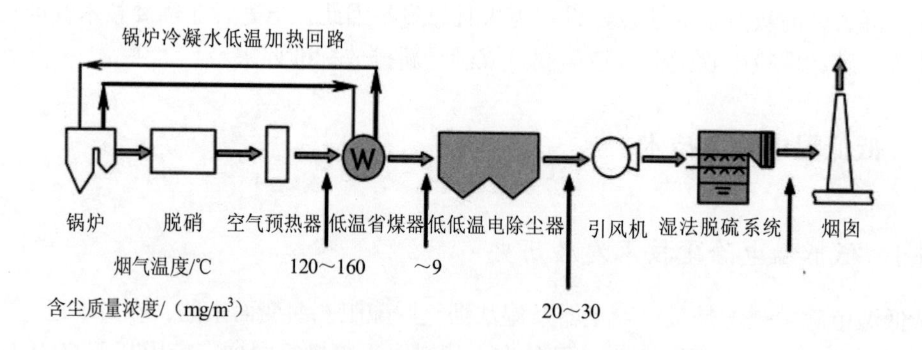

图2-43 锅炉+SCR+低低温省煤器+低低温静电除尘器+烟气脱硫+烟囱

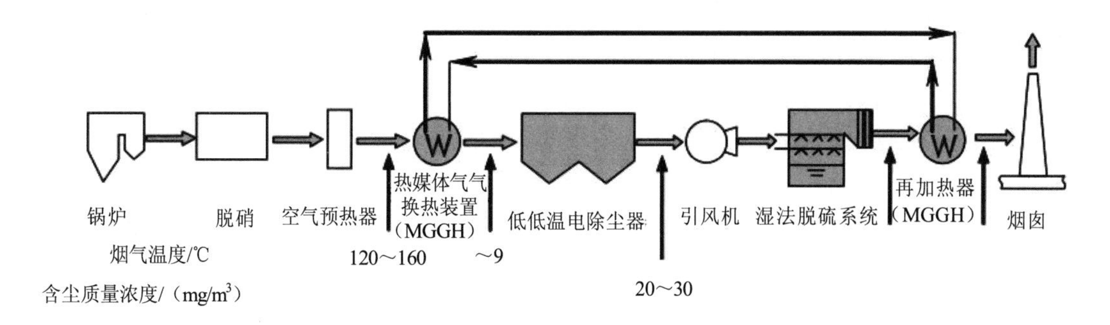

图 2-44　锅炉+SCR+低低温省煤器+低低温静电除尘器+烟气脱硫+烟气再热器+烟囱

2.10.1.3　低低温电除尘技术特点

低低温电除尘技术能保持电除尘器的独特优点，大幅提高电除尘器的除尘效率，具有以下特点。

（1）除尘效率高

1）比电阻下降。将除尘器入口烟气温度降低至酸露点温度以下，使烟气中大部分 SO_3 冷凝形成硫酸雾，黏附在粉尘表面并被碱性物质中和，粉尘特性得到很大改善，比电阻大大降低，避免反电晕现象，从而大幅提高除尘效率，如图 2-45 所示。

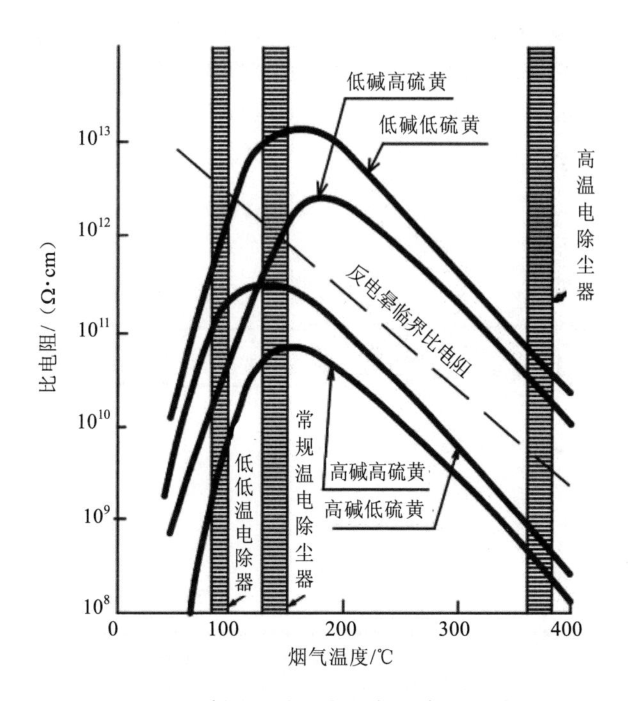

图 2-45　粉尘比电阻与烟气温度的关系

烟气温度对飞灰比电阻影响较大。温度低于 100℃时以表面导电为主，温度高于 250℃时以体积导电为主，在 100～250℃温度范围内则表面导电与体积导电共同起作用。一般而言，飞灰比电阻在燃煤烟气温度为 150℃左右时达到最大值，如果从 150℃下降至 100℃左右，比电阻降幅一般可达一个数量级以上。

2）烟气量降低。电除尘器入口烟气温度的降低，使烟气量减小，比集尘面积增大，增加了粉尘在电场的停留时间，从而可提高除尘效率。

3）击穿电压上升。电除尘器入口烟气温度的降低，使电场击穿电压上升，从而可提高除尘效率。由经验公式可以看出，排烟温度每降低 10℃，电场击穿电压将上升 3%，从而可提高电场强度，增加粉尘荷电量，提高除尘效率。

$$U_{击}=\frac{U_0}{\left(\frac{T_t}{T_0}\right)^{\frac{2.1T_t-386}{T_0}}}$$

式中：$U_{击}$——实际击穿电压，V；

U_0——温度为 T_0 时的击穿电压，V；

T_t=上升温度（℃）+ 273（K）；T_0=273K。

而在实际应用中，由于可有效避免反电晕，击穿电压有更大的上升幅度。

（2）大幅减少 SO_3 和 $PM_{2.5}$ 排放

电除尘器入口烟气温度降至酸露点温度以下，气态 SO_3 将转化为液态的硫酸雾。电除尘器入口含尘浓度很高，粉尘总表面积很大，因此为硫酸雾凝结附着提供良好条件。有研究表明，国内湿法脱硫设备对 SO_3 的脱除效率一般为 30%左右，采用低低温电除尘技术对 SO_3 的脱除效率最高可达 95%以上，可以大幅度降低 SO_3 排放，具体与烟气的灰硫比（D/S），即烟尘质量浓度（mg/m^3）与硫酸雾质量浓度（mg/m^3）之比有关。日本研究发现，当灰硫比大于 100 时，烟气中 SO_3 去除率最高可达到 95%以上，SO_3 质量浓度将低于 3.57 mg/m^3，如图 2-46 所示。

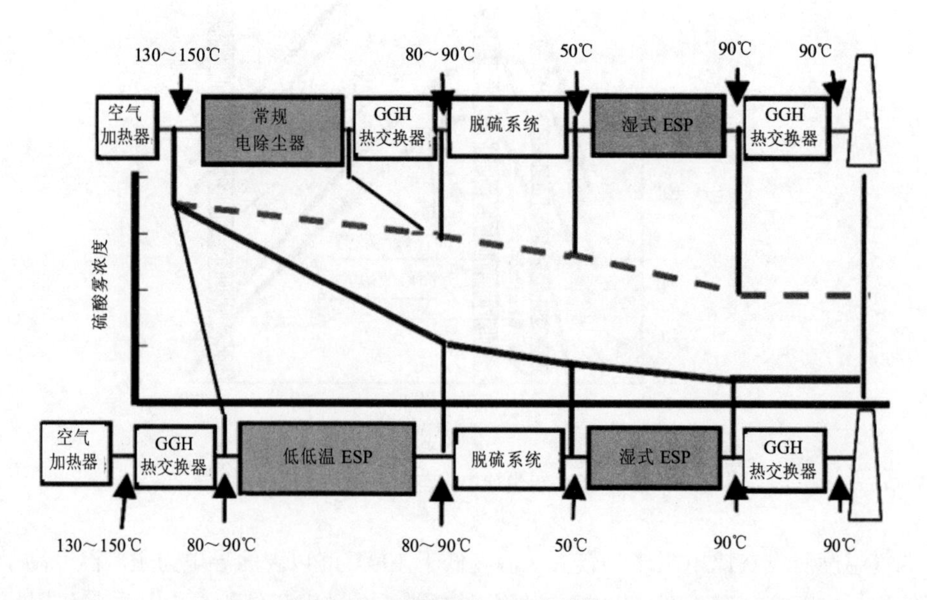

图 2-46 硫酸雾浓度变化趋势

对于后续配套湿法脱硫系统的机组，烟气温度降低不但可提高脱硫效率，还可减少湿法脱硫的工艺耗水量并有效缓解石膏雨问题。

有相关研究表明，经电除尘器和湿法脱硫系统后，$PM_{2.5}$ 在总尘中的比例约为 50%，低低温电除尘技术可大幅提高除尘效率，实现低排放，在大量减少总尘排放的同时也减少了 $PM_{2.5}$ 排放量。

总之，低低温电除尘技术通过大幅提高除尘效率，减少了 $PM_{2.5}$ 排放，并通过脱除大部分 SO_3，有效减少了大气中硫酸盐气溶胶（二次生成的 $PM_{2.5}$）的生成。

（3）节能效果明显

当低低温电除尘系统采用低温省煤器降低烟气温度时，可节省煤耗及用电消耗。研究发现，对 1 台 1 000MW 机组低低温电除尘系统的节能效果进行计算分析，烟气温度降低 30℃，可回收热量 1.64×10^8 kJ/h（相当于 1.2 t 标准煤/h），节约湿式脱硫系统水耗量 70 t/h，同时，烟气温度降低后，实际烟气量大大减少，不仅可以降低下游设备规格，而且可使风机（IDF）的电耗减少约 10%，脱硫系统用电量由原来的 1.3%减少到 1.0%。

（4）二次扬尘加剧

粉尘比电阻的降低会削弱捕集到阳极板上的粉尘静电黏附力，从而导致二次扬尘现象比常规电除尘器严重，影响除尘性能。图 2-47 为烟气温度与 ESP 除尘效率的关系及 ESP 出口烟尘浓度的构成。从图 2-47（a）可以看出，常规电除尘器中排放的烟尘主要是未能捕集的一次粒子，而低低温电除尘器中二次扬尘部分是主体，未采取特别对策的低低温电除尘器的二次扬尘主要由振打再飞散粉尘组成，而未能捕集的一次粒子仅占很小一部分。低低温电除尘器如不对二次扬尘采取针对性的措施，烟尘排放量将会超过常规电除尘器，但在采取特别对策后，烟尘排放浓度可大幅降低。

（5）提高了脱汞效率

烟气温度降低使脱汞的化学反应朝有利方向进行，有效提高了脱汞效率。

（6）电耗和运行费用降低

电耗和运行费用降低。采用低低温电除尘技术后，由于入口烟气温度降低，实际烟气流量将明显减少，从而可减轻引风机和增压风机的负担，与改造前相比电耗将基本持平或降低。同时，湿法脱硫的主要水耗量是由于进入吸收塔的热烟气将喷淋水分蒸发而消耗掉的，烟气温度的降低还可以节约湿法脱硫系统的水耗量。据估算，烟气温度降低 30℃，可以节约水耗量 70 t/h 左右（1 000 MW 机组）。

减小电除尘器的规格。由于除尘效率的提高，达到相同的除尘效率所需的除尘器规格可以减小。根据报道，只需采用三电场除尘器就能够达到五电场除尘器的效率。采用较小规格的电除尘器，可以减少供电区数量，减少电源数量，降低电耗，减小设备占地面积。

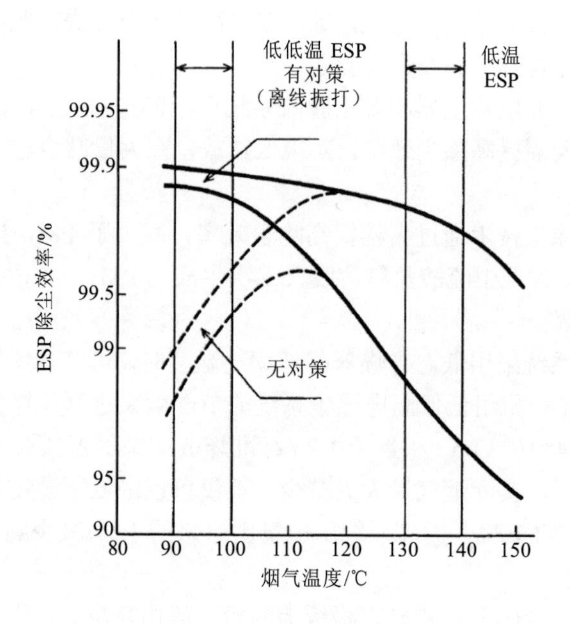

（a）烟气温度与 ESP 除尘效率

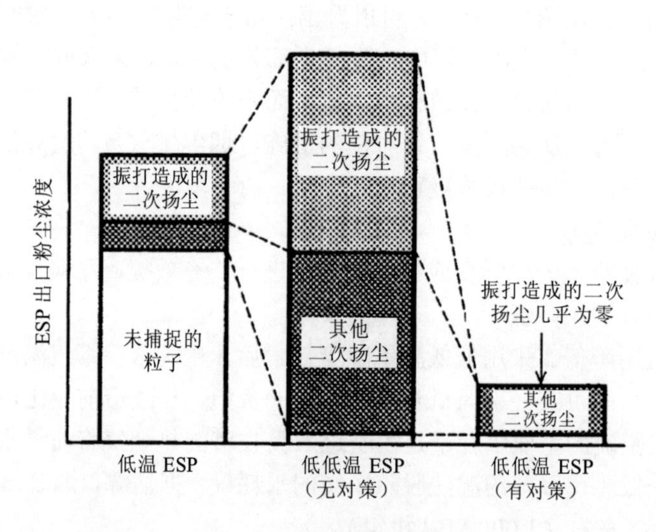

（b）ESP 出口烟尘浓度的构成

图 2-47 烟气温度与 ESP 除尘效率及 ESP 出口烟气浓度的构成

2.10.2 新型复合电袋一体除尘器

目前大型燃煤火力发电厂锅炉烟气除尘主要有静电除尘和布袋除尘等方式。静电除尘技术成熟可靠，应用最为广泛；但对于某些特性的煤种（如比电阻较高不易荷电）及偏离设计工况较多（如煤质变差烟气量增大很多）时，静电除尘的效率就比较低，不能适应日益提高的环保要求。布袋除尘效率很高，对超细粉尘治理效果尤其明显；但目前滤袋寿命不是很长，且投资较高，滤袋更换维护工作量较大。新型电袋复合型除尘器是将静电除尘与布袋除尘有机结合的新型高效除尘器，其工作流程如图 2-48 所示。其改善了进入袋区的烟尘工况条件，具有除尘效率稳定高效、适应能力强、滤袋阻力低、使用寿命长、运行维护费用低、占地面积小等优点，而且对现有电厂电除尘器的改造特别适用。除尘效率高（排放质量浓度可以低于 30 mg/m^3），既能满足新的环保标准，又增加运行可靠性，降低电厂除尘成本。因此，“静电-布袋”联合除尘尤其对现役电厂静电除尘器改造和新建电厂除尘设备的选择具有重要意义。

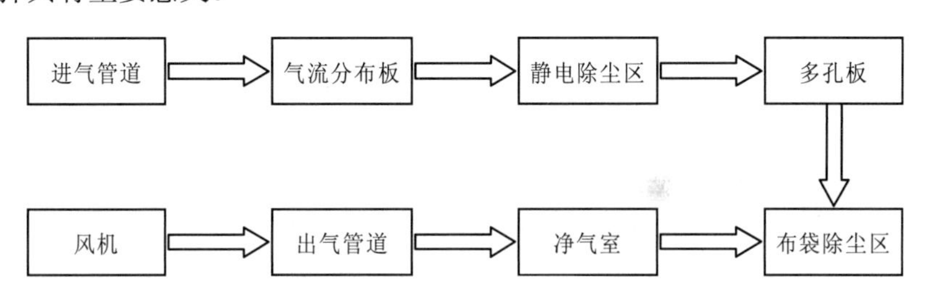

图 2-48　电袋复合除尘器工作流程

2.10.2.1 “预荷电+布袋”形式

“预荷电+布袋”形式在结构上有点类似“前电后袋”式，含尘气流先通过预荷电区，在高压电场中，粉尘充分荷电并凝并成较大的粒子，然后由袋式除尘器收集；还有的在袋式除尘器内设置电场，既可施加与荷电尘粒极性相同的电场，也可施加与荷电尘粒极性相反的电场。电荷效应，极性相同时，电场力与流场力相反，尘粒不断透过纤维层，大大提高了粉尘在滤袋上的过滤特性；同时由于排斥作用，沉积于滤袋表面的粉尘层较疏松，过滤阻力减小，使滤袋的透气性能和清灰性能得到明显改善，清灰变得更容易一些。同样滤袋清灰次数减少、使用寿命提高。但还是存在滤袋负荷没有减少，运行阻力大、费用高等不足。

2.10.2.2 “前电后袋”串联式

“前电后袋”式电袋复合除尘器就是在一个箱体内前端安装一短电场，后端安装滤袋场，将静电除尘和袋式除尘有机地串联成一体。烟气先经过前级电除尘，充分发挥其捕集中高浓度粉尘效率高（80%以上）和低阻力的优势，进入后级袋除尘时，不仅粉尘浓度大为降低，且前级的荷电效应还提高了粉尘在滤袋上的过滤特性，使滤袋的透气性能和清灰性能得到明显改善，使用寿命大大提高。不仅可以实现烟气达标排放，而且可以减少投资费用。电袋复合式除尘器结合了电除尘器及纯布袋除尘器两者的优点，是新一代的除尘技术，已在国内烟气颗粒物脱除中投入使用。

电袋复合除尘器的结构一般由以下几部分构成：风机系统、分离系统、管路系统和排尘系统等。风机系统提供了气固流体流动的能量；分离系统完成气固两相的分离过程；管路系统是气固流体流动的通道；排尘系统将分离下来的粉尘收集然后集中处理。其结构如图 2-49 所示。

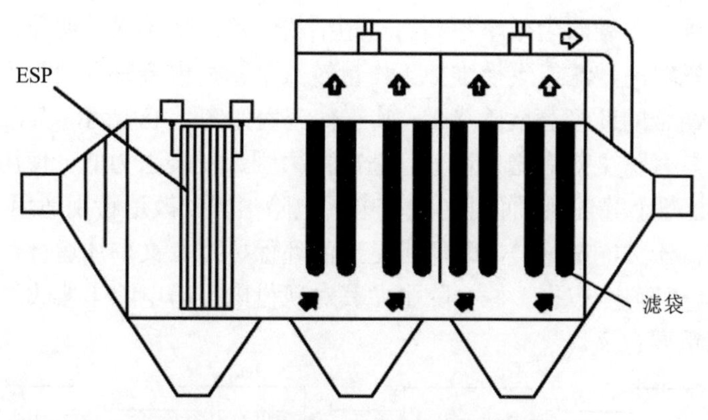

图 2-49　电袋复合除尘器的结构简图

尽管“前电后袋”式袋除尘中滤袋粉尘负荷减少，减少了清灰次数，但处理气体量不变，甚至由于漏风增加了其处理风量，所以其整个装置还是存在阻力过大、运行费用大等不足之处。

2.10.2.3 “静电-布袋”并列式

“静电-布袋”并列式既适用于新建的设备，也适用于老旧电除尘器的改造。

此种形式又称嵌入式电袋复合除尘器，嵌入式电袋复合除尘器是对每个除尘单元在电除尘中嵌入滤袋结构，即 1 排滤袋和 1 组电极交错排列，以实现电除尘与袋式除尘机理的有机融合。嵌入式电袋复合除尘技术的主要技术特点和原理与串联式电袋复合除尘技术相似。总除尘效率为 99.993%～99.997%。电袋一体化式结构更紧凑，气体经过的路径短而本体阻力小等，在诸多性能方面均优于串联式电袋复合除尘技术，但应选择适当的电场参数，以解决电极放电对滤袋的影响、滤袋更换、电极与滤袋嵌入结构布置等问题。

该装置整体上包括两块同心圆的收尘极板、两板间布置电晕极线、内圆布置滤袋和气流转向时的导流板，如图 2-50 所示。该装置具有以下特点：

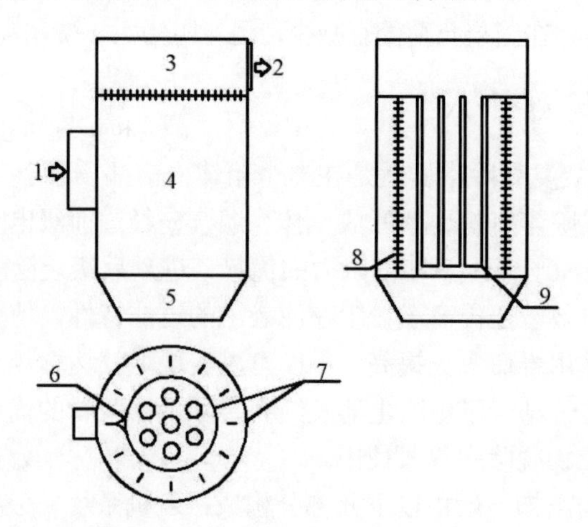

1—含尘气体入口；2—净气出口；3—净气室；4—除尘室；5—储灰斗；6—导流板；
7—内外圆收尘极板；8—电晕极；9—覆膜褶皱是滤袋

图 2-50　电袋一体化除尘装置结构示意

①在内收尘极板上适当的位置开有适当孔径的气孔和气流，进入滤袋口对应的地方为一开口。

②导流板除具有使气流均匀、减小阻力作用之外，还具有预收粗尘的作用。

③在环行电场中，气流是部分环流，荷电的粉尘粒子在电晕线外侧所受的电场力与其离心力一致，所以更利于粗粉尘的收集。

④在整个箱体内存在一种负压梯度场，因此更加有利于粉尘从气体中的分离。

⑤结构紧凑，采用流线型设计。

该装置采用侧向进风，电除尘单元和袋除尘单元结合间烟气分配的均匀性较好，有利于提高除尘效率，减小除尘阻力。粉尘在电场中可充分荷电除去粗尘，也就是说除去粒径较大的，剩下荷电不充分但可在电场中被极化进入滤袋除尘，而滤袋对微细粉尘有很高的除尘效率。因此可以结合各种除尘机理使不同粒径粉尘达到最佳收集效果，让烟尘达到“零排放”。

在运行方面一体化除尘器操作的复杂性超过单独使用袋式除尘器和电除尘器，运行工况的适应性降低。主要考虑以下几点：

①煤种发生变化，灰分及风量增加，前面电除尘器电场的除尘效率降低，势必增加袋式除尘器的负担。

②当锅炉启停及低负荷烧油运行时，除尘器运行条件要按袋式除尘器考虑。

③布袋除尘器内各部位的烟气温度应在烟气露点温度以上，以防止水蒸气凝结，造成滤布堵塞。一般要求布袋除尘器内的烟气温度高于烟气露点温度20℃以上。

④结构设计上考虑分割区域，实现单独隔离在线检修。一般电除尘器在运行时，振打和电场内集尘极、放电极出现问题是不能在线检修的，而袋式除尘器可进行在线检修。

2.10.3 多管旋风电袋复合式除尘器

新型多管旋风静电除尘装置集旋风除尘、静电除尘和袋式除尘于一体，可广泛用于工业含尘气体除尘，可使废气排放浓度远低于我国国家排放标准（50 mg/m^3），达到先进国家废气排放标准（10 mg/m^3），有利于达到我国环境质量和实现可持续发展的要求。配备自动控制系统进行控制，可非常容易实现自动化操作。

多管旋风电袋复合式除尘器包括外壳（1）、设置在外壳上的进气口（6）和出气口（16）；外壳（1）内设有多管旋风静电除尘装置和袋式除尘装置；外壳下部为集灰斗（21），集灰斗的下部设有总排灰阀（22）；内部是内壳体，内壳体的底部为多管旋风静电除尘集灰斗，多管旋风静电除尘集灰斗下部设有与集灰斗连通的排灰阀；内壳体内设有两个以上的旋风管，旋风管内设有电晕线；旋风管的下端与多管旋风静电除尘集灰斗连通；进气口（6）通过气流均布装置（25）分别与各旋风管（4）连通，多管旋风静电除尘装置的出气口（23）与袋式除尘装置连通，袋式除尘装置的出气口（24）与出气口（16）连通。

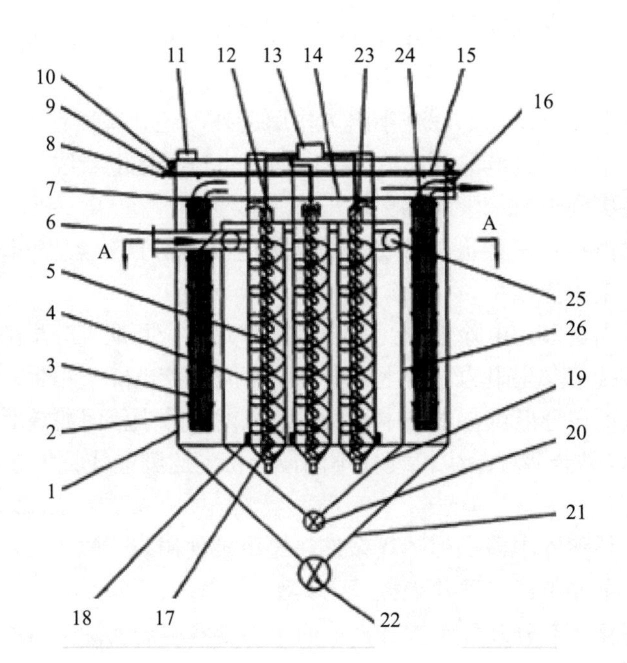

1—壳体；2—滤袋；3—骨架；4—旋风管；5—电晕线；6—进气口；7—文氏管；8—控制阀；9—脉冲阀；10—气包；11—控制器；12—绝缘子；13—高压整流装置；14—花板；15—喷射管；16—出气口；17—重锤；18—机械清灰装置；19—旋风除尘集灰斗；20—排灰阀；21—集灰斗；22—总排灰阀；23—多管旋风静电除尘装置的出气口；24—袋式除尘装置的出气口；25—气流均布装置；26—内壳体

图 2-51 多管旋风电袋复合式除尘器结构

2.11 柴油机颗粒物的捕集

柴油机微粒捕集器（diesel particulate filter，DPF）被公认为是柴油机微粒排放后处理的主要方式。国际上对微粒捕集器的研究始于 20 世纪 70 年代，现已逐步形成商品化产品。第一辆使用微粒捕集器的汽车是 1985 年德国奔驰公司生产的出口到美国加利福尼亚州的轿车。随着排放法规的日趋严格，如今发达国家安装微粒捕集器的柴油车逐渐增多，如奥迪、帕萨特和奔驰等部分乘用车已安装了微粒捕集装置。目前，比较成熟应用较多的产品是美国康宁（Corning）公司和日本 NGK 公司生产的蜂窝陶瓷微粒捕集器。美国 Johnson Matthey 公司开发的连续催化再生微粒捕集器以高捕集效率和再生效率受到关注。在我国，微粒捕集器的研究起步相对较晚，据报道，我国也正进行依靠自主创新研发的颗粒捕集器柴油发动机的制造，如 2017 年，一汽解放汽车有限公司无锡柴油机厂成功研制出首个安装颗粒捕集器并实现商品化的国产柴油发动机，可有效净化柴油机 90%的颗粒排放。2022 年，合肥工业大学报道成功研发柴油机颗粒物捕集系统，对清除柴油机尾气排放中的细颗粒物（$PM_{2.5}$）效果显著。微粒捕集器的捕尘机理包括扩散、拦截、惯性碰撞和综合过滤，与前面介绍的相同，这里不再重复。

2.11.1　过滤体材料

对过滤体材料的要求：高的微粒过滤效率，低的排气阻力，高的机械强度和抗振动性能，并且还须具备抗高温氧化性、耐热冲击性和耐腐蚀性。目前国内外研究和应用的过滤材料主要有陶瓷基、金属基和复合基三大类。

2.11.1.1　陶瓷基过滤材料

陶瓷基过滤材料由氧化物或碳化物织成，具有多孔结构，在 700℃以上能保持热稳定，比表面积大于 1 m^2/g，主要结构包括蜂窝陶瓷、泡沫陶瓷及陶瓷纤维毡。

蜂窝陶瓷常用堇青石（$2MgO\cdot 2Al_2O_2\cdot 5SiO_2$）制成，有壁流式、泡沫式等多种结构。目前在微粒捕集器过滤体上研究使用较多的是壁流式蜂窝陶瓷。壁流式蜂窝陶瓷具有多孔结构，相邻两个孔道中一个孔道入口被堵住，另一个孔道出口被堵住，如图 2-52 所示。这种结构迫使排气从入口敞开的排气孔道进入，穿过多孔的陶瓷壁面进入相邻的出口敞开的排气孔道，而微粒就被过滤在进气孔道的壁面上，这种微粒捕集器对微粒的过滤效率可达 90%以上，还能部分捕集可溶性有机成分（soluble organic fractions，SOF，主要是高沸点的 HC）。壁流式蜂窝陶瓷（堇青石）的技术指标见表 2-14。

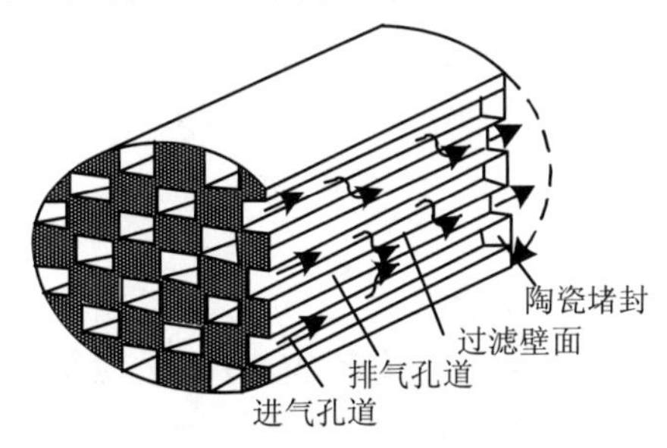

图 2-52　壁流式蜂窝陶瓷

表 2-14　壁流式蜂窝陶瓷（堇青石）的技术指标

指标项目	单位	指标取值	指标项目	单位	指标取值
主晶相含量	%	≥85	吸水	%	20～40
孔数	孔数/英寸 ^{2} ①	100～400	热膨胀系数	$\times 10^{-6}$/℃	1.0～2.0
壁厚	mm	0.2～0.6	熔化温度	℃	1 340
开孔面积	%	60～80	抗压强度	MPa	轴向（≤12），径向（≤4）
容重	g/cm^2	0.4～0.6	比表面积	m^2/g	≤1
气孔率	%	25～50	外形尺寸	mm	柱形（≤ϕ240×240），方形（≤ϕ200×200×250）
微孔平均孔径	μm	2～40			

① 1 英寸=2.54 cm。

壁流式蜂窝陶瓷微粒捕集器的压力损失主要包括陶瓷壁面产生的压力损失、炭烟微粒层产生的压力损失、进排气孔道内部流动摩擦引起的沿程损失、进气孔道入口处流动面积突然变小产生的局部损失和排气孔道出口处由于流动面积突然变大产生的局部损失。对于尺寸限制不太重要的重型车用柴油机来说，有时用体积等于排量两倍的过滤体把阻力限制到合理的水平（约 10 kPa）。大型柴油机可用多个过滤体并联工作的方案，因为尺寸过大的过滤体在热再生时可能因热应力过大而损坏。

泡沫陶瓷孔洞曲折，孔隙率大（80%～90%），但需解决捕集效率较低及烟灰吹除难等问题。如图 2-53 所示。

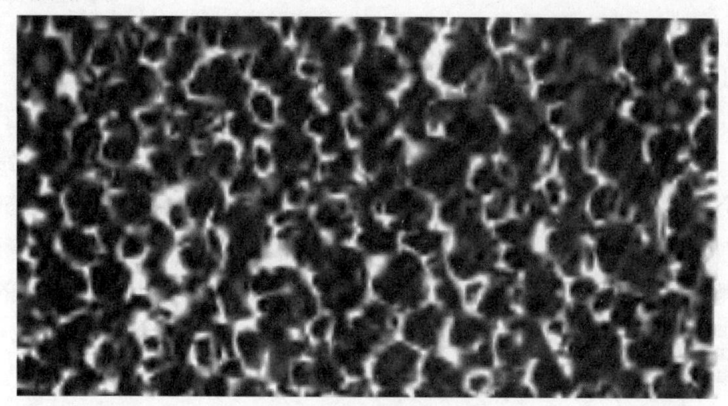

图 2-53 泡沫陶瓷材料

2.11.1.2 金属基过滤材料

金属在材料的强度、韧性、导热性等方面具有陶瓷无法比拟的优势。如铁铬铝（Fe-Cr-Al）是一种耐热耐蚀高性能合金，具有热容小、升温快的特点，有利于排气微粒快速起燃，且抗机械振动和高温冲击性能好，近年来受到广泛重视。用铁铬铝制造的壁流式蜂窝体，与同等尺寸的堇青石蜂窝体相比，壁厚可减小 1/3，大大降低了压力损失。但构成金属蜂窝体的箔片表面平滑，不是多孔材料，过滤效率较低，在柴油机微粒捕集器方面应用较少。目前研究较多的结构形式主要是泡沫合金、金属丝网及金属纤维毡。

泡沫合金是一种具有三维网络骨架的材料，该过滤体由泡沫合金骨架焊接而成，与壁流式蜂窝陶瓷的结构相似，它们的过滤效率相当。日本住友电工公司将泡沫合金用于制备微粒捕集器过滤体已有数年，起初曾采用泡沫镍作为过滤材料，但镍的抗蚀性差，为了改善其在高温环境和含硫气氛中的抗蚀性，则采用耐热耐蚀的镍铬铝（Ni-Cr-Al）和铁铬铝（Fe-Cr-Al）高温合金，合金表面是结构牢固的 α-Al_2O_3，可在 800℃的高温下静置 200 h 基本上不受侵蚀。

金属丝网成本相对较低，且孔隙大小沿气流方向可任意组合，使捕获的微粒在过滤体中沿过滤厚度方向分布均匀，提高过滤效率并延长过滤时间。但单纯金属丝网过滤体的捕集效率相对较低，只有 20%～50%。若利用金属丝网的良好导电性，在过滤体上游加电晕荷电装置，使微粒荷电，带电微粒在经过金属丝网时由于静电作用吸附在金属丝网上，则可使综合过滤效率提高到 50%～70%。

金属纤维毡与陶瓷纤维毡相比具有强度高、使用寿命长、容尘量大等优点；与金属丝网相比具有过滤精度高、透气性好、比表面大和毛细管功能等优点，尤其适用于高温、有腐蚀介质等恶劣条件下的过滤，因此是一种很有前途的柴油机微粒过滤材料。福建远致环保科技有限公司利用水泥窑尾烟气依次通过高温电除尘、金属纤维毡过滤除尘和 SCR 脱硝反应器，完成了高效除尘和脱硝，脱硝产物为 N_2 和 H_2O，无二次污染，除尘和脱硝效率分别达到 99.99%，96.89%。并且，金属滤袋服役期结束后可作为金属回收，解决了固体废弃物的处置问题。

2.11.1.3 复合基过滤材料

正在研究复合基增强型过滤材料，且主要集中在纤维毡结构上。为了解决在再生过程中燃烧引起局部过热导致的过热材料熔融破裂或残留烟灰黏附在过滤材料上使微粒捕集器失效的问题，NHK Sping 公司发明了一种新型过滤材料，这种过滤体的单元是由叠层金属纤维毡和氧化铝纤维毡组成。金属纤维毡材料是 Fe-18Cr-3Al，最高耐热温度可达到 1 100℃，氧化铝纤维毡材料是 $70Al_2O_3$-$30SiO_2$，最高耐热温度可达到 1 400℃。从排气入口到出口，叠层纤维毡的密度越来越大，保证了微粒的均匀捕获，过滤效率可达到 80%～90%，同时还能起到消声器的作用。

2.11.2 再生技术

在过滤过程中，微粒捕集器中的微粒会积存在过滤器内，导致柴油机排气背压增加。当压力损失达到 20 kPa 时，柴油机工作开始明显恶化，导致动力性、经济性等性能降低，必须及时除去沉积的微粒，使微粒捕集器继续正常工作。除去微粒捕集器内沉积的微粒的过程称为再生。

将捕集的微粒烧掉是再生的常用办法，柴油机排气微粒通常在 560℃以上时开始燃烧，即使在 650℃以上微粒的氧化也要经历 2 min。而实际柴油机排气温度一般低于 500℃，一些城市公交车排气温度甚至在 300℃以下，排气流速很高，因而在正常的条件下难以烧掉微粒。

再生系统根据原理和再生能量来源的不同可分为主动再生系统与被动再生系统两大类。

2.11.2.1 主动再生系统

主动再生系统通过外加能量将气流温度提高到微粒的起燃温度使捕集的微粒燃烧，达到再生过滤体的目的，主动再生系统通过传感器监视微粒在过滤器内的沉积量和产生的背压，当排气背压超过预定的限值时就启动再生系统。根据外加能量的方式，这些系统主要有喷油助燃再生系统、电加热再生系统、微波加热再生系统、红外加热再生系统以及反吹再生系统。

（1）喷油助燃再生系统

对喷油助燃再生系统，目前已开发了用丙烷或柴油作燃料，用电点火的燃烧器来引发微粒捕集器再生的工艺。柴油燃烧器采用与柴油机相同的燃料，比较方便，但燃烧过程的组织比较困难，尤其在冷启动时可能导致燃烧不良，造成二次污染。用丙烷作为燃烧器的燃料，容易保证完全燃烧，但需单独的高压丙烷气瓶。

燃烧器喷出的火焰温度应尽可能均匀，平均温度为 700～800℃，以便可靠点燃微粒。再生周期取决于微粒沉积速度。再生时如果过滤体中的微粒量太少，则燃烧过程缓慢且不能彻底燃烧；如果微粒量过多，则微粒一旦燃烧，其峰值温度可能上升过高，导致过滤体损坏。过滤体中的微粒沉积量在过滤体已定的情况下，取决于柴油机的工况和对应的排气背压。

（2）电加热再生系统

电加热再生是采用电热丝或其他电加热方法，周期性地对微粒捕集器加热使微粒燃烧的工艺。用电阻加热器供热再生可避免采用复杂昂贵的燃烧器，同时电加热可消除二次污染。为了提高电阻加热器的再生效率，一般应使电阻丝与沉积的微粒直接接触。一种结构是把螺旋形电阻丝塞入进气道中，蜂窝陶瓷过滤体的孔道数量很多，因此结构复杂；另一种结构是将“回”形电阻丝布置在各进气道的入口段。

电加热再生系统由车载蓄电池供电，电加热再生系统的功率一般为 3～6 kW，通电 30～60 s 就可引发再生。电加热再生系统结构简单，使用方便、安全可靠，但再生时热量利用率和再生速率低，消耗能量较多。

（3）微波加热再生系统

微波独具的选择加热及体积加热特性再生微粒捕集器。微粒可以 60%～70%的能量效率吸收频率为 2～10 GHz 的微波，陶瓷的损耗系数很低，实际上对微波来说是透明的，所以微波并不会加热陶瓷过滤体；此外微粒捕集器的金属壳体会约束微波，防止微波外逸并把它反射回过滤体上，因此，可把一个发射微波的磁控管放在过滤体的上游，并用一个轴向波导管将其与过滤体相连。再生时把排气流部分旁通，磁控管提供 1 kW 功率，在过滤体内部形成空间分布的热源，对过滤体上沉积的微粒进行加热，历时 10 min 左右，把炭烟微粒加热到起燃温度，然后把排气流恢复原状以助微粒燃烧。再生时，也可把排气完全旁通，并喷入适量助燃空气，这样再生过程可以控制得更完善。

（4）红外加热再生系统

选择控制温度对应辐射能大的波长范围内的红外辐射材料，将其涂覆在基体上，当基体受热并达到选择的温度和波长范围时，涂层便放射出最大辐射能。碳是自然界中较好的一种灰体，因此对辐射能的吸收能力较强，堇青石陶瓷是热的不良导体，因此辐射传热是其主要的加热形式。由于金属材料的辐射能力较差，因此在红外再生过程中，首先由加热器加热具有较强辐射能力的红外涂层，然后再由红外涂层通过辐射方式加热过滤器中捕捉到的微粒。红外再生提高了加热速率和热量利用率，从而使被加热物体迅速升温，达到快速加热的目的，减少再生过程的能量消耗。

（5）反吹再生系统

当过滤体需要再生时，高压气流从需要再生的微粒捕集器的排气出口端高速喷入，逆向流动的气流将微粒从过滤体表面消除。

2.11.2.2　被动再生系统

被动再生系统利用柴油机排气自身的能量使微粒燃烧，达到再生微粒捕集器的效果。对于被动再生系统，一方面可通过改变柴油机的运行工况提高排气温度，达到微粒的起燃温度，使微粒燃烧；另一方面可以利用化学催化的方法降低微粒的反应活化能，使微粒在正常的排气温度下燃烧。运用排气节流等方法可以提高排气温度，使捕集到的微粒在高温下烧掉，但这些措施会使燃油经济性恶化。目前看来较为理想的被动再生方法是利用化学催化的方法，一些贵金属、金属盐、金属氧化物及稀土复合金属氧化物等催化剂对降低柴油机炭烟微粒的起燃温度和转化有害气体均有很大的作用。在催化再生过程中，过滤体受到的热负荷较小，因此可提高过滤体的寿命及工作可靠性。催化剂的使用方法有 2 种：一是在燃油中加入催化剂，二是在过滤体表面浸渍催化剂。催化再生技术的研究重点在于寻找能有效促进微粒在尽可能低的温度下氧化的催化剂。

习题

1．某一颗粒的质量筛分如下，试确定罗欣-拉姆勒分布函数和中位粒径。

d_p /μm	20	30	40	50	60	70	80	90	105	149
G /%	1	4	11	24	36	56	71	83	94	100

2．经测定大气中飘尘的质量粒径分布遵从对数正态分布规律，其中位径为 d_{50}=5.8 μm，筛上累计分布 D=16.9%时的粒径为 d_p=9.0 μm，试确定以个数表示时正态分布函数的特征数和算术平粒径。

3．某粉尘中位径为 0.25 μm，粒径分布指数 n=1.7，试确定小于 0.5 μm 和小于 0.1 μm 两种粒径烟尘量占总烟尘量的百分数。

4．试求在下述条件下粒子所受的阻力：

（1）粒径 d_p=100 μm，空气温度 T=293 K，压力 $P=1.013\times10^5$ Pa，沉降速度 u =0.37 m/s。

（2）粒径 d_p=1 μm，空气温度 T=400 K，压力 $P=1.013\times10^5$ Pa，沉降速度 u =2.38 m/s。

5．某一粉尘粒径分布如下：

组数	粒径范围/μm	质量频数/kg	组中心
1	0～3.5	0.750	1.75
2	3.5～5.5	0.675	4.5
3	5.5～7.5	1.500	6.5
4	7.5～10.75	2.100	9.125
5	10.75～19	1.425	14.875
6	19～27	0.600	23.00
7	27～43	0.45	35.00

（1）试求该粉尘粒径的相对频数分布、频率密度分布以及筛上累计分布。

（2）试问该粉尘分布遵守哪一类分布（正态分布、对数-概率正态分布、罗欣-拉姆勒分布），将上述计算结果用图绘于坐标上。

（3）在图上标出纵径和中位直径的大小。

6．直径为 180 μm，真密度为 2 000 kg/m^3 的球形颗粒置于水平的筛子上，用温度为 293 K 的空气由筛下垂直向上吹，试问：

（1）流速为多少时能把筛上颗粒吹起？

（2）吹起颗粒的雷诺数为多少？

（3）刚刚吹起时，颗粒的阻力有多大？

7．某粉尘真密度为 2 500 kg/m^3，烟气介质温度为 473 K，压力为 105 Pa。试计算粒径为 10 μm 和 500 μm 的颗粒在离心作用下的末端沉淀速度（已知离心力中颗粒运动的旋转半径为 200 mm，该处的气流切线速度为 16 m/s）。

8. 对某旋风除尘器的现场测试得到：除尘器进口的气体流量（标准状态下）为 10 000 m^3/h，含尘浓度（标准状态下）为 4.2 g/m^3，除尘器出口气体流量（标准状态下）为 12 000 m^3/h，含尘浓度（标准状态下）为 350 mg/m^3，试求该除尘器的处理气体流量、漏风率和除尘效率（分别考虑漏风和不考虑漏风情况）。

9．两级除尘串联，已知系统流量为 2.50 m^3/s，工艺设备产生粉尘量为 30.0 g/s，两级效率分别为 80%和 96%，计算该除尘器总除尘效率、粉尘排放浓度和排放量。

10．某燃煤电厂除尘器进口和出口烟尘粒径分布数据如下，若除尘器总除尘效率为 99%，请确定各分级效率曲线。

粒径间隔/μm		<0.6	0.6～0.7	0.7～0.8	0.8～1.0	1～2	2～3	3～4
质量频率/%	进口	2.0	0.4	0.4	0.7	3.5	6.0	24.0
	出口	7.0	1.0	2.0	3.0	14.0	16.0	29.0

粒径间隔/μm		4～5	5～6	6～8	8～10	10～12	12～30
质量频率/%	进口	13.0	2.0	2.0	6.0	21.0	19.0
	出口	6.0	2.0	2.0	2.5	8.5	7.0

11．有一沉降室长 7.0 m，高 12 m，气流速度为 30 cm/s，空气温度为 300 K，尘粒密度为 2.5 g/cm^3，空气黏度为 0.067 kg/（m·h），求该沉降室能 95%捕集的最小粒径。

12. 进入和离开某除尘器的气流中含尘浓度（标准状态下）分别为 16 g/m^3 和 0.14 g/m^3，进出口气流中粒径为 0～5 μm 的粉尘相对频数分布分别为 10%和 70%，试问：

（1）除尘器总效率为多少？

（2）该除尘器对 0～5 μm 的粉尘分级效率为多少？

13．某厂设有两级除尘系统，第一级为旋风除尘器，第二级为电除尘，净化前含尘气体浓度（标准状态下）为 15 g/m^3，旋风除尘器的除尘效率为 84%，问净化后含尘浓度（标准状态下）达到 180 mg/m^3 时，电除尘器的除尘效率应该为多少？

14．进入 XLP 型旋风除尘器烟气流速 u=16.5 m/s，烟气温度为 150℃，烟气流量（标准状态下）为 1.5 m^3/s，烟尘真密度（标准状态下）为 2 100 kg/m^3。已知除尘器的外筒直径为 0.9 m，内筒直径为 0.62 m，内筒到下缘尖仓的距离为 2.58 m，除尘器的阻力系数为 9.8，试计算除尘器的分割临界粒径和压力损失。

15．设计一个旋风采样器，入口气流速度为 25 m/s，空气动力学分割直径为 1 μm，估算筒体外径和气流流量。

16．用文丘里洗涤除尘器处理 40℃的烟气，除尘器结构和操作参数如下：喉管截面积为 6.0×10^{-4} m^2，喉管气流速度为 83 m/s，液气比为 1.321/m^3，烟气密度为 1 850 kg/m^3，空气-水系统液体的表面张力为 7.09 kg/m，烟气中粉尘粒子的粒径分布为：

d_p /μm	<0.1	0.1～0.5	0.5～1.0	1.0～5.0	5.0～10	10～15	15～20	>20
质量分数/%	0.01	0.21	0.72	13.60	16.00	12.00	8.00	50.00

计算：

（1）除尘器的除尘效率；

（2）除尘器中雾化液滴的大小；

（3）喉管处压力损失。

17．烟气温度为 350 K，以 3 m/min 通过布袋，清洁滤料阻力系数为 4.8×10^7 /m，堆积粉尘负荷为 0.1 kg/m^2，粉尘平均阻力为 1.5×10^5 m/kg，试计算其阻力。

18．某单位拟选择涤纶绒布逆气流清灰布袋除尘器净化含尘烟气，处理烟气量（标准状态下）为 12 000 m^3/h，初始含尘浓度为 6.2 g/m^3，除尘器的工作温度为 393 K，请确定：（1）过滤速度；（2）过滤负荷；（3）除尘器压力损失；（4）过滤面积；（5）需要的滤袋数目；（6）清灰制度。

19．板间距为 23 cm 的板式电除尘器的分割直径为 0.9 μm，总效率不少于 98%，排气中含尘量不超过 0.1 g/m^3，假设电除尘器入口粉尘浓度为 30 g/m^3，粒径分布如下：

质量百分比范围/%	0～20	20～40	40～60	60～80	80～100
平均粒径/μm	3.5	8.0	13.0	19.0	45.0

假定德意希方程为$\eta=1-e^{kd}$，其中η为捕集效率，K为经验数，d为直径，请确定：

（1）除尘器除尘效率能否大于 98%；

（2）出口处烟气中含尘浓度能否满足环保要求。

第3章 硫氧化物（SO_x）的排放控制

3.1 硫的自然界循环

硫在自然界中分布广泛，在地壳中主要以硫酸盐的形式存在，其中大部分是石膏 $CaSO_4 \cdot 2H_2O$ 或者硬石膏 $CaSO_4$。石膏是一种化学惰性、无毒、微溶于水的矿物质，在全球范围内广泛存在。

工业革命之前，人类活动造成的硫排放对环境的影响很小。工业革命之后，燃料燃烧、金属冶炼成为硫污染的主要来源。全球2000年排入大气的 SO_2 总量约为 1×10^8 t，其中亚洲排放占39%，北美洲排放占22%，欧洲排放占19%，其他地区排放占20%。大量的排放与能源活动密切相关，化石燃料（主要是煤炭和石油）的燃烧造成的排放占其中的80%。经过多年发展，世界上很多国家都研发并使用高效脱硫设备，随着对环境治理的加强，大大减轻了 SO_2 排放。2018年，人为 SO_2 污染源共计向大气排放了近 3×10^7 t，基于美国航空航天局（NASA）2005—2018年全球 SO_2 排放热点（即 SO_2 高强度排放源或区域）数据，结果显示，全球2/3的人为 SO_2 污染是由火电厂或者工业燃用煤炭和石油导致的，其后为冶炼厂、油气的提炼或燃烧。SO_2 排放最大的国家主要包括印度、俄罗斯和中国。

人类使用的燃料中含有一定量的硫。木材的含硫量大约是0.1%，大多数煤炭含硫量在0.5%～3%，平均为1%左右，石油含硫量在木材和煤之间。燃烧时，燃料中的硫大部分转化为 SO_2：

$$S+O_2 \longrightarrow SO_2 \tag{3-1}$$

每1 g的硫可以产生2 g的 SO_2，一般情况下，大约有5%的硫会以灰分的形式存在，相当于每1 g硫燃烧会产生1.9 g的 SO_2。

排入大气中的 SO_2，最终将会沉降下来（以降尘或降水的形式，大部分落入海洋），随着长期的地质变化成为陆地的一部分。可采取各种不同的形式控制 SO_2 排入大气。但目前实践中主要采用的控制方法都以最终生成 $CaSO_4 \cdot 2H_2O$ 的形式捕集 SO_2，通过填埋的方式使硫返回地球。

$$CaCO_3+SO_2 \longrightarrow CaSO_3+CO_2 \tag{3-2}$$

$$CaSO_3+\frac{1}{2}O_2 \longrightarrow CaSO_4 \tag{3-3}$$

在这个反应过程中，一种比较容易获得的矿石（石灰石）被采掘，并用其形成了另外一种自然界存在的矿石，同时排出 CO_2。虽然从原理上说十分简单，但要大规模地实现 SO_2

的捕集在工程上仍是十分复杂的。

3.2　硫排放

我国是世界上最大的煤炭生产国和消费国之一，煤炭在我国能源结构中比例较高，而且高硫煤多，在 2010 年和 2020 年分别占 68.3%和 63.1%。我国在 1995 年超越美国成为世界上排放 SO_2 最多的国家，但自 2011 年达到峰值以来，我国的 SO_2 排放量已经下降了 87%，据《2021 年中国生态环境状况公报》，全年未出现 SO_2 超标。印度在 2016 年超越我国成为 SO_2 排放量最多的国家。

全国煤炭含全硫量平均值为 1.11%，商品煤含全硫量为 1.08%，动力煤中含全硫量为 1.15%。各地区煤中含硫量差别较明显，并且呈现由北向南增加趋势。各地区煤炭储量中全硫含量由低至高顺序为东北地区 0.47%、华北地区 1.03%、西北地区 1.07%、华东地区 1.08%、中南地区 1.17%、西南地区 2.43%，如图 3-1 所示。虽然我国大部分煤中全硫含量达到现行工业用煤质量要求，但鉴于我国产煤性质的复杂性以及动力用煤、煤化工领域对煤的基本特性要求各异，我国涉及动力用煤及煤化工领域的煤炭资源与质量评价标准体系也相对较为完善，现有 50 多项国标及行标涉及煤质管理、煤质评价及煤炭基础标准，因此，企业应结合国内各地区煤中含硫量分布与企业自身技术、经济实力，选择含硫量低的煤。

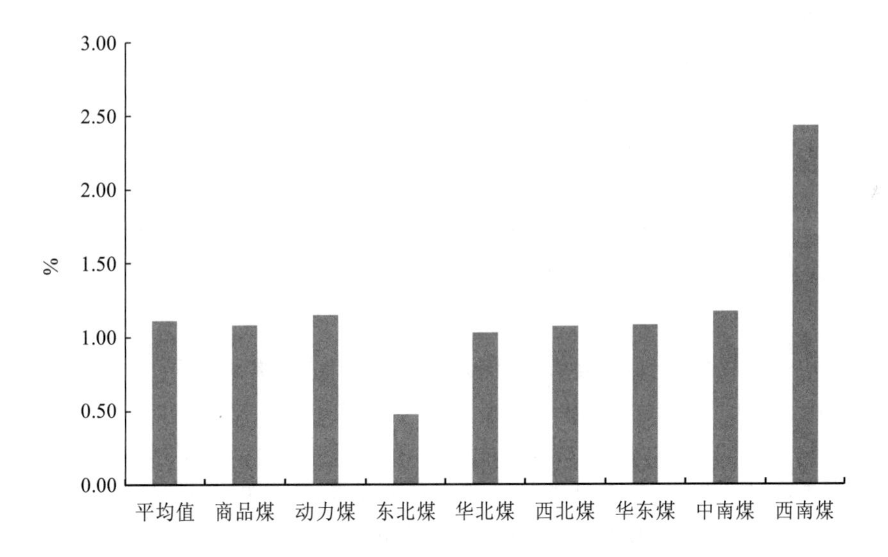

图 3-1　分级硫分对应煤量占商品煤量百分比

对我国 SO_2 质量环境容量研究的结果表明，全国 SO_2 排放总量控制在 1 620 万 t 以下时，才不对生态系统产生长期危害；控制在 1 200 万 t 时，城市空气 SO_2 浓度才能达到国家二级标准。SO_2 的排放对我国的自然环境造成了很大的影响，使大多数的城市 SO_2 水平处于超标的状态，并导致了我国酸雨的迅速发展。我国酸性降雨中硫酸根和硝酸根的当量浓度比大约为 6.4∶1，即我国酸雨的主要造成者是 SO_2。国家环境保护局于 1998 年印发了《酸雨控制区和二氧化硫污染控制区划分方案》（环发〔1998〕86 号），时间点截至 2010 年，主要控制因子为酸雨和 SO_2。2006 年我国酸雨控制区 111 个城市中，降水 pH 年均值最低的湖南长沙市已达到 4.02，降水 pH 年均值小于 5.6 的城市有 81 个，出现酸雨的城市共有 103 个，酸雨频率大于 80%的城市有 25 个，降水 pH 年均值小于 4.5 的城市也有 27 个。近年来，随着大气污染防治工作不断深化，我国大气 SO_2 排放控制卓有成效，细颗粒物（$PM_{2.5}$）已成为影响环境空气质量的主要污染物。据 2019 年《中国环境统计年鉴》：2018 年，471 个监测降水的城市（区、县）中，酸雨频率平均为 10.5%，全国降水 pH 年均值范围为 4.34～8.24；其中，酸雨（降水 pH 年均值低于 5.6）城市为 89 个；较重酸雨（降水 pH 年均值低于 5.0）城市为 23 个；重酸雨（降水 pH 年均值低于 4.5）城市约为 2 个；酸雨类型总体仍为硫酸型。酸雨污染主要分布在长江以南—云贵高原以东地区，主要包括浙江、上海的大部分地区，福建北部、江西中部、湖南中东部、广东中部、重庆南部地区，如图 3-2 所示。

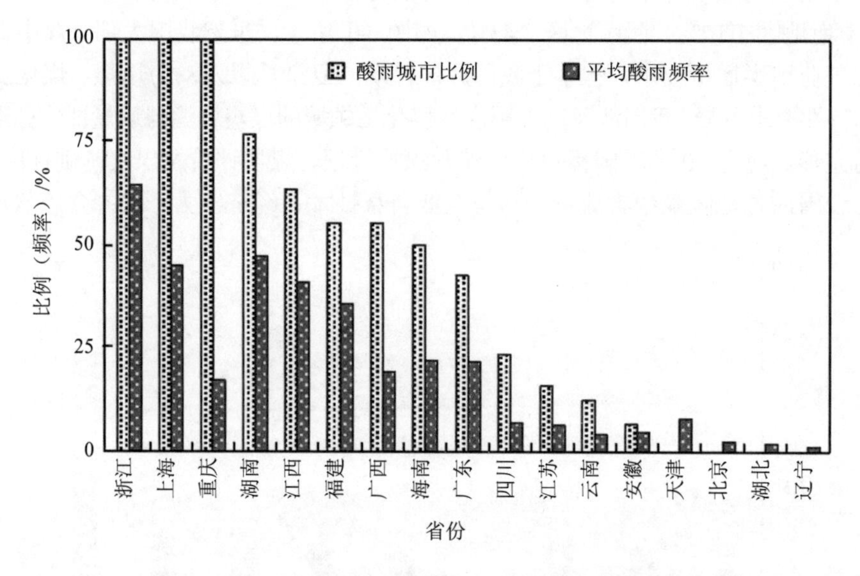

图 3-2　2018 年部分省份酸雨城市比例及平均酸雨频率

SO_2 一直是生产硫酸和一系列重要化肥的必要原料。我国是一个化肥大国，据中国氮肥工业协会最新统计，截至 2019 年年底，全国合成氨产能合计 6 619 万 t，2018 年年底我国磷肥总产能为 P_2O_5 2 350 万 t，硫酸是生产磷肥的主要原料之一。我国硫资源对外依存度较高，每年大量进口硫黄。我国硫资源以硫铁矿、伴生硫、自然硫为主。据中国矿产资源报告，2021 年年底统计，全国硫铁矿资源储量 131 870.73 万 t（矿石量）。从品位来看，我国硫铁矿表现为低品位贫矿多、高品位富矿少的特点，含硫量 w（S）≥35%的富硫铁矿仅占 5%，绝大多数集中在广东和安徽，有 95%的硫铁矿属于 w（S） 12%～35%的中低品位矿石，自然硫品位普遍较低，开采条件比较复杂，采选技术尚处于试验阶段，技术和经济上还不具备大规模开采条件，目前大部分矿区短期内难以被开发利用。

因此，加强 SO_2 的治理和回收对我国具有重要的意义。近年来，我国加强环境保护力度，深化环保政策落地实施。自 2018 年开始，我国的环保政策法规制定的排放新标准已是国际最为严苛的排放标准，各工业行业的 SO_2 排放控制数值已降至 50 mg/m^3，个别地区和少数行业 SO_2 排放量要求甚至已经下降为 35 mg/m^3。在此背景之下，企业对深度脱硫技术的需求达到历史最高值。据 2016—2019 年《中国统计年鉴》，废气中 SO_2 排放量逐年下降，由 2016 年的 854.9 万 t 下降为 2019 年的 457.3 万 t，下降 46.5%。其中，工业源 SO_2 排放量逐年下降，从 2016 年的 770.5 万 t 下降为 2019 年的 395.4 万 t，生活源 SO_2 排放量逐年下降，2019 年为 61.3 万 t。

3.3 燃料脱硫

燃烧前的脱硫主要指的是对煤炭和重油等高硫燃料的前处理。即通过物理、化学和生物的方法改变燃料的组成，提高燃料品质，降低硫的含量。

3.3.1 煤炭的加工

原煤需要进行分选，以满足发电厂对燃煤质量的要求。分选的主要目的是除去煤中的杂质，降低灰分和硫分，提高煤的质量，并按照煤的质量和规格分成不同的产品，以提供给不同的用户。煤的洗选可以除去大部分的灰分和相当部分的黄铁矿硫，减少燃煤对大气的污染，这是实施洁净煤技术的前提。

目前，在煤炭的燃前洗选控制方面，我国还落后于发达国家。根据 1995 年的数据，美国、日本、德国等发达国家煤炭的洗选率就已经超过 90%；而我国 2017 年煤炭消费量在 43 亿 t 左右，洗选的煤炭总量为 30.1 亿 t，原煤入洗率超过 70%，2020 年，我国原煤入选率达到 74.1%。

目前煤的分选方式主要可以分为物理法、化学法和微生物法。我国主要的原煤分选方式是物理法，首先是跳汰选煤，其次是重介质选煤、浮选法选煤，其他方法使用较少。物理法分选后硫含量降低 40%～90%，还可同时降低灰分。分选的效率主要取决于无机硫的含量和黄铁矿的硫颗粒大小。在有机硫含量很大，或者黄铁矿颗粒晶体非常微小的情况下，无法取得很好的去除硫效果。

原煤脱硫方法包括氧化脱硫法、化学浸出法、化学破碎法、细菌脱硫法、微波脱硫法、磁力脱硫法及溶剂精炼法等多种方法。

型煤固硫是另一种控制 SO_2 排放的有效途径。选用不同的煤种，以无黏合剂法或以沥青等为黏结剂，用廉价的钙系固硫剂，经干馏成型或直接压制成型，可制得多种型煤。固硫型煤可以分为民用固硫型煤和工业固硫型煤两大类。之所以推广使用固硫型煤，一是燃用固硫型煤可以减少烟尘排放量，更重要的是配入脱硫剂后，还能脱除燃煤烟气中的 SO_2。二是在短期内难以彻底改变城市燃料结构。因此，解决我国燃煤污染的现实办法之一就是发展并推广使用固硫型煤。三是固硫型煤技术已较成熟，为推广固硫型煤提供了良好的技术条件。美国型煤加石灰固硫率可达 87%，烟尘减少 2/3；日本蒸汽机车用石灰使型煤固硫率达 70%～80%，脱硫费用仅为选煤的 8%。我国研究成功并已投产的型煤工艺有 10 大类（以黏结剂分类）。民用蜂窝煤加石灰固硫率可达 50%以上，工业锅炉型煤加石灰固硫

（或其他固硫剂），对解决高硫煤地区硫污染有重要意义。

3.3.2 煤炭的转化

煤的转化是指用化学方法将煤转化为气体或液体燃料、化工原料或产品，主要包括气化和液化。通过脱碳和加氢改变原煤的碳氢比，可把煤转化为清洁的二次燃料。

3.3.2.1 煤的气化

煤的气化是指以煤炭为原料，以空气、氧气、CO_2或水蒸气为气化剂，在气化炉中一定温度和压力下进行煤的气化反应，煤中可燃部分转化为含有 CO、H_2、CH_4 等可燃气体和 CO_2、N_2 等非可燃气体，灰分以废渣的形式排出的过程。煤的气化不仅能将含杂质的固态煤转化为洁净的气体燃料，也是发展煤化工的基础。

按气化炉内煤料与气化剂的接触方式，气化工艺可分为以下几类。

（1）移动床气化

在气化过程中，煤由气化炉顶部加入，随自身的气化和炉渣的排出缓慢向下移动；气化剂由底部加入，煤料与气化剂逆流接触，取得较好的热交换；相对于气体的上升速度而言，煤料下降速度很慢，甚至可视为固定不动，因此也称固定床气化。工业上传统使用的发生炉都属于常压气化，近年来也开发了加压气化的新工艺。

（2）流化床气化

流化床气化以粒度为 0～10 mm 的小颗粒煤为气化原料，在气化炉内使其悬浮分散在垂直上升的气流中，煤粒在沸腾状态进行气化反应，从而使煤料层内温度均一，易于控制，提高气化效率。也称沸腾床气化。

（3）气流床气化

气流床气化是一种并流气化，既可用气化剂将粒度为 100 μm 以下的煤粉带入气化炉内，也可将煤粉先制成水煤浆，然后用泵将煤浆打入气化炉。煤料在高于其灰熔点的温度下与气化剂发生燃烧反应和气化反应，灰渣以液态形式排出气化炉。也称粉尘法气化。

地下煤炭气化（UCG）有别于传统的采煤工艺，是通过直接对地下蕴藏的煤炭进行可控制性的燃烧从而产生可燃性气体，然后输出地面的一种能源采集方式。燃烧的灰渣等留在地下。地下煤炭气化可以更大限度地利用煤炭资源，输出的煤气产品属于洁净能源，可以广泛应用于发电、煤化工和燃气供应。

自 20 世纪 30 年代以来，美国、德国、苏联等主要产煤国均大力投入这一领域的技术研究。我国自 1958 年开始进行自然条件下煤炭地下气化的试验；1980 年以后，先后在徐州、唐山、山东新汶等 10 余个矿区进行了试验，初步实现了地下气化从试验到应用的突破。2010 年，国家“863 计划”项目《煤炭地下气化产业化关键技术》的完成，代表着地下气化技术基本完成了规模化现场实验，正式迈向产业化示范工程推进阶段。至 2019 年，我国拥有自主知识产权的第四代地下煤炭气化技术成功应用。

整体煤气化联合循环发电系统（Integrated Gasification Combined Cycle，IGCC）发电

技术（图 3-3）是煤气化和蒸汽联合循环的结合。其将煤经过气化和净化后，将固体燃料转化成燃气轮机能燃用的清洁气体燃料驱动燃气轮机发电，再使燃气发电与蒸汽发电联合起来。整体煤气化联合循环发电（IGCC）是世界公认的清洁、高效煤基发电主要技术途径之一。该技术可实现燃煤发电的高效运行和超低排放，污染物的排放量约为常规燃煤电站的 10%，脱硫效率可达 99%，NO_x 排放只有常规电站的 15%～20%，可除去煤气中 99%以上的硫化氢和接近 100%的粉尘。基于 IGCC 技术，还能同时生产替代天然气、甲醇、汽油、氢气、尿素、硫黄及灰渣建材等，实现电力和化工的联产，有利于实现煤炭资源的综合利用，具有极大的发展潜力。未来与 CO_2 捕集和封存以及燃料电池发电联合循环结合，将能实现煤基发电包括 CO_2 和污染物的近零排放，发电效率提高到 60%以上，是现代能源科技的重要高地和主要国家争相重点发展的领域。迄今为止，除了美国、荷兰、西班牙等国家拥有大型的 IGCC 发电系统，我国也已成为世界上为数不多掌握 IGCC 发电技术的国家之一，这将大大提升我国在节能减排和应对全球气候变化问题上的国际影响力与话语权，有力推动我国洁净煤发电技术进步及产业发展。

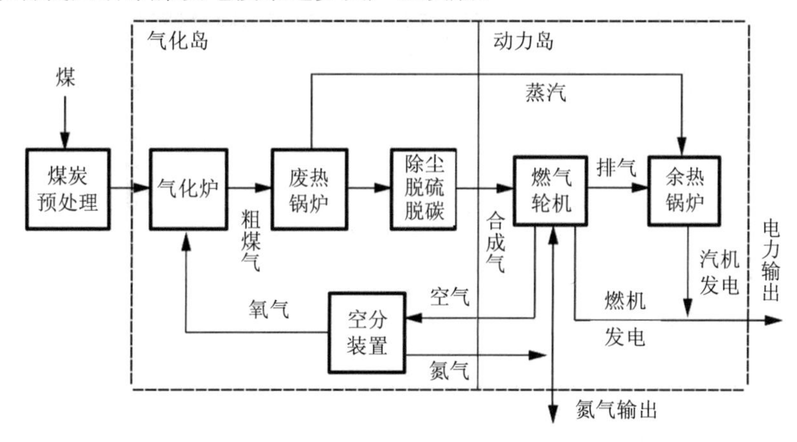

图 3-3 典型 IGCC 系统

3.3.2.2 煤的液化

煤的液化是石油资源短缺背景下的必然产物，对处于富煤缺油现状的我国也有着特殊的意义，是我国长期能源战略的重要组成部分。

煤的液化是把固体煤炭通过化学加工使其转化为液体产品的过程。煤和石油都以碳和氢为主要元素成分，煤中氢元素含量只有石油中的一半左右，因此，从理论上讲，煤的液化主要是加氢的过程。

煤的液化可以分为直接和间接两大类，还有在此基础上发展起来的煤油共炼技术。煤的间接液化是将煤气化制得合成气以后，再在催化剂作用下合成油品和化学品的工艺过程；煤的直接液化是煤在适当的温度和压力条件下，直接催化加氢裂化，降解和转化为液体油品的过程，煤直接液化也称加氢液化。间接液化的第一步是煤的气化，因此，煤的气化技术是间接液化的基础。

煤液化技术的研究最早开始于 20 世纪初。1926 年，德国就实现了工业化生产。20 世纪 70 年代初期，由于世界范围内的石油危机，煤炭液化技术又开始活跃起来。日本、德国、美国等工业发达国家在原有基础上相继研究开发出一批煤炭直接液化新工艺，其中的大部分研究工作重点是降低反应条件的苛刻度，从而达到降低煤液化油生产成本的目的。世界上具有代表性的直接液化工艺是日本的NEDOL工艺、德国的IGOR工艺和美国的HTI工艺，最著名的几种煤液化技术包括供氢溶剂法（EDS）、氢煤法（H-Coal）、联合加工法等。我国是煤炭的生产与消费大国，我国的煤液化技术在 20 世纪 70 年代开始发展，也取得了一些技术突破。随着技术水平的不断提高，我国的煤液化技术发展速度也在不断加快，逐步赶上了发达国家的水平，在一些技术领域甚至处于世界领先地位。2011 年，研究完成了百万吨级煤直接液化油生产线技术，目前生产线的设备国产化率已经达到98%以上，核心设备全部国产；2011—2018 年，企业累计生产油品 665 万 t。在间接液化方面，2015 年首创百万吨级煤间接液化系统集成技术，首创大型高温与低温费托合成多联产专利技术，在大型高温费托合成反应器、高温费托合成催化剂、高温费托工艺、烯烃等高附加化工产品分离技术等方面已取得众多成果。

煤油共炼技术是将煤和石油渣油同时加氢转变成轻、中质油，并产生少量的 C_1～C_4 气体的过程，是石油工业渣油深加工和煤炭两段液化先进工艺技术的延伸和发展。在反应的过程中，煤油之间发生协同作用，煤促进渣油转化成更多的优质馏分油，渣油中重金属优先吸附沉积在煤灰表面，减少在催化剂表面的沉积，延长了催化剂的寿命。煤油共炼工艺可使油收率显著提高，在 3 种液化工艺中投资最少，硫脱除率可达 85%～95%。

水煤浆（coal water slurry，CWS）是煤液体化的另外一类技术，是我国洁净煤技术的主要部分。水煤浆由 65%～70%的煤粉、30%～50%的水及 1%～2%的添加剂（分散剂和稳定剂）组成。水会造成 4%燃料热值的损失，水的作用是提高煤炭燃料的活性，使煤炭由传统固体燃料转化为流体燃料，实现泵送、雾化。水煤浆的燃烧效率可达 96%～99%，锅炉效率在 90%左右，达到燃油等同的水平，而燃烧成本要低于燃油，具有运行成本低和节能环保的显著特点。水煤浆的关键技术是选择合适的添加剂，使水和煤始终保持浆状而不分层、不沉淀。目前还出现了含水量在 18%左右，可采用袋装运输的固态水煤浆，经过简单处理就可使用，因而减少了运输的成本和重复建设制浆厂的费用。水煤浆在制备过程中，通过洗选，可脱除 10%～30%的硫；而液态方式的输送，更为加入石灰石粉或石灰与煤浆混合创造了良好的条件，总脱硫率在 75%左右；因而减少了 SO_2 的排放，并且燃烧之后的硫存在于灰分当中，便于处理。

3.3.3 燃油加工

机动车燃油中的含硫化合物燃烧后会生成硫氧化物，污染环境，更重要的是尾气中的 SO_x 会导致尾气转化催化剂中毒，降低尾气转化器的转化效率和寿命。

2013 年，美国、欧洲及日本汽车制造商协会制定并颁布了《世界燃油规范》（第五次修订），提出了清洁汽、柴油的系列标准，其中Ⅱ类标准要求清洁汽油硫含量小于 150 mg/kg，清洁柴油硫含量小于 300 mg/kg，Ⅲ类标准分别要求硫含量小于 30 mg/kg 和

50 mg/kg。我国目前的汽油标准（“国Ⅵ”车用汽油 a 阶段标准）要求硫含量小于 10 mg/kg，已达国际标准。

柴油中的硫主要以硫醇、硫醚、噻吩及噻吩衍生物的形式存在，约占原油中总硫含量的 16%，占柴油中总硫含量的 85%以上，其中苯并噻吩和二苯并噻吩又占噻吩类的 70%以上。汽油中含有多种类型的含硫化合物，噻吩硫占汽油中总硫含量的 50%以上。这些多环噻吩稳定性很强，在高温高压下也难以被加氢脱除。

燃油脱硫技术分为加氢脱硫技术和非加氢脱硫技术，还可以分为氧化法脱硫和非氧化法脱硫。

3.3.3.1　加氢脱硫

催化加氢脱硫是目前世界炼油工艺中广泛采用的燃料油脱硫精制技术。催化加氢脱硫是在高温、高压及氢条件下，通过氢解将燃料油中的含硫化合物转化为相应烃类物质和硫化氢，达到脱硫的目的。目前使用的超高活性催化剂是实现深度脱硫最经济的方法，脱硫率可达到 95%甚至 98%～99%。加氢脱硫使用的催化剂大多数为 Co-Mo、Ni-Mo、Ni-W 体系，也有用 Pa 和 Pt 作为活性组分的。常用的载体有 Al_2O_3 或 Al_2O_3-SiO_2，也可使用分子筛。加氢脱硫反应需要消耗大量氢气。

3.3.3.2　氧化脱硫

在柴油氧化脱硫过程中脱硫氧化剂多采用 H_2O_2。在催化剂的作用下，烷基取代的噻吩可发生与噻吩类似的氧化反应，但不发生二聚反应；烷基取代的苯并噻吩、二苯并噻吩的氧化反应分别与苯并噻吩、二苯并噻吩的氧化反应类似。氧化脱硫技术的开发正是基于以上这些反应。

氧化脱硫技术包括含硫化合物的氧化和产物分离两个过程。常用氧化剂为过氧化氢、过碘酸、氯气、臭氧等，常用催化剂为强酸性有机酸、杂多酸、高价过渡金属化合物等。氧化脱硫技术的缺点是工艺流程较长，氧化产物与油品的分离过程复杂，柴油收率低，氧化剂成本较高等。

除了采用化学氧化之外，还有超声波氧化技术和光化学氧化脱硫技术。

超声波氧化技术将柴油与过氧化氢和催化剂的水溶液混合，采用超声波辐射，反应物分子通过吸收超声波的能量而被激发活化，产生自由基和活性氧使硫氧化，用溶剂将生成的砜和硫酸盐除去。

光化学氧化脱硫通过让有机硫化物分子吸收紫外光、可见光或红外光的光子能量变为激发态分子与氧化剂发生反应而脱硫。

3.3.3.3　生物脱硫

生物脱硫或微生物脱硫技术利用水相中的生物作为催化剂，通过氧化或还原反应使油相中硫化物的碳—硫键断开，达到脱硫目的。生物脱硫技术对空间位阻较大的二苯并噻吩类含硫化合物非常有效，可选择性地将燃油中的二苯并噻吩类含硫化合物脱除。

生物脱硫的关键在于菌种的选择。1988 年，美国气体技术研究院（IGT）分离得到 2

种特殊的菌种，可选择性地从二苯并噻吩中脱硫。美国得克萨斯州能量生物系统公司（EBC）分离得到了玫瑰红球菌的细菌，该细菌能选择性地使 C—S 键断裂，实现了在脱硫过程中不损失油品烃类的目的。目前，已发现可用煤炭燃前脱硫的微生物约有十几种，包括：嗜酸硫杆菌（Thiobacillusacidophilus）、红球菌（Rhodococcus）、酸热硫化裂片菌（Sulfobusacidocaldarius）、戈登氏菌（Gordona）、诺卡氏菌（Nocardia）、嗜热硫杆菌（Thiobacillusthermophilica）、假单胞菌（Pseudomonas）、棒杆菌（Corynebacterium）、短杆菌（Brevibacterium）等。

总的来说，目前生物脱硫还处在发展阶段，但其可以与现在的加氢脱硫装置结合，得到品位较高的产物，前景广阔。

由于深度加氢脱硫会对油品的质量产生影响，有人提出了催化加氢-生物脱硫两段法。即首先在较温和的条件下，采用加氢技术脱除油品中相对不稳定的硫化物，再采用对有机硫化物具有选择性的细菌作为生物催化剂，脱除加氢后油品中的硫化物。

3.3.3.4 吸附脱硫

吸附脱硫技术采用特定吸附剂对燃料油中的硫化物进行选择性吸附脱除，然后分离吸附剂，具有操作简单且费用低、设备投资小等优点。汽油和柴油中某些难以通过加氢过程脱除的含硫化合物，采用吸附脱硫技术能比较容易地除去。从汽油和柴油中脱除含硫、氧、氮等极性有机化合物，可供选择的吸附剂有分子筛、活性炭、氧化铝、某些复合氧化物等。芳烃的极性与硫化物相近，采用常规吸附剂脱硫时会吸附大量芳烃。汽油和柴油吸附脱硫所用的吸附剂通常需要进行改性处理。汽油中的硫多存在于芳烃类化合物中，采用吸附工艺脱硫，吸附剂可选择性地将汽油中的含硫芳烃脱除，对汽油的烯烃含量无影响，不会导致汽油的辛烷值下降。

研制吸附剂及开发再生技术是吸附脱硫技术发展的关键，近期研制的吸附剂多以氧化铝、氧化硅、氧化锌等中的一种或几种的混合物为载体；也有以活性炭为基质，改性后可使活性炭的孔结构获得改善，使吸附剂对硫的容纳量增加，适应相对分子质量较大含硫化合物的脱除，如 Exxon 公司柴油深度脱硫技术使用的吸附剂。国内外主要的吸附脱硫技术有 SARS 技术、IRVAD 技术和 S-Zorb 技术。其中，SARS 技术是由美国一家能源研究所开发的吸附脱硫技术，吸附剂主要由过渡金属及其化合物构成，该技术可以选择性地将燃料油的硫质量分数降至 1 μg/g，目前，这项技术仍处于实验室研究阶段。IRVAD 技术是由 Black & Veatch Pritchard 和 Alton Industrial Chemicals 共同开发研究的，是一种典型的物理吸附脱硫技术，采用铝基吸附剂选择性吸附烃类中的含硫化合物。S-Zorb 脱硫技术是由 Phillips 公司开发的，主要用于汽、柴油的脱硫，是第一种应用于工业领域的吸附脱硫技术。在国内，自中国石化独家收购了 S-Zorb 的专利技术以来，S-Zorb 脱硫工艺在国内被广泛推广。国内第一套 S-Zorb 吸附脱硫装置于 2007 年 5 月下旬在中国石化燕山分公司建成，目前 S-Zorb 工艺是国内生产汽油的关键技术之一。

另外还有溶剂萃取法，即采用合适的溶剂，把油品中的硫醇萃取出来，再通过蒸馏的方法将萃取溶剂和硫醇进行分离，得到附加值很高的硫醇副产品，溶剂可循环使用。

3.4　燃烧过程中的脱硫

煤的燃烧过程中脱硫是指在煤燃烧的过程中，掺入脱硫剂，通常是石灰石之类，在燃烧的同时达到脱硫的目的。其反应机理可以简化如下：

$$CaCO_3 \longrightarrow CaO + CO_2 \tag{3-4}$$

$$CaO + SO_2 + \frac{1}{2}O_2 \longrightarrow CaSO_4 \tag{3-5}$$

3.4.1　石灰石/石灰炉内喷钙

石灰石/石灰炉内喷钙技术是将石灰石或者石灰粉末直接喷入锅炉炉膛进行脱硫的一种方法。早在 20 世纪 60 年代末，炉内喷钙脱硫技术的研究工作就已经展开，但由于脱硫效率较低，早期在 10%～30%，曾受到冷落。目前，炉内喷钙脱硫方法技术成熟，运行可靠，无废水排放，投资省（仅占电站投资的 4%～6%）、运行费用低（仅为发电成本的 5%左右），设备紧凑，占地面积小，是一种经济适用的脱硫工艺。其既适用于燃烧中低硫煤的烟气脱硫，也适用于燃烧高硫煤的烟气脱硫；既适用于新型大型电站，也适用于中小锅炉的烟气脱硫，还适用于现有电站及锅炉的脱硫改造，并可同时治理 NO_x，具有广阔的应用前景。但此工艺方法要求钙硫比较高（一般为 2.5 左右），石灰石耗量较大，同时锅炉燃烧产生灰渣增加，加重了锅炉的负担。

典型的吸收剂有石灰石（$CaCO_3$）、消石灰［$Ca(OH)_2$］和白云石（$CaCO_3 \cdot MgCO_3$）。工艺过程为：吸收剂粉料被直接喷入炉膛内的高温区，被煅烧成具有活性的氧化钙（CaO）粒子，烟气中的 SO_2 与 CaO 发生反应被吸收；由于烟气中氧的存在，在吸收反应的同时，还会发生氧化反应；喷射石灰石在炉膛里面停留的时间很短，因此在这段时间应该完成煅烧、吸附、氧化的反应。

当纯化过的石灰石或新熟石灰喷射到炉膛燃烧室上部时会瞬间煅烧生成氧化钙：

$$CaCO_3(s) \longrightarrow CaO(s) + CO_2(g) \tag{3-6}$$

$$Ca(OH)_2(s) \longrightarrow CaO(s) + H_2O(g) \tag{3-7}$$

在 700℃以上有氧的环境下，新生的 CaO 与 SO_2 反应生成硫酸钙：

$$CaO(s) + SO_2(g) + \frac{1}{2}O_2(g) \longrightarrow CaSO_4(s) \tag{3-8}$$

在较低温度下也可能生成 $CaSO_3$。如果煤中有卤素存在，也可能发生反应：

$$CaO(s) + 2HCl(g) \longrightarrow CaCl_2(s) + H_2O(g) \tag{3-9}$$

$$CaO(s)+2HF(g) \longrightarrow CaF_2(s)+H_2O(g) \tag{3-10}$$

若烟气中有 SO_3，炉内喷钙能比后面要介绍的石灰石/石膏法更有效地脱除 SO_3：

$$CaO(s)+SO_3(g) \longrightarrow CaSO_4(s) \tag{3-11}$$

白云石或熟白云石的煅烧产物是 CaO·MgO，而 MgO 的碱度大于 CaO，并且镁盐的溶解性也高于钙盐，故白云石的脱硫性能优于石灰石。白云石溶解于水中 $Mg(OH)_2$ 的脱硫反应为

$$Mg(OH)_2+H_2SO_3 \longrightarrow MgSO_3+2H_2O \tag{3-12}$$

无孔的 $CaCO_3$ 或 $Ca(OH)_2$ 在煅烧过程中生成内含微孔的 CaO 颗粒，SO_2 需要通过这些微孔以达到反应界面。随着反应的进行，在 CaO 表面形成一个 $CaSO_4$ 产物层，而 $CaSO_4$ 的摩尔体积大于 $CaCO_3$ 或 $Ca(OH)_2$ 的摩尔体积，后续的 SO_2 必须先通过 $CaSO_4$ 产物层，才能与 CaO 反应。反应引起的微孔堵塞会使反应速度下降。如果煅烧温度过高造成 CaO 表面烧结，也会引起表面积的损失。所以 CaO/SO_2 反应受吸收剂类型、颗粒大小、CaO 微观结构、喷入炉膛的方式、煅烧和反应温度、时间等多因素影响。

通过避开高温区，在炉膛出口处喷入脱硫剂，可避免碳酸钙的烧结，Ca/S 摩尔比为 2～3，脱硫效率高时可达到 50%，但即使如此，也无法满足现在的环保要求。

3.4.2 流化床燃烧脱硫

流化床技术最先作为一种化工处理技术，于 20 世纪 20 年代由德国人发明，将其应用于煤的燃烧始于 20 世纪 60 年代，是继层燃烧和悬浮燃烧之后发展起来的一种较新的燃烧方式。

在理想的状态下，当流体穿过分布板向上流过一个容器内的颗粒床层时，床层内的颗粒状态和空隙率与流体的速度有关。当流体速度低时，流体只从颗粒之间的空隙通过，颗粒静止不动，空隙率是一个常数。当流速大于某一临界速度时，床层将向上膨胀，床层增高，压力降基本保持不变，这种现象称为流态化。

流化床不同于层燃和悬浮燃烧。在层燃烧中，气体流速小于临界速度，煤粒静止不动，空气在其流动的通道上与静止的燃料发生反应，燃料所需的氧气是通过扩散得到的；而悬浮燃烧的气体流速大于带出速度，煤粉一边被气体输送，一边燃烧。

按流态的不同，习惯上把流化床锅炉分为鼓泡流化床锅炉和循环流化床（circulating fluidized bed，CFB）锅炉两类。

鼓泡流化床流化速度为临界速度的 2～4 倍，它的锅炉在分布板区有较大的空隙率和细小的气泡，气泡在上升的过程中不断反应，反复地发生聚并和分裂，泡径随之增大，直到床面破裂，因此床面存在不规则的压力波动。其中布置的受热管束用以吸收热量。有的鼓泡流化床还设有灰循环系统，但循环比通常不高于 4∶1。

循环流化床锅炉（图 3-4）中无明显的气泡存在，断面空隙率大，沿垂直轴向存在颗

粒的浓度梯度，但不存在确定的床层界面。循环床的流化速度介于鼓泡流化床和气力输送之间，床温保持在 800～900℃范围，物料循环比约为 20∶1，甚至更高。

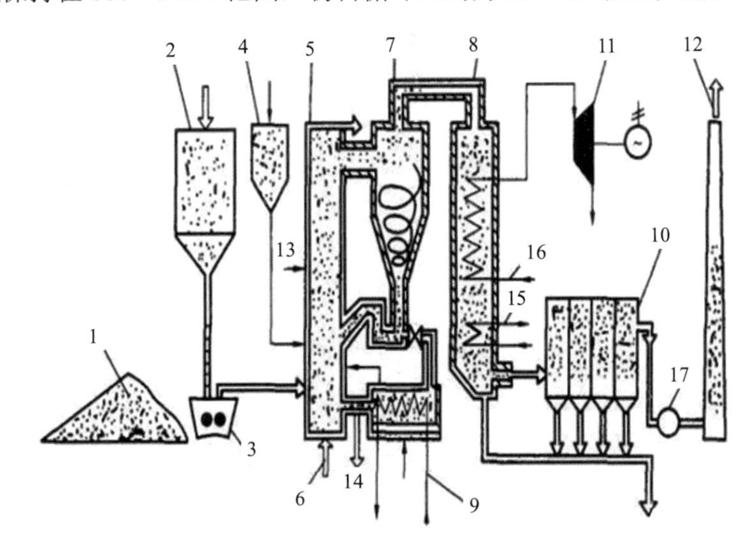

1—煤场；2—燃料仓；3—燃料破碎机；4—石灰石仓；5—水冷壁；6—布风板下的空气入口；7—旋风分离器；8—锅炉尾部烟道；9—外置式换热器的被加热工质入口；10—布袋除尘器；11—汽轮机；12—烟囱；13—二次风入口；14—排渣管；15—省煤器；16—过热器；17—引风机

图 3-4　循环流化床锅炉

根据运行压力不同，流化床锅炉又可分为常压流化床锅炉和增压流化床锅炉。前者在常压下进行燃烧；后者在压力为 6～16 MPa 的密封容器中进行燃烧。增压流化床燃烧能进一步增强燃烧和传热，使燃烧室的体积大大缩小。

流化床为固体燃料的燃烧创造了良好的条件。首先，流化床内物料颗粒在气流中进行强烈的湍动和混合，强化了气固两相的热量和质量交换；其次，燃料颗粒在粒层内上下翻滚，延长了其在炉内的停留时间；最后，流化床内的料层主要由炙热的灰渣粒子组成，占 95%以上，新煤不超过 5%，料层内有很大的蓄热量，故一旦加入新煤，即被高温灼热的灰渣粒子包围加热、干燥以致着火燃烧。燃烧过程中，处于沸腾状态的煤粒和灰渣粒子相互碰撞，使煤粒不断更新表面，再加上能与空气充分混合并在床内停留较长的时间，促进了煤粒的燃尽过程。流化床燃烧的这些特点，使其对煤种有广泛的适用性，可燃用其他锅炉无法燃用的劣质燃料，如高灰煤、高硫煤、高水合煤、石煤、油页岩和炉渣等。在流化床锅炉中，固硫剂既可以与煤粒混合进入锅炉，也可单独加入锅炉。流化床燃烧方式为炉内脱硫提供了理想的环境。其原因是床内流化使脱硫剂和 SO_2 能充分混合接触；燃烧温度恰好在 $CaCO_3$ 和 SO_2 反应的最佳温度（图 3-5），不易使脱硫剂烧结而损失化学反应表面；脱硫剂在炉内的停留时间长，利用率高。

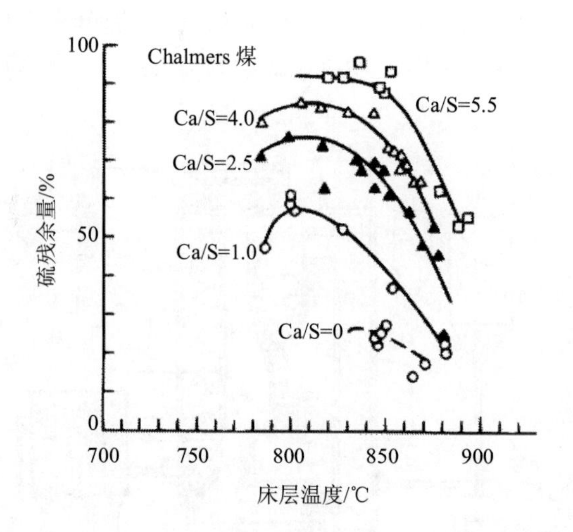

图 3-5 床层温度及 Ca/S 摩尔比对脱硫率的影响

3.5 高浓度 SO_2 的回收和净化

当烟气中的 SO_2 浓度超过 4%（或者 3%以上）时，称这种废气为高浓度废气。这种废气主要来自金属硫化物矿石冶炼产生的废气，其浓度取决于使用的冶炼方法。这种气体可以通过干式接触氧化的方式制取硫酸，得到经济的处理。这种工艺十分成熟，已经加装在硫酸生产中，构成了两转两吸的新流程，成为硫酸生产的一个部分：

$$SO_2 + \frac{1}{2}O_2 \xrightarrow{V_2O_5} SO_3 \tag{3-13}$$

$$SO_3 + H_2O \rightleftharpoons H_2SO_4 \tag{3-14}$$

这是一个可逆的放热反应。当反应达到动态平衡时，其平衡常数 K_p 可以用下面的式子表示：

$$K_p = \frac{[SO_3]}{[SO_2][Ol_2]^{3/2}} \tag{3-15}$$

K_p 是温度的函数，其数值可以由下式近似算出：

$$\lg K_p = \frac{4\,956}{T} - 4.678 \tag{3-16}$$

如果把氧化成 SO_3 的 SO_2 量与氧化的 SO_2 量之比称为 SO_2 的转化率 x，反应达到平衡时的 SO_2 转化率称为平衡转化率 x_T，则当 SO_2 起始浓度为 a%（体积），O_2 起始浓度为 b%（体积）时，有

$$x_T = \frac{K_p}{K_p + \sqrt{\dfrac{100 - 0.5ax_T}{P(b - 0.5ax_T)}}} \tag{3-17}$$

式中：P——混合气体的总压力。

式（3-13）是一个平衡反应，不会反应完全；并且是一个放热反应，因此在平衡状态下转化的百分数在低温下比在高温下要高。但若温度下降反应速度下降，并且当降到低于催化剂能够促使 SO_2 反应的最低温度时，催化剂便不再起作用。常用的钒催化剂的温度窗口下限是 400～420℃。基于这个原因，该反应通常在 3～4 个独立的催化床下进行，每个催化床之间安装中间冷却器。图 3-6 为操作线，图 3-7 为二级吸收工艺。

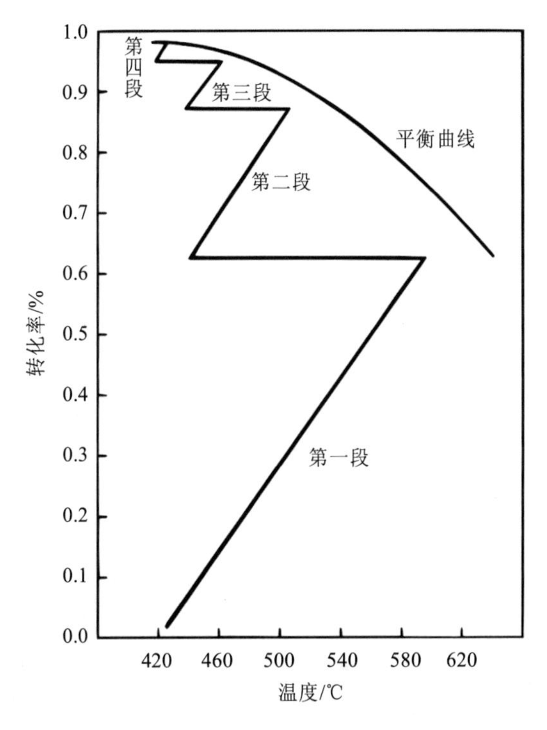

图 3-6　传统转化流程的转化率-温度

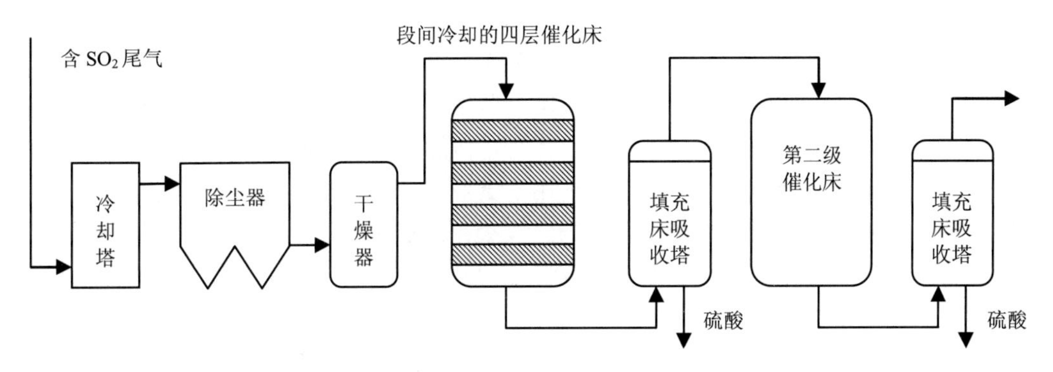

图 3-7　二级吸收工艺示意

由图 3-7 可以看出，预热的反应气在大约 420℃时进入第一个催化床（四段），所有气体离开第一个催化床在进入下一个催化床之前被冷却。在前一个反应床中选择较高的温度以获得较高的反应速度；在后面的反应床中选择较低的温度，以获得较高的转化率。通过这种方式，大约有 98%的 SO_2 被转化为硫酸，一般情况下，剩余 2%的 SO_2 被排空。

另外，如果尾气中的 SO_2 的浓度很低，硫酸的生产将变得不经济。大多数专家认为，当 SO_2 的浓度大于 4%时，如果附近有市场，那么该工厂就可以盈利。通常的经验表明，当 SO_2 的浓度低于 4%时不能直接盈利。一方面是因为投资会更多；另一方面，浓度低于 4%的 SO_2 反应放热就不再能维持反应的进行，需要进行加热，这样，工艺就要相对复杂很多。

3.6 低浓度 SO_2 的回收和净化

3.6.1 烟气脱硫技术概述

烟气脱硫技术又称 FGD（flue gas desulfurization）技术。

煤炭、石油燃烧时所排放的烟气中通常只含有较低浓度的 SO_2。根据燃料含硫量的不同，燃烧设施直接排放的烟气中 SO_2 浓度范围为 10^{-4}～10^{-3} 数量级。例如，在 15%过剩空气条件下，燃烧含硫量为 1%～4%的煤，烟气中的 SO_2 占 0.11%～0.35%，而燃含硫量为 2%～5%的燃料油，烟气中 SO_2 仅占 0.12%～0.31%。虽然燃煤烟气中的 SO_3 浓度很低，但 SO_3 却是烟气露点高低的决定因素。研究表明，当烟气中的 SO_2 占 0.005%时，可使烟气的露点提高 150℃以上。而露点的提高容易造成烟气的结露，给管路带来损害。由于 SO_2 浓度低，烟气流量大，要达到较好的处理效果，烟气脱硫的投资和运行费用通常是十分昂贵的。

中国电力始于 1882 年。到 1949 年，全国发电装机容量仅为 184.86 万 kW。改革开放后，中国电力得到了快速发展，总装机容量发展到 2017 年的 17.77 亿 kW，其中火电装机容量从 3 985 万 kW 发展到 11.06 亿 kW，火电 SO_2 排放量占全国的 50%左右。随着政策的推行，火电行业 SO_2 排放量开始逐年下降，2016 年中国火电行业 SO_2 排放量约 170 万 t；截至 2017 年年底，我国已投运火电厂烟气脱硫机组容量约 9.2 亿 kW，占全国火电机组容量的 83.6%，占全国煤电机组容量的 93.9%。因此，本书所讲的烟气脱硫技术主要是针对电厂的烟气排放，同时兼顾其他工业所使用的一些烟气脱硫技术。

世界上研究开发的脱硫脱硝技术有 200 多种，但能达到商业应用的不到 10%，其中有的进行了中试，有的还处于研究阶段，真正用于工业生产的只有十几种。

当前应用发展的烟气脱硫方法可以分为三大类：湿法脱硫、半干法脱硫和干法脱硫。

湿法脱硫：采用液体吸收剂（如海水或者各种碱的水溶液）洗涤含有 SO_2 的烟气，通过吸收除去其中的 SO_2。湿法脱硫技术发展成熟，所用的设备比较简单，操作容易，脱硫效率高；但脱硫后烟气的温度较低，对于烟囱的排烟扩散不利，根据不同国家对烟气排放的规定，可能要对排放的烟气进行再加热，提高了成本。

半干法脱硫：采用雾化的吸收液［如 $Ca(OH)_2$ 和水混合的悬浮液］或者经过加湿的粉状吸收剂与热烟气接触进行 SO_2 的吸收，吸收之后的产品是干燥的粉末。工艺设备简单，基建投资较湿法低，不需设置废水处理和烟气再加热系统，能耗较低；但排出的废料大多只能用于陆地填充，而且所用的石灰要比石灰石贵3～4倍。

干法脱硫：该法是使用粉状、粒状吸收剂、吸附剂或催化剂去除废气中的 SO_2。干法的优点是治理中无废水、废酸排出，减少了二次污染；缺点是脱硫效率较低，操作要求高。

根据是否利用脱硫产物，脱硫方法还可分为抛弃法和回收法两种。

抛弃法是将脱硫生成物当做固体废物抛弃掉，最终的归宿是填埋，该法的处理方法简单、成本低。但抛弃法不仅浪费可利用的硫资源，而且将污染物从大气中转移到了固体废物中，很有可能引起二次污染；且为处置产生的大量固体废物，还需占用大面积的处置场地。

回收法是采用一定的方法将废气中的硫加以回收，转变为有实际应用价值的副产品。该法可以综合利用硫资源，避免了固体废物的二次污染，减少了处置的场地，并且回收的副产物还可创造一定的经济收益以补贴用于烟气处理的支出。

但不管是采用抛弃法还是回收法最终是由市场决定的，如由石灰石-石膏湿法得到的产物石膏的市场。由于日本的石膏资源很少，因此有很好的销路，因此日本主要采用回收法；而美国等国家自身就有很丰富的石膏资源，故回收所得到的石膏主要被抛弃。另外，在目前发展应用的回收法脱硫费用大多高于抛弃法，这也是需要考虑的因素。目前主要的烟气脱硫技术见表3-1。

表3-1　主要的烟气脱硫技术

分类	名称	主要吸收剂	最终产品
湿法	石灰石（石灰）-石膏法	CaO、$Ca(OH)_2$	石膏
	氨法	NH_3	亚硫酸铵或硫铵
	双碱法	Na_2CO_3、$NaOH$	硫铵
	海水脱硫法	海水	海水
	氧化镁法	$Mg(OH)_2$	浓 SO_2
半干法	喷雾干燥烟气脱硫技术	$CaCO_3$、$Ca(OH)_2$	脱硫灰
	循环流化床烟气脱硫		
	炉内喷钙加炉后增湿活化		
	增湿灰外循环技术		
干法	活性炭吸收法	活性炭	浓 SO_2
	氧化铜吸收法	CuO	浓 SO_2
	电子束照射法	NH_3	硫铵
	脉冲电晕放电法	NH_3	硫铵

在所有的烟气脱硫技术中，湿法烟气脱硫约占 85%，其中石灰石-石膏法约占 36.7%，其他湿法脱硫技术约占 48.3%；喷雾干燥脱硫技术约占 8.4%；吸收剂再生脱硫法约占 3.4%；炉内喷射吸收剂及尾部增湿活化脱硫法约占 1.9%；其他烟气脱硫形式还有电子束脱硫、海水脱硫、循环流化床烟气脱硫等。如 2016 年年底，我国煤电容量为 9.46 亿 kW，全国投运的烟气脱硫机组容量约为 8.8 亿 kW，占全国煤电机组容量的 93%，其中 90%以上采用石灰石-石膏湿法烟气脱硫工艺。

干法脱硫技术同时还具有很好的脱硝效果，因此常作为同时脱硫脱硝技术使用，本书将干法脱硫技术放在同时脱硫脱硝技术部分介绍。

3.6.2 湿法烟气脱硫技术

3.6.2.1 石灰石（石灰）-石膏法

石灰石（石灰）-石膏法是最早发展的 FGD 技术之一，是目前世界上使用的最为成熟可靠的 SO_2 控制技术。

石灰石（石灰）-石膏法主要采用石灰石或者石灰石浆液与烟气中的 SO_2 反应进行脱硫，属于湿法洗涤，反应生成的石膏（$CaSO_4 \cdot 2H_2O$）沉淀出来，新鲜的浆液被不断地加进去。

石灰石原料来源广泛，价格低廉，因此，在各种脱硫方法中，仍以石灰石（石灰）-石膏法运行费用最低。石灰石（石灰）-石膏法所得的副产品既可以回收，也可以抛弃。虽然这个方法在运行中出现了容易堵塞、腐蚀等很多的问题，但随着技术的发展，通过合理控制浆液密度、pH、改进过氧化工艺、改进喷嘴、利用新型防腐内衬等得到了一定程度的解决。

（1）反应原理

石灰石（石灰）-石膏法的整个反应过程可以分为吸收和氧化两个步骤，石灰石（石灰）浆液先吸收 SO_2 生成亚硫酸钙（$CaSO_3 \cdot \frac{1}{2}H_2O$），然后再氧化为硫酸钙。在进料时，如存在 MgO 或 $MgCO_3$，也可发生类似的反应，或以 $Mg(OH)_2$ 的形式沉淀下来。这个方法涉及物理反应和化学反应，整个过程的重要反应如下。

石灰石浆液作为吸收剂时：

$$CaCO_3+SO_2+\frac{1}{2}H_2O \longrightarrow CaSO_3 \cdot \frac{1}{2}H_2O+CO_2 \tag{3-18}$$

石灰浆液作为吸收剂时：

$$Ca(OH)_2+SO_2 \longrightarrow CaSO_3 \cdot \frac{1}{2}H_2O+\frac{1}{2}H_2O \tag{3-19}$$

$CaSO_3 \cdot \frac{1}{2}H_2O$ 可进一步反应：

$$CaSO_3 \cdot \frac{1}{2}H_2O+SO_2+\frac{1}{2}H_2O \longrightarrow Ca(HSO_3)_2 \tag{3-20}$$

烟道气中含有一定量的氧气，在吸收的过程中也会发生一部分氧化副反应。氧化过程主要在氧化塔内进行：

$$2CaSO_3 \cdot \frac{1}{2}H_2O+O_2+3H_2O \longrightarrow 2CaSO_4 \cdot 2H_2O \tag{3-21}$$

由于在吸收过程中生成了部分 $Ca(HSO_3)_2$，在氧化过程中，亚硫酸氢钙也被氧化，分解出少量的 SO_2：

$$Ca(HSO_3)_2+\frac{1}{2}O_2+H_2O \longrightarrow 2CaSO_4 \cdot 2H_2O+SO_2 \tag{3-22}$$

（2）工艺过程

石灰石（石灰）-石膏法的工艺流程如图 3-8 所示。

将配好的吸收液用泵送入吸收塔顶部，烟气经过预冷却至 60℃左右，同时除去大部分灰尘，从塔底进入，逆向流动。吸收液吸收 SO_2 后，成为含亚硫酸钙和亚硫酸氢钙的混合液，在调节槽中用硫酸调整 pH 至 4 左右，送入氧化塔进行氧化。生成的石膏浆经分离器分离，经离心机得到成品石膏。氧化塔排出的尾气因含有微量的 SO_2，可送回吸收塔内。

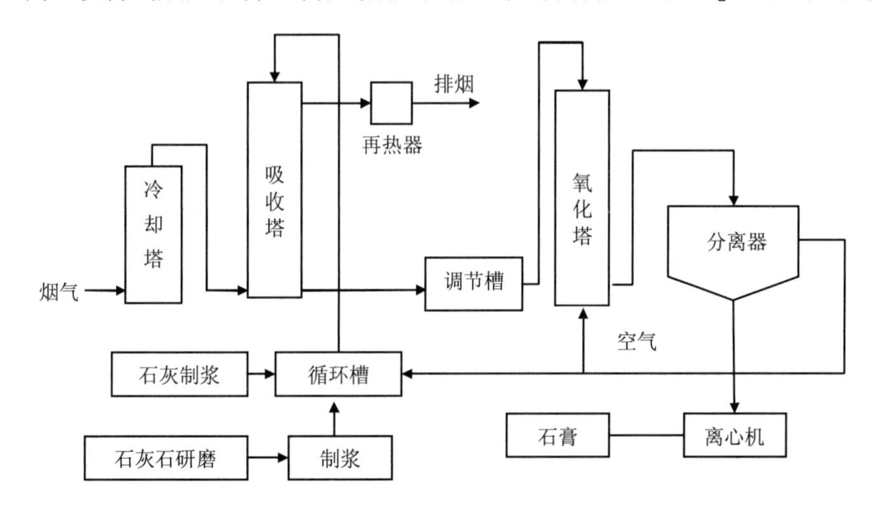

图 3-8　石灰石（石灰）-石膏法的工艺流程示意

石灰石（石灰）-石膏法工艺主要有吸收塔和氧化塔两个重要组成部分。在吸附塔中，采用石灰石或石灰浆做吸收剂，易在设备内造成结垢和堵塞，因此在选择和使用吸收设备时，应充分考虑这个问题。一般选用气、液间相对气速高、吸收塔持液量大、内部构件少、阻力较小的设备，但每一种设备都会有优劣。常用的吸收塔可选用填料塔、筛板塔、喷雾塔、文丘里洗涤器等，这些设备可以参考相应的化工设备。

在氧化塔内，为了加快氧化速度，作为氧化剂的空气进入塔内后必须被分散成细微的气泡，以增大气液接触面积。若采用多孔板等分散气体，孔易被堵塞。因此在日本采用了回转圆筒式雾化器，利用转速为 500～1 000 r/min 的圆筒，空气被导入圆筒内形成薄膜，并与液体摩擦后被撕裂形成微细的气泡（图 3-9）。

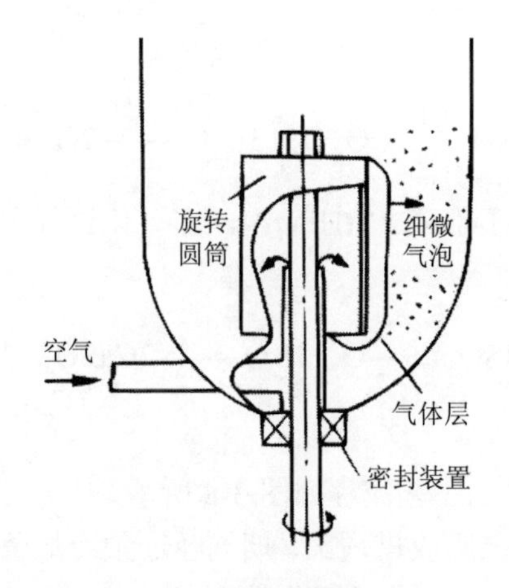

图 3-9 回转式雾化器

（3）吸收效率的主要影响因素

1）浆液的 pH

浆液的 pH 是影响脱硫效率的重要因素。浆液的 pH 对 SO_2 的吸收影响很大。pH 高，传质系数增加，SO_2 的吸收速度就快；pH 低，SO_2 的吸收速度就下降，pH 值降到 4 以下时，则几乎不能吸收 SO_2。用石灰石吸收 SO_2 时，pH 对 $CaSO_3$ 和 $CaSO_4$ 的溶解度有着重要的影响，随着 pH 的降低，$CaSO_3 \cdot \frac{1}{2} H_2O$ 的溶解度显著增大，变化可达 3 个数量级，而对 $CaSO_4 \cdot 2H_2O$ 的溶解度影响并不大。随着 SO_2 的吸收，溶液 pH 值降低，溶液中溶有较多的 $CaSO_3$，在石灰石粒子表面形成一层液膜，液膜内部的石灰石的溶解使 pH 值上升，这样石灰石粒子表面被液膜内表面析出的 $CaSO_4$ 覆盖，使粒子表面钝化，因此浆液的 pH 应控制适当。

由于在石灰石系统中，Ca^{2+}的产生与 H^+的浓度和 $CaCO_3$ 的浓度有关；在石灰系统中，Ca^{2+}的产生只与氧化钙的存在有关，因此，石灰石系统在运行时 pH 比石灰系统的 pH 低。一般情况下，石灰石系统操作时最佳 pH 为 5.8～6.2，石灰系统操作最佳 pH 为 8。

2）浆液浓度

脱硫率随着浆液浓度的增加而增加，但增加幅度越来越小。因为当浆液浓度较小时，反应受气相阻力和液相阻力同时控制。随着浆液浓度的增加，液相阻力减小，总反应速率加快。当浆液浓度较大时，溶解阻力较小，反应受气相阻力控制，总吸收速率增加较慢。浆液浓度应选择合适，因过高的浆液浓度易产生堵塞、磨损和结垢；但浆液浓度较低时，脱硫率较低且 pH 不易控制。浆液浓度一般取 10%～15%。

3）吸收温度

吸收温度降低时，吸收液面上 SO_2 的平衡分压降低，有助于气液传质；但温度较低时，H_2SO_3 和 $CaCO_3$ 或 $Ca(OH)_2$ 之间的反应速度慢（图 3-10）。

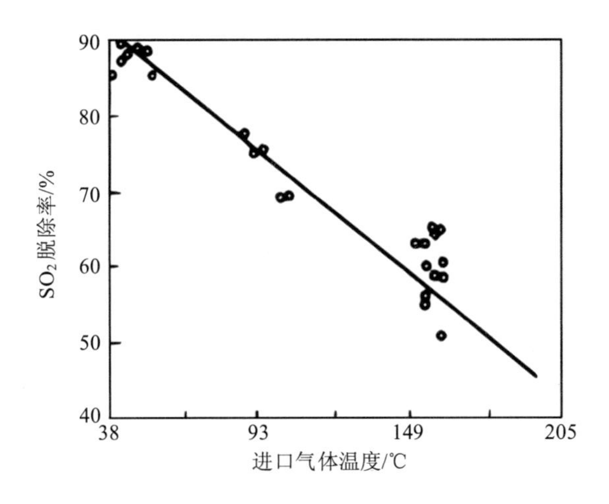

图 3-10　温度对 SO_2 净化效率的影响

4）石灰石的粒度

石灰石粒度越小，比表面积就越大，有效的反应面积就越大，从而提高石灰石的利用率和脱硫率。一般石灰石的粒度控制在 200～300 目。

5）吸收器的持液量

吸收器的持液量影响吸收器内 SO_2 接触到石灰石的表面积。持液量越大，气液接触的表面积越大。它是一个受气体流速、液体流速、液气比等多因素影响的量。

6）烟气流速

当处理的烟气量一定时，烟气在塔内的流动速度加快，所需的塔径减小，有利于降低设备投资；但烟气流动速度的增大受脱硫效率和除雾要求的制约。一方面，烟气流速增大，气液接触时间变短，脱硫效率可能下降；另一方面，随着烟气流速的增大，气液相对运动速度增大，传质系数提高，脱硫效率有可能提高。因此，烟气流速对脱硫效率的影响较为复杂。实验结果表明，在高气速下的脱硫效率是可以保证的，但必须有高效的除雾器与之配套，否则液体夹带将非常严重。

7）液气比（liquid-gas ratio，L/V）

液气比较高时，电石渣的浆液量大，气液接触面积大，传质效率就高。近年来，随着对脱硫要求的不断提高，液气比也逐渐增大。对于国外广泛使用的喷淋塔，液气比一般在 16 L/m^3 以上（图 3-11）。维持如此大的液气比所需的运行费用是很大的，人们正在积极寻找降低液气比的方法。

8）氧化方式

在烟气脱硫过程中，吸入液相的 SO_2 已被氧化成 SO_4^{2-}，根据不同的要求，可以采用氧化、强制氧化和抑制氧化三种方式。

自然氧化是利用烟气中的残余氧将液相中 SO_3^{2-}或 HSO_3^-氧化成 SO_4^{2-}（其氧化率一般小于 15%）。该法不需增加任何专门的氧化设施。其优点是工艺简单，投资和运行费用均较低；缺点是脱硫渣不可直接利用且脱硫渣的脱水性能差。

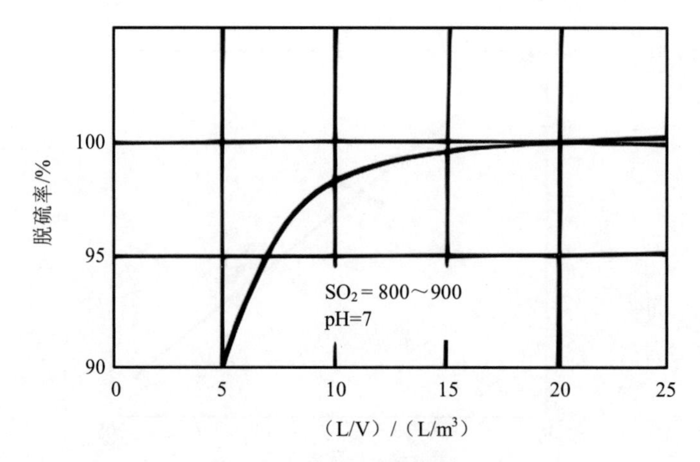

图 3-11 L/V 与脱硫率的关系

强制氧化是向出塔脱硫浆液中鼓入空气，将几乎所有 SO_3^{2-}或 HSO_3^-氧化生成 $CaSO_4 \cdot 2H_2O$。该产品经处理后可作为商业石膏出售，因此国外许多电站采用了强制氧化法。

在自然氧化和强制氧化的过程中 SO_4^{2-}是饱和的，因此继续氧化的结果可能在塔内生成 $CaSO_4 \cdot 2H_2O$ 垢层，影响正常操作。防止结垢的一种方法是采用抑制氧化法。此外，湿法脱硫技术中的钠基双碱法脱硫技术在运行中也会出现类似情况，SO_3^{2-}或 HSO^{3-}氧化的结果生成了没有脱硫能力的 Na_2SO_4；为保证吸收液具有足够的脱硫容量，也必须抑制 SO_3^{2-}或 HSO_3 的氧化。目前烟气脱硫过程中使用的抑制氧化剂一般是元素硫。加入元素硫后在液相反应生成 $S_2O_3^{2-}$，溶入液相的氧首先与 $S_2O_3^{2-}$反应，从而可抑制 SO_3^{2-}和 HSO_3^{2-}氧化。

9）控制吸收液过饱和

控制吸收液过饱和可以防止系统结垢。最好的方法是在吸收液中加入二水硫酸钙晶种，石膏在晶种表面析出、生长，使溶解盐优先沉淀于其上，以控制溶液过饱和，从而有效防止洗涤器内的水垢附着。

10）吸收剂

石灰石较石灰容易制备，且在石灰石吸收的过程中亚硫酸钙的氧化速率远大于石灰吸收；石灰石比较廉价，处理时较石灰方便而且安全，因此应用更多。

11）添加剂

为了克服石灰石（石灰）法的结垢和堵塞，提高 SO_2 的脱除率，可向吸收液加入一些添加剂。常用的添加剂有己二酸、硫酸镁、氯化钙等。

己二酸［$HOOC(CH_2)_4COOH$］的酸度介于碳酸和亚硫酸之间，在原有的石灰石（石灰）流程中加入己二酸，可起到缓冲吸收液 pH 的作用。这主要是因为在吸收液储罐内己二酸会与石灰石（石灰）反应，形成己二酸钙；在吸收器内，己二酸钙可与已被吸收的 SO_2（以 H_2SO_3 形式）反应生成 $CaSO_3$，己二酸得到再生。己二酸的存在可抑制气液界面上 SO_2 溶解导致的 pH 降低，从而使液面处 SO_2 的浓度提高，大大加速了液相传质速率，提高了 SO_2 吸收效率。在相同的 SO_2 去除率下，无己二酸的石灰石利用率仅为 54%～70%；加入己二酸之后，利用率提高 80%以上。因吸收液中的己二酸钙较易溶解，故避免了石灰石（石灰）法的结垢和堵塞现象，同时也降低了钙硫比。

加入镁氧化物或镁盐也可减缓石灰石结垢和改进溶液的化学性质，提高脱硫率。系统中发生如下反应：

$$Mg^{2+}+H_2O+SO_2 \longrightarrow MgSO_3+2H^+ \quad (3\text{-}23)$$

在钙存在的情况下，$MgSO_3$ 得到再生：

$$MgSO_3+Ca^{2+} \longrightarrow Mg^{2+}+CaSO_3 \quad (3\text{-}24)$$

3.6.2.2　氨法

氨法以合成氨（NH_3）为脱硫剂。虽然与钙法所用的石灰石相比，合成氨的价格相对较高，但由于国内采用的钙法主要是抛弃法，并且 Ca/S 比较高，而氨法则主要采用回收法，综合来看，氨法在投资成本和运行费用上是有相当优势的。从长远来看，抛弃法是没有长远的前途的，故氨法逐渐受到重视。由于我国是一个粮食大国，也是一个化肥大国，几乎每个县都有小的合成氨厂，故氨资源和运输都是十分容易解决的。但从现实来看，氨法的发展相对缓慢。

氨法是一种古老的方法，可以追溯到 20 世纪 30 年代。其基本原理是用$(NH_4)_2SO_3$、NH_4HSO_3 溶液来吸收 SO_2，然后用不同方法处理吸收液。

氨导入洗涤系统后，发生下列反应：

$$NH_3+H_2O+SO_2 \longrightarrow NH_4HSO_3 \quad (3\text{-}25)$$

$$2NH_3+H_2O+SO_2 \longrightarrow (NH_4)_2SO_3 \quad (3\text{-}26)$$

亚硫酸铵对 SO_2 有更好的吸收能力，它是氨法中的主要吸收剂。

$$(NH_4)_2SO_3+SO_2+H_2O \longrightarrow 2NH_4HSO_3 \quad (3\text{-}27)$$

氨法实质上是以循环的$(NH_4)_2SO_3$、NH_4HSO_3 水溶液吸收 SO_2 的过程。随着亚硫酸氢铵比例的增大，吸收能力降低，须补充氨水将亚硫酸氢铵转化为亚硫酸铵。

$$NH_4HSO_3+NH_3 \longrightarrow (NH_4)_2SO_3 \quad (3\text{-}28)$$

含亚硫酸铵量高的溶液，则从系统中排出。

氨法的主要问题包括：①氨的供应、运输技术。氨是一种强腐蚀的较危险的化学品，在系统设计上要做相应的考虑。②防止氨泄漏的技术。由于温度较高（50～60℃），控制尾气中的氨含量十分重要。③亚硫酸根的氧化，如何经济高效地将亚硫酸铵转为硫酸铵是氨法脱硫工艺实现工业化的关键。④回收产物的市场。由于主要的产物是亚硫酸铵，过去常作为造纸厂的漂白剂，但目前市场已经萎缩。而硫酸氨的化肥在我国容易造成土壤板结，应用受到限制。对此，不同的商业技术有不同的解决方案。

3.6.2.3　双碱法

石灰石（石灰）湿法洗涤法的工艺过程中都需采用浆状物料，洗涤系统特别是洗涤器易结垢或被堵塞，故为了克服结垢或堵塞问题设计了双碱法。双碱法的特点就是先用碱液吸收液（如 NH_4^+、Na^+、K^+等）进行烟气吸收，然后再用石灰乳或石灰石粉末进行再生（图 3-12）。这样一方面避免了结垢和堵塞的问题，另一方面容易得到纯度较高的石膏副产品。

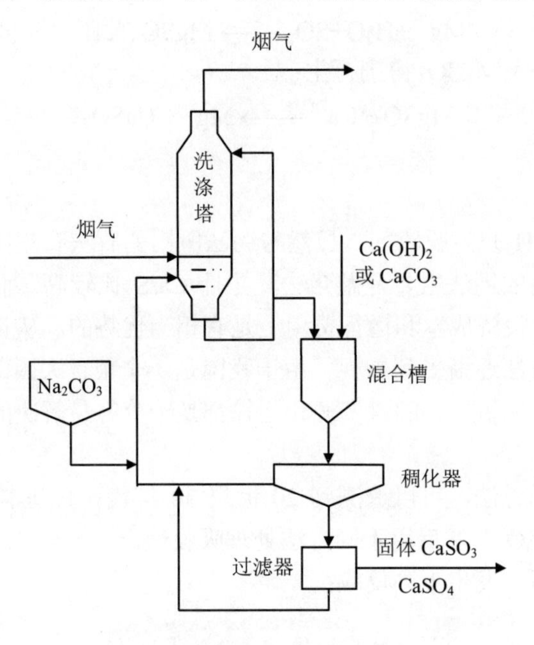

图 3-12 双碱烟气脱硫法示意

（1）反应原理

双碱法中以钠碱双碱法最多。采用钠化合物（氢氧化钠、纯碱或亚硫酸钠）吸收 SO_2 反应的吸收反应如下：

$$Na_2SO_3+SO_2+H_2O \longrightarrow 2NaHSO_3 \tag{3-29}$$

洗涤液中含有再生后返回的 NaOH 及补充的 Na_2CO_3，在洗涤过程中将生成亚硫酸钠：

$$2NaOH+SO_2 \longrightarrow Na_2SO_3+H_2O \tag{3-30}$$

$$Na_2CO_3+SO_2 \longrightarrow Na_2SO_3+CO_2 \tag{3-31}$$

由于烟气中存在 O_2，会发生下面的反应：

$$2Na_2SO_3+O_2 \longrightarrow 2Na_2SO_4 \tag{3-32}$$

由于硫酸盐的积累会影响洗涤效率，必须将其从系统中不断地排出。

（2）再生反应

用石灰浆料进行再生时：

$$2NaHSO_3+Ca(OH)_2 \longrightarrow Na_2SO_3+CaSO_3\cdot\frac{1}{2}H_2O\downarrow+\frac{3}{2}H_2O \tag{3-33}$$

$$Na_2SO_3+Ca(OH)_2+\frac{1}{2}H_2O \longrightarrow 2NaOH+CaSO_3\cdot\frac{1}{2}H_2O\downarrow \tag{3-34}$$

用石灰石粉再生时：

$$2NaHSO_3+CaCO_3 \longrightarrow Na_2SO_3+CaSO_3 \cdot \frac{1}{2}H_2O \downarrow +CO_2+\frac{1}{2}H_2O \qquad (3\text{-}35)$$

理论上，用石灰再生是完全的，而用石灰石再生是不完全的。

（3）硫酸钠的去除

生成的硫酸钠需要再生，在熟石灰中硫酸钠的去除过程如下：

$$Na_2SO_4+Ca(OH)_2+2H_2O \longrightarrow 2NaOH+CaSO_4 \cdot 2H_2O \qquad (3\text{-}36)$$

另外，也可以采用加硫酸进行酸化强化除去 SO_4^{2-} 的过程：

$$Na_2SO_4+2CaSO_3 \cdot \frac{1}{2}H_2O+H_2SO_4+3H_2O \longrightarrow 2CaSO_4 \cdot 2H_2O+2NaHSO_3 \qquad (3\text{-}37)$$

（4）氧化反应

在回收法中，最终产物是石膏，需要把亚硫酸钙氧化成石膏：

$$CaSO_3 \cdot \frac{1}{2}H_2O+\frac{1}{2}O_2+\frac{3}{2}H_2O \longrightarrow CaSO_4 \cdot 2H_2O \qquad (3\text{-}38)$$

可以认为亚硫酸钙变为亚硫酸氢钙而溶解在溶液中，然后溶液中的氧将其氧化为石膏。常采用工业液体矾（大约含 8%的 Al_2O_3 ）和粉末硫酸铝（[$Al_2(SO_4)_3 \cdot 16 \sim 18H_2O$]）溶于水，然后添加石灰与石灰石粉中和，沉淀出石膏，以除去一部分硫酸根，即得到所需碱度的碱性硫酸铝。

（5）工艺特点

最初的双碱法只有一个循环水池，脱硫过程中的飞灰也在同一个循环流程中混合。在清除循环灰渣时，只能将飞灰、反应产物等一同作为废渣清除。为克服这样的问题，解决的办法是在混合槽前加一个沉淀池，使灰渣沉淀，提前去除。

与石灰石（石灰）-石膏法相比，钠碱双碱法原则上具有如下优点：①循环的过程中基本上是钠盐的水溶液，在循环过程中对管道的堵塞少。②吸收剂的再生和沉淀发生在吸收塔外，减少了塔内结垢的可能性，并可用高效的填料吸收塔脱硫。③脱硫效率高，一般在90%以上。缺点是形成的石膏脱水困难，导致仍然有部分钠损失。

3.6.2.4　海水脱硫法

天然海水中含有大量的可溶性盐，其中主要成分是 NaCl 和硫酸盐及一定量的可溶性碳酸盐。海水通常呈碱性，自然碱度为 1.2～2.5 mmol/L，这使海水具有天然的酸碱缓冲能力及吸收 SO_2 的能力。SO_2 被吸收在海水中的最终产物是溶解硫酸盐，而溶解硫酸盐就是海水的主要成分之一。

1988 年以前，海水脱硫工艺多应用于冶金行业的炼铝厂及炼油厂等，近年来在火电厂的应用有较快的发展。目前海水脱硫工艺按照是否添加其他化学吸收剂分为两类：一类是以瑞典 ABB 公司为代表的纯海水脱硫工艺；另一类是以美国 Bechtel 公司为代表的在海水中添加一定量石灰以调节吸收液碱度的工艺。世界上第一座用海水进行火电厂排烟脱硫的装置是在印度孟买建成的，其一期工程于 1988 年投产，二期工程于 1994 年投产，采用的是 ABB 的海水脱硫技术。我国第一座海水脱硫工程也是采用 ABB 的技术，应用在深圳西部电厂，于 1999 年 3 月投产运行。

ABB 的海水脱硫技术的工艺流程如图 3-13 所示。锅炉排出的烟气经除尘和冷却后，从 SO_2 吸收塔底进入吸收塔与由塔顶喷洒的纯海水逆向充分接触混合，海水将烟气中 SO_2 吸收生成亚硫酸根离子，净化后的烟气加热后排放。海水处理装置的主体结构是曝气池，来自吸收塔的酸性海水与凝汽器排出的碱性海水在曝气池中充分混合，同时通过曝气系统向池中鼓入适量的压缩空气，使海水中的亚硫酸盐转化为硫酸盐，同时释放出 CO_2，使海水的 pH 升到 6.5 以上。

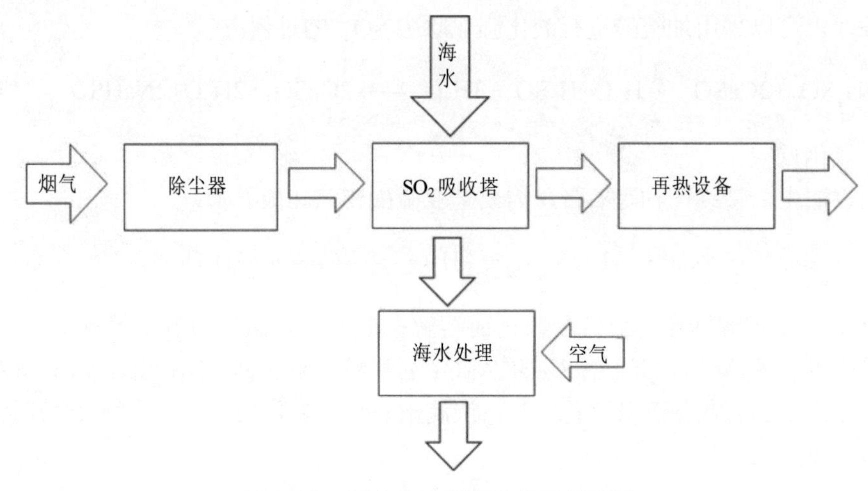

图 3-13 ABB 海水脱硫技术工艺流程

该工艺主要原理如下：

烟气中的 SO_2 在吸收塔中被海水吸收生成亚硫酸根（SO_3^{2-}）和氢离子（H^+）：

$$SO_2(气) \longrightarrow SO_2(液) \tag{3-39}$$

$$SO_2(液)+H_2O \longrightarrow SO_3^{2-}+2H^+ \tag{3-40}$$

在吸收 SO_2 的海水中通入大量空气，使 SO_3^{2-} 与空气中的氧气反应生成硫酸根离子（SO_4^{2-}）：

$$SO_3^{2-}+\frac{1}{2}O_2(气) \longrightarrow SO_4^{2-} \tag{3-41}$$

同时，利用海水中的碳酸根和碳酸氢根离子（CO_3^{2-}、HCO^{3-}）中和氢离子（H^+），使海水 pH 得以恢复：

$$CO_3^{2-}+H^+ \longrightarrow HCO_3^- \tag{3-42}$$

$$HCO_3^-+H^+ \longrightarrow CO_2(气+液)+H_2O \tag{3-43}$$

Bechtel 海水脱硫工艺如图 3-14 所示。新鲜的石灰浆液在再生器中与海水混合。天然海水中大约含镁 1 300 mg/L，主要的存在形式是氯化镁和硫酸镁。镁与石灰浆反应生成氢氧化镁，可增强 SO_2 吸收作用。

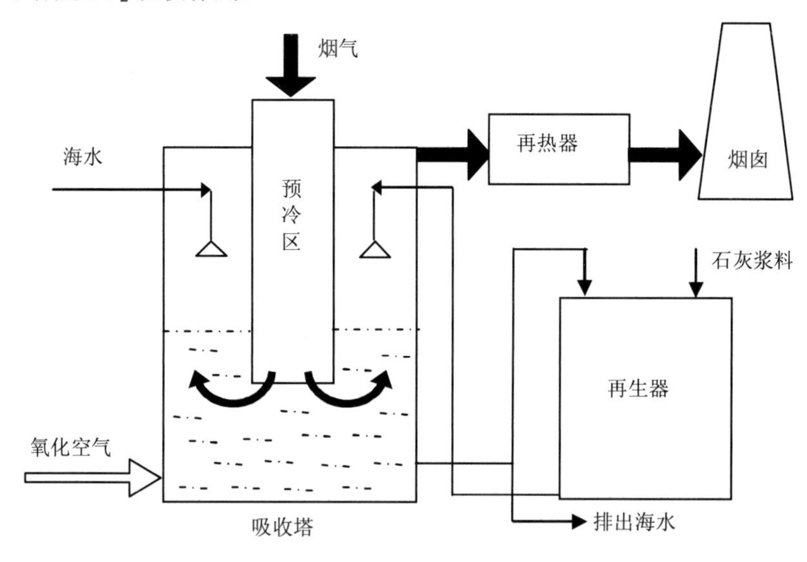

图 3-14　Bechtel 海水脱硫工艺示意

与石灰石湿法相比，海水脱硫运行中脱硫剂成本低，无设备结垢的问题，无后续的脱硫产物处理处置，工艺设备较简单，其投资和运行费用相对较低。经处理的海水最终仍流回海洋，不产生任何固体，没有在陆地上处理固体废物的麻烦，同时也不会在海水中形成任何沉淀物。但由于海水的碱度有限，通常只适用于燃用低硫煤（<1%）电厂的脱硫。

另外，海水脱硫排入海里的水质是否会对海洋环境造成二次污染。初步的监测结果表明，排水水质对海洋环境无明显影响。但排水对海洋环境和海洋生物的长期影响目前仍在跟踪监测和研究之中（表 3-2）。

表 3-2　排海的水质

参数	入口海水	出口海水
温度/℃	25	26
pH	8	7
溶解性硫酸盐质量浓度/（mg/L）	2 700	2 770
增量 COD 质量浓度/（mg/L）	0	205
溶解氧（DO）质量浓度/（mg/L）	6.7	6.0
增量悬浮物质量浓度/（mg/L）	0	0.2～2

3.6.2.5 氧化镁法

金属氧化物如 MgO、ZnO、MnO_2、CuO 等都对 SO_2 有较好的吸收能力，因此可以采用金属氧化物对 SO_2 进行处理。此法主要在工业上应用，大多采用湿法，去除率可以达到90%以上。在氧化物原料丰富的地区，这种方法是有竞争力的。

湿法氧化镁法主要可以分为吸收、分离干燥和煅烧分解三个部分（图 3-15）。

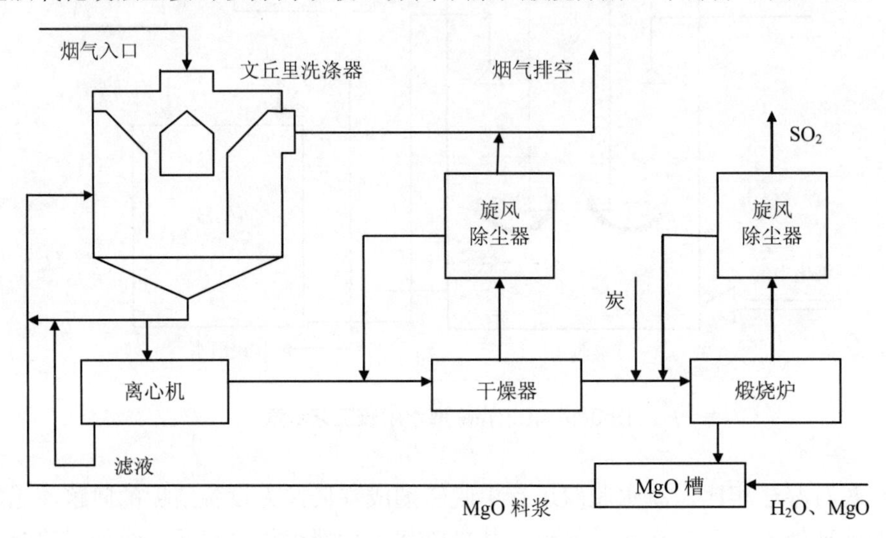

图 3-15 氧化镁法工艺流程

（1）吸收

$$MgO+H_2O \longrightarrow Mg(OH)_2（浆状） \quad (3\text{-}44)$$

$$Mg(OH)_2+SO_2+5H_2O \longrightarrow MgSO_3 \cdot 6H_2O \quad (3\text{-}45)$$

$$MgSO_3 \cdot 6H_2O+SO_2 \longrightarrow Mg(HSO_3)_2+5H_2O \quad (3\text{-}46)$$

$$Mg(HSO_3)_2 + Mg(OH)_2 + 10H_2O \longrightarrow 2MgSO_3 \cdot 6H_2O \quad (3\text{-}47)$$

在吸收的过程中补充 $Mg(OH)_2$，使亚硫酸氢镁再生为亚硫酸镁。在吸收的过程中一部分会发生氧化反应，生成 $MgSO_4$。

（2）分离干燥

$$MgSO_3+6H_2O \longrightarrow MgSO_3+6H_2O \quad (3\text{-}48)$$

$$MgSO_4 \cdot 7H_2O \longrightarrow MgSO_4+7H_2O \quad (3\text{-}49)$$

分离后干燥以脱除结晶水。

（3）煅烧分解

$$MgSO_3 \longrightarrow MgO+SO_2 \tag{3-50}$$

$$CO+MgSO_4 \longrightarrow CO_2+MgO+SO_2 \tag{3-51}$$

一般在 700～950℃的条件下进行煅烧，过高的温度会造成 MgO 的烧硬和烧结。为了还原硫酸盐，需要加入还原剂焦炭或煤，生成 CO，进行硫酸盐的还原反应。

3.6.3　半干法脱硫技术

3.6.3.1　喷雾干燥法

喷雾干燥法是 20 世纪 70 年代由美国 Joy 公司和丹麦 Niro Atomizeer 共同开发的一种 FGD 技术，第一台电站喷雾干燥脱硫装置于 1980 年在美国投入运行，此后该技术在美国和欧洲都实现了商业化。1993 年，山东黄岛电厂从日本引进 100 MW 发电机组锅炉喷雾干燥烟气脱硫装置，经技术完善性能稳定，脱硫率大于 65%。我国自行设计的喷雾烟气脱硫工艺已分别于 1991 年和 1994 年在四川白马电厂、山东黄岛电厂投入运营。

该法利用石灰浆液作吸收剂，经过高速离心雾化机，以细雾滴喷入烟气吸收塔，雾滴因烟气的热量而蒸发干燥，同时与 SO_2 反应（图 3-16），在反应器出口形成干的颗料混合物。该副产品是硫酸钙、硫酸盐、飞灰及未反应的石灰组成的混合物。喷雾干燥法可脱除 70%～95%的 SO_2，并有可能提高到 98%。

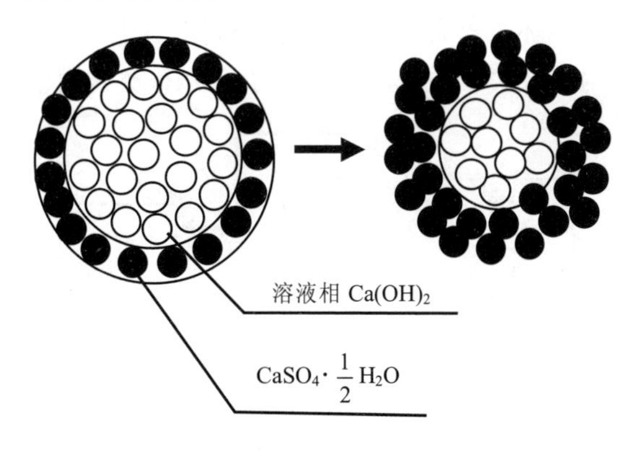

图 3-16　喷雾干燥脱硫剂示意

在喷雾干燥反应器中，被雾化的石灰浆滴（＜100 μm）与高温烟气相接触，气、固、液三相之间发生复杂的传质、传热作用。浆滴中水分蒸发，SO_2 与浆液中的 $Ca(OH)_2$ 反应，最后干燥得到 $CaSO_3$、$CaSO_4$、$Ca(OH)_2$ 固体混合物。主要反应为：

$$Ca(OH)_2(s)+SO_2(g) \longrightarrow CaSO_3 \cdot \frac{1}{2}H_2O(s)+\frac{1}{2}H_2O \tag{3-52}$$

浆滴的干燥过程和脱硫密切相关，当浆滴干燥成固粒且含水量低于临界值时，脱硫效率急剧减少。

喷雾干燥法的特点：①SO_2脱除率高，适用于中、低硫煤的脱硫，当用于含硫量小于2%的低硫煤的电站锅炉时，可以达到70%～90%；②SO_3、HCl、HF和$PM_{2.5}$的排放可以整体减少；③设备简单，投资与运行成本较低；④脱硫渣为干燥固体，便于处理；⑤工艺耗能低，无废水、无腐蚀。

3.6.3.2 循环流化床烟气脱硫技术（CFB-FGD）

循环流化床烟气脱硫（CFB-FGD）技术最早被应用到德国的Lurgi公司（首先开发）炼铝尾气处理上，后续德国Wulff公司和丹麦FLS.moljo公司、美国也已将此技术纳入其洁净煤计划中。此项技术在国内外已基本成熟，经过发展也成为一种适合我国国情的烟气脱硫技术。自20世纪80年代起，清华大学团队紧跟国际发展前沿，开始致力于循环流化床燃烧技术的自主研究。在一代代科研工作者的不懈努力下，一系列由清华自主研究的技术与成果相继推出，至21世纪初期，以清华大学为代表的中国循环流化床燃烧技术逐渐转变为主流。其中的代表性成果，系列亚临界及以下参数循环流化床锅炉的成功运行，标志着中国循环流化床技术成为了世界引领者。

循环流化床烟气脱硫技术是根据循环流化床的工作原理（图3-17），使吸收剂在流化床反应器内循环，与烟气中的SO_2充分接触反应来实现脱硫的一种技术。整个循环流化床烟气脱硫系统由石灰浆制备系统、脱硫反应系统和收尘引风系统组成。从锅炉出来的烟气进入反应器，与雾化的石灰浆混合，反应器内的石灰浆在干燥过程中与烟气中SO_2及其他酸性气体（HCl、HF等）进行中和反应。烟气经旋风分离器分离粉尘后进入除尘器并最终排放。含有脱硫灰和未反应完全的石灰石的流化床床料经过分离，其中约99%的床料经调速螺旋装置送回反应器中循环，只有大约1%的床料作为副产品脱灰排出系统。脱硫灰的循环可以最大限度地利用石灰浆和脱硫灰，减少了新鲜石灰的用量。

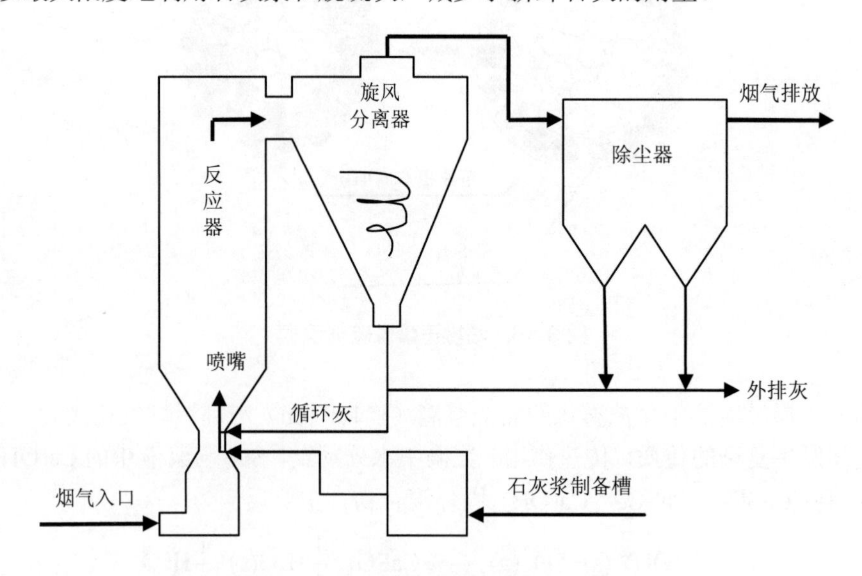

图3-17 循环流化床烟气脱硫系统示意

其主要的反应包括

$$CaO+SO_2+2H_2O \longrightarrow CaSO_3 \cdot 2H_2O \tag{3-53}$$

$$CaSO_3 \cdot 2H_2O+\frac{1}{2}O_2 \longrightarrow CaSO_4 \cdot 2H_2O\text{（石膏）} \tag{3-54}$$

也可脱除烟气中的酸性气体，如

$$CaO+2HCl+H_2O \longrightarrow CaCl_2+2H_2O \tag{3-55}$$

$$CaO+2HF+H_2O \longrightarrow CaF_2+H_2O \tag{3-56}$$

循环流化床烟气脱硫的主要优点是脱硫剂反应停留时间长和对锅炉负荷变化的适应性强。床料有 98%以上参与循环，提高了石灰的利用率，与传统半干法比较，可节省 30%的石灰。产物稳定，可综合利用。反应器的烟气流速可以满足锅炉负荷在 30%～100%的范围之内的变化。其脱硫效率高，对于高硫煤（3%以上）的燃烧也可以达到 90%以上。

3.6.3.3　炉内喷钙加炉后增湿活化（LIFAC）

半干法喷钙类工艺早在 20 世纪 70 年代就有过研究，它可以被视为燃烧中脱硫技术-炉膛石灰石（石灰）喷钙法的改进。在目前的以石灰石喷射为基础的半干法脱硫工艺中，以芬兰 Tampella 和 IVO 公司开发的 LIFAC（lime-stone injection into the furnace and activation of calcium oxide）工艺为代表（图 3-18），该技术是将石灰石于锅炉的 850～1 150℃部位喷入起到部分固硫作用。该技术在 1986 年首次投入商业运行，并迅速得到推广。至今 LIFAC 已有 10 多台装置投入运行。

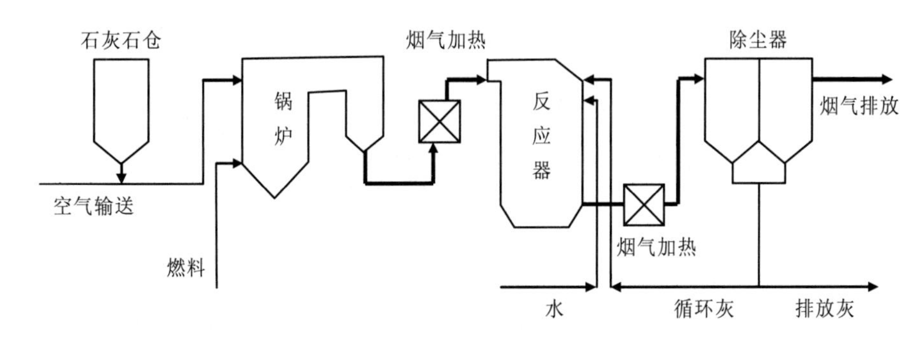

图 3-18　LIFAC 系统示意

LIFAC 烟气脱硫的主要工艺是在燃烧的锅炉内适当温度区喷射石灰石粉，并在锅炉空气预热器后增设活化反应器，用于脱除烟气中的 SO_2。因此，LIFAC 法可以分为两个主要阶段：炉内喷钙和炉后增湿活化。

第一阶段，用作固硫剂的石灰石粉料喷入炉膛，$CaCO_3$ 受热分解生成 CaO 和 CO_2，热解和生成的 CaO 随烟气流动，与其中的 SO_2 反应生产 $CaSO_4$，脱除一部分 SO_2。

$$CaO+SO_2+\frac{1}{2}O_2 \longrightarrow CaSO_4 \tag{3-57}$$

$$CaO+SO_3 \longrightarrow CaSO_4 \tag{3-58}$$

第二阶段，生成的 $CaSO_4$ 与未反应的 CaO 以及飞灰一起随烟气进入锅炉后部的活化反应器。在活化器中，通过喷水雾增湿，在脱硫剂表面形成一层水膜，使尚未反应的 CaO 转变成具有较高反应活性的 $Ca(OH)_2$，溶解和吸收烟气中的 SO_2，从而完成脱硫的全过程。由于烟气温度因雾化水的蒸发而降低，为了避免烟温低于露点的情况，可用烟气再热的方法，将烟气的温度提高到露点以上 10～15℃。

$$CaO+H_2O \longrightarrow Ca(OH)_2 \tag{3-59}$$

$$Ca(OH)_2+SO_2+\frac{1}{2}O_2 \longrightarrow CaSO_4+H_2O \tag{3-60}$$

由于出口烟气中还有一部分没有反应完全的钙化物，为了提高利用率，可将电除尘器收集下来的粉尘返回一部分到活化反应器中再利用。

影响 LIFAC 反应进行的主要因素包括炉膛喷射石灰石的位置和粒度、活化器的内喷水量和钙硫比。通常，在锅炉上方温度 850～1 150℃的范围内喷入石灰石粉。对石灰石粉的要求是，纯度大于 90%，80%以上的粒度小于 40 μm，锅炉内的脱硫率为 20%～30%。活化器内的喷水雾量决定了反应温度和湿度，脱硫反应要求越接近绝热饱和温度越好，但以不引起活化反应器壁、除尘器和引风机结露为限。当 Ca/S=2 时，活化器的脱硫率可达到 60%。

LIFAC 的主要问题包括炉内喷钙会对锅炉效率和传热特性产生一定的影响。$CaCO_3$ 的煅烧吸热和脱硫剂输送造成的过剩空气将导致额外的热损失；同时，锅炉内由于喷钙增加的灰分以及化学性质的改变也会影响对流面的传热特性、炉膛水冷壁和过热器的结渣和积灰特征。

LIFAC 的另外一个问题是影响电除尘器的除尘性能。原因主要有两个：一个是喷钙后出尘器入口的尘防负荷大大增加；另一个是灰的比电阻发生改变。加入石灰石粉会使灰中的 CaO 和 MgO 含量增加，造成飞灰的比电阻增大；但增湿活化器进入电除尘器的烟气湿度明显增加，又会使飞灰比电阻下降。综合考虑，喷钙前后电除尘效率下降不超过 3%。

LIFAC 的特点：①适用于含硫量为 1.6%～2.5%的低硫煤种，当 Ca/S 为 1.5～2 时，脱硫效率可达 70%～85%；②投资少，设备投资费仅为湿法 FGD 系统的 32%，运行费用为湿法 FGD 系统的 78%；③占地面积小，安装活化反应器时可不影响锅炉运行，适于对现有电厂进行环保改造，但较少用于新建电厂的烟气脱硫；④无废水、操作维护方便；⑤脱硫产物可以作为建筑和筑路材料再利用。

3.6.4 增湿灰外循环技术

NID（novel intergrated desulphurization）技术（图 3-19）是 ALSTOMPOWER 公司的专利技术，由 ABB 公司在 20 世纪 80 年代初开发。国内由浙江菲达环保公司于 1998 年首

先引入。此法借鉴了旋转喷雾干燥法的脱硫原理，克服了使用制浆系统的种种弊端，既具有干法的廉价、简单等优点，又具有湿法的高脱硫效率，且原料消耗和能耗都比喷雾干燥法有大幅度下降。

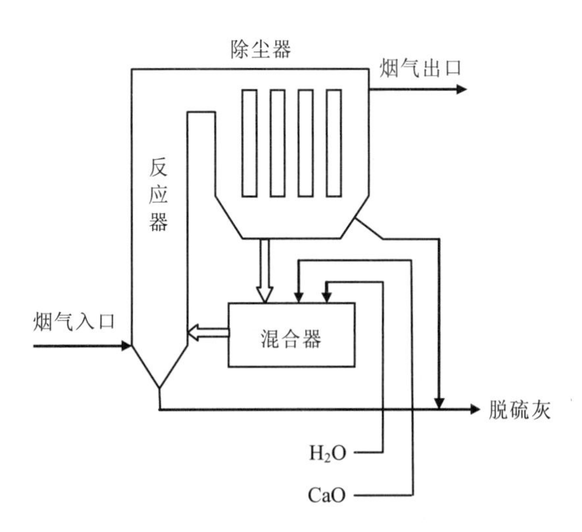

图 3-19　NID 工艺流程示意

NID 的主要部件在于 NID 反应器，反应器采用专利技术制造，它是利用二级除尘器的进口烟道，经过特殊设计改装的，无专用反应器。从锅炉来的烟气经烟气分布器进入反应器，和均匀混合在增湿循环灰中的脱硫剂发生反应。其中的活性组分立即被混合粉中的碱性组分吸收；同时，水分蒸发使烟气达到有效吸收 SO_2 需要的温度。反应后进入除尘器（布袋除尘器或静电除尘器），干燥的循环灰被分离出来，再输送给混合器，同时向混合器内加入消化过的生石灰，搅拌后进行多次循环。

NID 系统可以采用生石灰（CaO）或消石灰［$Ca(OH)_2$］作为吸收剂。采用生石灰时，生石灰要在一体式的消化器中消化。如果采用消石灰，则不需提供石灰消化器。加入 NID 系统的水量取决于进入和排出 NID 反应器的烟气温度差（喷水降温量）。温差越大，需要蒸发的水量也越大。一般情况下，吸收效率和石灰石利用率与离开反应器的烟气的相对湿度有关。出口温度越接近绝热饱和温度石灰的利用率越高。出口温度低限受最终产物的输送特性限制，最佳状态是将“接近温度”差保持在 15～20℃。增湿搅拌机是 NID 工艺的主要部件之一，增湿搅拌机根据控制出口烟气温度和 SO_2 脱除效率的要求，按需要的比例混合石灰、循环飞灰和水。增湿搅拌机独特的设计，可保证在搅拌时间很短的情况下能达到良好的搅拌效果。加入的水在粉料微粒表面形成一层几微米厚的水膜，从而增大了酸性气体与碱性粉料的接触表面。大面积的密切接触保证了吸收剂和 SO_2 之间几乎是瞬间的高效反应，所以可以将反应器的体积保持在最小，SO_2 与 $Ca(OH)_2$ 反应生成容易处理的 $CaSO_3/CaSO_4$。

NID 技术的特点包括：①取消了喷雾干燥工艺中单独制浆系统，采用 CaO 的消化及循环增湿一体化设计，克服了消化时的漏风、堵管等问题，而且能利用消化时产生的蒸汽增加烟气的湿度。②实行脱硫灰多次循环，循环倍率可高达 30～50 倍，使脱硫剂的利用率提高到95%以上。③脱硫效率高，当 Ca/S=1.1 时，脱硫效率确保大于 80%，当 Ca/S=1.2～1.4 时，脱硫效率可达 90%～99%。④整个装置结构紧凑、占用空间小，投资少，约为湿法脱硫投资的 1/3，而且运行成本较低。⑤脱硫无须烟气再加热。

习题

1．燃煤 600 MW 电厂含硫量为 2%，估算要达到我国目前的排放标准，脱硫设备的效率至少需要多少？哪些脱硫技术更适合该电厂？

2．电厂脱硫效率设计为 90%，煤的含硫量为 2.5%，含灰量为 10%，拟采用石灰或氧化镁脱硫，石灰系统形成的脱硫产物为石膏，氧化镁系统形成的脱硫产物为 $MgSO_4 \cdot 2H_2O$。假设脱硫运行过程时脱硫剂的质量过量 25%，灰分有 70%进入脱硫污泥中，脱硫污泥含水率为 60%。问分别采用石灰或氧化镁脱硫每燃烧 1 t 煤形成的污泥量为多少？

3．尾气含 SO_2 为 7%，O_2 为 12%，N_2 为 81%，如果采用两级催化转化制酸工艺，第一级效率为 98%，总的效率为 99.8%，计算：

（1）第二级的回收效率为多少？

（2）如果第二级催化转化反应的平衡常数 K=320，反应平衡时 SO_2 的转化率为多少？

其中 $K = \dfrac{Y_{SO_3}}{Y_{SO_2}(Y_{O_2})^{0.5}}$。

4．某地区有若干热电厂，年发电量 4×10^{10} kW·h。发电煤平均热值为 2.5×10^4 kJ/kg，锅炉发电热效率平均为 35%，估算该地区消耗煤量和 SO_2 排放量。

5．循环流化床锅炉的钙硫摩尔比与脱硫效率关系为：$\eta = 1 - \exp(-0.78R)$，计算达到 50%、70%和 90%的钙硫摩尔比。

6．600 MW 的火力发电站热效率为 37%，煤的热值为 25 230 kJ/kg，煤的含硫量为 2.5%，现在需要改烧重油，热值为 42 000 kJ/kg，含硫量为 0.9%。问改造燃重油后每兆瓦发电的 SO_2 排放减少了多少？

7．假设电厂每千瓦机组排放 0.000 160 m^3/s 的烟气（150℃，101 325 Pa），已知石灰石脱硫系统的压降为 24.8 cmH_2O。问电厂中用于克服烟气脱硫系统的阻力损失的比例为多少（假设动力消耗=烟气流速×压降/风机效率，风机效率为 0.8）？

第 4 章　氮氧化物（NO_x）的排放控制

通常所说的氮氧化物（NO_x）包括 NO、NO_2、N_2O、N_2O_3、N_2O_4和 N_2O_5。大气中的 NO_x的来源主要有两个方面，一是由自然界中的固氮菌、雷电等自然过程所产生，每年约 5×10^8 t；二是由人类活动产生，每年全球产量多于 5×10^7 t。虽然人类活动产生量不及自然界产生量大，但是产生的 NO_x多集中在城市、工业区等人口稠密地区，所以危害较大。在人为产生的 NO_x中，由燃料高温燃烧，如电厂锅炉、各种工业炉窑、民用炉灶、机动车及其他内燃机燃料燃烧，产生的 NO_x占 90%以上；其次是化工生产中的硝酸生产、硝化过程、炸药生产和金属表面酸处理、汽车尾气排放等。从燃料系统中排出的 NO_x 95%以上是 NO，其余主要是 NO_2。

NO_x引起的环境问题和对人体健康的危害主要有以下几方面：①NO_x对人体的致毒作用，危害最大的是 NO_2，主要影响呼吸系统，可引起支气管炎和肺气肿等疾病；②NO_x对植物的损害；③NO_x是形成酸雨、酸雾的主要污染物；④NO_x与碳氢化合物可形成光化学烟雾；⑤NO_x参与臭氧层的破坏。此外，NO_x中的 N_2O 组分是典型的温室气体。因此，针对 NO_x诸多危害，如何有效地除去 NO_x已成为环境保护中十分令人关注的问题。《环境空气质量标准》（GB 3095—2012）规定：居住区、商业交通居民混合区、文化区、一般工业区和农村地区大气中的氮氧化物年平均浓度为 0.05 mg/m^3，日平均限值为 0.10 mg/m^3。这也使得很多工业面临着如何削减 NO_x的排放和采取什么措施进行 NO_x治理的问题。

目前，控制 NO_x排放的技术措施可以分为两大类：源头控制和尾部治理技术，即低 NO_x的燃烧技术以及烟气的脱硝技术。低 NO_x燃烧技术包括空气分级燃烧、燃料分级燃烧、烟气再循环及低 NO_x燃烧器等。烟气脱硝技术包括选择性催化还原法（SCR）、选择性非催化还原法（SNCR）、吸收法和吸附法等。用于车用内燃机 NO_x控制的主要有机内和机外净化两种。

4.1　NO_x的形成及破坏机理

燃烧过程中 NO_x的形成主要有三类：一类为由燃料中固定氮生成的 NO_x，称为燃料型 NO_x（fuel NO_x）。天然气是基本不含氮的化合物；石油和煤中的氮原子通常与碳或氢结合，大多为氨、氮苯以及其他胺类。燃烧中形成的第二类 NO_x由大气中的氮生成，主要源于原子氧和氮的化学反应。这种 NO_x只在高温下形成，所以通常称为热力型 NO_x（thermal NO_x）。在低温火焰中由于自由基的存在还会生成第三类 NO_x，通常称为瞬时 NO_x（prompt NO_x）。

4.1.1　燃料型 NO_x（fuel NO_x）

研究表明，燃用含氮燃料的燃烧系统会排出大量的 NO_x。在常用的燃料中，除了天然气基本上不含氮化物外，其他燃料或多或少都含有氮化物，其中石油的平均含氮量为0.65%，大多数煤的含氮量为1%～2%。燃料中氮的形态多以C—N键存在，也有以N—H键存在。从理论上讲，氮气分子中N≡N的键能比有机化合物中C—N的键能大得多，因此氧倾向于首先破坏C—N键。当燃用含氮燃料时，含氮化合物在进入燃烧区之前，很有可能产生某些热离解。因此，在生成NO之前将会出现低分子量的氮化物或一些自由基（NH_2、HCN、CN、NH_3等），它们遇到氧或者氧化物时就能产生NO_x。燃料中有20%～80%的氮转化为NO_x，其中NO占90%～95%。现在广泛接受的反应过程是，大部分燃料氮首先在火焰中转化为HCN，然后转化为NH或NH_2；NH或NH_2能够与氧反应生成NO和H_2O，或者它们与NO反应生成N_2和H_2O。如式（4-1）、式（4-2）、式（4-3）所示。

$$O+NO \longrightarrow N+O_2 \tag{4-1}$$

$$NO+NO \longrightarrow N_2O+O \tag{4-2}$$

$$R_3N + O_2 \longrightarrow NO/NO_2/CO_2 + H_2O \tag{4-3}$$

在燃烧后区及贫燃料混合区中NO浓度减少得十分缓慢，NO生成量较高；而富燃料混合气中NO浓度减少得比较快，这主要是因为富燃区含有较多C、CO等还原物质，可使NO还原，如式（4-4）和式（4-5）所示。

$$C+NO \longrightarrow CO+\frac{1}{2}N_2 \tag{4-4}$$

$$CO+NO \longrightarrow CO_2+\frac{1}{2}N_2 \tag{4-5}$$

4.1.2 热力型NO_x（thermal NO_x）

空气中的氮气是很稳定的，在室温下，几乎没有NO_x生成，当温度达到530℃时，生成的NO和NO_2很少，但当温度超过1 200℃以上时，空气中少部分氮气被氧化生成NO_x。把空气中氮气在高温下形成的NO_x称为热力型NO_x（thermal NO_x）。

对于热力型NO_x的生成机理，现在广泛采用Zeldovich模型来解释，即根据Zeldovich及其合作者的自由基链机理，一旦氧原子形成，将发生下述主要反应：

$$O_2+M \longrightarrow 2O+M \tag{4-6}$$

$$O+N_2 \longrightarrow N+NO \tag{4-7}$$

$$N+O_2 \longrightarrow NO+O \tag{4-8}$$

因此，在高温下生成NO和NO_2总反应可表示为

$$N_2+O_2 \longrightarrow 2NO \tag{4-9}$$

$$NO+\frac{1}{2}O_2 \longrightarrow NO_2 \tag{4-10}$$

除了反应温度对热力型NO_x的生成具有决定性影响外，过量空气系数和烟气在高温区的停留时间也有很大的影响。

4.1.3　瞬时 NO_x（prompt NO_x）

在燃烧的第一阶段，燃料浓度较高的区域燃烧时产生的含碳自由基与氮气分子发生如下反应：

$$CH+N_2 \qquad HCN+N \tag{4-11}$$

生成的 N 通过反应式（4-8）与 O_2 反应，增加了 NO 的含量。部分 HCN 与 O_2 反应生成 NO，部分 HCN 与 NO 反应生成 N_2。目前还没有任何简化的模型可以预测这种机理生成 NO 的量，但是在低温火焰中生成 NO 的量明显高于根据 Zeldovich 模型预测的结果。通常将这种机理形成的 NO 称为瞬时 NO。可以相信低温火焰中形成的 NO 多数为瞬时 NO。温度对瞬时 NO 的形成影响较弱。

4.1.4　NO_x 的破坏机理

图 4-1 为火焰中 NO_x 的形成和破坏机理。从图 4-1 可以看出，供燃烧空气中的氮气和燃料中的杂环氮在氧化气氛中容易被氧化生成 NO_x，而燃料中的杂环氮在还原气氛中容易被还原生成氮气。

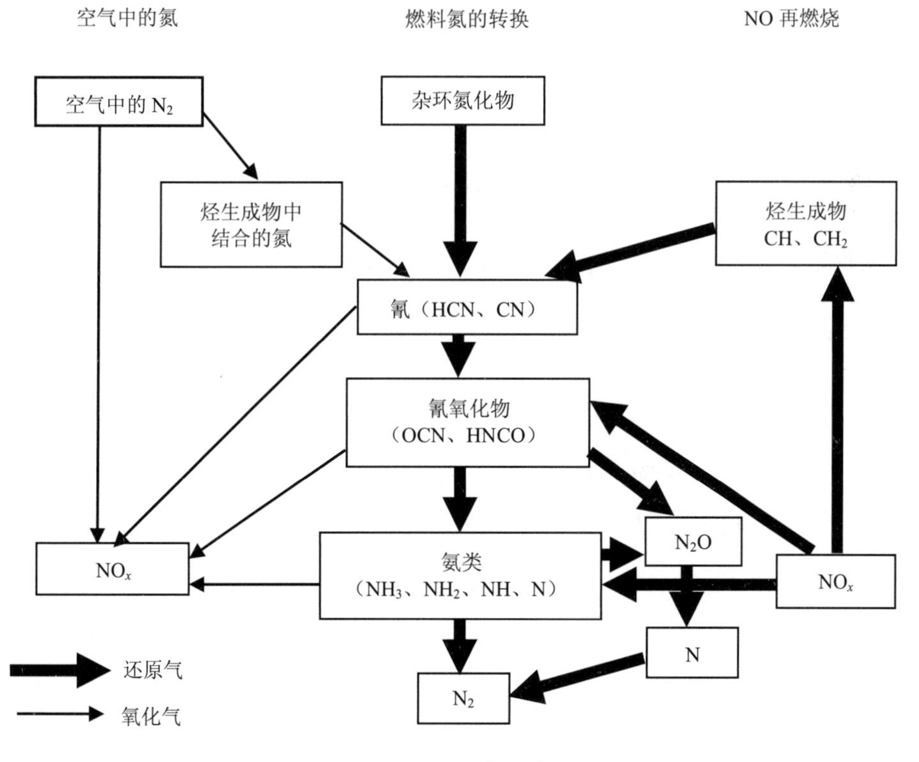

图 4-1　NO_x 形成和破坏机理

“燃料型” NO_x 的主要还原反应如下所述。

在富燃料火焰中有机地结合在燃料中的氮与烃根（如 CH 和 CH_2）反应，快速生成氰，然后与 O、OH 和 H 反应生成中间产物氰氧化物（HNCO 和 NCO），接着转化成携带氮的产物（如胺、NH 和 N），然后 N 和 NH 根与 O_2、O 或者 OH 反应生成瞬时 NO，这种燃料氮的还原途径可简述如下：

$$\text{燃料 N} \longrightarrow HCN\text{，}CN \longrightarrow NH_i \longrightarrow NO\text{（或者} \longrightarrow N_2\text{）}$$

另一种 NO 破坏方式是与烃根 CH_i 结合生成氰，氰转换成胺 NH_i，然后 NH_i 又由第一种方式把 NO 还原为氮分子。这种 NO 的还原过程称为 NO 再燃烧或燃料分级燃烧。图 4-2 为这种还原模型。烃根喷入含 NO 的燃烧产物中可以导致大量的 NO 还原成 N_2，这一事实早已经被证实。

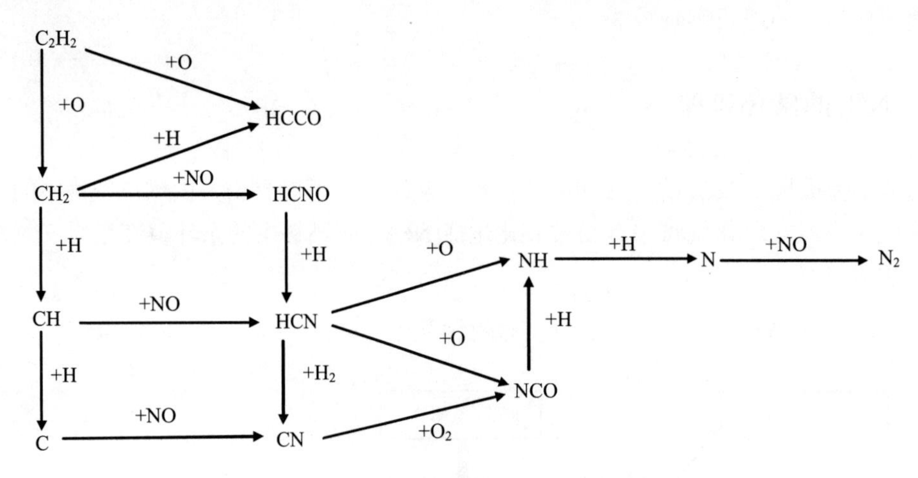

图 4-2 NO 再燃烧或燃料分级还原模型

较高的反应温度有利于促进 NO_x 还原反应，如图 4-3 所示，较合适的反应温度要大于 1 100℃。

另外，在煤粉火焰中产生的 NO 可通过碳还原，其产物是 CO、CO_2 和 N_2。主要反应如下：

$$NO+2C \longrightarrow \frac{1}{2}N_2 + C(O) \qquad (4\text{-}12)$$

式中 C（N）、C（O）中的（N）和（O）表示碳吸附的氮原子和氧原子。化合吸附的氮原子释放形成 N_2，化学吸附的氧原子或释放成 CO，或与 CO 反应生成 CO_2，反应式如下：

$$C(N)+C(N) \longrightarrow (N_2)_{(\text{气})} + 2C \qquad (4\text{-}13)$$

$$C(O) \longrightarrow (CO)_{(\text{气})} \qquad (4\text{-}14)$$

$$C(O)+CO \longrightarrow (CO_2)+C \qquad (4\text{-}15)$$

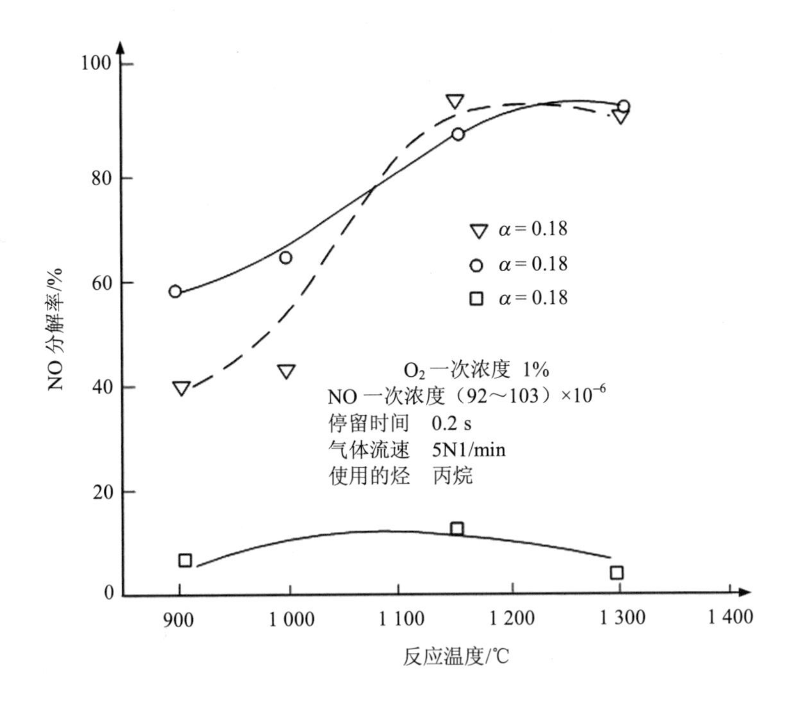

图 4-3　NO_x 还原区反应温度与分解率的关系

4.2　低氮氧化物燃烧技术

由 4.1.4 节可知，在燃烧过程中，影响 NO_x 的形成有以下一些主要因素：①有机地结合在燃料中的氮含量（燃料种类）；②反应区中氧、氮、一氧化氮和烃根的含量；③燃烧温度的峰值；④可燃物在火焰峰和反应区中的停留时间。这些影响因素给低 NO_x 燃烧技术的开发利用提供了依据。目前的燃料改进技术是通过改变燃煤设备的运行条件，主要是调节燃烧温度，烟气中氧的浓度，NH_i、CH_i、CO、C、H_2 的浓度及混合程度，烟气在高温区的停留时间来抑制 NO_x 的生成或破坏已生成的 NO_x，达到减少 NO_x 排放的目的。在实施低 NO_x 燃烧时，要针对主要影响因素和不同的具体情况，选用不同的方法；同时还要考虑其他方面，既要满足锅炉的燃烧效率较高，又要使 NO_x 的排放减到最小。

低 NO_x 燃烧技术一直是应用最广泛的降低 NO_x 的措施，即便为满足排放标准的要求不得不使用尾气净化装置，仍需采用它来降低净化装置入口的 NO_x 浓度，以达到节省净化费用的目的。20 世纪 70 年代末至 80 年代，低 NO_x 燃烧技术的研究和开发达到高潮，开发出了低 NO_x 燃烧器，进入 90 年代，对已开发的低 NO_x 燃烧器做了大量的改进和优化工作，使其日臻完善。

4.2.1　空气分级燃烧技术

以往燃烧器设计的原则是要求燃料和供燃烧用空气应快速混合，并在过量空气状态下进行充分燃烧，但是现在从 NO_x 的形成机理可知，反应区的空燃比对 NO_x 的形成影响极大。燃烧区过量空气会造成 NO_x 排放量增大，于是人们就采用对供燃用空气分级的办法来控制燃烧区的氧量。空气分级燃烧是一种常用的形成富燃区的方法，其基本原理是，将燃料的燃烧过程分阶段完成，空气分成多股逐渐与煤粉混合燃烧，以降低局部区域的空燃比。在燃烧开始阶段将从主燃烧器供入炉膛的空气量减少到总燃烧空气量的 70%～75%（相当于理论空气量的 80%左右），使燃料先在缺氧的富燃料燃烧条件下燃烧，由于富燃区缺氧，该区的燃料只能部分燃烧，故降低了燃烧区内的燃烧速度和温度水平，使有机结合在燃料中的氮一部分生成无害的氮分子，于是减少了“热力”型 NO_x 的生成。为了完成全部燃烧过程，完全燃烧所需的其余空气通过布置在主燃烧器上方的专门空气喷口 OFA（over fire air）送入炉膛，与第一级燃烧区在“贫氧燃烧”下产生的烟气混合，在 $\alpha > 1$ 的条件下完成全部燃烧过程。由于一次燃烧区域的燃烧物质进入二次区域，同时降低了氧浓度和火焰温度，于是二次区域内 NO_x 的形成受到限制。风分级是二次燃烧过程，可描述为富燃料（贫氧）燃烧-贫燃料（富氧）燃烧。图 4-4 为低 NO_x 燃烧器风分级示意。

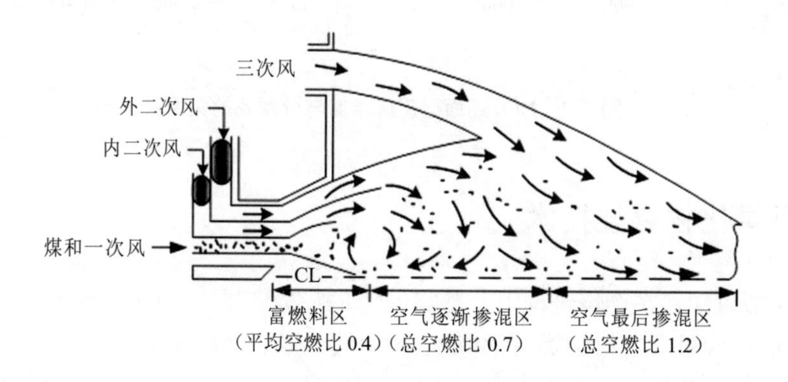

图 4-4 低 NO_x 燃烧器风分级示意

风分级方法是一种简单有效的 NO_x 排放控制技术，采用综合风分级燃烧技术，与原先未采用此措施的 NO_x 排放量相比，燃烧天然气时可降低 60%～70%，燃煤或油时可降低 40%～50%。

最常用的炉内风分级是所谓的“火上风”方法，即大部分空气从主燃烧器内引入，在主燃烧区进行富燃料燃烧，而其余的空气从主燃区上方加入，然后进行完全燃烧，如图 4-5 所示。研究表明，单纯的“火上风”方法可以减少 15%～30%的 NO_x 排放。

空气分级燃烧技术弥补了简单的低过量空气系数燃烧的缺点。但若第一级和第二级的空气比例分配不当，或炉内混合条件不好，则仍然会增加不完全燃烧的损失。同时，在煤粉炉第一级燃烧区内的还原性气氛也存在使灰熔点降低而引起结渣，或引起受热面腐蚀的问题。

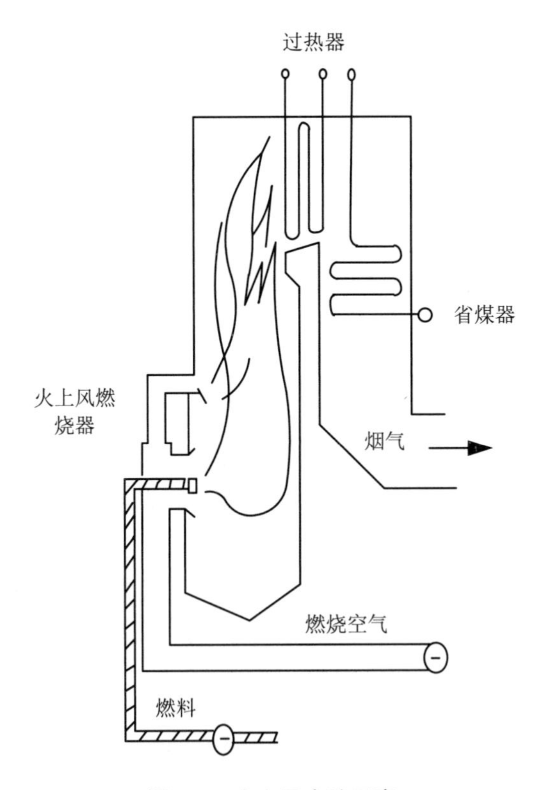

图 4-5　火上风方法示意

4.2.2　燃料分级燃烧技术

燃料分级是一种燃烧改进技术，也称再燃烧或 NO_x 再燃烧，它是用燃料作为还原剂来还原燃料产物中的 NO_x。由上述 NO_x 的破坏机理可知，NO_x 可以被烃类物质还原，其过程简述如下：

$$NO_x+C_nH_m+O_2 \begin{cases} \rightarrow N_2+H_2O+CO \\ \rightarrow NH_i+H_2O+CO \end{cases}$$

式中：C_nH_m——烃根。

燃料分级过程一般是首先在主燃区中空气过剩，主燃料充分燃烧形成 NO_x，然后在再燃区中喷入二次燃料，空气不足（或稍微过剩），形成大量的碳氢等还原性物质还原 NO_x，最后是燃尽区内再燃燃料的燃尽。在再燃烧中，再燃燃料一般选择燃尽效率比较高的燃料。在再燃区内喷氨（或尿素）的同时也开始喷入无机金属盐促进剂的研究，这被称为第二代先进再燃脱硝技术。一般燃料的分级方法可以降低 50%以上的 NO_x 排放。

4.2.3 烟气再循环技术

烟气再循环是在锅炉的空气预热器前抽取一部分低温烟气，直接或与一次风，或与二次风混合后送入炉内，这样不但可以降低燃烧温度，而且可以降低氧气浓度，因而使“热力”型 NO_x 的生成受到限制，从而可以降低 NO_x 的排放浓度。烟气循环燃烧法主要减少热力型 NO_x 的生成量，对燃料型和瞬时型 NO_x 的减少作用甚微。再循环烟气量与不采用烟气再循环时的烟气量之比，称为烟气再循环率。经验表明，当烟气再循环率为15%～20%时，煤粉炉的 NO_x 排放浓度可降低 25%左右。NO_x 的降低率随着烟气再循环率的增加而增加，并且与燃料种类和炉内燃烧温度有关，在采用烟气再循环方法时，烟气再循环率的增加是有限度的，当采用更高的再循环率时，由于循环烟气量的增加，燃烧会趋于不稳定，而且未完全燃烧热损失会增加。因此，电站锅炉的烟气再循环率一般控制在 10%～20%。

4.2.4 低 NO_x 燃烧器技术

低 NO_x 燃烧器技术是低空气过剩系数运行技术和燃烧器火焰区分段燃烧技术的结合。先进的低 NO_x 燃烧技术的特征是助燃空气分级进入燃烧装置，降低初始燃烧区（也称一次区）的氧浓度，以降低火焰的峰值温度。有的还引入分级燃烧，形成可使部分已生成的 NO_x 还原的二次火焰区。目前，有多种类型的低 NO_x 燃烧器被广泛用于电站锅炉和大型工业锅炉。

4.2.4.1 炉腔内整体空气分级的低 NO_x 直流燃烧器

炉腔内整体空气分级的低 NO_x 直流燃烧器是种带“火上风”（over fire air，OFA，也称燃尽风）喷口的燃烧系统，开发于 20 世纪 70 年代中后期，经过不断改进和完善，目前已在大容量煤粉锅炉上得到了广泛的使用。这种燃烧系统在炉内沿高度方向采用空气分级燃烧，一部分助燃空气通过 OFA 喷口进入炉膛，主燃区处于空气过剩系数较低的工况，抑制 NO_x 的生成，顶部引入的燃尽风用于保证燃料完全燃烧。

对现有锅炉采用 OFA 方法进行改造，可以让多层燃烧器中最上排的燃烧器不提供燃料只提供空气，作为 OFA；而下排的燃烧器处在富燃料状态下。对新设计建造的锅炉，OFA 布置在最上排的燃烧器上面，燃烧器和主燃烧区在缺氧富燃料状态下运行。

OFA 燃烧器有以下要求：

第一，需要合理安排燃尽风喷口与最上层煤粉喷口的距离。距离较大时，分级效果好，NO_x 生成量下降幅度大，但飞灰等的浓度增加。最佳距离的确定取决于炉膛结构和燃料种类。

第二，燃尽风量要适当。风量较大时分级效果好，但燃尽风量过大会引起一次燃烧区因严重缺氧出现结渣和高温腐蚀。对于燃煤炉合理的燃尽风量为 20%左右，对燃油和燃气炉可以高一些。

第三，燃尽风应有足够的流速，以便能与烟气充分混合。

4.2.4.2　空气分级的低 NO_x 旋流燃烧器

空气分级的低 NO_x 旋流燃烧器是在燃烧器的出口助燃空气中逐渐混入煤粉-空气射流。这种燃烧器的技术关键是准确控制燃烧器区域燃料与助燃空气的混合过程，以便能有效地同时控制燃料型 NO_x 和热力型 NO_x 的生成，同时又要具有较高的燃烧效率。通过良好的结构设计，合理地控制燃烧器喉部空气和燃料的动量以及射流的流动方向，可以满足以上两项要求。图 4-6 给出了用于壁燃锅炉分级混合的低 NO_x 燃烧器原理。该设计在紧靠燃煤器的前沿产生了一个主燃烧区，称为一次火焰区。一次火焰区内的燃料相对比较富裕，经常形成实际空气量低于理论空气量的状况。在一次火焰区的外围供入过剩的空气，形成二次火焰区，将燃料燃尽。挥发分和含氮组分的大部分在一次火焰区析出，但因处于缺氧、高 CO 和高 CH 浓度，限制了含氮组分向 NO_x 的转化。图 4-7 为常规燃烧器与低 NO_x 燃烧器（包括了炉膛燃尽风）构形的比较。研究表明，低 NO_x 燃烧器与燃尽风结合，可使 NO_x 减少幅度达 50%左右。

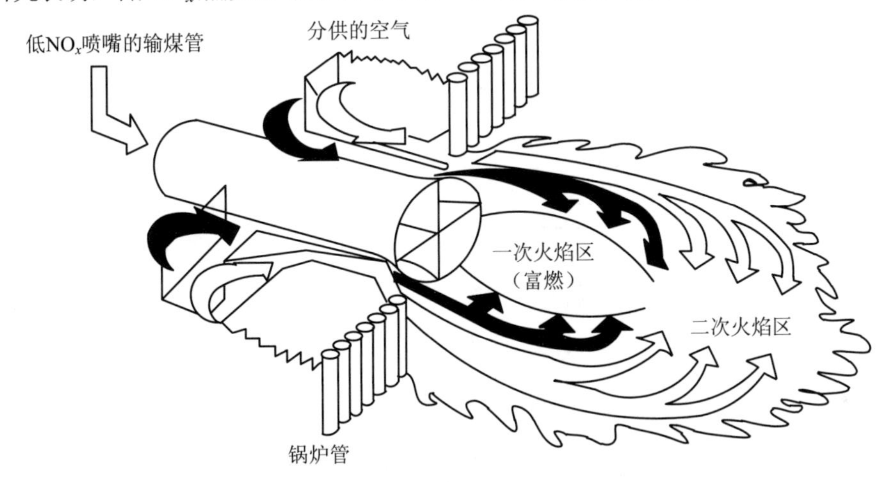

图 4-6　用于壁燃锅炉的分级混合的低 NO_x 燃烧器的原理

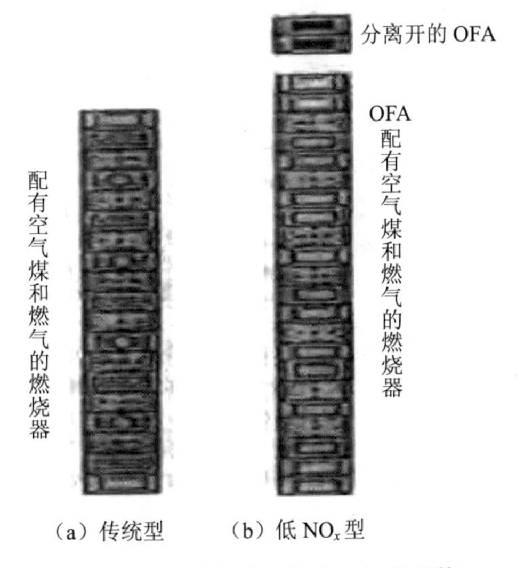

图 4-7　常规燃烧器与低 NO_x 燃烧器构形

4.2.4.3 空气/燃料分级低 NO_x 燃烧器

该燃烧器的主要特征是空气和燃料都是分级送入炉膛，燃料分级送入一次火焰区的下游形成一个富集 NH_3、CH、HCN 的低氧还原区。燃烧产物通过此区时，已经生成的 NO_x 会部分的被还原为 N_2。分级送入的燃料常称为辅助燃料或者还原燃料。图 4-8 为斯坦缪勒公司开发的空气/燃料分级低 NO_x 燃烧器的原理。首先，与空气分级低 NO_x 燃烧器一样形成一次火焰区，接近理论空气量燃烧可以保证火焰稳定性；还原燃料在一次火焰下游一定距离混入，形成二次火焰（超低氧条件），在此区域内，已经生成的 NO_x 被 NH_3、HCN 和 CO 等还原为 N_2；分级风在第三阶段送入完成燃尽阶段。这种燃烧器的成功与否取决于一次火焰的扩散度，二次火焰区的空气/燃料比例（还原燃料量），燃烧产物在二次火焰区的停留时间，还原燃料的还原活性。

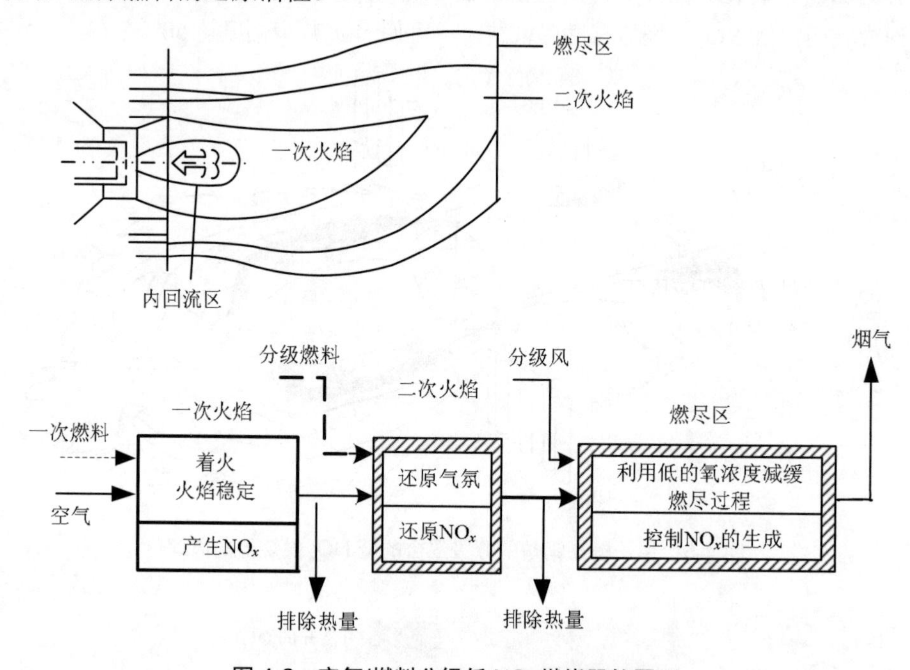

图 4-8 空气/燃料分级低 NO_x 燃烧器的原理

增加还原燃料有利于 NO_x 的还原，但还原燃料过多会使一次火焰不能维持其主导作用并产生不稳定状况，最佳还原燃料比例为 20%～30%。还原燃料活性会影响燃尽时间和燃料产物在还原区的停留时间。用氮含量低、挥发分高的燃料作为还原剂较佳。

与此类似，利用直流燃烧器可以在炉膛内同时实现空气和燃料分级，在炉膛内形成 3 个区域，即一次区、还原区和燃尽区，常称为三级燃烧技术。

目前，市场上有多种新开发的低 NO_x 燃烧器。例如，角置直流低 NO_x 燃烧器、低 NO_x 同轴燃烧系统、壁似燃烧低 NO_x 旋流燃烧器等。

另外，采用循环流化床锅炉也是控制 NO_x 排放的先进技术，循环流化床炉膛的燃烧温度低，只有 850～950℃，在此温度下产生的热力型 NO_x 极少，加上分级燃烧，可有效地抑制燃料型 NO_x 的生成。

4.3　烟气脱硝技术

仅通过改进燃烧技术控制 NO_x 排放，烟气中存在的 NO_x 的浓度依然比较高，不能达到更高的排放标准。通过相应的技术手段脱除烟气中 NO_x 的浓度以减轻其对环境的污染，通常称为脱硝技术（或者脱氮技术）。与 SO_2 相比较，NO_x 源于空气中 N_2 和燃料中 N 的氧化，SO_2 主要源于化石燃料的燃烧，排放的 SO_2 的形成机理相对比较简单。由于这些特点，烟气脱硝是一个棘手的问题，治理比较困难，技术要求高。

烟气脱硝技术按照其作用原理的不同，可分为催化还原、吸收和吸附 3 类，按照工作介质的不同可分为干法和湿法两类。因为湿法与干法相比，存在装置复杂且庞大、排水要处理、内衬材料腐蚀、副产品处理较难和电耗大的缺点，所以目前的脱硝技术中干法脱硝占主流地位。而湿法脱硝一般仅用于小规模的烟气脱硝。本节对常用的选择性催化还原法脱硝、选择性非催化还原法脱硝、吸收法脱硝以及联合脱硫脱硝技术进行介绍。

4.3.1　选择性催化还原法

选择性催化还原（selective catalytic reduction，SCR）烟气脱硝技术是工业上应用最广泛的一种 NO_x 治理技术，可应用于电站锅炉、工业锅炉、燃气锅炉、内燃机、化工厂及炼钢厂，SCR 烟气脱硝技术可使 NO_x 的脱除效率达到 90%以上。选择性催化还原技术是美国 Englehard 公司在 1957 年提出的，在 20 世纪 80 年代初开始逐渐应用于燃煤锅炉烟气脱除 NO_x，目前已在日本、欧州、美国等国家、地区的燃煤电厂广泛应用，我国首例 SCR 脱硝工程也于 1999 年投运；至 2019 年，我国火电机组全部都应用此技术，SCR 装机容量达 2.15 亿 kW。

4.3.1.1　选择性催化还原烟气脱硝技术的基本原理

SCR 脱硝的化学反应机理比较复杂，主要的反应是以 NH_3、尿素等为还原剂，在一定的温度和催化剂作用下，有选择地把烟气中的 NO_x 还原为 N_2，并生成 H_2O。

SCR 反应原理如图 4-9 所示。

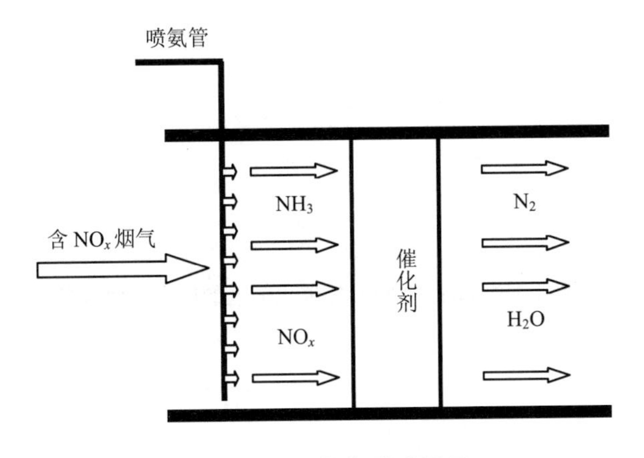

图 4-9　SCR 烟气脱硝原理

SCR 脱硝的主要反应可表示如下：

$$4NO + 4NH_3 + O_2 \longrightarrow 4N_2 + 6H_2O \quad (4\text{-}16)$$

$$2NO_2 + 4NH_3 + O_2 \longrightarrow 3N_2 + 6H_2O \quad (4\text{-}17)$$

SCR 脱硝主反应的主要特点，第一是具有“选择性”，即还原剂有选择地还原烟气中的 NO_x；第二是还原产物是对环境没有危害的 N_2 和 H_2O；此外，还有 NO_x 转化效率高的优点。

在反应条件改变时，还可能发生以下与氨有关的潜在氧化副反应：

$$4NH_3 + 3O_2 \longrightarrow 2N_2 + 6H_2O + 1\,267.1\ \text{kJ} \quad (4\text{-}18)$$

$$2NH_3 \longrightarrow N_2 + 3H_2 - 91.9\ \text{kJ} \quad (4\text{-}19)$$

$$4NH_3 + 5O_2 \longrightarrow 4NO + 6H_2O + 907.3\ \text{kJ} \quad (4\text{-}20)$$

反应式（4-16）是主要的，因为烟气中 NO_x 主要以 NO 的形式存在。在没有催化剂时，该反应只能在 980℃左右温度范围内进行。引进合适的催化剂，可以使反应温度降低到适宜电厂应用的 290～430℃范围内。副反应式（4-18）～式（4-20）在 350℃以上才进行，450℃以上才剧烈起来。

与其他多相催化反应一样，反应式（4-16）、式（4-17）主要在催化剂表面进行，NH_3、NO_x 和 O_2 在催化剂表面的活性点上反应，产物 H_2O 和 N_2 最终扩散到气相中。NH_3 和 NO_x 在催化剂上的反应主要过程分 7 个步骤：①NH_3 通过气相扩散到催化剂表面；②NH_3 由外表面向催化剂孔内扩散；③NH_3 吸附在活性中心上；④NO_x 从气相扩散到吸附态 NH_3 表面；⑤NH_3 与 O_2 反应生成 N_2 和 H_2O；⑥N_2 和 H_2O 通过微孔扩散到催化剂表面；⑦N_2 和 H_2O 扩散到气相主体。如图 4-10 所示。

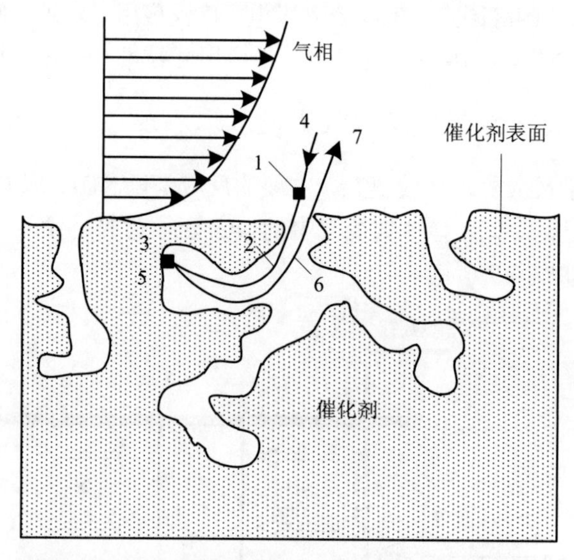

图 4-10 NH_3 和 NO_x 在催化剂上的反应过程示意

4.3.1.2 SCR 系统

SCR 系统主要由反应器、催化剂、氨储存罐和氨喷射器等组成，如图 4-11 所示。

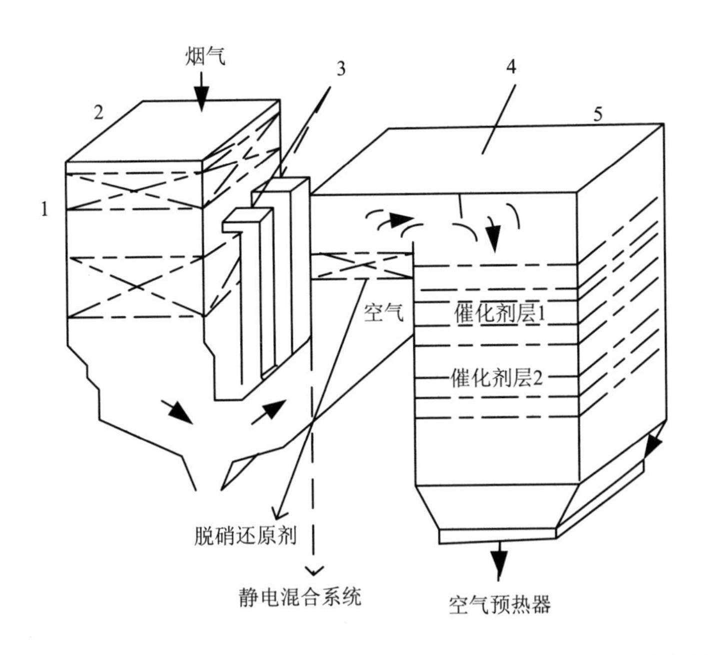

1—省煤器；2—锅炉；3—旁路；4—导流器；5—SCR 反应器；6—静电混合系统

图 4-11　SCR 系统组成示意

SCR 工艺的核心装置是脱氮反应器，烟气脱硝反应主要在 SCR 反应器中进行，图 4-12 为典型的脱氮反应器的结构。催化剂分上下多层（一般为 3～4 层）有序放置。

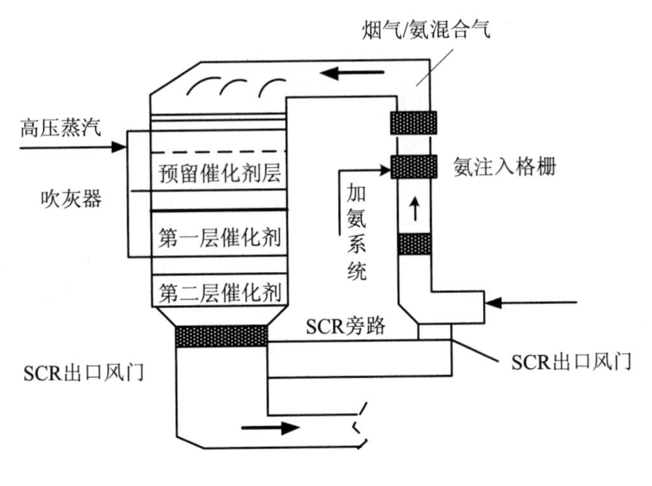

图 4-12　SCR 反应器

加氨装置也是 SCR 系统的关键技术之一，烟气与还原剂是否能够充分混合和还原剂加入量的大小取决于加氨装置。图 4-13 为加氨系统流程。

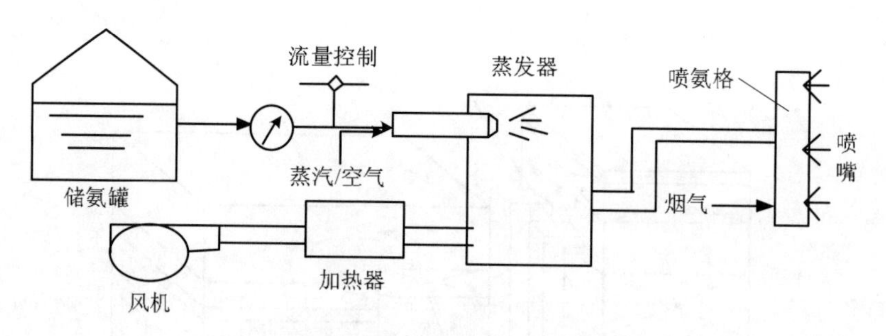

图 4-13 加氨系统流程

SCR 脱硝装置的主要性能表现在催化剂活性、合适的反应温度（温度窗口）、适当的氨气输入量及与烟气的均匀混合。就催化剂本身而言，高效性、较宽的温度窗口、抵抗毒性物质和使用寿命是衡量其性能的重要指标。氨气喷入量的控制及与烟气均匀混合则依赖于工程技术。

4.3.1.3 SCR 脱硝工艺流程

选择性催化还原是在金属催化剂的作用下，喷入的氨把烟气中的 NO_x 还原成 N_2 和 H_2O。还原剂以 NH_3 为主，催化剂有贵金属和非贵金属两类。SCR 反应器置于锅炉之后，根据反应器在整个烟气处理流程中的安装位置的不同，SCR 有 3 种布置方式，如图 4-14 所示。

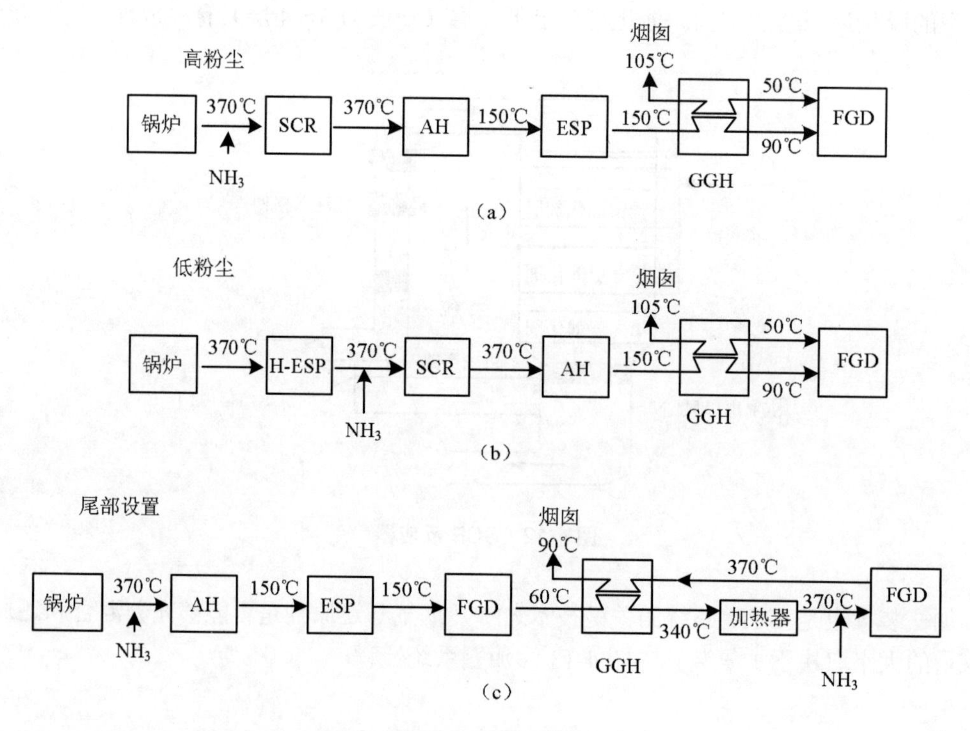

图 4-14 SCR 工艺流程布置示意

一是高含尘烟气段布置，即 SCR 反应器布置在空气预热器和电除尘器上游。这里烟气温度比较高（300～350℃），烟气不需要再加热就可以满足催化剂活性的要求。但是这里的烟气条件比较恶劣，如高含烟尘和 SO_2，飞灰磨损反应器会使蜂窝状催化剂堵塞，烟尘中的 K、Na、Ca、As 等微量元素会使催化剂污染或中毒，SO_2 也会使催化剂中毒失活，甚至烟气温度过高会使催化剂烧结而失效。

二是低含尘烟气段布置，即 SCR 反应器布置在空气预热器和高温 ESP（电除尘器）下游，FGD（烟气脱硫装置）之前。由于经过除尘器，烟气中的烟尘量大幅降低，降低了飞灰对 SCR 反应器的磨损和堵塞的影响，但是需要高温除尘设备。

三是尾部烟气段布置，即 SCR 反应器布置在空预器、ESP 下游，FGD（烟气脱硫装置）之后。这种布置方式的特点是把催化剂受烟气中烟尘和 SO_2 的影响降到最低，催化剂寿命更长，更换费用低，但这里的烟气温度较低，一般需要换热器或采用燃料器燃烧的办法将烟气温度提高到催化还原反应所必需的温度。

4.3.1.4 SCR 催化剂

催化剂是 SCR 系统中最关键的部分，其类型、结构和表面积都对脱除 NO_x 效果有很大影响。SCR 催化剂一般都是载体加活性成分组合而成的复合型催化剂。载体应用较多的有 TiO_2、沸石分子筛、Al_2O_3、活性炭材料等有较大比表面积和丰富孔结构的材质，事实上，这些载体在一定程度上也具有催化活性，在 SCR 反应中起着助催化剂或者抵抗毒性物质的作用。例如，TiO_2 具有较高的活性和抗 SO_2 性能。活性成分主要是一些金属元素，如 V、Mn、Ce、Fe、Cu、W、Cr 等的氧化物。V_2O_5 是目前工业应用最广泛的催化剂，因为其表面呈现酸性，容易吸附呈碱性的 NH_3，有利于 NO_x 的还原反应，抗 SO_2 中毒能力强，工作温度在中温范围内。

目前，关于 V_2O_5 类催化剂催化机理的研究很多。成型的理论有两种：Langmuir-Hinshelwood 机理和 Eley-Rideal 机理。前者认为 NO 被气态氧化或催化剂表面活性氧基团氧化为 NO_2 吸附在催化剂表面，氨以 NH_3 和 NH_4^+ 两种形式吸附，随后，NO_2 和 NH_4^+ 发生反应，生成 N_2 和 H_2O。氧的存在可促进和加速反应。后一种机理是基于极稀气体浓度条件提出来的，更接近实际情况。它并不强调 NO 的氧化作用，认为首先 NH_3 快速吸附于 V_2O_5 表面，而后气体中 NO 与之发生碰撞，形成一个不稳定的中间体，中间体分解生成 N_2 和 H_2O。

催化剂的结构、形状随它的用途而变化。催化剂部件的样式通常有蜂窝式、波纹板和板式等，其优点是可以最大限度地避免被烟气中的颗粒物堵塞，其中最常用的形状是蜂窝状，因为其不仅强度高，而且容易清理。为了使飞灰堵塞的可能性降到最小，煤粉炉、反应器都要垂直放置，并使烟气由上而下流动。

4.3.1.5 影响 SCR 脱硝效果的主要因素

（1）反应温度

因为需要一定的温度才可以激发催化剂的催化活性，所以反应温度不仅影响反应物的反应速度，而且决定催化剂的反应活性，一般地，反应温度越高，反应速度越快，催化剂的活性越好。对于 SCR 反应而言，随着温度升高，NO_x的脱除率也升高。但是，实践证明，温度的提高并不能无限提高 NO_x脱除率，温度过高时可能会引起 NH_3氧化或者催化剂烧结现象，从而降低 NO_x脱除率。

根据催化反应温度，SCR 工艺分成高温、中温和低温 3 种。一般中温为 300～400℃，高温为大于 400℃，低温为小于 300℃。目前应用的常规的 SCR 技术反应温度一般在中温段，而低温 SCR 技术的反应温度一般选在低温段。

（2）NH_3/NO_x摩尔比

依据 SCR 化学反应方程式，NO_x恰好被还原剂 NH_3还原的理论 NH_3/NO_x摩尔比为 1，事实上 NH_3/NO_x摩尔比往往大于 1 才会有比较理想的 NO_x脱除率。当 NH_3/NO_x摩尔比小于 1 时，NO_x脱除率会随着 NH_3/NO_x摩尔比的增大而增大，直到 NH_3/NO_x摩尔比超过一定范围时才趋于平缓。虽然较大的 NH_3/NO_x摩尔比有利于 NO_x还原率的增大，但是会造成氨逃逸形成新的污染的问题，同时也会造成还原剂浪费，增大运行成本，所以工业 SCR 运行的 NH_3/NO_x摩尔比一般控制在 0.6～0.8。一般 NH_3的逸出量不允许大于 5 mg/L，否则烟道气温度降低时，烟道气中的 SO_3与未反应的 NH_3可形成$(NH_4)_2SO_4$，从而引起空预器、除尘器后续设备的严重积垢。当 NH_3的逃逸量超过了允许值，就必须安装附加的催化剂或用新的催化剂替换掉失活的催化剂。因而，控制 NH_3/NO_x摩尔比在一个合适的范围内，既可以保证较好的 NO_x脱除率，又可以避免氨逃逸，是 SCR 运行的一个关键步骤。

（3）空速

催化剂处理烟气的能力一般用空间速度（简称空速）来反映，空速是 SCR 的一个关键设计参数，它是烟气（标准状态下湿烟气）在催化剂容积内的停留时间尺度，在某种程度上决定反应物是否完全反应，同时也决定着反应器催化剂骨架的冲刷和烟气的沿程阻力。空速越大，表示单位体积催化剂层能处理的烟气量越多，因此，从工业运行的角度考虑，总是希望空速越大越好，但是相应的烟气在反应器内的停留时间就越短，反应进行不完全，NH_3的逃逸量就大，烟气对催化剂骨架的冲刷也大。

（4）烟气与 NH_3的混合

烟气与 NH_3能否充分混合是影响 SCR 脱硝效率的关键因素之一，合理设计喷氨点的位置，改善喷氨装置，加大湍流条件实现 NH_3与烟气的最佳混合，不仅可以保证脱硝效率，同时可以节约资源、防止二次污染、降低运行成本。

（5）催化剂中毒和钝化

飞灰、碱金属、SO_2、As 等毒性物质是造成催化剂中毒的主要因素；催化剂烧结和堵塞会引起催化剂的钝化。

Na、K 等碱金属会在催化剂表面活性位置与其他物质发生反应造成催化剂活性降低，中毒可能性的大小主要取决于烟气中水溶性碱金属含量的大小，所以避免水蒸气的凝结，可以避免这类危险的发生。在燃油锅炉中，由于水溶性碱金属含量高，中毒的危险比较大，燃煤锅炉则由于煤灰中的碱金属是不溶的，故而碱金属中毒的可能性比较小。除此之外，燃用含碱金属较多的生物质燃料也会引起催化剂碱金属中毒。As 中毒主要是由烟气中的气态 As_2O_3引起的。飞灰中游离的 CaO 和 SO_3反应，可吸附在催化剂表面，形成 $CaSO_4$，催化剂表面被 $CaSO_4$包围，阻止了反应物向催化剂表面扩散及扩散进入催化剂内部。催化剂的堵塞主要由铵盐及飞灰小颗粒沉积在催化剂的微孔中，阻止 NO_x、NH_3 和 O_2 到达催化剂表面，引起催化剂的钝化。所以催化剂在设计时需要留有合理的单元空间以防止堵塞，并安装吹灰器。

在反应温度低于 300℃的 SCR 烟气中的 SO_2 在催化剂的作用下被氧化成 SO_3，SO_3 会进一步和烟气中的 NH_3 及水反应生成 $(NH_4)_2SO_4$ 和 $(NH_4)HSO_4$ 等铵盐，这些盐类会在催化剂表面沉积聚集，覆盖活性点位，阻碍 SCR 催化还原反应的进行。

烟气中的飞灰撞击催化剂的表面可以造成催化剂的磨蚀，导致催化剂活性降低。采取的应对措施有：采用耐腐蚀催化剂材料，提高边缘强度；利用计算流体力学流动模型优化气流分布；在垂直催化剂床层安装气流调节装置等。

4.3.2 选择性非催化还原法

由于 SCR 的运行成本主要受催化剂及其使用寿命的影响，不需要催化剂就可以把 NO_x 脱除的选择性非催化还原（selective non-catalytic reduction，SNCR）技术的优势体现出来。该技术是把氨气或尿素等含有 NH_x 基的还原剂，喷入炉膛温度为 800～1 100℃的区域，还原剂迅速分解成 NH_3 并选择性地把烟气中的 NO_x 还原为 N_2 和 H_2O。SNCR 技术建设周期短、投资少、脱硝效率中等，比较适合于对中小型电厂锅炉的改造和不需要快速高效脱硝的工业炉和城市垃圾焚烧炉。SNCR 是国外已经投入商业运行的比较成熟的烟气脱硝技术，其工业应用是 20 世纪 70 年代中期在日本的一些燃油、燃气电厂开始的；欧洲国家的一些燃煤电厂从 20 世纪 80 年代末也开始工业应用 SNCR 技术；美国的 SNCR 技术在燃煤电厂的工业应用是在 20 世纪 90 年代初开始的；我国在 20 世纪 90 年代中后期开始应用 SNCR 脱硝技术。至 2015 年，世界上燃煤电厂 SNCR 工艺的装机总容量在 15GW 以上。

4.3.2.1 SNCR 脱 NO_x 基本原理

当以氨（NH_3）为还原剂时，SNCR 反应式如下：

$$4NO+4NH_3+O_2 \longrightarrow 4N_2+6H_2O \qquad (4\text{-}21)$$

该反应主要发生在 950℃的温度范围内，当温度超过 1 093℃时，则可发生竞争反应，NH_3 会被氧化成 NO，反而造成 NO_x 排放浓度增大。其反应式为

$$4NH_3+5O_2 \longrightarrow 4NO+6H_2O \qquad (4\text{-}22)$$

温度低于 900℃时，氨反应不完全，会造成所谓的“氨穿透”，造成新的污染；而温度过高时，会发生如式（4-20）的副反应，导致 NO_x 排放浓度增加，可见温度过高或过低都不利于对污染物排放的控制，对 SNCR 反应温度的控制是至关重要的。图 4-15 为 SNCR 反应温度与 NO_x 脱除率的关系。

为了降低氨泄漏造成的新污染，使操作系统更为安全可靠，用尿素替代 NH_3 作为还原剂，此时发生的反应如下所示：

$$(NH_4)_2CO \longrightarrow 2NH_2+CO \qquad (4\text{-}23)$$

$$NH_2+NO \longrightarrow N_2+H_2O \qquad (4\text{-}24)$$

$$CO+NO \longrightarrow N_2+CO_2 \qquad (4\text{-}25)$$

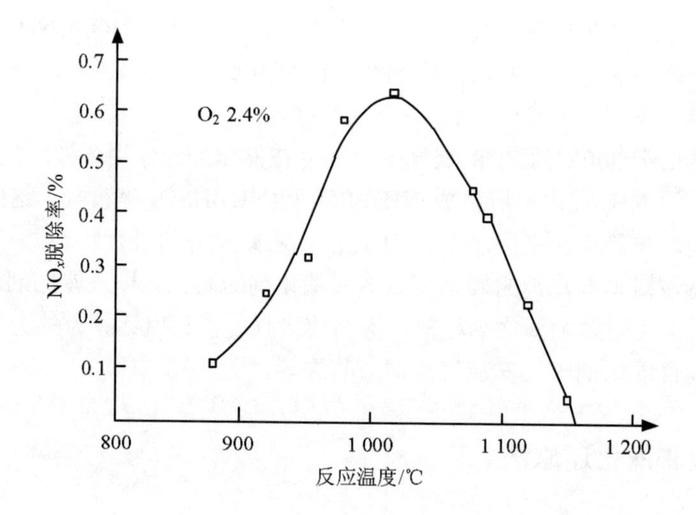

图 4-15 温度窗口的反应温度与 NO_x 脱除率的关系

4.3.2.2 SNCR 工艺流程

SNCR 法以锅炉炉膛为反应器，可通过对锅炉的改造实现。在炉膛内不同的高度布置还原剂喷射口，以满足不同的锅炉负荷下把还原剂喷射到具有合适温度窗口的炉膛区域内的要求。图 4-16 为 SNCR 工艺系统。

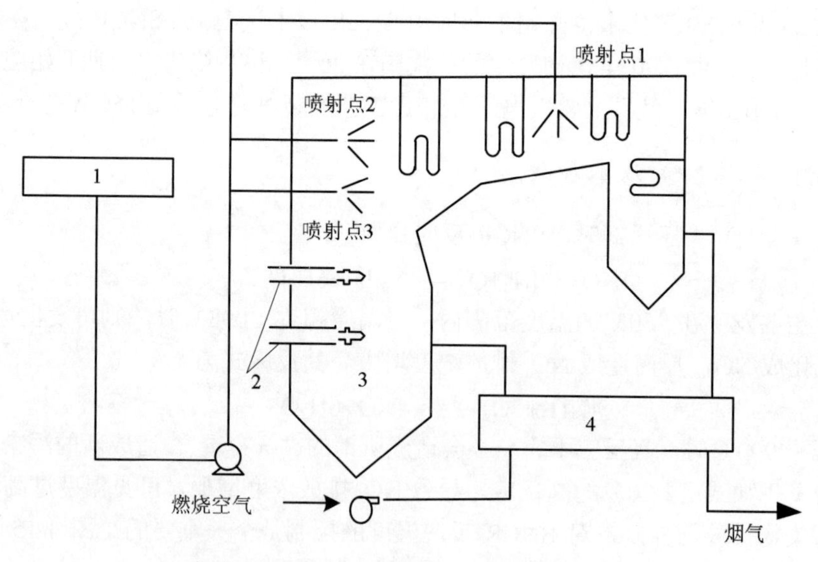

1—氨或尿素储槽；2—燃烧器；3—锅炉；4—空气加热器

图 4-16 SNCR 工艺系统示意

图 4-16 为一个典型的 SNCR 工艺示意，它由还原剂储存装置、输送和多层还原剂喷射装置和与之匹配的控制仪表及 NO_x 在线检测系统等组成。还原剂喷入系统必须将还原剂喷到炉内最有效的部位——炉膛上部温度适宜还原反应区域，并保证与烟气充分混合。如

果喷入点太少或喷到锅炉中整个断面上的氨不均匀，则一定会出现分布率较差和较高的氨逸出量。在较大的燃煤锅炉中，还原剂的分布更加困难，因为较长的喷入距离需要覆盖相当大的炉内截面。多层投料同单层投料一样在每个喷入的水平切面上通常都要遵循锅炉内负荷变化引起温度变化的原则。然而，这些喷入量和区域是非常复杂的，要做到很好的调节也是很困难的，所以，为保证脱硝反应能够充分进行，以最少的喷入 NH_3 达到最好的还原效果，必须设法使 NH_3 与烟气充分混合。

喷入点的温度过低和还原剂喷入量过大是导致氨逃逸的两个重要方面。由于不可能得到有效的喷入还原剂的反馈信息，控制 SNCR 体系中氨的逸出是相当困难的，但通过在出口管中加装一个能连续测量氨的逸出的装置，可以改进现行的 SNCR 系统。

影响 SNCR 脱除 NO_x 效率的主要因素有以下几个方面。

（1）还原剂喷入点的选择

喷入点必须保证还原剂进入炉膛内最佳反应温度区间，以避免“氨穿透”和氨氧化现象的发生。由于最佳反应温度范围窄，随负荷变化最佳温度位置也会变化，为适应这种变化，必须在炉中安置大量的喷嘴，且随负荷的变化改变喷入点的位置和数量。图 4-17 为温度和 NH_3 的喷入量对 NO 脱除率的影响。

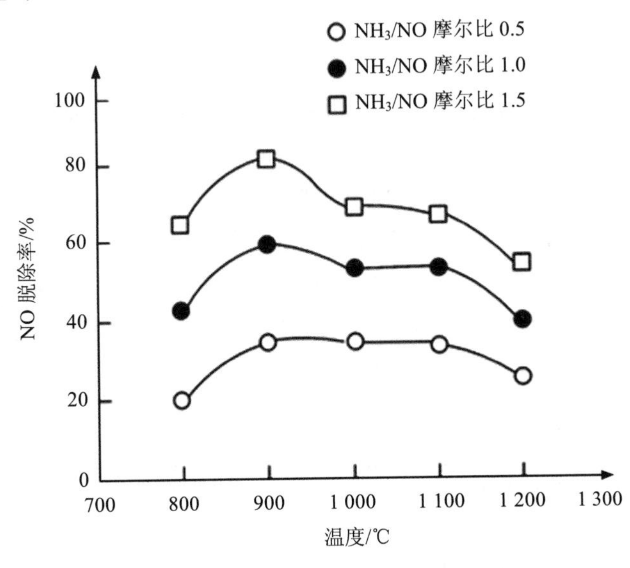

图 4-17 温度和 NH_3 的喷入量对 NO 脱除率的影响

如图 4-17 所示，随着 NH_3/NO 摩尔比的增加，温度的影响更加明显（特别是 800～900℃范围）。在 SNCR 过程中温度的影响存在两种趋势，一方面是温度的提高促进 NH_3 的氧化，使 NO 脱除率下降；另一方面温度的降低会使 NH_3 的反应速率下降，也会导致 NO 脱除率下降。因此最佳温度的选择要综合考虑两种趋势的影响。

（2）合适的停留时间

如果反应物的驻留时间很短，很难与烟气充分混合，会造成脱硝效率低，所以还原剂和 NO_x 在合适的温度区间必须有足够的停留时间，这样才可以保证烟气中的 NO_x 的还原率。停留时间超过 1s 则出现最佳的 NO_x 脱除率，停留时间为 0.3 s 时 NO_x 脱除效率也比较理想。实验表明，停留时间为 100～500 ms，NO_x 最大还原率从 70%上升到 93%左右。图 4-18 为停留时间对 NO 脱除率的影响。

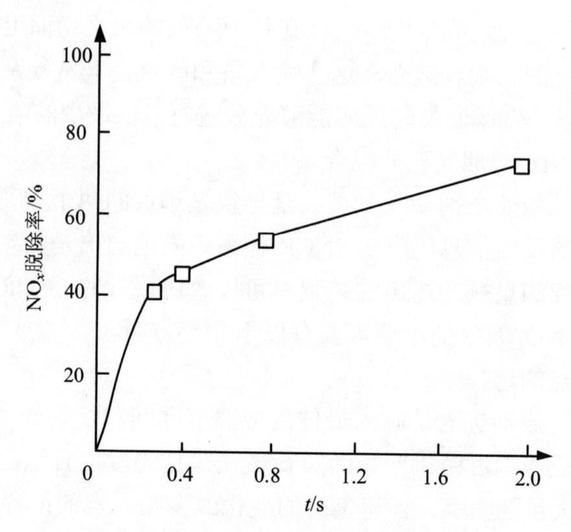

图 4-18 停留时间对 NO 脱除率的影响

（3）适当的 NH_3/NO_x 摩尔比

依据式（4-21）化学反应方程式，NH_3/NO 为 1 时，NO_x 恰好被还原剂 NH_3 还原，但实际上 NH_3/NO 往往要大于 1 才会有理想的 NO 还原率。已有的运行经验表明，NH_3/NO_x 摩尔比一般控制在 1～2，最大不超过 2.5。虽然较大的 NH_3/NO_x 摩尔比有利于 NO_x 还原率的增大，但是会造成氨逃逸，形成新的污染问题，同时也会造成还原剂浪费，增大运行成本。所以，控制 NH_3/NO_x 摩尔比在一个合适的范围内，既可以保证较好的 NO_x 脱除率，又可以避免氨逃逸，是 SNCR 运行的一个关键步骤。还原剂与 NO_x 比例和 NO_x 脱除率的关系如图 4-19 所示。

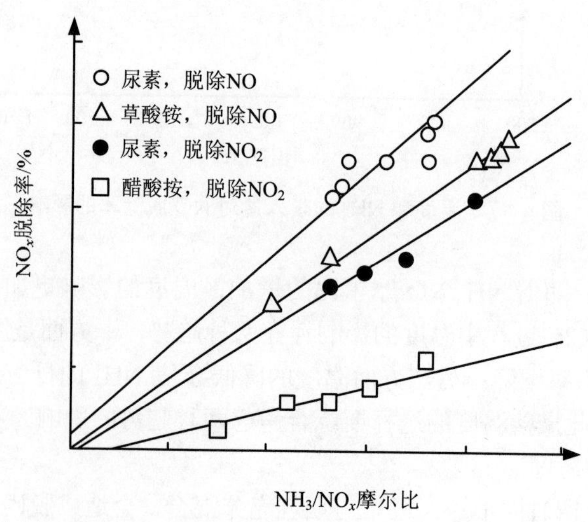

图 4-19 NH_3/NO_x 摩尔比和 NO_x 脱除率的关系

（4）还原剂与烟气的充分混合

还原剂与烟气的充分混合可以使反应更加充分，还原剂与烟气的充分混合也是 SNCR 运行的一个关键技术。

（5）添加剂对 SNCR 的影响

研究表明，在喷氨型 SNCR 工艺固定喷入点喷入按一定比例混合的氨和甲烷的混合物，可以降低 SNCR 的最佳反应温度，如图 4-20 所示；在尿素中添加有机烃类，可以增加燃气中的烃基浓度，从而增强 NO_x 还原，还可以使操作温度降低；用尿素作还原剂一个重要的副产物是 N_2O，在尿素中添加辅助剂可以抑制 N_2O 的生成，同时也可以保证 NO_x 的脱除率（图 4-21）。

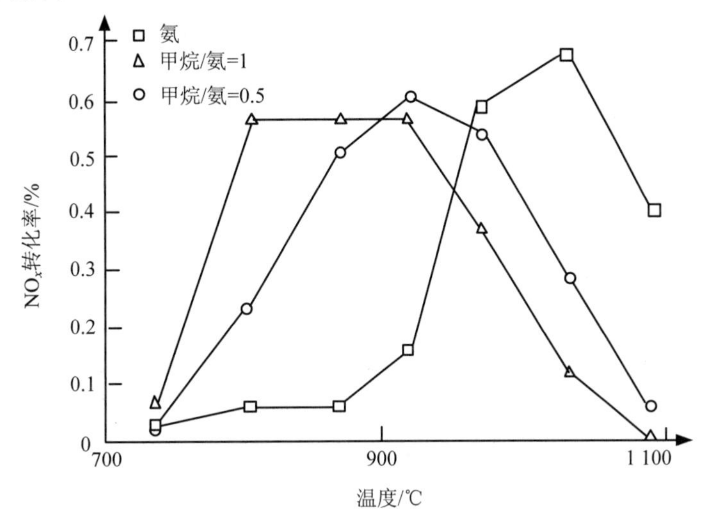

图 4-20　喷入甲烷对温度窗口的影响

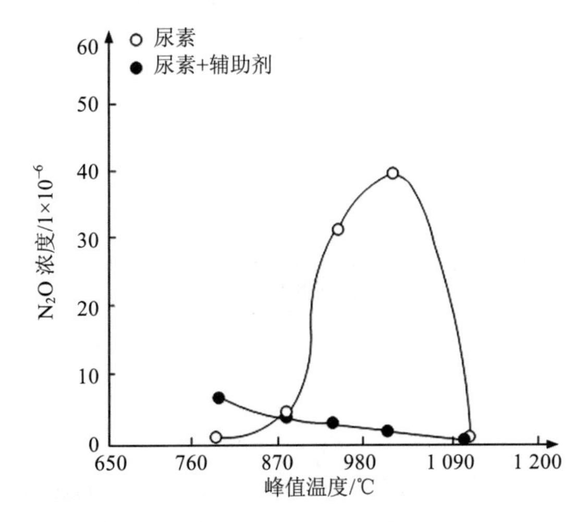

图 4-21　添加剂对 N_2O 生成量的影响

据报道，其他含氮物质（如胺、羟胺、蛋白质、环状含氮化合物、吡啶、有机铵盐等）也可以用来还原 NO_x，有的还原剂所需的温度比尿素要低。

由上文可见，以上影响因素都涉及 SNCR 还原剂的喷射系统，所以 SNCR 还原剂的喷射系统是一个非常重要的环节。在 SNCR 运行过程中，要综合考虑各个方面的因素，使其在一个良好的状态下运行。

4.3.3 吸收法脱硝

吸收脱硝原理是将 NO 通过与氧化剂 O_3、ClO_2 或 $KMnO_4$ 反应，氧化生成 NO_2，NO_2 被水或碱性溶液吸收，实现烟气脱硝。氧化脱硝效率可以达到 90%以上。由于吸收剂种类较多、来源广泛、适应性强、可因地制宜，综合利用，为中小型企业广泛使用，但采用此法脱硝会带来水的二次污染问题。脱硝技术主要有稀硝酸吸收法、氨—碱溶液两级吸收法、碱—亚硫酸铵吸收法、硝酸氧化—碱液吸收法、尿素还原法、液相络合吸收法等。

下面简单介绍尿素还原法和液相络合吸收法净化烟气中 NO_x 技术。

4.3.3.1 尿素还原法

尿素还原法有两种：一种是将尿素与待焙烧的催化剂颗粒直接混合，然后进行焙烧。该方法适合任何一种含硝酸盐催化剂焙烧尾气的治理；另一种是混捏法，即在生产催化剂的过程中与催化剂的其他组分一起加入，然后混捏、成型、焙烧。

尿素还原法原理：尿素分子的酰胺结构与亚硝酸反应，产生无毒的 N_2、CO_2 和水蒸气。反应式如下：

$$2NO_2+H_2O \longrightarrow HNO_2+HNO_3 \tag{4-26}$$

$$2HNO_3 \longrightarrow 2HNO_2+O_2 \tag{4-27}$$

$$2HNO_2+NH_2CONH_2 \longrightarrow 2N_2+CO_2+3H_2O \tag{4-28}$$

在催化剂的制备过程中，用尿素还原法治理含 NO_x 废气的方法简单易行，脱硝效率高。工艺过程不产生二次污染，治理不需增加设备，也不必改变工艺条件，是一种有效脱除 NO_x 的方法。

4.3.3.2 液相络合吸收

液相络合吸收主要利用液相络合剂直接与 NO 发生络合反应，该方法适用于主要含 NO 的 NO_x 尾气，目前还处于试验阶段，尚未有工业装置，如 NO 的回收等问题仍需要进一步研究。

目前研究的络合剂有 $FeSO_4$、Fe(Ⅱ)-EDTA 及 Fe(Ⅱ)-EDTA-Na_2SO_3 等，主要化学反应为

$$FeSO_4+NO \longrightarrow Fe(NO)SO_4 \tag{4-29}$$

$$Fe(\text{II})\text{-EDTA}+nNO \longrightarrow Fe(\text{II})\text{-EDTA}\cdot nNO \tag{4-30}$$

液相络合吸收一般在低温下发生，式（4-29）的络合吸收过程是在温度为 20～30℃发生的，在 90～100℃发生解吸过程；同理，式（4-30）也是在低温下发生络合吸收，高温下解吸。尽管目前实验室研究了多种性能良好的络合剂，但工业实验中络合吸收法的脱硝率很低（10%～60%），远达不到实验室水平，迄今尚未有工业应用的报道。

4.4 烟气联合脱硫脱硝技术

随着烟气脱硫和烟气脱硝技术的发展，单独的烟气脱硫和脱硝一次投资大，布置空间紧张，难以满足实际建设的需求，各国都开展了烟气同时脱硫脱硝的研究。目前工业化采用的 SO_2/NO_x 联合脱除工艺主要是采用石灰石/石膏法烟气脱硫（FGD）和 SCR 脱硝工艺分别脱除 SO_2 和 NO_x，两者串联但独立工作，因此不论入口烟气浓度是多少，两者都可以达到自身最高的脱除效率。此工艺主要的缺点是一次投资大，占用空间大。因此，新的联合脱除工艺都是在寻找比 FGD/SCR 分开处理更为经济有效的处理方法。

4.4.1 固相吸收再生烟气脱硫脱硝技术

固相吸收再生烟气脱硫脱硝工艺是采用固体吸收剂或催化剂，与烟气中的 SO_2 和 NO_x 吸收或反应，然后在再生器中将硫或氮释放出来，吸收剂可以重复利用，回收到的硫可以处理得到单质硫或者硫的化合物，氮可以通过喷氨还原为 N_2。通常采用的吸收剂有活性炭、氧化铜、分子筛、硅胶等。

活性炭具有较大的比表面积，对 SO_2 具有良好的吸附能力，如果同时存在氧气和水，还可以生成硫酸；活性炭也可以作为 SCR 反应中的催化剂载体，并且其自身也具有一定程度的 SCR 催化反应活性，只要向系统中喷入氨，就可以同时脱除 NO_x。下面介绍日本三菱公司流化床活性炭烟气同时脱硫脱硝工艺（图 4-22），该工艺可以达到 98%以上的 SO_2 脱除率和 80%以上的 NO_x 脱除率。

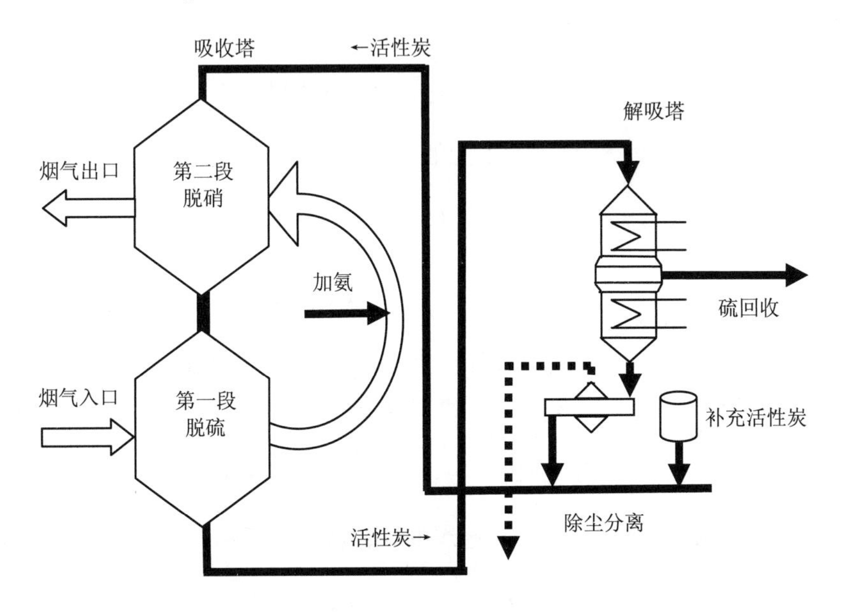

图 4-22　Mitsui-BF 流化床活性炭烟气同时脱硫脱硝工艺流程

该工艺主要由吸附、解吸和可选的硫回收三部分组成。烟气进入含有活性炭的移动床吸收塔，反应温度为 100～200℃。吸收塔由两段组成，活性炭在垂直吸收塔内由于重力作用从第二段下降到第一段。烟气水平通过吸收塔的第一段，在此脱除 SO_2，之后喷氨进入第二段，除去 NO_x。两段既可以同时工作，也可以单独作为 SO_2 或 NO_x 的去除装置。

在吸收塔的第一段，活性炭对 SO_2 的吸附可分为物理吸附和化学吸附，其脱硫机理为：

物理吸附

$$SO_2(g) \longrightarrow SO_2{}^* \tag{4-31}$$

$$O_2(g) \longrightarrow 2O^* \tag{4-32}$$

$$H_2O(g) \longrightarrow H_2O^* \tag{4-33}$$

化学吸附

$$SO_2{}^* + O^* \longrightarrow SO_3{}^* \text{（氧化）} \tag{4-34}$$

$$SO_3{}^* + H_2O^* \longrightarrow H_2SO_4{}^* \text{（水和）} \tag{4-35}$$

$$H_2SO_4{}^* + nH_2O^* \longrightarrow (H_2SO_4 \cdot nH_2O)^* \text{（稀释）} \tag{4-36}$$

式中：*表示吸附态。

总的反应可以表示为

$$SO_2 + H_2O + \frac{1}{2}O_2 \longrightarrow H_2SO_4 \tag{4-37}$$

在第二段，活性炭作为 SCR 工艺中的催化剂参与反应

$$4NO + 4NH_3 + O_2 \longrightarrow 4N_2 + 6H_2O \tag{4-38}$$

$$2NO_2 + 4HN_3 + O_2 \longrightarrow 3N_2 + 6H_2O \tag{4-39}$$

在再生阶段，饱和态吸附剂被送到再生器加热至 400℃，解吸出浓缩后的 SO_2 气体。再生后的活性炭经除尘分离，补充之后又循环送到反应器。

$$2H_2SO_4 + C \longrightarrow 2SO_2 + CO_2 + 2H_2O \tag{4-40}$$

如果有硫酸铵[$(NH_4)_2SO_4$]生成，活性炭的损耗就会降低：

$$(HN_4)_2SO_4 \longrightarrow SO_3 + H_2O + 2NH_3 \tag{4-41}$$

$$3SO_3 + 2NH_3 \longrightarrow 3SO_2 + N_2 + 3H_2O \tag{4-42}$$

之后，可以在克劳德（Claus）工艺中用冶金焦炭对浓缩后的SO_2进行还原，产生单质硫：

$$2H_2S+SO_2 \longrightarrow 3S+2H_2O \tag{4-43}$$

在该工艺中，SO_2脱除反应优先于NO_x脱除反应。在高浓度SO_2存在的情况下，活性炭进行的是脱除SO_2的反应；在SO_2浓度较低时，NO_x的脱除反应才占主导地位。并且，SO_2与NH_3的反应，SO_2浓度越高，消耗的氨也越高，因此，大多数活性炭工艺都采用的是二级吸收塔。

4.4.2 氧化铜同时脱硫脱硝工艺

对 CuO 作为活性组分同时脱硫脱硝进行了比较深入的研究，其中以 CuO/Al_2O_3 和 CuO/SiO_2为主。CuO在300～450℃的温度范围内可与烟气中的氧和SO_2反应，形成$CuSO_4$；同时CuO对SCR法还原NO_x也具有很高的反应活性。吸收饱和的$CuSO_4$被送去再生，一般在 480℃下用 CH_4气体对 $CuSO_4$进行还原，释放的 SO_2可制酸，还原得到的金属铜或CuS再用烟气或空气氧化，生成CuO后再重新用于吸收还原过程。还原式为

$$CuSO_4+\frac{1}{2}CH_4 \longrightarrow Cu+SO_2+\frac{1}{2}CO_2+H_2O \tag{4-44}$$

$$Cu+\frac{1}{2}O_2 \longrightarrow CuO \tag{4-45}$$

CuO在不断地吸收、还原和氧化的过程中，性能会逐步下降，经过多次循环后就失去了作用；载体Al_2O_3长期处在SO_2气氛中也会逐渐失活。氧化铜吸收法最早在20世纪60年代由Shell公司提出。氧化铜（CuO）、氧化锰（MnO）、氧化锌（ZnO）、氧化铁（Fe_3O_4）、等氧化物对SO_2具有较强的吸附性，在常温或低温下，金属氧化物对SO_2起吸附作用，高温情况下，金属氧化物与SO_2发生化学反应，生成金属盐；然后对吸附物和金属盐通过热分解法、洗涤法等使氧化物再生。这是一种干法脱硫方法，虽然没有污水、废酸，不会造成污染，但是此方法也没有得到推广，主要是因为脱硫效率比较低，设备庞大，投资比较大，操作要求较高，成本高。

活性炭（AC）具有大的比表面积，在常温下对 SO_2 有较大的吸收量，但随着温度的升高吸收量急剧下降。而CuO/Al_2O_3体系需要在高温下才对SCR反应具有较好的活性。因此，国内有研究将AC与CuO结合，用以制作低温下的催化吸收剂，取得了良好的效果。

4.4.3 NO_xSO 工艺

NO_xSO工艺是一种干式、可再生的同时脱硫脱硝技术，对于含硫量3.4%的高硫煤，可以达到98%以上的SO_2脱除效率和75%以上的NO_x脱除效率，副产物为高纯度的单质硫。

NO_xSO 工艺（图 4-23）采用浸渍了 $NaCO_3$ 的 γ-Al_2O_3 圆球颗粒（1.2～1.6 mm）作为吸收剂。烟气进入吸收塔，同时喷入水冷却到 120～135℃，SO_2 和 NO_x 被同时吸收脱除，分别生成 Na_2SO_3、Na_2SO_4 和 $NaNO_3$，净化后的烟气经除尘后排出。用过的吸收剂排入再生系统，首先进入加热器，在 620℃下，NO_x 被解吸且部分分解，解吸后含有 NO_x 的热空气再循环至锅炉与燃烧室中的还原性燃烧气体反应转化为 N_2，同时循环的 NO_x 造成了燃烧室中 NO_x 浓度的提高，抑制了新的 NO_x 的生成；脱除 NO_x 的吸收剂接着进入充有天然气（主要是 CH_4）的再生器进行高温还原，将吸附剂上的硫化物（主要是 Na_2SO_4）转化为高浓度的 SO_2 和 H_2S，约有 20%的 Na_2SO_4 被还原成 Na_2S；再将吸收剂输入蒸汽处理器中将其中的 Na_2S 水解产生 H_2S；再生器和蒸汽处理器中产生的气态物送入克劳斯（Claus）装置中被加工以产生硫；最后经冷却塔冷却的吸收剂再循环至吸收器。总的反应式可以表示为

$$2NaNO_3 \longrightarrow Na_2O+NO_2+NO+O_2 \tag{4-46}$$

$$Na_2SO_4+CH_4 \longrightarrow Na_2O+H_2S+SO_2+CO_2+H_2O \tag{4-47}$$

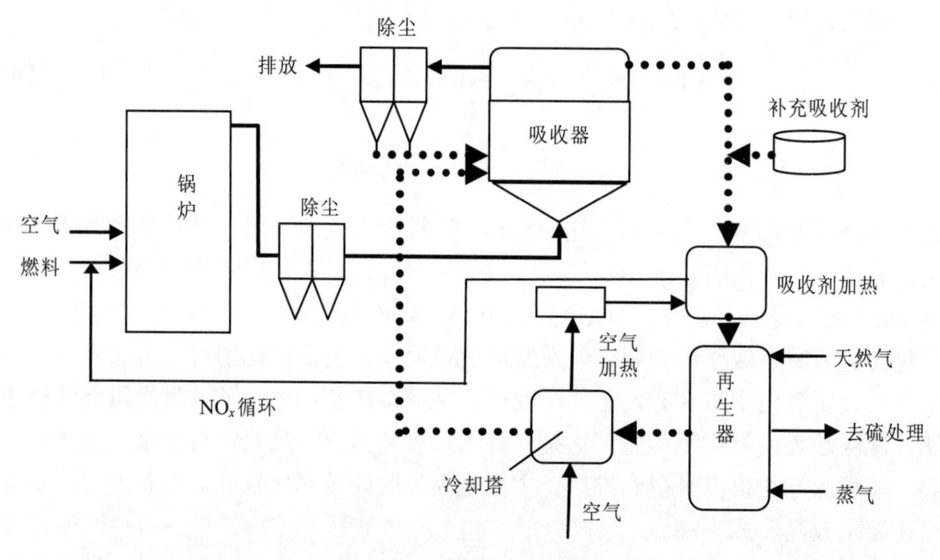

图 4-23 NO_xSO 工艺示意

NO_xSO 法是在 1979 年发展起来的，可以用于 75MW 以上大型电站或锅炉的，能够适用于高硫煤燃烧的同时脱硫脱硝技术。处理过程中还可以产生商业等级的硫，是一种比较畅销的产品。

4.4.4 SNOX 工艺

Halder-topsØe 公司开发的 SNOX 工艺（图 4-24）可使烟气 SO_2 和 SO_3 脱除 95%～99%，NO_x 脱除 90%～95%。根据烟气中过剩的水含量，硫可以用工业级浓硫酸（93%～96%）

回收，NO_x 可催化还原为 N_2，同时所有粉尘和颗粒也可基本除去。工艺过程产生的热量以及烟气冷却至 100℃产生的热量，可发生蒸汽和预热燃烧空气。

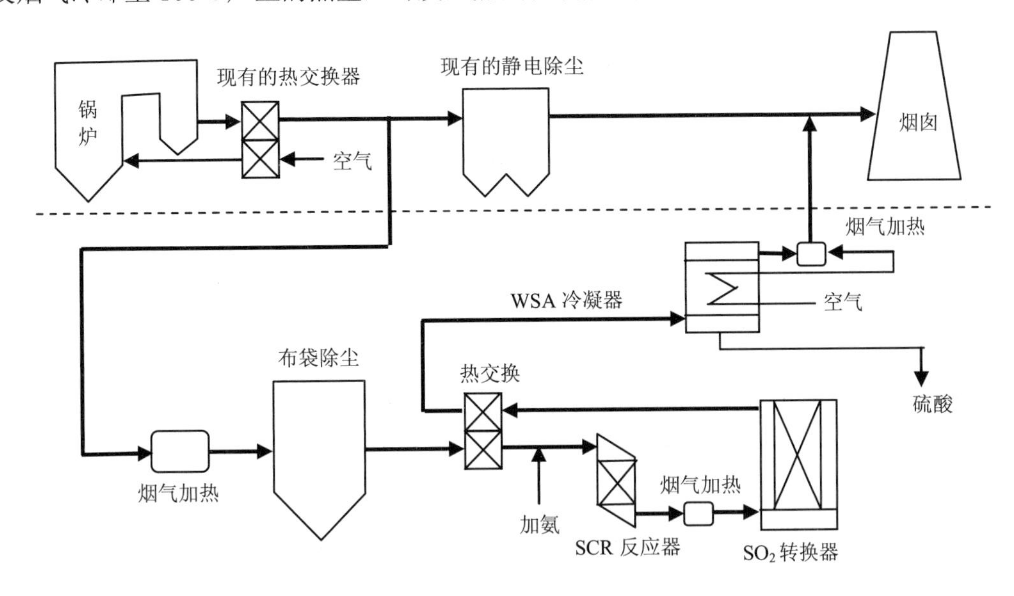

图 4-24　SNOX 工艺示意

SNOX 过程中，用静电沉降器或袋式过滤器使粉尘脱除至小于 5 mg/m^3，烟气加热至 390～400℃，将氨加入 SCR 反应器上游，使 NO_x 催化还原；在 SO_2 氧化反应器中，SO_2 被催化氧化为 SO_3；气体冷却至 250～260℃，用湿式气体硫酸冷凝器（WSA）在空冷式玻璃管内使气体进一步冷却至 100℃左右，SO_3 和硫酸蒸气被冷凝；烟气再加热后进行排放。

SNOX 工艺不产生二次污染源，如污水、淤浆或固体。除 NO_x 催化还原用到氨外，不耗用其他化学药剂。该过程尤其适用于燃烧石油焦和其他渣油（含硫高达 10%）的烟气处理。意大利西西里岛吉拉炼油厂燃用石油焦的电厂 100 万 m^3/h SNOX 装置自 1999 年 9 月已运转至今。

SNOX 工艺的脱硝效率在 95%以上，高于一般的 SCR 或 SCR 与 FGD 联合工艺，其原因在于在这个工艺中 SCR 反应可在 NH_3/NO_x 摩尔比高于 1 的地方运行，剩余的 NH_3 可在下游的 SO_2 反应器中被脱除。传统的 SCR 反应器为了控制 NH_3 的“逸出”，需要控制 NH_3 小于 1。

此工艺可从 SO_2 转换、SO_3 水解、H_2SO_4 冷凝、脱除 NO_x 反应中回收热能，300 MW 电厂能耗仅为发电量的 0.2%（煤中含硫 1.6%）。

4.4.5　DESONOX 工艺

DESONOX 工艺（图 4-25）由 Degussa、Lentjes 和 Lurgi 联合开发。烟气离开静电除尘器后，加 NH_3 进双层催化剂的固定床反应器。第一层是 SCR 催化剂 V_2O_5/TiO_2，NO_x 被 NH_3 还原成 N_2 和 H_2O：

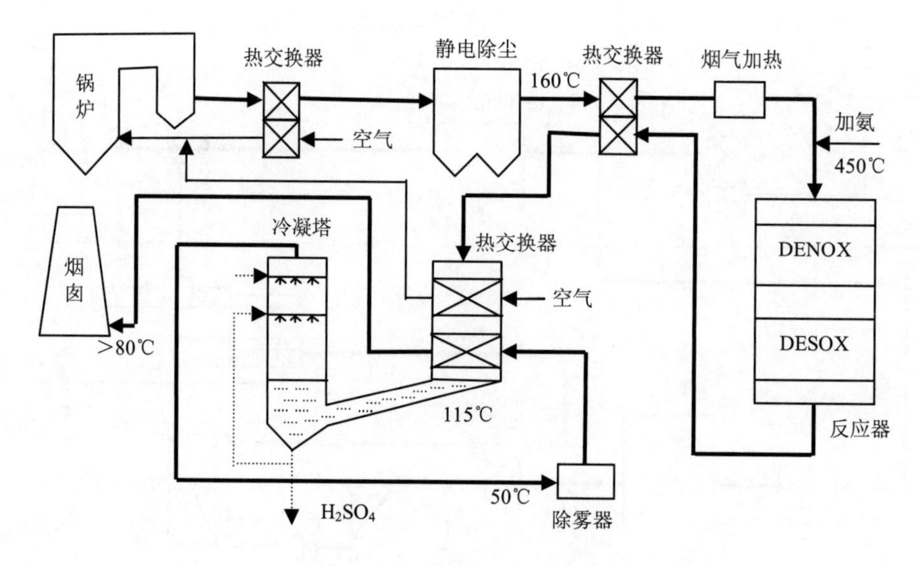

图 4-25 DESONOX 工艺示意

$$4NO+4NH_3+O_2 \longrightarrow 4N_2+6H_2O \tag{4-48}$$

$$2NO_2+4NH_3+O_2 \longrightarrow 3N_2+6H_2O \tag{4-49}$$

第二层是 V_2O_5 或贵金属催化剂，SO_2 被氧化为 SO_3：

$$2SO_2+O_2+2H_2O \longrightarrow 2H_2SO_4 \tag{4-50}$$

烟气经吸收冷凝后得到 70%的硫酸。

因此，此工艺对 SO_2 是回收法，对 NO_x 是抛弃法。由于无须处理副产物，目前已开始广泛使用，但 SCR 催化剂贵重，投资和操作运行费用很高。

4.4.6 SNRB 工艺

SNRB 工艺（SOX-NOX-ROXBOX）把所有的 SO_2、NO_x 和颗粒物脱除都集中在一个设备中，即一个高温袋式集尘反应器中。其原理是在锅炉省煤器后喷入钙基或钠基吸收剂以脱除 SO_2；在布袋除尘器的滤袋中悬浮有 SCR 催化剂并在气体进入布袋除尘器前喷入 NH_3 以除去 NO_x；同时高温陶瓷纤维布袋还可过滤粉尘。

SNRB 工艺（图 4-26）将三种污染物的脱除集中在一个设备上，降低了成本和占地面积。由于该工艺是在 SCR 反应之前去除了 SO_2 和颗粒物，因而减少了硫酸铵对催化剂层的堵塞和中毒风险。SNRB 要求烟气温度为 300～500℃以满足 SCR 反应，需要采用高温陶瓷纤维编织的过滤袋，增加了成本。

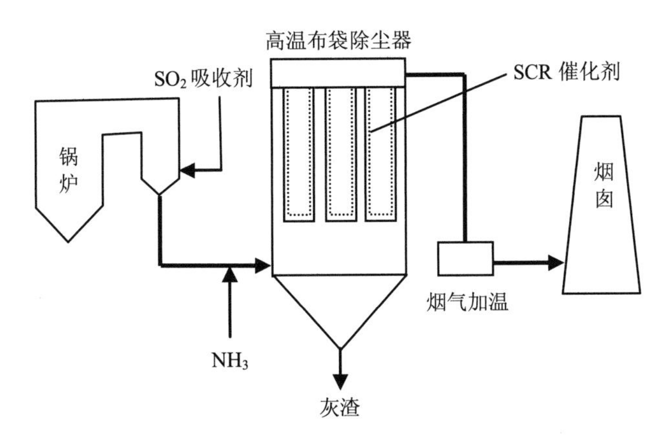

图 4-26　SNBR 工艺示意

4.4.7　烟气循环流化床一体化脱硫脱硝技术

在烟气循环流化床（CFB）（图 4-27）一体化脱硫脱硝工艺中，反应器运行温度为 385℃。该工艺中不需要水。用消石灰作为脱硫的吸收剂，吸收的产物主要是 $CaSO_4$ 和约 10% 的 $CaSO_3$，这是在 NO_x 还原期间 SO_2 氧化的结果。脱硝反应是使用氨作为还原剂进行 SCR 反应，催化剂是具有活性的细粉末 $FeSO_4\cdot7H_2O$，没有支撑载体。在 Ca/S 摩尔比为 1.2～1.5 时，能达到 97% 的脱硫率，在 NH_3/NO_x 为 0.7～1.0 时，能到达 88% 的脱硝率。细粒状的催化剂因为具有更高的比表面积，提供了比蜂窝状催化剂更好的催化效果。

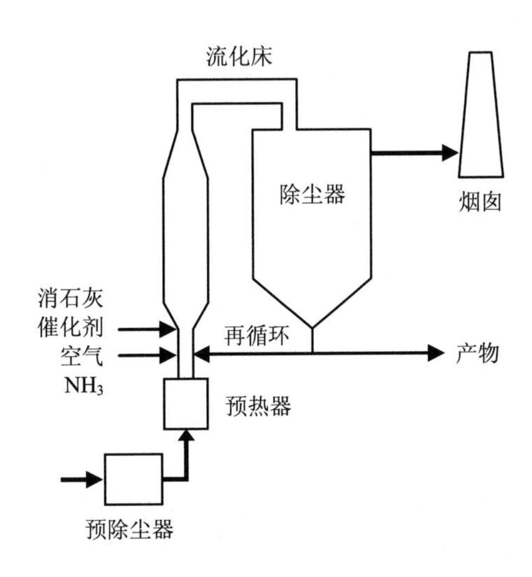

图 4-27　CFB 一体化脱硫脱硝工艺示意

4.4.8 吸收剂喷射同时脱硫脱硝技术

该技术是把液态的吸收剂喷入炉膛、烟道或洗涤塔内，在一定的条件下能同时脱除 SO_2 和 NO_x。脱硝率主要取决于烟气中的 SO_2 和 NO_x 的比、反应温度、吸收剂的粒度和停留时间等。不过当系统中 SO_2 浓度低时，NO_x 的脱除效率也低。因此，该工艺适用于高硫煤烟气处理。

（1）炉膛石灰（石）/尿素喷射工艺

在 4.4.3 节介绍了石灰石（石灰）直接喷射法，炉膛石灰（石）/尿素喷射同时脱硫脱硝工艺是把炉膛喷钙和选择性非催化还原（SNCR）结合起来，实现同时脱除烟气中的 SO_2 和 NO_x。喷射浆液由尿素溶液和各种钙基吸收剂组成。实验表明在 Ca/S 比为 2 和尿素/NO_x 摩尔比为 1 时能脱除 80%的 SO_2 和 NO_x。与干 $Ca(OH)_2$ 吸收剂相比，浆液喷射增强了 SO_2 的脱除，可能是因为吸收剂磨得更细，更具活性。

（2）碳酸氢钠管道喷射工艺

在管道喷射烟气脱硫的基础上，Verlaeten 等试验了干碳酸氢钠喷入烟道同时脱除 SO_2/NO_x。在使用细磨碳酸氢钠的情况下，可以达到 60%以上的脱硝率和 90%以上的脱硫率，其反应原理如下：

$$NaHCO_3+SO_2 \longrightarrow NaHSO_3+CO_2 \quad (4\text{-}51)$$

$$2NaH_2SO_3 \longrightarrow Na_2S_2O_5+H_2O \quad (4\text{-}52)$$

$$Na_2S_2O_5+2NO+O_2 \longrightarrow NaNO_2+NaNO_3+2SO_2 \quad (4\text{-}53)$$

$$2NaHSO_3+2NO+O_2 \longrightarrow NaNO_2+NaNO_3+2SO_2+H_2O \quad (4\text{-}54)$$

（3）喷雾干燥同时脱硫脱硝工艺

在 4.4.5 节介绍过的喷雾干燥烟气吸收设备的基础上，只要选择一个合适的“温度窗口”，在这个温度窗口内，通过在原有的石灰吸收剂的基础上加入 NaOH 等化学物质即可同时脱除 SO_2 和 NO_x。这一工艺需要控制设备出口温度为 90～120℃。美国 Argonne 国家实验室报道，加入 NaOH 可获得 30%～50%的脱硝率，并且当烟气中的 SO_2 浓度比较高的时候，脱硝率较高。

（4）LILAC 工艺

Hokkaido 电力和 Mitsubishi 重工联合开发了 LILAC（增强活性石灰-飞灰化合物）的吸收剂联合脱 SO_2/NO_x 工艺。吸收剂由飞灰、消石灰和石膏与 5 倍于总固体重的水混合制得，在处理箱内将溶液在 95℃下搅拌 3～12 h。研究表明氧化 SO_2 的主要官能团是在吸收剂表面的 NO^{2-}；NO_x 以 $Ca(NO_3)_2$ 的形式固定，SO_2 的脱除与 NO 的氧化有关。NO_x 的脱除率随 SO_2/NO_x 的增加而增加，另外 NO_2 的脱除率随吸收剂中的 SiO_2 含量的增加而线性增加，显示 SiO_2 在脱硝机理中扮演重要角色。

在 Ca/S 比为 1.5 时，大约能脱除 80%的 SO_2 和 40%的 NO_x。

4.4.9　氯酸氧化工艺

氯酸氧化工艺（图 4-28）采用氧化吸收塔和碱式吸收塔两段工艺。氧化吸收塔是采用氧化剂 $HClO_3$ 来氧化 NO 和 SO_2 及有毒金属，碱式吸收塔作为后续工艺采用 Na_2S 及 NaOH 作为吸收剂，吸收残余的酸性气体。该工艺脱硝率大于 95%，脱硫率大于 98%，对有毒金属也有较高的脱除率。总的反应可以表示为

$$13NO+6HClO_3+5H_2O \longrightarrow 6HCl+10HNO_3+3NO_2 \tag{4-55}$$

$$6SO_2+2HClO_3+6H_2O \longrightarrow 6H_2SO_4+2HCl \tag{4-56}$$

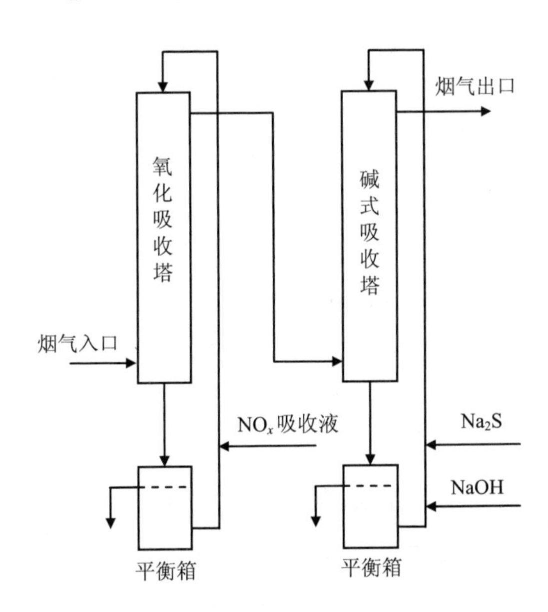

图 4-28　氯酸氧化工艺示意

氯酸是采用电化学工艺生产的。这个工艺的主要的优点为，对入口烟气浓度限制范围不严格，能在较大范围内高效率地脱除 NO_x；操作温度较低，能够在常温下进行；主要的缺点包括产生的酸废液不便于处理；氯酸对设备的腐蚀性较强，设备需要加防腐内衬，会增加投资；氯酸的生产较为困难。

4.4.10　湿式络合吸收工艺

传统的湿法脱硫工艺能够除去 90%以上的 SO_2，但 NO_x 在水中的溶解度很低，故难以脱除。Sada 等在 1986 年就发现一些金属螯合物，像［Fe(Ⅱ)·EDTA］可以与溶解的 NO_x 迅速发生反应，具有促进 NO_x 吸收的作用。Fe(Ⅱ)·EDTA 能够快速地与溶解的 NO 反应形成

复杂的化合物Fe(Ⅱ)·EDTA·NO，而同等的NO能与亚硫酸氢根离子反应，放出铁螯合物以进一步吸收NO。这样的协同作用就意味着无须单独再生Fe(Ⅱ)·EDTA。然而Fe(Ⅱ)·EDTA中的二价铁容易被溶解的氧或Fe(Ⅱ)·EDTA·NO中释放的官能团氧化失去活性，因此加入一定的抗氧化剂或还原剂是必要的。在这样的基础上，NO的脱除效率能够达到50%。

湿式络合吸收法工艺可同时脱除SO_2和NO_x，但目前仍处于试验阶段。影响其工业应用的主要是反应过程中螯合物的损失和金属螯合物的再生困难、利用率低，造成运行费用较高。

4.4.11 能电子活化氧化法

这一类方法是利用高能电子撞击烟气中的H_2O、O_2等分子，产生O、OH、O_3等氧化性很强的自由基，将SO_2氧化成SO_3，将NO氧化成NO_2，并最终与H_2O反应生成H_2SO_4和HNO_3。利用放电和照射来处理烟道气的方法有多种，一种是用电子加速器提供高能的电子束照射法，另一种是用利用高原电晕脉冲放电，再一种是利用微波和紫外线辐射法，而又以电子束照射法研究的最多。

4.4.12 电子束照射法

电子束照射法总共包括3个反应，这3个反应在反应器中是交叉进行、相互影响的。

（1）生成氧化性的活性粒子，由电子加速器来的大量高能电子在反应器内与烟气中的主要成分N_2、O_2、H_2O分子冲撞，反应生成氧化能力强的OH·、O·、H_2O·等活性游离基。

（2）氧化SO_2和NO_x，由生成的氧化活性粒子、氧化烟气中的SO_2和NO_x生成硫酸和硝酸。

（3）生成硫铵和硝铵，由已生成的硫酸和硝酸与预加入烟气中的氨反应，生成细粒的硫酸铵和硝酸铵。如果综合石灰浆喷雾则生成亚硫酸钙和硫酸钙。

来自锅炉的烟气，经过除尘用水喷雾冷却到70℃，加适量的氨，含氨的烟气通过电子射线的激发辐射，SO_2和NO_x急速氧化合成硫酸和硝酸，再和氨反应生成粉末状的硫铵和硝铵，由其后的过滤装置回收作为肥料，清洁的烟气经烟囱排放（图4-29）。

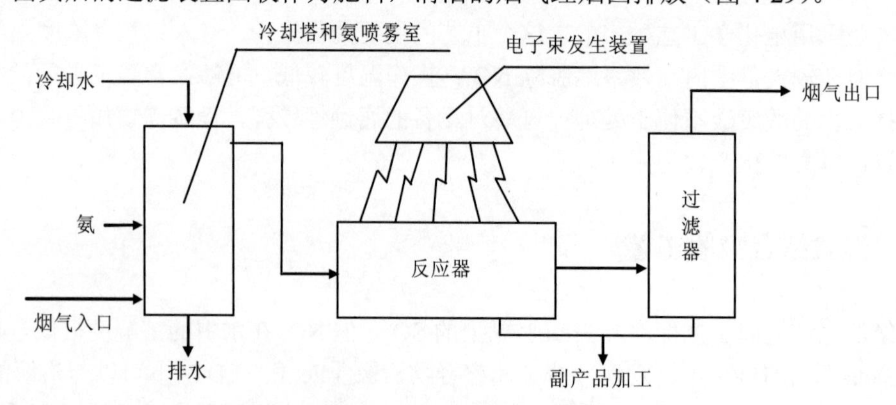

图4-29 电子束/氨法流程

这个工艺的主要设备是电子加速器和反应器，为防止 X 射线的危害，两者要放在地下及混凝土构成的照射室内。

电子束照射法处理烟气的优点：①用一个过程可以同时脱硫脱硝，去除效率较高；②能够生成硫铵和硝铵副产品作化肥用，没有放弃物；③干法过程，无废水；④不用催化剂，不存在催化剂中毒和更新等问题；⑤设备少，建设费用比湿式脱硫（FGD）+ 选择催化还原法（SCR）低。缺点：①耗电大，运行电费高；②辐射装置目前还未达到大规模应用；③处理后排放的烟气中可能含有微量的氨、SO_2、N_2O。

4.4.13　脉冲电晕放电法

PPCP（pulse corona induced plasma chemical process）法是于 20 世纪 80 年代中后期从电子束发展来的，机理与电子束法基本相同。但脉冲电晕利用快速上升的窄脉冲电场而得到高能电子、形成非平衡等离子状态，产生大量的活性粒子而驱动的能耗小，因而较电子束法能量利用率高。

脉冲电晕放电法的机理：在烟气中进行窄脉冲电晕放电时，迁移率小的离子在脉冲电场中来不及加速；而迁移率大的电子在脉冲电晕场中被加速成为能量达到 2～20eV 的高能子；这样，在常温下只提高电子温度，形成非平衡等离子体，这些高能自由电子就通过碰撞使烟气中的 H_2O、SO_2 等气体分子活化、裂解甚至电离。由于电离能高（O_2 和 H_2O 分子的电离能分别为 12.1eV 和 12.6eV），因而被电离的分子很少。O—O 键能为 5.1eV，H—O—H 键能为 5.2eV，非平衡等离子体内的高能电子具有足够的能量打断这些键，使之裂解产生强氧化性物质（OH^*、HO_2^*、O^*、O_2^*等活性粒子）。这些活性粒子与已同样被高能电子激活的 SO_2 和 NO_x 进行反应，氧化为 SO_3、NO_2 及相应的酸。烟气中有水分，已氧化成的 SO_3 很快生产硫酸雾。在用氨水作为添加剂的情况下，会生成相应的盐，可用传统方法收集。

电晕放电法能同时脱除 SO_2 和 NO_x；高能电子由电晕放电产生，从而不用昂贵的电子枪，也不需要辐射屏蔽。它只要对现有的静电除尘器进行适当的改造就可以实现同时脱除 SO_2 和 NO_x。

4.4.14　烟气协同治理-超低排放技术

4.4.14.1　烟气协同处理技术简介

2012 年以来，一系列国家新政策、新标准，特别是超低排放要求的实施，对燃煤电厂烟尘、SO_2、NO_x 的排放限值都有大幅度的降低，并提出了重金属汞排放限值低于 0.03 mg/m^3 的要求。这对我国燃煤电厂的大气污染治理实际上是提出了综合治理和系统治理的要求，并且从国家层面确立了今后燃煤机组多种污染物都要达到超低排放的大方向。针对常规的煤粉锅炉，现有烟气治理技术路线普遍采用单一设备脱除单一污染物的方法，针对单项污染物的分级治理模式，各污染物控制设备从设计、安装、运行都是孤立实施的，使治理设备各自为政，未充分考虑各设备间协同效应，增加治污设备的占地面积，存在高能耗、副产物二次污染，治污设备投资和运行费用不断提高，技术经济性无法得到最大限度的优化，较难达到超低排放的要求。

燃煤电厂烟气协同治理技术是指在同一设备内同时脱除两种及以上烟气污染物，或者为下一流程设备脱除污染物创造有利条件，实现烟气污染物在多个设备中高效联合脱除，同时能够实现良好节能效果的技术。

烟气协同治理技术充分利用现有燃煤烟气尘、硫、氮及汞等污染物脱除设备之间可能存在的协同脱除能力，实现燃煤电厂大气污染物的协同与集成治理，大幅提高燃煤电厂烟气多种污染物的总体控制能力，大幅降低燃煤电厂环境治理成本。

4.4.14.2 烟气协同治理技术的开发及应用

随着对烟气治理系统的深入理解及技术的不断创新，在脱硫、脱硝、除尘输灰改造的基础上提出烟气治理岛的综合治理方案，以解决各分散系统之间的资源共享、协同控制问题，在满足污染物排放标准的基础上，使各子系统、设备整体性能达到最优，最大限度地减少能耗，实现整个烟气治理过程的优化控制。

（1）超低排放协同治理技术

国外的烟气多污染物协同治理技术较成熟。日本、美国、德国的脱硝、脱硫、除尘超低排放限值和协同治理技术路线见表 4-1 和图 4-30。

表 4-1 世界各国的超低排放标准

	粉尘	SO_2	NO_x	汞
美国①	20	184（脱硫效率不低于 95%）	135	0.02②
欧盟③	30	200	200	0.03
日本	50～100④	200	200	—
中国⑤	5	35	50	0.03

注：①2005 年美国《清洁空气汞法规》；

②烟煤汞排放值；

③欧盟《大型燃烧装置大气污染物排放限值指令》（2001/80/EC）；

④日本《大气污染防治法》（第四次修订）；

⑤中国《火电厂大气污染物排放标准》（GB 13223—2011），以天然气为燃料的燃气轮机组特别排放限值。

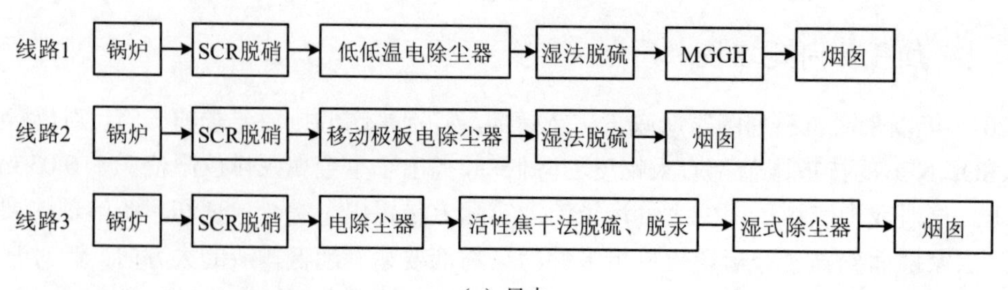

（a）日本

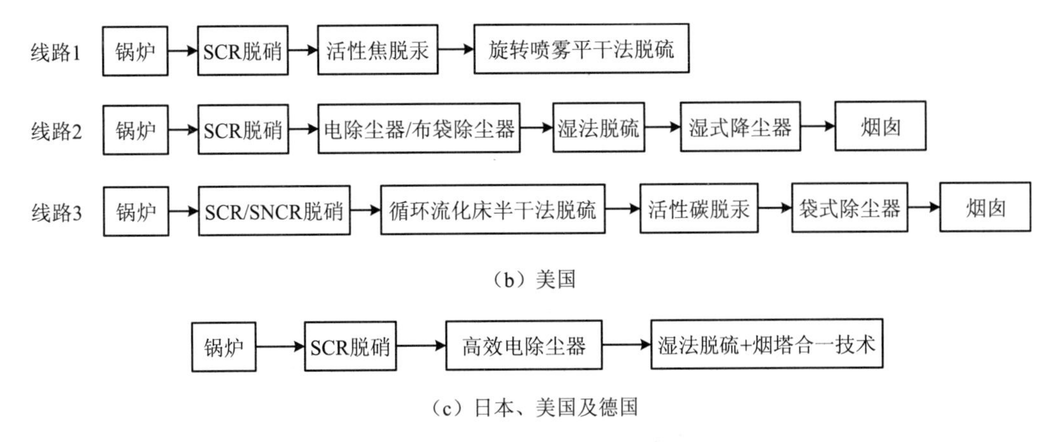

（b）美国

（c）日本、美国及德国

图 4-30 不同国家烟气多污染物协同治理技术路线

面对我国日益严峻的大气污染治理形势，以及我国燃煤电厂使用的除尘设备 80%以上为电除尘器这一现状，同时借鉴发达国家的先进电除尘技术，针对燃煤电厂的“超净排放”要求，我国提出了两种技术路线：湿式电除尘技术路线和烟气协同治理技术路线。例如，浙江菲达环保科技开展以低低温电除尘技术为核心的烟气协同治理技术研究，并取得一定突破，烟尘实际值可达到约 1 mg/m^3。例如，广州恒运电厂采用“低氮燃烧+SCR+静电除尘+布袋除尘+WFGD+WESP”的工艺流程，烟尘排放仅为 1.94 mg/m^3。

下面以低低温电除尘技术（图 4-31）为核心的烟气协同治理技术详细阐述协同脱除过程：

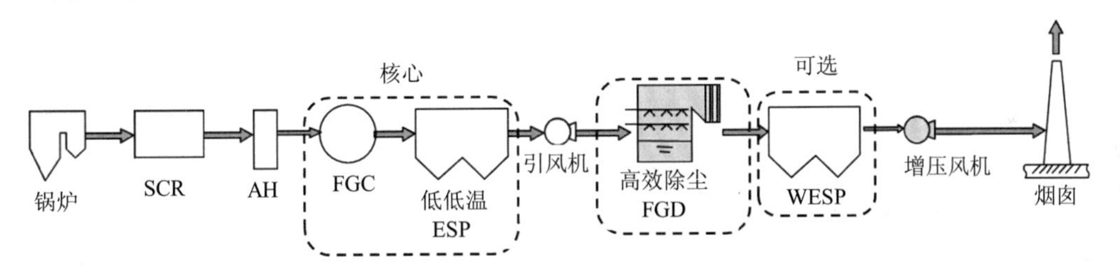

图 4-31 低低温电除尘技术为核心的烟气协同治理技术路线

①PM（粉尘）的协同脱除

FGC 过程降低烟气温度至 90℃左右，达到酸露点以下，使 SO_3 吸附凝结在飞灰颗粒上；提高除尘器出口烟尘粒径。低低温条件下比电阻下降、击穿电压上升，烟气量降低，大幅提高低低温 ESP 除尘效率。FGD 部分通过优化托盘设计使塔内烟气分布更均匀；采用新型喷嘴、改进除雾器性能，以拦截更多含固液滴及粒径增长后的烟尘颗粒。最后通过 ESP 进一步去除残余的微小颗粒物（其中 ESP 可选）。

②SO_2 的深度脱除

FGD 部分采用单塔或组合式分区吸收技术，改变了气液传质平衡条件，优化浆液 pH、液气比、浆液雾化粒径、氧硫比等参数，提高脱硫效率；优化塔内烟气流场，有效降低液气比，降低能耗；以及提高除雾器性能，改善喷淋层设计。

③NO_x的协同脱除

首先，锅炉采用超低NO_x炉内燃烧技术，减少NO_x生成；然后采用SCR脱硝技术，利用高效SCR催化剂进一步提高脱硝效率；脱硫塔FGD改进喷嘴布局及吸收方式，适度脱除NO_2；最后采用湿式电除尘WESP进一步协助脱除烟气中残余的NO_2。

④SO_3的协同脱除

烟气经SCR装置，通过高效优异的催化剂降低SO_2氧化率，抑制SO_3生成；然后经过FGC降低烟气温度至酸露点以下，从而使SO_3被飞灰吸附，形成吸附SO_3的飞灰颗粒。SO_3飞灰颗粒经ESP、除尘，同时除去已吸附的SO_3，再经过FGD进一步脱除SO_3，最后通过WESP强化脱除SO_3。典型污染物治理技术间的协同脱除作用见表4-2。

表4-2 典型污染物治理技术间的协同脱除作用

污染物	SCR	FGC	低低温ESP	WFGD	WESP（可选）
PM	o	▲	√	●	√
SO_2	o	o	o	√	o
SO_3	▲	▲	√	√	√
NO_x	√	o	o	●	●
Hg	▲	▲	●	●	●

注：√——直接作用，●——直接协同作用，▲——间接协同作用，o——基本无作用或无作用。

（2）烟气环保岛

燃煤电厂烟气环保岛工程由“SCR脱硝系统+烟气余热利用装置+低低温静电除尘器+湿法高效脱硫系统+湿式静电除尘器”5个主要环保装置及其所涉及的系统辅助设备及设施构成。其工艺流程为：SCR→空气预热器（AH）→ 烟气热回收器（GGH）→低低温电除尘器（LLDESP）→高效湿法脱硫装置（WFGD）→ 湿式电除尘器（WESP）→ 烟气再加热器（GGH）→ 烟囱。其中，根据具体项目要求的差异，一般湿式电除尘器（WESP）和烟气再加热器（GGH）是可选择设备，如图4-32所示。

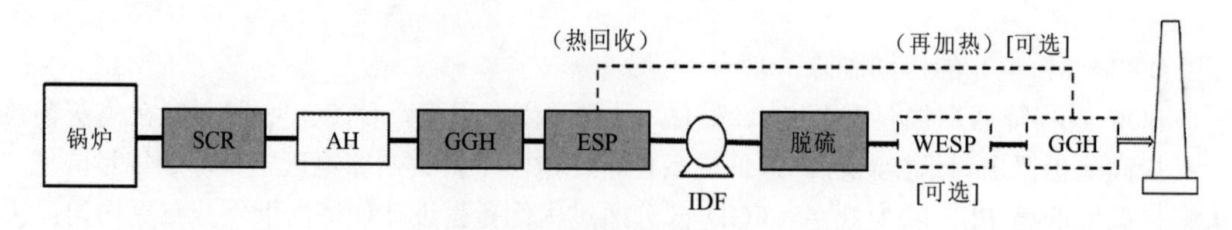

图4-32 烟气环保岛工艺流程

烟气环保岛的核心内容是协同治理。包括整体控制系统的协同治理、整体流场的协同治理和各污染物处理装置间的协同治理。环保岛整体控制系统的功能包括两个方面：第一，实现环保岛的全工艺画面集成集控及参数的数据管理；第二，进一步实现各工艺专业的协同技术措施和性能优化策略。在烟气余热利用系统、低低温电除尘器、高效湿法脱硫装置、湿式电除尘器等控制系统建立信息互联机制，打破原有的信息孤岛，实现各子系统之间的数据传输与交互。协调建立统一的通信协议接口，数据流透明传输，方便现场级协同控制的实施并优化性能。流场协同控制通过对设备关键衔接位置的局部结构调整和增设导流措施后，达到烟气均布以及减少系统阻力的效果，使环保岛各设备间实现有机结合。烟气环保岛通过充分挖掘各治理设备间的协同治理关系，从而体现整体技术经济性最佳的优势。

4.4.14.3　烟气协同治理的主要成效

一是排放指标优。按照烟气协同治理技术路线，新建或完成改造后的电厂排放指标可完全满足并优于国家大气污染物排放限值要求；同时，该技术消除了烟囱出口的白色烟羽（水汽），杜绝了“视觉污染”。

二是节能效果好。应用烟气协同治理，不仅减排效果明显，而且非常节能，与采用加装湿式电除尘、电（布）袋除尘器的工艺相比，正在运行的几套系统能耗指标均优。

三是实现多种污染物协同脱除。经深度测试证明，烟气协同治理技术方案不但能够使燃煤机组的 SO_2、NO_x 和烟尘三项排放指标达到燃气轮机排放限值，而且该技术对 SO_3 和汞的协同脱除效果比常规电除尘+湿法脱硫系统有显著提升，可达到很高的协同脱除效率。

四是经济性好。实施烟气协同治理技术方案，无论是新建机组，还是老机组改造，与目前常规减排技术方案相比，均显著节省投资。由于该方案减排系统采用的设备少，因而不仅设备能耗低，而且后续维护运营成本也较低。

4.5　汽车尾气中 NO_x 的治理

大气中 NO_x 另一个重要的来源是以汽油、柴油为燃料的汽车排放的尾气，研究资料表明，每燃烧 1 t 石油生成质量为 9.1～12.3 kg 的 NO_x。例如，在非采暖期，北京市一半以上的 NO_x 来自机动车排放。前面讲到 NO_x 对环境和人类健康造成很大危害，世界各国对汽车尾气中 NO_x 含量的限制也越来越严格，如欧洲排放法规对 NO_x 排放做了严格的限制，从 1991 年开始，短短 20 年间，从欧Ⅰ到欧Ⅵ，乘用车的 NO_x 排放标准从无到有，最终达到了极其严苛的 0.08g/km，而商用柴油车的 NO_x 排放限值也降低了 95%，最终达到 0.4g/（kW·h）。同时，在欧 VI 法规中，增加了在用重型车整车的排放测试方法将采用世界统一的稳态测试循环（World Harmonized Steady-state Cycle，WHSC）和世界统一的瞬态测试循环（World Harmonized Transient Cycle，WHTC）。

汽车排放的 NO_x 也分为热力型、瞬时型和燃料型，生成机理和前文讲述的燃煤锅炉 NO_x 的生成机理相同。

4.5.1　影响内燃机 NO_x 生成的因素

4.5.1.1　影响汽油机 NO_x 排放的因素

过量空气系数 λ 对 NO_x 生成的影响是很大的：当 λ 小于 1 时，氧气浓度起着决定性作用，NO_x 的生成量会随着 λ 的降低而降低；当 λ 大于 1 时，NO_x 生成量会随着温度升高而迅速增大，此时温度起决定性作用。

汽油机中燃烧室内混合气体由混合空气、已蒸发的燃油蒸汽和已燃气组成，后者是前一工作循环留下的残余废气，或由废气再循环系统（EGR）中从排气管回流到进气管并进入汽缸的燃烧废气。残余废气分数为缸内残余废气质量与进气终了汽缸内充气质量之比，主要取决于发动机负荷和转速。压缩比较高的发动机残余废气分数大时，既减少了可燃气的发热量，又增加了混合气的比热容，使最高燃烧温度下降，从而使 NO 排放降低。

由于点火时刻对燃烧室内温度和压力有明显的影响，所以点火提前角的改变对 NO_x 生成量的影响也很大。增大点火提前角使大部分燃料在压缩上止点前燃烧，增大了最高燃烧压力值，从而导致较高的燃烧温度，并使已燃气在高温下停留时间较长，这两个因素都会导致 NO_x 排放量增大。因此延迟点火和使用比理论混合气较浓或较稀的混合气都能使 NO_x 排放降低，但同时也会导致发动机热效率降低，严重影响发动机经济性、动力性和运转稳定性，因此应该慎重对待。

4.5.1.2 影响柴油机 NO_x 排放的主要因素

柴油机与汽油机的主要差别在于柴油机是扩散燃烧，汽油机是预混燃烧，燃烧期间燃油分布的不均匀，会引起已燃气体中温度和成分不均匀。前面已谈到的影响汽油机 NO_x 排放的大部分因素也适用于柴油机。

喷油定时可以改变柴油机 NO_x 排放量。喷油提前角减小，使燃烧推迟，燃烧温度较低，生成的 NO_x 较少。这种推迟喷油的方法是降低柴油机 NO_x 排放的最简单易行且有效的方法，但会使燃油消耗率略有提高。除此以外，放热规律、负荷与转速对影响柴油机 NO_x 排放也有较大影响。

4.5.2 内燃机 NO_x 机内净化技术

机内净化是治理车用汽油机排气污染的治本措施，即从有害排放物的生成机理及影响因素出发，采用改进发动机的燃烧室结构、改进点火系统、改进进气系统、电控汽油喷射、废气再循环技术等低污染物生成量的技术以改善内燃机燃烧过程，可达到减少和控制污染物生成的目的。

4.5.2.1 汽油机 NO_x 机内净化技术

发动机的使用工况与排放性能密切相关，对于车用发动机，理想的工况是有害排放物较低，而且动力性和经济性又较好的工况。为了减少汽油机排放污染物，通常采用汽油喷射电控系统，改善点火系统，开发分层充气及均质稀燃的新型燃烧系统，选用结构紧凑和面容比较小的燃烧室，采用 4 气门或 5 气门结构、低排放燃烧、废气再循环等技术。

下面详细介绍稀薄燃烧和废气再循环技术在控制车用发动机尾气排放 NO_x 方面的应用。

（1）稀薄燃烧技术

理论循环热效率公式为

$$\eta_k = 1 - 1/\varepsilon^{k-1} \tag{4-57}$$

由式（4-57）可见，热效率η_k将随着绝热指数 k 的增大而提高。汽油机工作物质是汽油蒸气以及燃烧产物的混合体，其燃烧产物主要由 CO_2、H_2O 和碳氢化合物等多原子分子组成。混合气浓度较大时，多原子分子含量较大，k 值也相应比较小，而混合气浓度较小时，k 值反而大。因此，从理论上讲，混合气浓度越少，k 值越大，热效率也越大。基于此，使过量空气系数从 $\lambda=1$ 提高到远远超过 1 的水平从而使 k 值增大，可有效提高热效率，这就是稀薄燃烧。因此，在发动机不使其失火的前提下，应尽可能进行稀薄燃烧。

图 4-33 为稀薄燃烧对 NO_x 排放量的影响，由图可见，在理论空燃比右侧某位置，NO_x 的排放量最大，而高于或低于这一位置时，NO_x 的排放量均降低。由图 4-33 可见稀薄燃烧使空燃比避开 NO_x 产生的“高峰”，降低了 NO_x 的排放量。实验证明，稀薄燃烧对 CO、HC 排出量降低都有利，且燃油消耗率也低。但稀薄燃烧须以发动机不失火为前提。

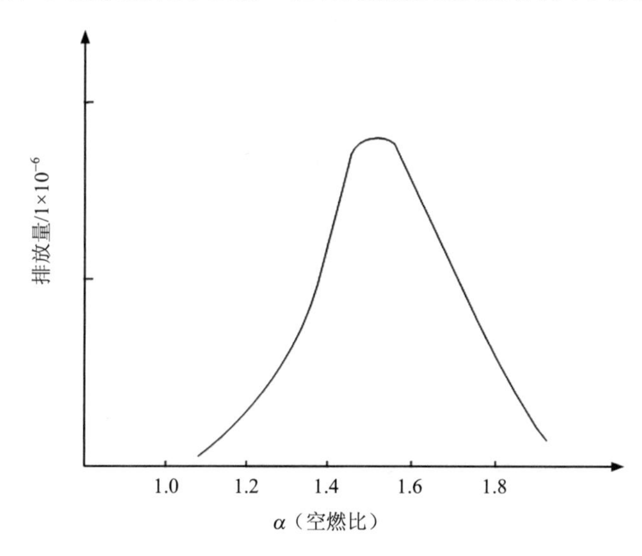

图 4-33　空燃比与排气中有毒气体成分含量的关系

由上文叙述可见，稀薄燃烧的最大优点在于提高热效率的同时，大大降低了 NO_x 的排放量。但是，稀燃发动机排气恶化了氧化条件，使三元催化剂不能有效地工作，因而必须配合使用其他措施才能使 NO_x 排放达到满意的水平。

在实际的稀燃系统中，大多采取分层混合气组织燃烧。分层燃烧可以合理地组织汽缸内的混合气分布，使在火花塞周围有较浓的混合气，而在燃烧室内的大部分区域具有很稀的混合气，这样可确保正常点火和燃烧，同时也扩展了稀燃失火极限，并可提高经济性，减少排放。

（2）废气再循环技术

NO_x 是在高温和富氧条件下 N_2 和 O_2 发生氧化反应产生的产物。燃烧温度和氧浓度越高，持续时间越长，NO_x 的生成也越多。

废气再循环技术是通过降低燃烧室混合气体氧气浓度和最高燃烧温度来控制 NO_x 排放

的主要措施。其基本过程是将汽车发动机排出的一部分废气重新引入发动机进气系统，与混合气一起再进入气缸燃烧，如图 4-34 所示。废气中的氧含量很低，含有大量的 N_2、CO_2、和 H_2O，这 3 种气体很稳定，不能燃烧，可吸收大量热量。当一部分排气经 EGR 控制阀流回进气系统与新鲜混合气混合后，稀释了新鲜混合气中的氧浓度，使燃烧速度降低。这两个因素都使燃烧温度降低，从而有效控制了燃烧过程中 NO_x 的生成。如图 4-35 所示。

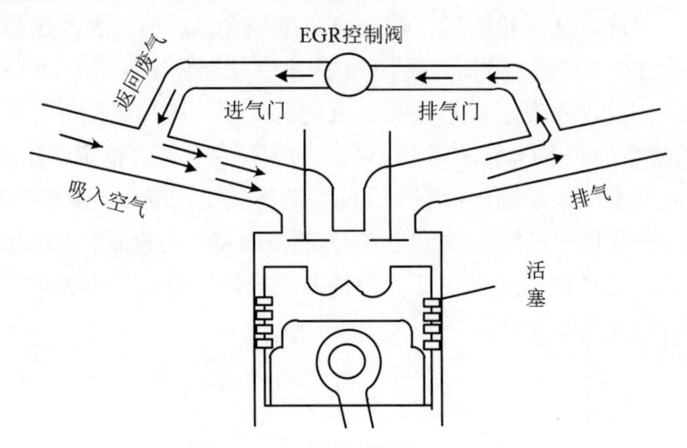

图 4-34 废气再循环系统工作原理

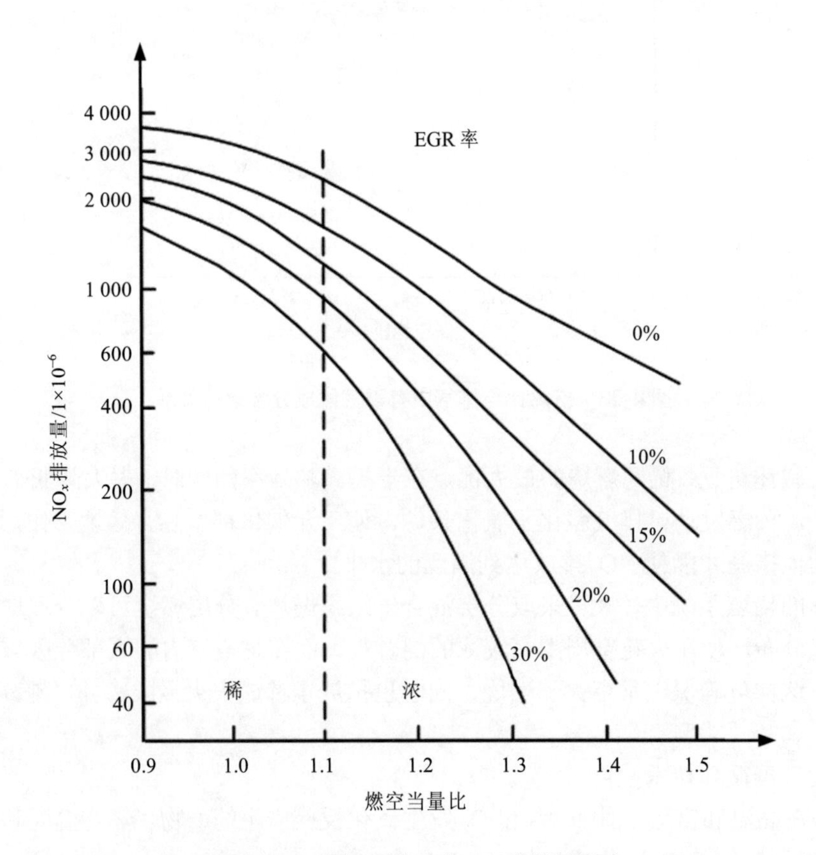

图 4-35 废气再循环对 NO_x 排放的影响

废气混入的多少用 EGR 率表示，其定义如下：

$$EGR 率=返回废气量/（进气量+返回废气量）\times 100\%$$

虽然采用废气再循环能有效地降低汽油发动机的 NO_x 排放，但是 EGR 率过大会使燃烧恶化。试验结果表明，EGR 率一般控制在 15%～20%；超过这一范围，发动机的动力性和经济性开始恶化，同时由于混合气过度稀释产生失火，使 HC 排放量增加，此时对进一步降低 NO_x 排放浓度的作用不大。因此，在进行 EGR 时必须考虑其对发动机动力性、经济性的影响。EGR 对发动机经济性的影响如图 4-36 所示。

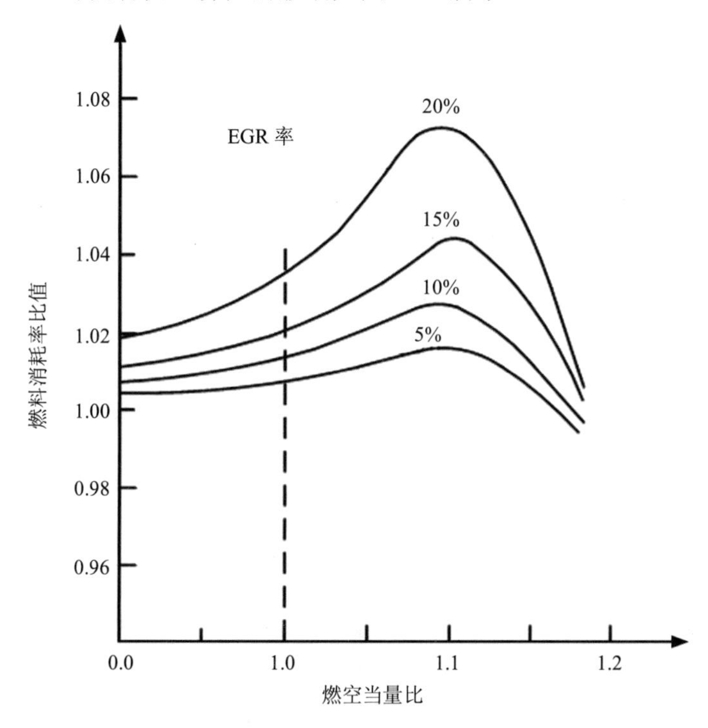

图 4-36　EGR 对发动机经济性的影响

为了精确控制 EGR 率，一般采用电子控制系统。为了提高控制排放的效果，可采取中冷 EGR，将废气冷却后再流回汽缸使进气温度降低。中冷 EGR 技术不仅可以降低排放，还可使其他有害排放降低。

4.5.2.2　柴油机 NO_x 机内净化技术

废气再循环（EGR）技术首先在汽油机上应用，长期以来，一直被认为是一种降低汽油机 NO_x 排放的有效措施。从 20 世纪 70 年代开始，国外就将废气再循环技术转向柴油机。研究表明，它同样适用于柴油机，并能有效地降低柴油机的 NO_x 排放量。

柴油机燃烧时温度高、持续时间长、燃烧时的富氧状态是生成 NO_x 的 3 个要素。与汽油机通过废气再循环来降低 NO_x 排放量的基本原理大致相同，采用 EGR 可有效降低燃烧峰值温度，缩短高温持续时间，同时采用适当的空燃比，从而降低 NO_x 的排放。柴油机

EGR 率的精确控制对于 NO_x 的净化效果极其重要。一般 EGR 控制系统有机械式和电控式两类。机械式控制的 EGR 率小（5%～15%），结构复杂，因而应用不多；电控式系统不仅结构简单，还能控制较高的 EGR 率（15%～20%）。

在柴油机上同时辅以其他技术措施，比如涡轮增压中冷技术、电控高压共轭燃油喷射技术等，可以最大限度地提高 EGR 率以降低 NO_x 的排放，同时也可以减少由于 EGR 对发动机性能带来的负面影响。

4.5.3 车用内燃机 NO_x 机外净化技术

机内净化技术对降低排气污染效果有限，且会不同程度地给汽车的动力性和经济性带来负面影响。因此，世界各国都先后开发废气后处理净化技术，在不影响或少影响发动机其他性能的同时，将净化装置串接在发动机的排气系统中。在废气排入大气前，利用净化装置在排气系统中对其进行处理，以减少排入大气的有害成分。在发达国家，车用汽油机采用后处理装置较多，其中三元催化转化器的应用较为广泛。

4.5.3.1 汽油机 NO_x 机外净化技术

20 世纪 70 年代中后期，大部分汽车加入的是铂-钯（Pt-Pb）氧化催化剂，主要是控制 CO 和 HC 的排放，NO_x 则通过 EGR 法来减少；此阶段的后期，采用无铅汽油解决了催化转化器铅中毒问题；催化剂的载体含有 r-Al_2O_3，在高温下（800～1 000℃）会烧结，从而锁住活性催化物质，加入二氧化硅、稀土元素镧（如 La_2O_3）和二价过渡金属钙、镁或钡（如 BaO）等，均可提高其热稳定性，降低 r-Al_2O_3 的烧结率。20 世纪 70 年代末至 80 年代中期，采用的是第二代废气催化转化器，用 EGR 已不能满足 NO_x 的排放要求，出现了铂-铑（Pt-Rh）催化剂。Pt 氧化 HC 和 CO，Rh 使 NO_x 还原，二者协同作用，Rh 还有助于 CO 的氧化。能够同时净化 CO、HC 和 NO_x，故称为三元催化转化器。

三元催化转化器是目前应用最多的废气后处理净化技术。当发动机工作时，废气经过排气管进入催化器，其中 NO_x 与废气中的 CO、H_2 等还原性气体在催化作用下分解成 N_2 和 O_2；而碳氢化合物和 CO 在催化作用下充分氧化，生成 CO_2 和水蒸气。三元催化转化器的载体一般采用蜂窝结构，蜂窝表面有涂层和活性成分，与废气的接触表面积非常大，所以其净化效率高，当发动机的空燃比接近理论空燃比时，三元催化剂可将 90%的碳氢化合物和 CO 及 70%的 NO_x 同时净化，因此这种催化器被称为三元催化转化器。目前，电子控制汽油喷射加三元催化转化器已成为国内外汽油车排放控制技术的主流。

目前，在发达国家生产的汽油车几乎都装备了三元催化转化器。随着我国经济的高速发展，城市机动车辆日益增多，其废气已严重污染了大气环境，对三元催化转化器的需求将更为迫切。

（1）三元催化转化器的结构

三元催化转化器的基本结构如图 4-37 所示，它由壳体、垫层和催化剂组成。其中催化剂包括载体、涂层和活性组成，催化剂的组成将在以后章节中详细介绍，这里只介绍壳体和垫层的结构和作用。

壳体是整个三元催化转化器的支撑体。目前用得最多的壳体材料是含铬、镍等金属的不锈钢板材，具有热膨胀系数小、耐腐蚀性强等特点，适用于催化转化器恶劣的工作环境。对壳体的形状设计要求尽可能减少流经催化转化器气流的涡流和气流分离现象，防止气流阻力的增大；要特别注意进气端形状设计，保证进气流的均匀性，使废气尽可能均匀地分布在载体的端面上，使附着在载体上的活性涂层尽可能承担相同的废气注入量，让所有的活性涂层都能对废气产生加速反应的作用，以提高催化转化器的转化效率和使用寿命。许多催化转化器的壳体为双层，用来保证催化剂的反应温度；壳体外装有隔热罩，以减少催化转化器对外的高温辐射，防止因催化器表面积热在加油时引起火灾，避免外部水飞溅对催化转化器的激冷损坏和外部的撞击损坏。

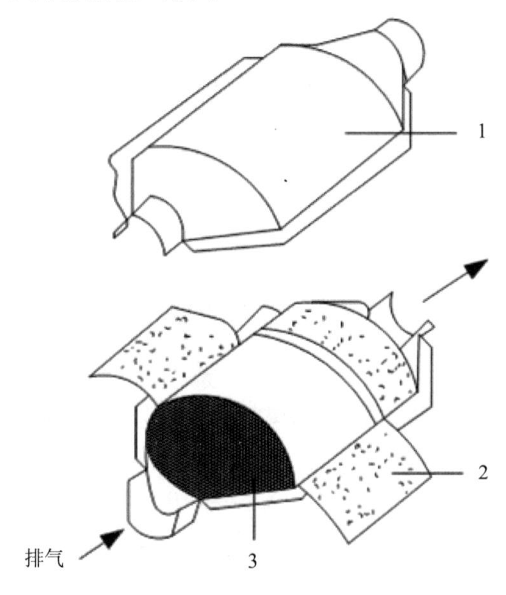

1—壳体；2—垫层；3—催化剂

图 4-37　催化转化器的基本构造

垫层是壳体和载体之间的减震密封垫，一般有膨胀垫片和钢丝网两种，由具有特殊的热膨胀性能的软质耐热材料构成，起到减震、缓解应力、固定载体、保温和密封作用。膨胀垫片由膨胀云母（45%～60%）和硅酸铝纤维（30%～45%）及黏合剂组成。膨胀垫片在第一次受热时体积明显膨胀，冷却时仅有部分收缩，这就使金属壳体与载体之间的缝隙完全胀死并密封，可以避免载体在壳体内部发生窜动导致载体破碎，保证催化转化器使用的安全性。

（2）三元催化转化器还原 NO 的化学过程

三元催化转化器中，NO 在催化剂作用下被尾气中存在的 CO、未燃 HC 和 H_2 还原成 N_2、CO_2 和 H_2O。当发动机的空燃比在空燃比理论值附近时，三元催化剂可将 90%的碳氢化合物和 CO 及 70%的 NO_x 同时净化。但过量空气系数对污染物控制效率的影响比较大，如图 4-38 所示。

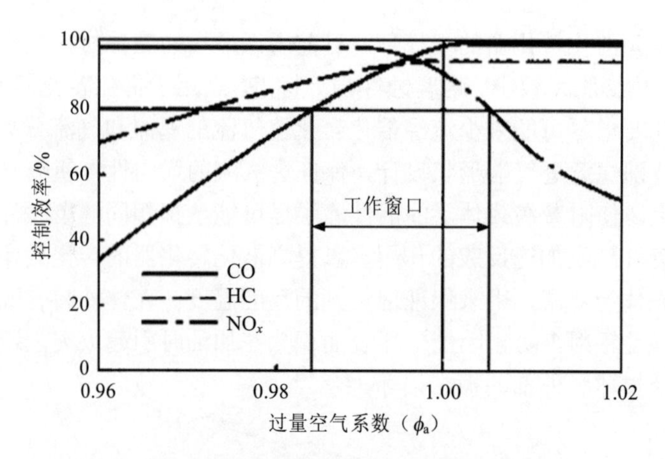

图 4-38　过量空气系数对 NO 控制效率的影响

部分大分子烃、烯烃和芳香烃可通过水蒸气重整反应转化为 CO 和 H_2，Rh 可促进此反应进行，如式（4-58）所示。

$$C_mH_n+mH_2O \longrightarrow mCO+(m+0.5n)H_2 \tag{4-58}$$

水煤气反应也会产生部分 H_2，如式（4-59）所示。

$$CO+H_2O \longrightarrow CO_2+H_2 \tag{4-59}$$

汽车尾气中的 CO 和 H_2 可能来自上述化学反应过程，这样就给 NO 的还原反应提供了还原剂。导致 NO 消失的总量反应如下：

$$NO+CO \longrightarrow 0.5N_2+CO_2 \tag{4-60}$$

$$NO+H_2 \longrightarrow 0.5N_2+H_2O \tag{4-61}$$

$$(2m+0.5n)NO+C_mH_n \longrightarrow (m+0.25n)N_2+0.5nH_2O+mCO_2 \tag{4-62}$$

目前已有的催化剂不能完全消除供给过量空气发动机（稀燃点燃式发动机和压缩式发动机）排气中的 NO，因为如果排气中分子氧的分压明显高于 NO 的分压，NO 消失的速率会明显下降。

反之，当发动机以浓混合气运转时，排气中会出现大量化学还原剂，从 NO 离解产生的原子态氮可进行更彻底的还原。主要反应可通过下列某一途径生成氨：

$$NO+2.5H_2 \longrightarrow NH_3+H_2O \tag{4-63}$$

$$2NO+5CO+3H_2O \longrightarrow 2NH_3+5CO_2 \tag{4-64}$$

不希望发生生成 NH_3 的反应，可通过催化剂材料的选择加以避免。

（3）三元催化剂

三元催化剂是三元催化转化器的核心部分，它决定了三元催化转化器的主要性能指标，其结构组成如图 4-39 所示。

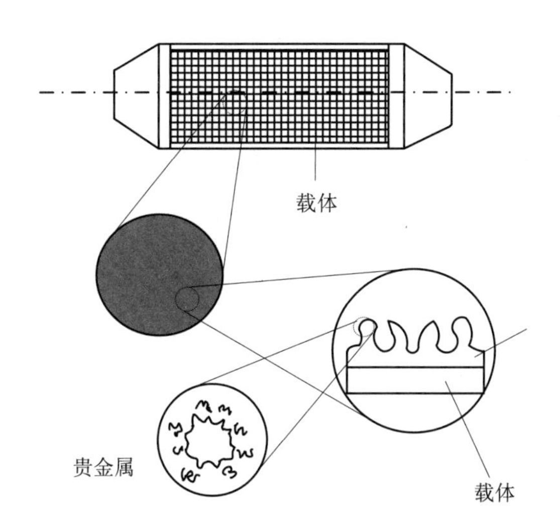

图 4-39　三元催化剂的组成

催化剂的载体分为两类：一类是球状、片状或柱状氧化铝，另一类是含氧化铝涂层的整体式载体。目前使用较多的是小球状（粒状）催化剂涂层载体外套氧化铝薄层的整体式载体。整体式载体又分为陶瓷材料和金属材料两种。整体式载体正逐步代替小球状载体。具有排气阻力小、机械强度大、热稳定性好和耐冲击等优良性能的蜂窝状整体式载体是目前商品汽车尾气排放净化器采用的主流载体，其基质分两大类，即堇青石陶瓷和金属，分别占 90%和 10%。堇青石是一种铝镁硅酸盐陶瓷，其化学组成为 $2Al_2O_3 \cdot 2MgO \cdot 5SiO_2$。汽车用蜂窝陶瓷载体一般用堇青石制造，最高使用温度为 1 100℃左右。在不增大催化转化器体积的情况下，采用增大载体的空隙度和缩小孔壁厚，提高了单位体积的几何表面积，从而大大提高了净化效率。

氧化铝具有较高的比表面积、较强的抗磨损性、相对稳定的结构、合适的微孔结构和丰富的矿物储藏，故常被选作催化剂的载体。

在蜂窝陶瓷载体壁上涂覆一层多孔性物质，可以使催化剂有合适的比表面积和孔结构，从而改善催化剂的活性和选择性，保证助催化剂和活性组分的分散度和均匀性，提高催化剂的热稳定性；同时还可以节省贵金属活性组分的用量，降低催化剂生产成本。对于蜂窝金属载体，涂底层的方法并不适用，通常采用刻蚀和氧化的方法在金属表面形成一层氧化物，然后在此氧化物表面浸渍具有催化活性的物质。

汽车尾气净化用催化剂以铑（Rh）、铂（Pt）、钯（Pd）3 种贵金属为主要活性组分，此外还含有铈（Ce）、镧（La）等稀土元素作为助催化剂。催化剂各组分的作用如下。

铑是三元催化剂中催化氮氧化物还原反应的主要成分。它在较低的温度下将氮氧化物还原成 N_2，同时产生少量的氨，具有很高的活性。所用的还原剂既可以是氢气也可以是一氧化碳，但在低湿下氢气更易反应。氧气对此还原反应影响很大，在氧化型气氛下，氮气是唯一的还原产物；在无氧的条件下，低温时和高温时主要的还原产物分别是氨气和氮气。但当氧浓度超过一定计量时，氮氧化物就不能再被有效地还原。此外，铑对一氧化碳的氧化以及烃类的水蒸气重整反应也有重要的作用。铑可以改善一氧化碳的低温氧化性能。但其抗毒性较差、热稳定性不高。在汽车催化转化器中，铑的典型用量为 0.1～0.3 g。

铂在三元催化剂中主要起催化一氧化碳和碳氢化合物的氧化反应的作用。铂对一氧化氮有一定的还原能力，但当汽车尾气中一氧化碳的浓度较高或有二氧化硫存在时，它没有铑有效。铂还原氮氧化物的能力比铑差，在还原性气氛中很容易将氮氧化物还原成氨气。铂还可促进水煤气反应，其抗毒性能较好。铂在三元催化剂中的典型用量为 1.5～2.5 g。

钯在三元催化剂中主要用来催化一氧化碳和碳氢化合物的氧化反应。在高温下它会与铂或铑形成合金，由于钯在合金的外层，会抑制铑的活性的充分发挥；此外，钯的抗铅毒和硫毒的能力不如铂和铑，因此，全钯催化剂对燃油中的铅和疏的含量控制要求更高。但钯的热稳定性较高，起燃性好。

助催化剂是加到催化剂中的少量物质，这种物质本身没有活性，或者活性很小，但能提高活性组分的性能——活性、选择性和稳定性。车用三元催化剂中常用的助催化剂有氧化镧和氧化铈，它们具有多种功能：①储存及释放氧，使催化剂在贫氧状态下更好地氧化一氧化碳和碳氢化合物，以及在过剩氧的情况下更好地还原氮氧化物；②稳定载体涂层，提高其热稳定性，稳定贵金属的高度分散状态；③促进水煤气反应和水蒸气重整反应；④改变反应动力学，降低反应的活化能，从而降低反应温度。

稀土元素（特别是氧化铈）目前被广泛应用于催化剂中，其用量一般为涂层质量的 10%～30%，在三元催化剂中，它具有吸氧和释放氧的作用，可使催化剂在贫氧条件下更好地氧化 CO 和 HC，而在富氧条件下更好地还原稳定氧化铝载体，避免表面剥落，提高铂的分散度；促进水煤气转化反应和水蒸气重整反应，有利于除去 CO 和减少 HC 排放；降低反应的活化能，从而降低反应温度。

在汽车尾气净化用三元催化剂中，各个贵金属活性组分的作用是相互协同的，这种协同作用对催化剂的整体催化效果十分重要。

（4）三元催化剂的劣化机理

三元催化剂的劣化机理是一个非常复杂的物理、化学变化过程，除了与催化转化器的设计、制造、安装位置有关外，还与发动机燃烧状况、汽油和润滑油的品质及汽车运行工况等使用过程有着非常密切的关系。影响催化剂寿命的因素主要有四类，即热失活、化学中毒、机械损伤以及催化剂结焦。在催化剂的正常使用条件下，催化剂的劣化主要是由热失活和化学中毒造成的。

1）热失活

热失活是指催化剂长时间工作在 850℃以上的高温环境中，涂层组织发生相变，载体烧熔塌陷，贵金属间发生反应，贵金属氧化及其氧化物与载体发生反应而导致催化剂中氧化铝载体的比表面积急剧减小，催化剂活性降低的现象。高温条件在引起主催化剂性能下降的同时，还会引起氧化铈等助催化剂的活性和储氧能力的降低。

引起热失活的原因主要有三种：①发动机失火，如突然制动、点火系统不良、进行点火和压缩试验等，使未燃混合气在催化器中发生强烈的氧化反应，温度大幅度升高，从而引起严重的热失活；②汽车连续在高速大负荷工况下行驶，产生不正常燃烧等，导致催化剂的温度急剧升高；③转化器安装位置离发动机过近。催化剂的热失活可通过加入一些元素来减缓，如加入镐、镧、钕、钇等元素可以减缓高温时活性组分的增加和催化剂载体比表面积的缩小，从而提高反应的活性。另外，装备了车载诊断系统（OBD）的现代发动机，也使催化剂热失活的可能性大为降低。

2）化学中毒

催化剂的化学中毒主要是指一些毒性化学物质吸附在催化剂表面的活性中心不易脱附，导致尾气中的有害气体不能接近催化剂进行化学反应，使催化转化器对有害排放物的转化效率降低的现象。常见的毒性化学物主要有燃料中的硫、铅以及润滑油中的锌、磷等。

铅中毒：铅通常是以四乙基铅的形式加入汽油中，以增强汽油的抗爆性。它在标准无铅汽油中的含量约为 1 mg/L，以氧化物、氯化物或硫化物的形式存在。一般认为铅中毒可能存在两种不同的机理：一是在 700～800℃时，由氧化铅引起；二是在 550℃以下，由硫酸铅及铅的其他化合物抑制气体扩散引起。

硫中毒：燃油和润滑油中的硫在氧化环境中易被氧化成二氧化硫。二氧化硫的存在会抑制三元催化剂的活性，其抑制程度与催化剂种类有关。硫对贵金属催化剂的活性影响较小，而对非贵重金属催化剂活性的影响较大。正常用的贵金属催化剂 Rh、Pt、Pd 中，Rh 能更好地抵抗 SO_2 对 NO 还原的影响，Pt 受 SO_2 影响最大。

磷中毒：通常磷在润滑油中的含量约为 12 g/L，是尾气中磷的主要来源。据估计汽车运行 8 万 km，大约可在催化剂上沉积 13 g 磷，其中 93%来源于润滑油，其余来源于燃油。磷中毒主要是磷在高温下可能以磷酸铝或焦磷酸锌的形式黏附在催化剂表面，阻止尾气与催化剂接触所致，但向润滑油中加入碱土金属（Ca 和 Mg）后，碱土金属与磷形成的粉末状磷酸盐可随尾气排出，此时催化剂上沉积的磷较少，使 HC 的催化活性降低也较少。

3）机械损伤

机械损伤是指催化剂及其载体在受到外界激励负荷的冲击、振动乃至共振的作用下产生磨损甚至破碎的现象。与车上其他零件材料相比，催化剂及其载体耐热冲击、抗磨损及抗机械破坏的性能较差，遇到较大的冲击力时容易破碎。

4）催化剂结焦

结焦是一种简单的物理遮盖现象，发动机不正常燃烧产生的炭烟都会沉积在催化剂上，从而导致催化剂被沉积物覆盖和堵塞，不能发挥其应有作用，但将沉积物烧掉后又可恢复催化剂的活性。

4.5.3.2　柴油机 NO_x 机外净化技术

如何有效降低 NO_x 排放也是柴油机有害排放物控制的难点和重点。由于机内净化控制不能完全净化 NO_x 而排放，采取机外控制技术很有必要。NO_x 的机外净化技术主要是催化转化技术。由于柴油机的富氧燃烧使废气中含氧量较高，这使利用还原反应进行催化转化比汽油机困难。例如，在汽油机上安装三元催化转化器，其有效净化条件是过量空气系数大约为 1。若空气过量时，作为 NO_x 还原剂的 CO 和 HC 便首先与氧反应；空气不足时，CO、HC 不能被氧化。显然，用三元催化转化器降低 NO_x 的技术在柴油机上是不适用的。降低柴油机 NO_x 排放的机外净化技术上要用 NO_x 吸附催化还原法、选择性非催化还原、选择性催化还原和等离子辅助催化还原。

（1）NO_x吸附催化还原法

柴油机尾气中含有较多的氧气，使仅用汽油机上的三元催化器不能有效净化柴油机尾气中的NO_x，并且在一般柴油机中无法实现吸附性催化剂再生所需的浓混合气状态，所以NO_x吸附器最初只用于直喷式汽油机（GDI）和稀燃汽油机，后来才逐渐研究用于柴油机。吸附催化还原是基于发动机周期性稀燃和富燃工作的一种NO_x净化技术，吸附器是一个临时存储NO_x的装置，具有NO_x吸附能力的物质有贵金属和碱金属（或碱土金属）的混合物。当发动机正常运转时处于稀燃阶段，排气处于富氧状态，NO_x被吸附剂以硝酸盐MNO_3（M表示碱金属）的形式存储起来。

$$NO+0.5O_2 \longrightarrow NO_2 \tag{4-65}$$

$$NO_2+MO \longrightarrow MNO_3 \tag{4-66}$$

当吸附剂达到饱和时，也需要再生吸附器使其能够继续正常工作，吸附器的再生既可通过柴油机周期性的稀燃和富燃工况进行，也可通过人为调整发动机的工作状况，使其产生富燃条件，使硝酸盐分解释放出NO_x，NO_x再与HC和CO在贵金属催化器下被还原成N_2（c、h分别表示碳和氢的原子数）。

$$MNO_3 \longrightarrow NO+0.5O_2+ MO \tag{4-67}$$

$$NO+CO \longrightarrow 0.5N_2+CO_2 \tag{4-68}$$

$$(2c+0.5h)NO+C_cH_h \longrightarrow (c+0.25h)N_2+0.5hH_2O+cCO_2 \tag{4-69}$$

以含碱金属钡（Ba）作为吸附剂为例，在富氧条件下，Pt催化剂使NO氧化成NO_2，NO_2进一步与吸附剂中的钡生成硝酸钡而被捕集；在富燃条件下，硝酸钡又分解并释放出NO_x，NO_x再与HC和CO反应被还原成N_2。在贫燃或富燃交替变换的环境下，碱金属钡分别以硝酸钡、氧化钡或碳酸钡的形式存在，起着吸附及释放NO_x的作用。再生时也需要一定的温度，这主要取决于所使用的催化剂。催化器采用汽油机上的三元催化器，因此，NO_x吸附器也能净化一部分HC和CO。实际使用时需由发动机管理系统控制，以便及时改变发动机工况产生富燃条件。其中的时间间隔和富燃时间尤为重要，富燃时间过长使燃油消耗太多，过短则NO_x净化率不高。吸附器的吸附能力也是很重要的参数。当吸附器具有较大的吸附容量时，可减少产生富燃的频率，从而降低成本并提高燃油经济性。吸附剂对硫有很强的亲和力，因为SO_2会和吸附催化剂发生反应生成硫酸盐，而且生成的硫酸盐特别稳定。国外的研究表明，要使该硫酸盐分解不但需要富燃气氛，而且温度要超过600℃，因此硫对NO_x吸附器的性能影响很大。

（2）选择性非催化还原

选择性非催化还原（SNCR）技术与火电厂应用的SNCR去除NO_x的技术基本原理相同。SNCR不需要催化剂，可大大降低运行成本。当以NH_3为还原剂时，在温度高于1 400 K时NO反而增大，是因为氨气被氧化。

由于应用温度的限制，SNCR应用于柴油机去除NO_x比较困难，目前只应用在大功率的船用柴油机上。

（3）选择性催化还原

车用柴油机的选择性催化还原的基本原理和燃煤火电厂SCR工艺相同，即在催化剂的作用下，用各种氨类物质或各种HC还原剂把汽车尾气中的NO_x还原成N_2；氨类物质包括氨气（NH_3）、氨水（NH_4OH）和尿素[$(NH_2)_2CO$]；HC可通过调整柴油机燃烧控制参数使排气中的HC增加，或者向排气中喷入柴油或醇类燃料（甲醇或乙醇）等方法获得。催化剂一般采用V_2O_5/TiO_2、Ag/Al_2O_3，以及含有Cu、Pt、Co或Fe的人造沸石（zeolite）等。与燃煤火电厂SCR工艺相比，柴油机的选择性催化还原工艺多使用贵金属催化剂。这种系统的工作温度范围为250～500℃，当温度过低时，NO_x还原反应不能有效进行；温度过高不仅会造成催化转化器过热而损伤，还会使还原剂直接氧化造成较多的还原剂消耗和新的NO_x生成。

以尿素作为还原剂的SCR系统，已在发电厂和固定式柴油机上得到应用。

对于轿车柴油机来说，从使用的方便性出发，希望可以采用燃油中的HC作为还原剂，反应式如下。

$$4NO+4HC+3O_2 \longrightarrow 2N_2+4CO_2+2H_2O \tag{4-70}$$

结合共轭燃油喷射系统的应用，按照工况不同，后喷适当数量的燃油是完全可能实现的。但研究表明，只有烯烃对NO_x有较好的选择还原活性。同时也发现贵金属Pt可以增加催化剂的低温活性。

（4）等离子辅助催化还原

目前，利用低温等离子辅助HC的选择性催化还原系统降低NO_x排放是研究的另一热点。根据等离子的特点，HC的选择性催化还原系统较多采用二级系统，如图4-40所示。等离子技术是指由电子、离子、自由基和中性粒子等组成的导电性流体整体保持电中性。离子、激发态分子、原子和自由基等都是化学活性极强的物种，首先利用这些活性物种把NO和HC氧化为NO_2和部分氧化的高选择性含氧CH类还原剂，然后再在催化剂作用下促使新产生的高选择性活性物种还原NO_2，生成无害的N_2。反应方程式如下。

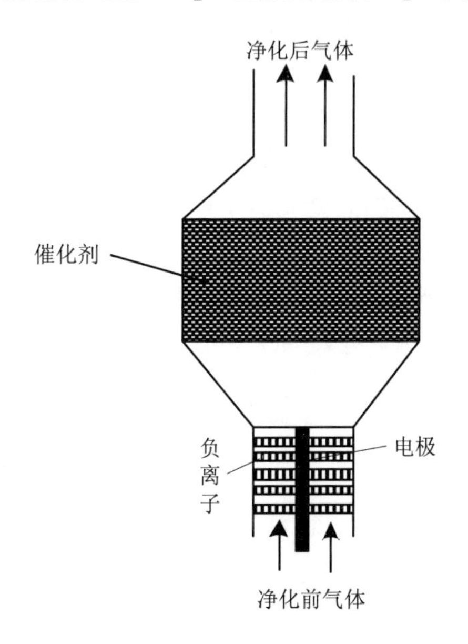

图4-40　等离子辅助催化还原NO_x二级系统

第一阶段：等离子NO_2的活性增强：

$$NO \longrightarrow NO_2 \tag{4-71}$$

HC的活性增强：

$$C_xH_y+O_2 \longrightarrow C_xH_yO_2 \tag{4-72}$$

第二阶段：催化剂NO_x在催化剂作用下选择性催化还原：

$$NO_x（NO或NO_2）+ C_xH_yO_2+O_2 \longrightarrow N_2+CO_2+H_2O \tag{4-73}$$

催化剂主要有贵金属、分子筛催化剂和金属氧化物等。试验分析证明，等离子体辅助催化有三个主要作用：

第一，等离子体氧化过程是部分氧化。也就是说 NO 氧化为 NO_2，但不能进一步把NO_2氧化为酸；HC 部分氧化，但不能把 HC 完全氧化为H_2O和CO_2，而部分氧化的含氧 HC 在催化剂作用下能更有效地还原NO_x。

第二，等离子体氧化是有选择性的。也就是说NO等离子体把NO氧化为NO_2，而不能把SO_2氧化为SO_3，这使等离子体辅助催化过程比传统稀燃NO_x催化转化技术对燃料硫含量的要求低。

第三，等离子体可以改变NO_x的组成，即先将N氧化为NO_2，再利用一种新型催化剂将NO_2还原为N_2，比传统稀燃NO_x催化剂将NO还原为N_2具有较高的可靠性和氧化活性。

NO_x最高转化效率可达到35%～70%。一种新型催化剂和等离子体系统的协同作用机制，等离子体系统的协同作用机制，有望实现更高的NO_x转化率。但是，该系统中HC的转化效率极低，因此还需要辅助装置用来去除 HC 和部分未氧化的 CO。等离子体辅助催化还原NO_x技术不论在实验室还是在应用中都在迅速发展，具有较大的应用前景。

用低温等离子体技术处理柴油机排气污染时，可减少NO_x、PM、HC的排放，被认为是一种很有发展前途的后处理技术。等离子体技术最先主要用来处理微粒的排放，现在该项技术研究的重点是NO_x处理，但因为在稀燃排气中等离子放电主要是氧化反应，单独用等离子体对NO_x还原没有效果，但对微粒捕集有较好的效果。将等离子体与催化剂结合，等离子体增强了催化剂的选择性，对柴油机排气中的NO_x和微粒有很好的净化效果。另一优点是对燃料含硫量几乎没有要求，可在相对低的温度下运行。目前已经有等离子体和催化剂系统用于柴油轿车和重型车上处理NO_x和微粒。

习题

1．燃煤锅炉消耗煤为15 kg/s，煤含氮量为2%，其中30%的N在燃烧中转化为NO_x，假设燃料型NO_x占75%，计算：

（1）锅炉的NO_x的年排放量（按300 d计算，NO/NO_2=95/5）

（2）安装SCR装置需要NH_3的量，假设控制排放效率为85%。

2．燃油锅炉 NO 的排放标准为 250×10^{-6}（体积），燃用两种混合燃料：$C_{10}H_{20}N$ 和

$C_{10}H_{20}N_8$，当空气过剩 50%时，燃料中的 N 有 50%转化为 NO，忽略热力型的 NO，试问两种燃料的混合比例应该为多少？

3．问采用 SNCR 系统控制例子 1 中的烟气成分，还原剂分别采用尿素或 NH_3，估计效率为 60%时需要多少各自还原剂消耗量？

4．加拿大汽车排放标准为：CO 2.1 g/km，NO 0.25 g/km。某机动车的尾气排放为 CO 28 g/km，NO 为 3.5 g/km，计算为了达到排放标准需要催化转化器的效率达到多少？

5．试比较固定源氮氧化物与机动车氮氧化物控制技术上的异同点，哪些技术可以通用，哪些技术不能通用，为什么？

第 5 章　挥发性有机物（VOCs）的控制

5.1　概述

5.1.1　挥发性有机物的概念

挥发性有机物（volatile organic compounds，VOCs）是指在室温下饱和蒸气压大于 70.91 Pa，常压下沸点小于 260℃的有机化合物；从环境监测角度来讲，指以氢火焰离子检测器测出的非甲烷烃类总称，包括烷类、芳烃类、烯类、卤烃类、酯类、醛类、酮类和其他化合物等。世界卫生组织（WHO，1989）对总挥发性有机物（TVOC）的定义为：熔点低于室温，沸点范围为 50～260℃的挥发性有机化合物的总称。

5.1.2　挥发性有机物的来源

VOCs 的污染源分为固定源和移动源。煤、石油和天然气或以煤、石油和天然气为燃料或原料的工业或应用过程是挥发性有机物产生的三大重要来源。如石油开采与加工，炼焦与煤焦油加工，煤矿、木材干馏，天然气开采与利用；化工生产，包括石油化工、染料、涂料、医药、农药、炸药、有机合成、溶剂、试剂、洗涤剂、黏合剂等生产工艺；燃煤、燃油、燃气锅炉与工业炉；油漆涂料的喷涂作业；食品、油脂、皮革、毛的加工部门；交通运输的各种内燃机燃烧排放等。

在这些生产工艺过程中排放的主要 VOCs 的种类见表 5-1。其中芳烃类、醇类、酯类、醛类等作为工业溶剂被广泛使用，因而排放量较大。

表 5-1　工业生产中排放的 VOCs 的种类

分　类	VOCs
烷烃类	乙烷、丙烷、丁烷、戊烷、己烷、环己烷
烯烃类	乙烯、丙烯、丁烯、丁二烯、异戊二烯、环戊烯
芳香烃及其衍生物	苯、甲苯、二甲苯、乙苯、异丙苯、苯乙烯、苯酚
醇类	甲醇、乙醇、异戊二醇、丁醇、戊醇
脂肪烃	丙烯酸甲酯、邻苯二甲酸二丁酯、醋酸乙烯
醛和酮类	甲醛、乙醛、丙酮、丁酮、甲基丙酮、乙基丙酮
胺和酰胺	苯胺、二甲基甲酰胺
酸和酸酐	乙酸、丙酸、丁酸、乙二酸、邻苯二甲酸酐
乙二醇衍生物	甲基溶纤剂、乙基溶纤剂、丁基溶纤剂、甲氧基丙醇

5.1.3　挥发性有机物的危害

VOCs 的危害主要表现在以下几个方面：

1）大多数 VOCs 具有毒性，部分 VOCs 具有致癌性，如大气中的某些苯、多环芳烃、芳香胺、树脂化合物、醛和亚硝胺等有害物质对机体有致癌作用，某些芳香胺、醛、卤代烷烃及其衍生物、氯乙烯等有诱变作用。表 5-2 与表 5-3 列出了挥发性有机物的毒害作用。

表 5-2　挥发性有机物的毒害作用

有机污染物	症状	影响
丁醇、丙酮、烃类	出汗异常、手足发冷、易疲劳	自律神经障碍
苯、甲苯、乙苯、环己酮	失眠、烦躁、痴呆、没精神	神经障碍
丙酮	运动障碍、四肢末端感觉异常	末梢神经障碍
醋酸丁酯、200 号溶剂	喉痛、口干、咳嗽	呼吸道障碍
甲醛、200 号溶剂、甲苯、二甲苯	腹泻、便秘、恶心	消化器官障碍
200 号溶剂、醋酸丁酯、醋酸乙酯、甲醛、丙酮	结膜发炎	视觉障碍
氯苯、200 号溶剂	皮炎、哮喘、自身免疫病变	免疫系统障碍

表 5-3　几种苯系物对眼睛的刺激度（最大为 10）

苯系物	苯	甲苯	邻二甲苯	对二甲苯	间二甲苯	乙基苯
刺激度	1.0	5.3	2.3	2.5	2.9	4.3

2）多数挥发性有机物为易燃易爆物质。

3）挥发性有机物在阳光照射下，与大气中的氮氧化合物、碳氢化合物与氧化剂发生光化学反应，生成光化学烟雾，危害人体健康和作物生长。部分 VOCs 的光化学反应性见表 5-4。

表 5-4　部分 VOCs 的光化学反应性分类

分类	反应性	VOCs 举例
1	几乎没有反应	苯、甲醇、乙醇、丙酮、丁酮、甲基氯、氯代苯
2	反应性低	C_3 以上的烷、C_4 以上的醇、丁基醋酸、三氯乙烯、邻二氯苯
3	反应性中等	甲苯、乙苯、单烷基苯、甲基异丁基酮、溶纤剂、乙酸酯
4	反应性高	丙稀、其他末端有双键的烯烃、二甲苯、α,β-甲基苯溶纤剂
5	反应性最高	三甲基苯、丁二烯

4）卤烃类 VOCs 可破坏臭氧层，如氯氟碳化物（CFCs）。

正是由于 VOCs 具有上述危害，世界各国都通过立法不断限制 VOCs 的排放量。美国等发达国家颁布法令，对 VOCs 的排放进行管制，制定了废气排放标准，将工业中的 189 种空气危险污染物列为毒性空气污染物，其中大部分为 VOCs。1996 年，日本立法限制 53 种 VOCs 的排放，于 2002 年限制 149 种 VOCs 的排放。我国于 1997 年颁布并实施的《大气污染物综合排放标准》中，制定了 33 种污染物的排放限值，其中包括苯、甲苯、二甲苯等挥发性有机物。2018 年，我国发布的《有毒有害大气污染物名录（2018 年）》中挥发性有机物包括二氯甲烷、甲醛、三氯甲烷、三氯乙烯、四氯乙烯、乙醛。

5.2 蒸气压及蒸发

5.2.1 蒸气压

判断有机物是否属于挥发性有机物的主要依据是蒸气压。液态或固态物质蒸气压的大小与温度有关，温度越高，蒸气压越大。部分有机物的蒸气压随温度的变化曲线如图 5-1 所示。在不同温度下几种液体的蒸气压数据见表 5-5。

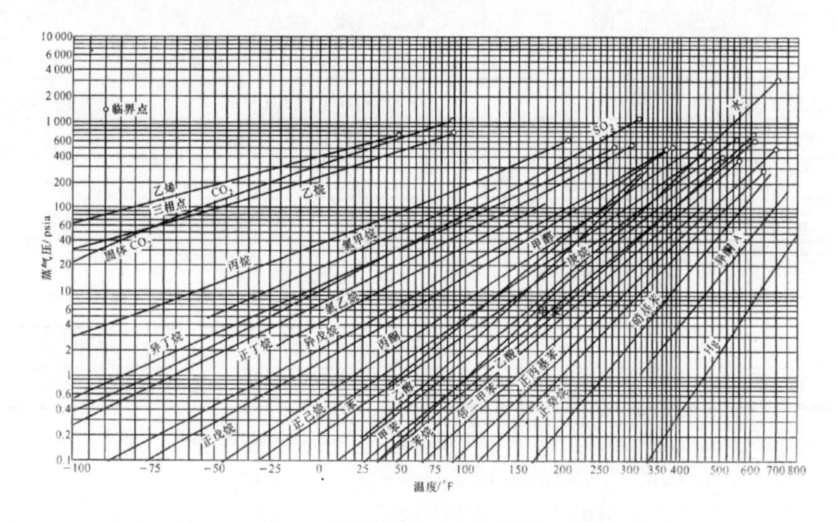

图 5-1 有机物蒸气压随温度的变化

注：psia 为磅/英寸^2，1 psia=6.890 kPa。

表 5-5 几种液体的平衡蒸气压数据

温度/℃	$p_{水}$ /mmHg	$p_{乙醇}$ /mmHg	$p_{苯}$ /mmHg	$p_{甲苯}$ /mmHg
0	4.58	12.2		6.9
10	9.21	23.6	44.75	13.0
20	17.54	43.9	74.8	22.3
30	31.82	78.8	118.4	36.7
40	55.32	135.3	181.5	59.1
50	92.51	222.2	268.7	92.6
60	149.4	352.7	388.0	139.5
70	233.7	542.5	542.0	202.4
80	355.1	812.6	748.0	289.7
90	525.8	1 187.0	1 013.0	404.6
100	760	1 690.0	1 335.0	557.2

注：1 mmHg=133.32 Pa。

由于空气中 VOCs 的含量相对较低，故气态混合物可视为理想气体，并且可用拉乌尔定律来估算混合物中 VOCs 的含量。

$$y_i = x_i \frac{p_i}{P} \tag{5-1}$$

式中：y_i——气相中 i 组分的摩尔分数；

x_i——液体中 i 组分的摩尔分数；

p_i——纯组分 i 的蒸气压；

P——总压。

为了计算气液平衡体系的有关参数，在热力学中，通常选用克劳修斯-克拉佩龙（Clausius-Clapyron）方程：

$$\lg p = A - \frac{B}{T} \tag{5-2}$$

式中：p——与液相平衡的气体蒸气压，mmHg；

T——系统温度，K；

A，B——由实验确定的经验常数。

一般情况下，实验数据可以用安托万（Antoine）方程更好地表示：

$$\lg p = A - \frac{B}{(t + C)} \tag{5-3}$$

式中：t——温度，℃；

A，B，C——经验常数，由实验确定。23 种物质的经验常数值见表 5-6。

表 5-6　安托万方程参数

名称	分子式	温度范围/℃	A	B	C
乙醛	C_2H_4O	–40～70	6.810 89	992.0	230
乙酸	$C_2H_4O_2$	0～36	7.803 07	1 651.1	225
		36～170	7.188 07	1 416.7	211
丙酮	C_3H_6O	—	7.024 47	1 161.0	224
氨	NH_3	–83～60	7.554 66	1 002.7	247.9
苯	C_6H_6	—	6.905 65	1 211.0	220.8
四氯化碳	CCl_4	—	6.933 90	1 242.4	230.0
氯苯	C_6H_5Cl	0～42	7.106 90	1 500.0	224.0
		42～230	6.945 04	1 413.1	216.0
氯仿	$CHCl_3$	–30～150	6.903 28	1 163.0	227.4
环己烷	C_6H_{12}	–50～200	6.844 98	1 203.5	222.9
醋酸乙酯	$C_4H_8O_2$	–20～150	7.098 08	1 238.7	217.0

名称	分子式	温度范围/℃	A	B	C
乙醇	C_2H_6O	—	8.044 94	1 554.3	222.7
乙基苯	C_8H_{10}	—	6.957 19	1 424.3	213.2
正庚烷	C_7H_{16}	—	6.902 40	1 268.1	216.9
正己烷	C_6H_{14}	—	6.877 76	1 171.5	224.4
铅	Pb	525～1325	7.827	9 845.4	273.1
汞	Hg	—	7.975 76	3 255.6	282.0
甲醇	CH_4O	–20～140	7.878 63	1 471.1	230.0
丁酮	C_4H_8O	—	6.974 21	1 209.6	216
正戊烷	C_5H_{12}	—	6.852 21	1 064.6	232.0
异戊烷	C_5H_{12}	—	6.789 67	1 020.0	233.2
苯乙烯	C_8H_8	—	6.924 09	1 420.0	206
甲苯	C_7H_8	—	6.953 34	1 343.9	219.4
水	H_2O	0～60	8.107 65	1 750.3	235.0
		60～150	7.966 81	1 668.2	228.0

5.2.2 挥发与溶解蒸气压

在实际应用中，大部分有机物均置于与大气相通的容器内，因此，容易发生气化，进入大气环境，引起污染。部分有机物（如乙烷、丙烷、丁烷）在室温时的蒸气压大于大气压（P_s），会发生沸腾，因此，此类物质必须加压密闭保存。作为燃料用的有机物如汽油、液化气等，在装卸、运输过程中都会因挥发排出大量的 VOCs，加剧大气污染。蒸气压和标准大气压下 VOCs 的行为见表 5-7。

表 5-7 蒸气压和标准大气压下 VOCs 的行为

蒸气压 p	与大气相通的容器内	密闭且无通风口容器内	密闭有通风口容器内
$p>P_s$	剧烈沸腾，并冷却直到 $p=P_s$	容器内部压力=p	剧烈沸腾，通过通风口排出气体
$p=P_s$	沸腾，沸腾速度依赖于输入容器的热量	容器内部压力=P_s	沸腾，沸腾速度依赖于输入容器的热量，通过通风口排出气体
$p<P_s$	液体缓慢气化	容器内部压力<P_s	容器项空大部分被蒸气饱和

VOCs 在水中的溶解度也与其排放和控制有密切关系。部分 VOCs 在 25℃时水中的溶解度见表 5-8。从表 5-8 可知，大部分 VOCs 微溶于水，可以通过相分离去除部分 VOCs。但部分极性有机物与水之间存在互溶现象。相同分子量时，极性有机物的溶解度是非极性有机物的 100 多倍。

表 5-8 部分 VOCs 在水中的溶解度（25℃）

族	化合物	分子量/（g/mol）	溶解度（重量）/%
直链烃	正戊烷	72	0.003 8
	异乙烷	86	0.000 95
环烃	环己烷	84	0.005 5
芳烃	苯	78	0.18
	甲苯	92	0.052
	乙苯	106	0.020
醇	甲醇、乙醇	32、46	互溶
	正丙醇、异丙醇	60、60	互溶
	乙二醇	62	互溶
	丁醇	74	7.3
	环己醇	100	4.3
酮	丙酮	58	互溶
	丁酮	72	26
	甲基异丁基酮	100	1.7
醚	二乙醚	74	6.9
	二异丁醚	102	1.2
酸	甲酸	74	24.5
	乙酸	88	7.7
	正丁酸	116	0.7

5.3 挥发性有机物的控制

5.3.1 燃烧法控制挥发性有机物

将有害气体、蒸气、液体或烟尘通过燃烧转化为无害物质的过程称为燃烧。燃烧法净化时发生的化学反应主要是高温下的热分解以及燃烧氧化作用。因此，这种方法适用于净化可燃的或在高温情况下可以分解的有机物。在燃烧过程中，有机物质剧烈氧化，放出大量的热，因此可以回收热量。对化工、喷漆、绝缘材料等行业生产装置中排出的有机废气广泛采用燃烧法净化。燃烧法还可以用来消除恶臭。

5.3.1.1 燃烧热及燃烧动力学

（1）燃烧热

燃烧是一种放热化学反应，每摩尔燃料燃烧时放出的热量称为燃烧热，单位为 kJ/mol。部分 VOCs 的燃烧热（101.325 kPa，298K）见表 5-9。

表 5-9 部分有机物的燃烧热（101.325 kPa，298K）

物质	$-\Delta H$/（kJ/mol）	物质	$-\Delta H$/（kJ/mol）
甲烷	890.31	甲醛	570.78
乙烷	1 559.8	乙醛	1 166.4
丙烷	2 219.9	丙醛	1 816.0
正戊烷	3 536.1	甲酸	1 790.4
正己烷	4 163.1	丙酮	254.6
乙烯	1 411.0	乙酸	874.5
乙炔	1 299.6	丙酸	1 527.3
环丙烷	2 091.5	丙烯酸	1 368.0
环丁烷	2 720.5	正丁酸	2 183.5
环戊烷	3 290.9	乙酸酐	1 806.2
环己烷	3 919.9	甲酸甲酯	979.5
苯	3 267.5	苯酚	3 053.5
萘	5 153.9	苯甲醛	3 528.0
甲醇	726.51	苯乙酮	4 184.9
乙醇	1 366.8	苯甲酸	3 226.9
正丙醇	2 019.8	邻苯二甲酸	3 223.5
正丁醇	2 675.8	邻苯二甲酯	3 958.0
二乙醚	2 751.1		

（2）燃烧动力学

VOCs 燃烧反应速率，即单位时间内浓度的减小值，可以表示为

$$r=-\frac{\mathrm{d}C_A}{\mathrm{d}t}=k'C_A^nC_{O_2}^m \tag{5-4}$$

在大多数情况下，VOCs 的浓度很低，以至于在燃烧过程中氧气的浓度几乎不变，所以上式可简化为

$$r=-\frac{\mathrm{d}C_A}{\mathrm{d}t}=kC_A^n \tag{5-5}$$

式中：r——燃烧速率；

k——燃烧动力学常数；

C_A——VOCs 浓度；

C_{O_2}——O_2 浓度；

n，m——反应级数。

动力学常数 k 与温度 T 之间的关系通常由阿累尼乌斯方程表示：

$$k=A\exp(-\frac{E}{RT}) \tag{5-6}$$

式中：A——频率因子，实验常数，与反应分子的碰撞频率有关，s^{-1}；

E——活化能，实验常数，与分子的键能有关，J/mol；

R——气体常数，8.314 J/（mol·K）；

T——反应温度，K。

部分有机物的热氧化参数见表 5-10。

表 5-10 部分 VOCs 的热氧化参数（按一级反应）

VOCs	A/s^{-1}	E/4.18/kJ·mol^{-1}	k/ s^{-1}			
			500℃	600℃	700℃	800℃
丙烯醛	$3.30×10^{10}$	35.9	2.344 96	34.072 8	285.635	1 611.103
丙烯腈	$2.13×10^{12}$	52.1	0.003 99	0.193 8	4.240	52.203
丙醇	$1.75×10^{6}$	21.4	1.561 66	7.698 7	27.344	76.686
氯丙烷	$3.89×10^{7}$	29.1	0.231 11	2.022 8	11.336	46.073
苯	$7.43×10^{21}$	95.9	$5.77×10^{-6}$	0.007 4	2.153	218.778
1-丁烯	$3.74×10^{14}$	58.2	0.013 20	1.011 3	31.759	524.645
氯苯	$1.34×10^{17}$	76.6	2.97	0.009 0	0.839	33.632
环己胺	$5.13×10^{12}$	47.6	0.179 61	6.243 0	104.650	1 037.304
1,2-二氯乙烷	$4.82×10^{11}$	45.6	0.062 03	1.857 6	27.659	248.975
乙烷	$5.65×10^{14}$	63.6	0.000 59	0.068 0	2.939	62.991
乙醇	$5.37×10^{11}$	48.1	0.013 58	0.489 9	8.459	85.888
乙基丙烯酸酯	$2.19×10^{12}$	46.0	0.217 25	6.702 1	102.189	937.753
乙烯	$1.37×10^{12}$	50.8	0.005 98	0.263 6	5.341	61.773
甲酸乙酯	$4.39×10^{11}$	44.7	0.101 50	2.842 1	40.123	345.833
乙硫醇	$5.20×10^{5}$	14.7	36.352 91	108.756 6	259.754	527.476
正己烷	$6.02×10^{8}$	34.2	0.129 35	1.655 8	12.551	65.227
甲烷	$1.68×10^{11}$	52.1	0.000 31	0.015 3	0.334	4.117
氯甲烷	$7.43×10^{8}$	40.9	0.002 04	0.043 0	0.485	3.478
丙酮	$1.45×10^{14}$	58.4	0.004 49	0.349 4	11.103	185.195
天然气	$1.65×10^{15}$	49.3	19.104 31	753.758 1	13 973.491	150 331.719
丙烷	$5.25×10^{19}$	85.2	$4.32×10^{-5}$	0.024 8	3.848	233.526
丙烯	$4.63×10^{8}$	34.2	0.099 49	1.273 5	9.653	50.166
甲苯	$2.28×10^{13}$	56.5	0.002 43	0.164 2	4.664	70.982
三乙胺	$8.10×10^{11}$	43.2	0.497 17	12.448 6	160.802	1 289.369
乙酸乙酯	$2.54×10^{9}$	35.9	0.180 49	2.622 6	21.985	124.006
氯乙烯	$3.57×10^{14}$	63.3	0.000 46	0.511 0	2.169	45.814

例 5-1 计算燃烧温度分别为 500℃、600℃、700℃、800℃时，去除废气中 99.9%甲烷所需的时间。

解：假设燃烧反应为一级，即 $n=1$，对式（5-5）积分，得

$$\frac{c}{c_0}=\exp\left[-k(t-t_0)\right]$$

当 $T=500$ ℃时，由表 5-10 得 $k=0.000\,31$，代入上式，得

$$t=\frac{1}{k}\ln\frac{c_0}{c}=\frac{1}{0.000\,31}\ln\frac{1}{0.001}=22\,283\ \text{s}$$

同理可求得 T=600℃、700℃、800℃时所需的燃烧时间分别为 451 s、20.7 s、1.7 s。

该例表明，当燃烧温度为 500℃时，所需的燃烧时间为 22 283 s；随着燃烧温度的升高，完全燃烧所需的停留时间迅速减少；当燃烧温度达到 800℃时，燃烧时间仅为 1.7 s，燃烧可以迅速进行。

5.3.1.2 燃烧工艺

（1）直接燃烧法

直接燃烧法是把可燃的 VOCs 废气当作燃料来燃烧的一种方法。该法适合处理高浓度 VOCs 废气，燃烧温度控制在 1 100℃以上时，去除效率为 95%以上。多种可燃气体或多种溶剂蒸气混合存在废气中时，只要浓度值适宜，也可以直接燃烧。如果可燃组分的浓度高于燃烧上限，可以混入空气后燃烧；如果可燃组分的浓度低于燃烧下限，则可以加入一定量的辅助燃料维持燃烧。因为该法处理污染物浓度较高、热值大，所以从某种程度上讲，高浓度 VOCs 废气可作为有价值的燃料源而不作为空气污染控制问题来考虑。直接燃烧法的设备包括一般的燃烧炉、窑，或通过某种装置将废气导入锅炉作为燃料气进行燃烧，并回收利用热量。

火炬燃烧是直接燃烧的一种方式，石油炼制厂或石油化工厂产生的 VOCs 废气通常排放到火炬直接燃烧（火炬法），这种方法的主要缺点是燃料气热量的大量损失。因此，应减少火炬燃烧。具体措施有：设置低压石油气回收设施，对系统及装置放空的低压气尽量加以回收利用；在工程设计上以及实际生产中做好液化石油气和高压石油气管网的产需平衡；提高装置及系统的平衡操作水平，健全管理制度；采用燃烧效率高、能耗低的火炬燃烧器。

（2）热力燃烧法

热力燃烧法指当废气中可燃物含量较低时，可利用其作为助燃气或燃烧对象，主要依靠辅助燃料产生的热力将废气温度提高，从而在燃烧室中使废气中可燃有害组分氧化销毁的净化法。工艺流程如图 5-2 所示。

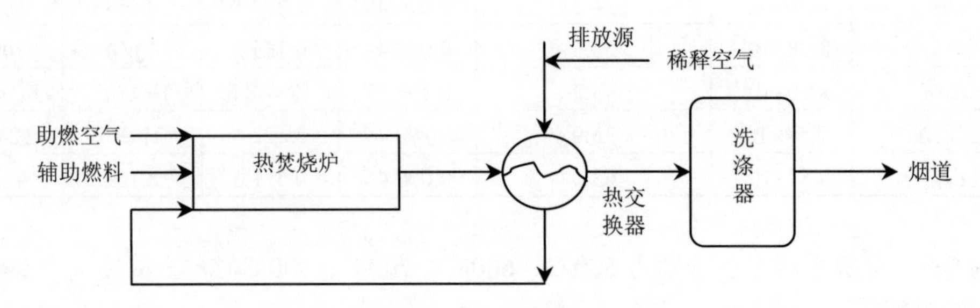

图 5-2 热力燃烧工艺

热力燃烧过程分三步：燃烧辅助燃料提供预热能量；高温燃气与废气混合；废气在反应温度下氧化销毁。净化后的气体经热回收装置回收热能后排空。在热力燃烧中，废气中有害的可燃组分经氧化生成 CO_2 和 H_2O，但不同组分燃烧氧化的条件不完全相同。对大部分物质来说，温度为 740～820℃，停留时间为 0.1～0.3 s 时即可反应完全；大多数碳氢化合物在 590～820℃即可完全氧化，而 CO 和浓的碳烟粒子则需较高的温度和较长的停留时间。因此，温度和停留时间是影响热力燃烧的关键因素。此外，高温燃气与废气的混合也是影响热力燃烧的重要因素。在一定的停留时间内，如果二者不能完全混合，就会导致部分废气没有上升到反应温度而逸出反应区，不能得到理想的净化效果。

由上可知，在供氧充分的情况下，反应温度、停留时间、湍流混合构成了热力燃烧的必要条件。不同的气态污染物在燃烧炉中完全燃烧所需的反应温度和停留时间不完全相同，某些含有机物的废气在燃烧净化时所需的反应温度和停留时间见表 5-11。

表 5-11 废气燃烧净化所需的温度、时间条件

废气净化范围	燃烧炉停留时间/s	反应温度/℃
碳氢化合物 （CH 销毁 90%以上）	0.3～0.5	590～680①
碳氢化合物＋CO （CH＋CO 销毁 90%以上）	0.3～0.5	680～820
臭味		
（销毁 50%～90%以上）	0.3～0.5	540～650
（销毁 90%～99%以上）	0.3～0.5	590～700
（销毁 99%以上）	0.3～0.5	650～820
烟和缕烟		
白烟（雾滴、缕烟消除）	0.3～0.5	430～540②
CH＋CO 销毁 90%以上	0.3～0.5	680～820
黑烟（炭粒和可燃粒）	0.7～1.0	760～1100

注：①如有甲烷、溶纤剂[$C_2H_5O(CH_3)_2OH$]及置换的甲苯等存在，则需温度为 760～820℃；②缕烟消除一般是不实用的，往往因为氧化不完全又产生臭味问题。

进行热力燃烧的专用装置称为热力燃烧炉，其结构应满足热力燃烧时的条件要求，即应保证获得 760℃以上的温度和 0.5 s 左右的接触时间，这样才能保证对大多数碳氢化合物及有机蒸气的燃烧净化。热力燃烧炉的主体结构包括两部分：燃烧器，其作用为使辅助燃料燃烧生成高温燃气；燃烧室，其作用为使高温燃气与旁通废气湍流混合达到反应温度，并使废气在其中的停留时间达到要求。按使用的燃烧器的不同，热力燃烧炉分为配焰燃烧系统与离焰燃烧系统两大类。

配焰燃烧系统的热力燃烧炉使用配焰燃烧器。配焰炉中的火焰间距一般为 30 cm，燃烧室的直径为 60～300 cm。配焰燃烧器是将燃烧配成许多小火焰，布点成线。废气被分成许多小股，分别围绕着许多小火焰流过去，使废气与火焰充分接触，这样可以使废气与高温燃气在短距离内可迅速达到完全的湍流混合，配焰方式的最大缺点是容易造成熄火。配焰燃烧器主要有火焰成线燃烧器、多烧嘴燃烧器、格栅燃烧器等。

离焰燃烧器系统采用的是离焰燃烧器的热力燃烧炉。在离焰炉中，辅助燃料在燃烧器中燃烧成火焰产生高温燃气，然后再在炉内与废气混合达到反应温度。燃烧与混合两个过程是分开进行的。虽然在大型离焰炉中可以设置4个以上的燃烧器，但对大部分废气而言，它们并不与火焰“接触”，仍是依靠高温燃气与废气混合，这是离焰燃烧炉不易熄火的主要原因。离焰燃烧炉的长径比值一般为2～6，为促进废气与高温燃气的混合，一般应在炉内设置挡板。离焰炉的优点是既可用废气助燃，也可用外来空气助燃，因此对于含氧量低于16%的废气也适用；对燃料种类的适应性强，既可用气体燃料，也可用油作燃料；可以根据需要调节火焰的大小。

（3）催化燃烧法

催化燃烧法是在系统中使用催化剂，使废气中的VOCs在较低温度下氧化分解的方法。与其他种类的燃烧法相比，该法的优点是催化燃烧为无火焰燃烧，安全性好，要求的燃烧温度低（大部分烃类和CO在300～450℃时即可完成反应），辅助燃料费用低，对可燃组分浓度和热值限制较小，二次污染物NO_x生成量小，燃烧设备的体积较小，VOCs去除率高；缺点是催化剂价格较贵，且要求废气中不得含有导致催化剂失活的成分。

催化燃烧法适于净化金属印刷、绝缘材料、漆包线、炼焦、油漆、化工等多种废气以及恶臭气体，特别是在漆包线、绝缘材料、印刷等生产过程中排出的烘干废气，因废气温度和有机物浓度较高，对燃烧反应及热量回收有利，具有较好的经济效益，因此应用广泛。但不能用于处理含有机氯和有机硫的化合物，因为这些化合物燃烧后会造成二次污染并使催化剂中毒。而有些有机物的沸点高，相对分子质量很大，也不能用催化燃烧法处理，因为燃烧产物会使催化剂表面发生堵塞。

用于催化燃烧的催化剂多为贵金属Pt、Pd，这些催化剂活性好、寿命长、使用稳定。目前稀土催化剂的研究已取得一定成效。国内已研制使用的催化剂有：以Al_2O_3为载体的催化剂，此载体可做成蜂窝状或粒状等，然后将活性组分负载其上，现已使用的有蜂窝陶瓷钯催化剂、蜂窝陶瓷铂催化剂、蜂窝陶瓷非贵金属催化剂、γ-Al_2O_3稀土催化剂等；以金属作为载体的催化剂，可用镍铬合金、镍铬镍铝合金、不锈钢等金属作为载体，已经应用的有镍铬丝蓬体球钯催化剂、钯铂/镍（60）铬（15）带状催化剂、不锈钢丝网钯催化剂以及金属蜂窝体的催化剂等。

用于催化燃烧的各种催化剂及其性能见表5-12。

表5-12 用于催化燃烧的各种催化剂及其性能

催化剂品种	活性组分含量/%	2 000 m^3/h下90%转化温度/℃	最高使用温度/℃
Pt-Al_2O_3	0.1～0.5	250～300	650
Pd-Al_2O_3	0.1～0.5	250～300	650
Pd-Ni、Cr丝或网	0.1～0.5	250～300	650
Pd-蜂窝陶瓷	0.1～0.5	250～300	650
Mn、Cu-Al_2O_3	5～10	350～400	650
Mn、Cu、Cr-Al_2O_3	5～10	350～400	650
Mn-Cu、Co-Al_2O_3	5～10	350～400	650
Mn、Fe-Al_2O_3	5～10	350～400	650
稀土催化剂	5～10	350～400	700
锰矿石颗粒	25～35	300～350	500

催化燃烧法工艺流程如图 5-3 所示。

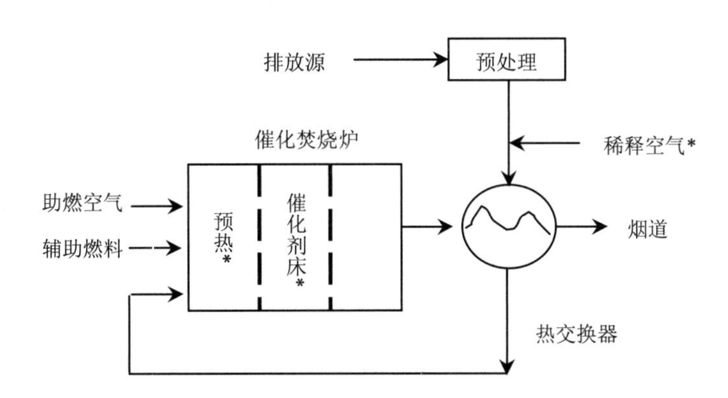

图 5-3　催化燃烧法工艺流程示意（* 视情况加入）

该流程的组成具有如下特点：

1）进入催化燃烧装置的气体首先要经过预处理，除去粉尘、液滴及有害组分，避免催化床层的堵塞和催化剂中毒。

2）进入催化床层的气体温度必须达到所用催化剂的起燃温度，催化反应才能进行。因此，对于低于起燃温度的进气，必须进行预热使其达到起燃温度。气体的预热方式既可以采用电加热也可以采用烟道气加热，目前应用较多的是电加热。

3）催化燃烧反应放出大量的反应热，燃烧尾气温度较高，对这部分热量可考虑回收。

（4）蓄热式燃烧法

蓄热式燃烧法采用热量回收系统，回收的燃烧后高温气体的热量用于预热进入系统的废气。蓄热式燃烧装置有管壳式热氧化器（recuperative thermal oxidizer，RcTO）和蓄热式热氧化器（regenerative thermal oxidizer，RTO）两种。RTO 用于低浓度、大流量 VOCs 废气的处理，热回收率达 95%以上；RcTO 用于低流量或中流量、较高浓度 VOCs 废气的处理，热回收率约 85%。用 RTO 和 RcTO，VOCs 去除率可达到 90%～99%，最高达 99%以上。RTO 的工艺流程如图 5-4 所示。RTO 有 2 个陶瓷填充床热回收室，每个热回收室底部有 2 个自动控制阀门分别与进气总管和排气总管相连。当废气从右侧进入时，左侧热回收室用燃烧室尾气加热填充床来蓄存热量，在切换进气方向后再用此蓄存的热量来加热废气。按预先设定的时间间隔，两个热回收室切换蓄热和供热。

（5）蓄热式催化氧化法

蓄热式催化氧化法的设备是蓄热式催化氧化器（regenerative catalytic oxidizer，RCO），其结构与 RTO 相似，只是用催化剂床层代替燃烧室。如果蓄存的热量不足以使 VOCs 的温度提高到催化氧化反应所需的温度，则可以由辅助加热器补充提供热量。RCO 系统兼有 RTO 系统的蓄热性能和催化系统的低温氧化的优点。

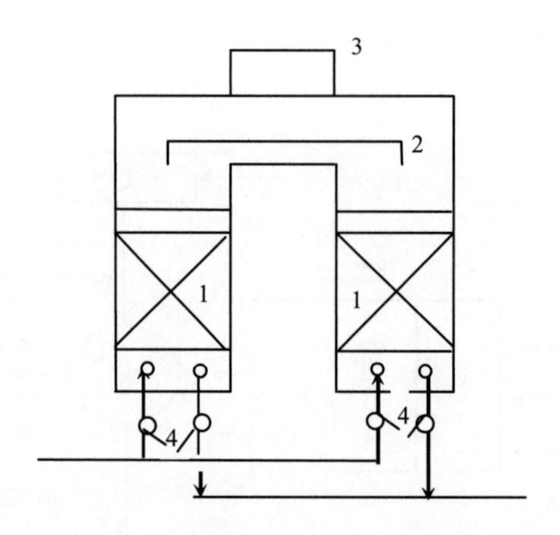

1—填充床热回收室；2—燃烧室；3—燃料燃烧系统；4—自动控制阀

图 5-4　蓄热式燃烧法工艺流程

不同燃烧工艺的性能见表 5-13。由此可以看出，燃烧法适合于处理浓度较高的 VOCs 废气，一般情况下去除率均在 95%以上。直接燃烧法虽然运行费用较低，但燃烧温度高，容易在燃烧过程中发生爆炸，并且浪费热能产生二次污染，因此目前较少采用；热力燃烧法通过热交换器回收热能，降低燃烧温度，但当 VOCs 浓度较低时，需加入辅助燃料，以维持正常的燃烧温度，从而增大了运行费用；催化燃烧法采用热交换、预热器、催化剂等措施使燃烧温度显著降低，从而降低了燃烧费用，但催化剂容易中毒，因此对进气成分要求极为严格，不得含有重金属、尘粒等易引起催化剂中毒的物质，同时催化剂成本高，使该方法处理费用较高。

表 5-13　燃烧法处理 VOCs 运行性能

燃烧工艺	直接燃烧法	热力燃烧法	催化燃烧法
浓度范围/（mg/m^3）	＞5 000	＞5 000	＞5 000
处理效率/%	＞95	＞95	＞95
最终产物	CO_2、H_2O	CO_2、H_2O	CO_2、H_2O
投资	较低	低	高
运行费用	低	高	较低
燃烧温度/℃	＞1 100	700～870	300～450
其他	易爆炸、热能浪费且易产生二次污染	回收热能	VOCs 中如含重金属、尘粒等物质，则会引起催化剂中毒，预处理要求较严格

5.3.2　冷凝法控制挥发性有机物

5.3.2.1　冷凝原理

该法通过将操作温度控制在 VOCs 的沸点以下，使 VOCs 冷凝成液体并从气相中分离出来，达到回收 VOCs 的目的。其基本原理是气态污染物在不同温度以及不同压力下具有不同的饱和蒸气压。当降低温度或加大压力时，某些污染物会凝结而出，从而达到净化和回收 VOCs 的目的。通常借助于不同的冷凝温度而达到分离不同污染物的目的。

常压下 VOCs 的饱和蒸气压与温度的关系可用安托万（Antoine）方程，即式（5-3）来表示。

对于多种 VOCs 的混合液体，各组分在气相中的蒸气压与其液相的摩尔分率间的关系可用拉乌尔定律来描述。当混合气体中 VOCs 的蒸气压等于某一温度下的饱和蒸气压，废气中的 VOCs 就开始凝结。该温度既为混合气体的露点温度。只有系统温度低于露点温度，VOCs 才能从气相中冷凝出来。

5.3.2.2　工艺流程

冷凝系统工艺流程如图 5-5 所示。

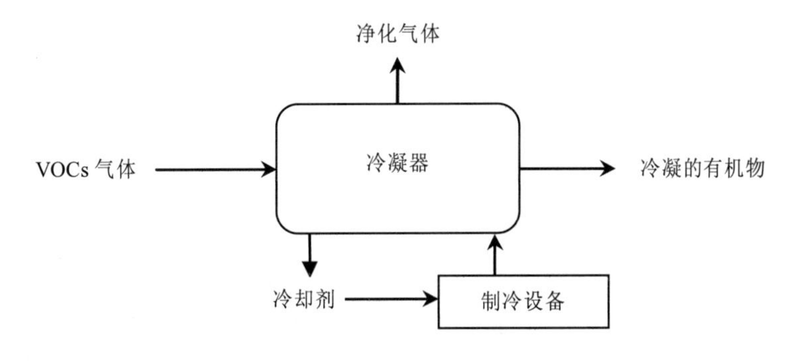

图 5-5　冷凝系统工艺流程

采用冷凝法净化 VOCs，要获得高的效率，系统就需要较高的压力和较低的温度，故常将冷凝系统与压缩系统结合使用。如果仅采用冷凝系统，则所需的冷凝温度很低，单级冷凝往往难以适用，在实际中，经常采用多级冷凝串联。为了回收较纯的 VOCs，通常第一级的冷凝温度设置为 0℃，以去除从气相中冷凝的水。

采用该法净化 VOCs，运行费用较高，适用于高浓度和高沸点 VOCs 的回收，回收效率一般为 80%～95%。

5.3.2.3　冷凝计算

（1）冷凝过程的捕集效率

对含 VOCs 的废气，常用的浓度表示方法有：体积分率 C_V、质量浓度 C（mg/m^3）和

质量分率 y。

设含 VOCs 的废气由状态1(T_1, p_1)经过冷凝，到达状态2(T_2, p_2)。污染物的质量浓度从C_1变成C_2，则由理想气体定律可得

$$C_1 = \frac{Mp_1}{RT_1}，\quad C_2 = \frac{Mp_2}{RT_2} \tag{5-7}$$

由以上两式可推得

$$C_2 = C_1 \frac{p_2 T_1}{p_1 T_2} \tag{5-8}$$

式中：M——VOCs 分子的摩尔质量，kg/mol；

R——气体常数，8.314 J/（mol·K）；

p_1，p_2——VOCs 在状态 1 和状态 2 时的分压，Pa。

冷凝过程的捕集效率η 定义为

$$\eta = 1 - \frac{m_2}{m_1} \tag{5-9}$$

式中：m_1，m_2——VOCs 在冷凝器入口和出口（状态 1 和状态 2）的质量流率，kg/h。

用不同浓度单位C_1、C_V、y_1表示时有

$$\eta = \frac{P}{P - p_2}\left(1 - \frac{Mp_2}{RT_1 C_1}\right) \tag{5-10}$$

$$\eta = \frac{P - p_2/C_{v_1}}{P - p_2} \tag{5-11}$$

$$\eta = 1 - \frac{1 - y_1}{y_1} \frac{Mp_2}{M_a(P - p_2)} \tag{5-12}$$

式中：P——总压，Pa；

M_a——废气中被捕集的 VOCs 以外的其他气体的平均摩尔质量，kg/mol。

当 VOCs 的分压p_1和p_2很小时，η 的计算可简化为

$$\eta = 1 - Mp_2/RT_1C_1 \tag{5-13}$$

$$\eta = 1 - p_2/PC_{v_1} \tag{5-14}$$

$$\eta = 1 - \frac{Mp_2}{M_a P y_1}(1 - y_1) \tag{5-15}$$

（2）冷凝器的计算

从气态污染物与冷却剂的接触方式，冷凝器可分为接触冷凝器和表面冷凝器两种。

1）接触冷凝器

接触冷凝是指在冷凝器中，被冷凝的气体与冷却剂（通常为冷水）直接接触而使气体中的 VOCs 组分得以冷凝。接触冷凝有利于强化传热，但冷凝液需要处理。气体吸收操作本身伴有冷凝过程，所以几乎所有的吸收设备都可以作为接触冷凝器。常用的接触冷凝设备有喷射塔、喷淋塔和筛板塔。冷凝用的填料塔与吸收用的填料塔结构类似，只是前者宜

采用比表面积及空隙率较大的填料，这样能显著提高单位体积填料的处理量。

冷却剂从冷凝器上部加入，含有 VOCs、水蒸气及空气的废气从冷凝器底部引入。在冷凝器内，冷却剂与废气逆流接触，冷凝下来的 VOCs、水及冷却剂从冷凝器下端以冷凝液的形式排出。未凝结的污染物、水蒸气及空气从塔顶排出。在冷凝过程的推导过程中，以下角 w 代表冷却剂，s 代表水蒸气，p 代表 VOCs，m 代表废液，a 代表空气，1 代表废气入口端，2 代表废气出口端。

对直接接触式冷凝器进行能量衡算，可得

$$H_1 + H_w = H_2 + H_m \tag{5-16}$$

上式也可写成

$$(H_{a_1} - H_{a_2}) + (H_{s_1} - H_{s_2} - H_{sm}) + (H_{p_1} - H_{p_2} - H_{pm}) = H_{wm} - H_w$$

其中

$$H_{a_1} - H_{a_2} = m(h_{a_1} - h_{a_2}) = y_{a_1} m_1 (h_{a_1} - h_{a_2})$$

$$H_{wm} - H_w = G_w (h_{wm} - h_w) = G_w C_{pw} (T_m - T_w)$$

$$H_{s_1} - H_{s_2} - H_{sm} = y_{s_1} m_1 h_{s_1} - y_{s_2} m_2 h_{s_2} - (y_{s_1} m_1 - y_{s_2} m_2) h_{sm}$$

$$H_{p_1} - H_{p_2} - H_{pm} = y_{p_1} m_1 h_{p_1} - y_{p_2} m_2 h_{p_2} - (y_{p_1} m_1 - y_{p_2} m_2) h_{sm}$$

式中：H_1，H_2，H_w，H_m——入口气体、出口气体、冷却剂、冷凝液的焓值，kJ/h；

H_{wm}，H_{sm}，H_{pm}——冷凝液中冷却剂、冷凝水和 VOCs 在 T_m 时的焓值，kJ/h；

m_1，m_2——入口、出口气体的质量流量，kg/h；

G_w，G_m——冷却剂、冷凝液的质量流量，kg/h；

m_a——废气中空气的质量流量，kg/h；

y_a，y_s，y_p——废气中空气、水蒸气、VOCs 的质量分率；

h_a，h_s，h_p——空气、水蒸气、VOCs 的焓值，kJ/kg；

h_{wm}，h_{sm}，h_{pm}——冷凝液中单位质量冷却剂、冷凝水和 VOCs 在 T_m 时的焓值，kJ/kg。

于是，冷却剂的质量流量为

$$G_w = \frac{1}{c_{pw}\left(T_m - T_w\right)} \left\{ \begin{aligned} &\left[m_1 y_{a_1}\left(h_{a_1} - h_{a_2}\right) + y_{s_1}\left(h_{s_1} - h_{sm}\right) + y_{p_1} c_{pp}\left(T_1 - T_m\right) + y_{p_1}\Delta H_{vp} \right] - \\ &m_2\left[y_{s_2}\left(h_{s_2} - h_{sm}\right) + y_{p_2} c_{pp}\left(T_m - T_2\right) + y_{p_2}\Delta H_{vp} \right] \end{aligned} \right\} \tag{5-17}$$

式中：h_{s_1}，h_{s_2}——分别为水蒸气在 T_1 和 T_2 时的焓值，kJ/kg；

h_{sm}——水蒸气在 T_m 时的液相焓值，kJ/kg；

c_{pw}——冷却剂比热，kJ/（kg·K）；

c_{pp}——污染物蒸气比热，kJ/（kg·K）；

ΔH_{vp}——污染物的冷凝潜热，kJ/kg。

还可以导出出口端水蒸气的质量流量

$$m_{s_2}=\frac{\rho_{s_2}m_1\left[(y_{a_1}/M_a)+(1-\eta)y_{p_1}/M_p\right]}{P/(RT_2)-\rho_{s_2}/M_s} \tag{5-18}$$

式中：ρ_{s_2}——离开冷凝器时的水蒸气的密度，kg/m^3。

离开冷凝器的空气和污染物质量流量为

$$m_{a_1}=y_{a_1}m_1 \tag{5-19}$$

$$m_{p_2}=(1-\eta)y_{p_1}m_1 \tag{5-20}$$

离开冷凝器气流的质量流量为

$$m_2=\left[m_{a_1}+(1-\eta)y_{p_1}\right]m_1+m_{s_2} \tag{5-21}$$

每个组分的质量分率为

$$y_{s_2}=m_{s_2}/m_2 \tag{5-22}$$

$$y_{p_2}=m_{p_2}/m_2 \tag{5-23}$$

$$y_{a_2}=1-y_{s_2}-y_{p_2} \tag{5-24}$$

若冷凝工艺排气中仅有水蒸气与污染物，或者仅有空气与污染物，原则上可以采用式（5-24）计算，可将没有的组分的相应项设为零。

2）表面冷凝器

表面冷凝也称间接冷却，冷却壁把废气与冷凝液分开，因而冷凝液组分较为单一，可以直接回收利用。常用的表面冷凝设备有列管冷凝器、翅管冷凝器、喷洒式冷凝器和螺旋板冷凝器等。

①需冷凝的废气中仅含有水蒸气与污染物时，可由前面类似的方法推算出离开冷凝器的净气中水蒸气和污染物的质量流量分别为

$$m_{s_2} = \frac{\rho_{s_2} m_1 (1-\eta) y_{p_1}}{M_p \left[P/(RT_2) - \rho s_2 / M_s \right]} \tag{5-25}$$

$$m_{p_2} = (1-\eta) y_{p_1} m_1 \tag{5-26}$$

离开冷凝器的气体的质量流量为

$$m_2 = m_{s_2} + m_{p_2} = (1-\eta) y_{p_1} m_1 \left\{ 1 + \frac{\rho_{s_2}}{M_p \left[P/(RT_2) - \rho_{s_2} / M_s \right]} \right\} \tag{5-27}$$

$$m_2 = (1-y_{p_1}) m_1 \frac{M_p \rho_{p_2}}{M_s (P - p_{p_2})} \left\{ 1 + \frac{\rho_{s_2}}{M_p \left[P/(RT_2) - \rho_{s_2} / M_s \right]} \right\} \tag{5-28}$$

离开冷凝器的净化气体体积流量Q_2为

$$Q_2 = \frac{m_{s_2}}{\rho_{s_2}} + \frac{m_{p_2}}{\rho_{p_2}} \tag{5-29}$$

得

$$Q_2 = \frac{(1-y_{p_1}) m_1 \rho_{p_2} RT_2}{M_s P (P - \rho_{p_2})} \times \frac{2 - \rho_{s_2} RT_2 / (M_s P)}{1 - \rho_{s_2} RT_2 / (M_s P)} \tag{5-30}$$

由水蒸气污染物流体向冷却剂流体传热速率为

$$q = m_1 y_{p_1} \left\{ \frac{1-y_{p_1}}{y_{p_1}} (h_{s_1} - h_{s_2}) + c_{pp}(T_1 - T_2) + \eta \Delta H_{vp} - \frac{\rho_{s_1}(1-\eta)}{M_p \left[P/(RT_2) - \rho_{s_2} / M_s \right]} \left[(h_{s_1} - h_{s_2}) - c_{ps}(T_1 - T_2) \right] \right\} \tag{5-31}$$

②废气由空气和污染物组成，无水蒸气，则由下式计算

$$m_2 = (1-\eta y_{p_1}) m_1 \tag{5-32}$$

$$Q_2 = \frac{m_1 RT_2}{P} \left[\frac{1-y_{p_1}}{M_a} + \frac{(1-\eta) y_p}{M_p} \right] \tag{5-33}$$

$$q = m_1 \left[y_{p_1} c_{pp} (T_1 - T_2) + \eta y_{p_1} \Delta H_{vp} + (1-y_{p_1}) c_{ps} (T_1 - T_2) \right] \tag{5-34}$$

式中：净化效率η仍可用式（5-9）～式（5-15）计算。

5.3.3 吸附法控制挥发性有机物

吸附法是采用吸附剂吸附气体中的 VOCs，从而使污染物从气相中分离的方法。吸附剂具有的较大的比表面积，可对废气中所含的 VOCs 进行吸附，此吸附多为物理吸附，过程可逆。

典型的吸附法净化 VOCs 的工艺流程如图 5-6 所示。通常采用 2 个吸附器，一个吸附时另一个脱附再生，以保证过程的连续性。吸附后的气体直接排出系统。通常以水蒸气作为脱附剂，蒸气将吸附的 VOCs 脱附并带出吸附器，通过冷凝和蒸馏，将 VOCs 提纯回收。

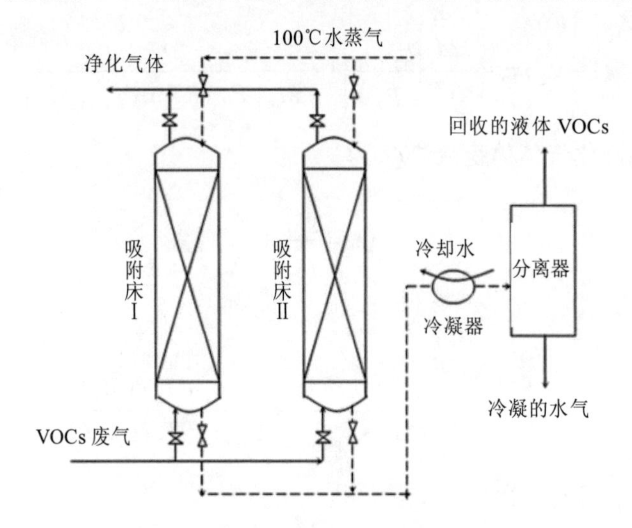

图 5-6 吸附法净化 VOCs 的工艺流程

5.3.3.1 吸附剂

对吸附剂的基本要求：

①需要较大的比表面积。工业上常用的吸附剂如活性炭、分子筛、硅胶等，其比表面积为 600～700 m^2/g。

②吸附剂对被吸附的吸附质要具有良好的选择性。

③吸附剂具有良好的再生性能。在工业上用吸附法分离或净化气体的经济性和技术可行性，在很大程度上取决于吸附剂能否再生。

④吸附剂的吸附容量要大。吸附剂的吸附容量与吸附剂的比表面积、孔径的大小、分子的极性大小及其官能团的性质有关。

⑤吸附剂要有良好的机械强度、热稳定性及化学稳定性。

⑥吸附剂应当容易获得，价格便宜。

研究表明，活性炭吸附 VOCs 性能最佳，原因在于其他吸附剂（如沸石、硅胶等）具有极性，在水蒸气存在的情况下，水分子和吸附剂极性分子结合，从而降低了吸附剂的吸附性能；而活性炭分子不易与极性分子结合，因而体现出较强的吸附能力。活性炭吸附剂具有以下特点：

①对带有支链的烃类的吸附优于对直链烃类的吸附；

②对芳香族化合物的吸附优于对非芳香族化合物的吸附；

③对有机物中含有无机基团物质的吸附低于不含无机基团物质的吸附；

④对分子量大、沸点高的化合物的吸附优于分子量小、沸点低的化合物的吸附。

但是，也有部分 VOCs 被活性炭吸附后难以再从活性炭中脱除，对于此类 VOCs，不宜采用活性炭作为吸附剂，应当选用其他吸附材料。部分难以从活性炭中去除的 VOCs 包括丙烯酸、丙烯酸丁酯、丁酸、丁二胺、二乙酸三胺、丙烯酸乙酯、2-乙基乙醇、丙烯酸二乙基酯、丙烯酸异丁酯、丙烯酸丁酯、谷朊醛、异佛尔酮、甲基乙基吡啶、甲基丙烯酸甲酯、苯酚、皮考啉、丙酸、二异氰酸甲苯酯、三亚乙基四胺、戊酸。

活性炭吸附法最适于处理 VOCs 质量浓度为 300～5 000 mg/m^3 的有机废气，主要用于吸附回收脂肪和芳香族碳氢化合物、大部分的含氯溶剂、常用醇类、部分酮类等，常见的有苯、甲苯、己烷、庚烷、甲基乙基酮、丙酮、四氯化碳、萘、醋酸乙酯等。

5.3.3.2　多组分吸附

当废气中含有多种 VOCs 时，活性炭对各个组分的吸附是有差别的。一般来讲，活性炭的吸附能力与化合物的相对挥发度近似呈负相关性。有机液体的相对挥发度为乙醚的蒸发量与相同条件下该有机物蒸发量的比值。一些有机液体相对挥发度的数值见表 5-14。

表 5-14　一些有机液体的相对挥发度

物质名称	相对挥发度	物质名称	相对挥发度	物质名称	相对挥发度
乙醚	1.0	二氯乙烷	4.1	正丁醇	33.0
二硫化碳	1.8	甲苯	6.1	二乙醇-甲醚	34.5
丙酮	2.1	醋酸正丙酯	6.1	二乙醇-乙醚	43.0
乙酸甲酯	2.2	甲醇	6.3	戊醇	62.0
氯仿	2.5	乙醇（95%）	8.3	十氢化萘	94.0
乙酸甲酯	2.9	正丙醇	11.1	乙二醇-正丁醚	163.0
四氯化碳	3.0	醋酸异戊酯	13.0	1,2,3,4-四氢化萘	190.0
苯	3.0	乙苯	13.5	乙二醇	2625
汽油	3.5	异丙醇	21.0		
三氯乙烯	3.8	异丁醇	24.0		

含有多种 VOCs 的气体通过活性炭吸附层时，在开始阶段各组分平均地吸附于活性炭上，但随着沸点较高的组分在吸附层内保留量的增加，相对挥发度大的蒸气重新开始气化。因此，吸附到达穿透点后，排出的蒸气大部分由挥发性较强的物质组成。下面以活性炭对两种 VOCs 混合蒸气吸附为例，对这个过程进行计算分析。

含 A、B 两种 VOCs 的气体通过吸附层。设沸点较低的物质为 A，沸点较高的物质为 B，C_A 和 C_B 分别表示废气中 A 和 B 的浓度。图 5-7 为 A 透过吸附层时，吸附质沿吸附层长度的分布状况。根据该图，吸附层全长 L 为各层 L_1、L_2、L_3、L_4 的总和。其中 L_1 为两种物质完全饱和的吸附层长度，活性炭对 A 的吸附容量为 a_{AB}（a_{AB}是与 A 的浓度为 C_A、B 的浓度为 C_B的气流呈平衡时，活性炭对 A 的吸附容量），活性炭对 B 的吸附容量为 a_{BA}；L_2为被 A 所饱和，尚能吸附 B 的吸附层长度；L_3为被 A 饱和的吸附层长度，其中 A 的吸附容量为 a_A；L_4是能吸附 A 的工作层。

由于 B 的存在，A 的吸附量减少，所以 a_A大于 a_{AB}。当吸附 B 的工作层向前推进时，那里原来吸附的 A 有一部分被取代下来。因此在 L_3这一段中物质 A 在气流中的含量较原来的 C_A高，以 C'_A表示，根据经验公式

$$C'_A = C_A + a \cdot C_B \tag{5-35}$$

式（5-34）中 a 为取代系数，可按下式求得

$$a = \frac{a_A - a_{AB}}{a_{BA}} \tag{5-36}$$

由于缺乏 a_{AB}和a_{BA} 的数据，通常无法计算取代系数 a，作为近似计算可以假定 $a = 1$，因此

$$C'_A = C_A + C_B \tag{5-37}$$

据此假定，在缺乏混合蒸气吸附等温线的情况下可做近似计算。从组分 A 的吸附等温线求出与气相浓度 C'_A 呈平衡的吸附容量，即对应 C'_A 的静平衡活度值，然后按吸附质 A 计算保护作用时间。

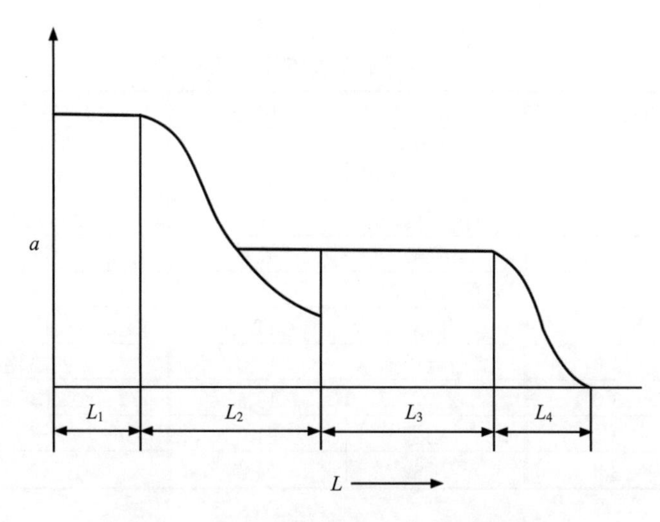

图 5-7　吸附容量沿吸附剂层长度的分布

5.3.3.3　活性炭的吸附热

用活性炭吸附蒸气或气体时，通常放出相当数量的热量，导致活性炭及气流温度升高，使活性炭吸附能力下降。

工业上计算时，对于物理吸附，常常取吸附热等于其凝缩热。但这种假定会引起较大的误差，因为物理吸附的吸附热等于凝缩热与润湿热之和。只有当前者相对后者很大时，

才可忽略不计润湿热，而且这里的润湿热是某阶段的所谓微分润湿热，不是全部的所谓积分润湿热。即这里的润湿热是活性炭固体颗粒的局部表面为液体润湿时放出的热，不是手册中通常给出的将固体完全浸入放出的热。因此应当从手册中直接查取吸附热，而不要采用查取凝缩热和润湿热然后相加的方法。若干有机物质不同温度时在活性炭上的吸附热见表 5-15，条件是用 500 kg 活性炭吸附 1 kmol 蒸气。

表 5-15　若干有机物质不同温度时在活性炭上的吸附热

有机物质	分子式	吸附热/（kJ/mol）	
		273 K	298 K
氯乙烷	C_2H_5Cl	50.16	64.37
二硫化碳	CS_2	52.25	64.37
甲醇	CH_3OH	54.76	58.16
溴乙烷	C_2H_5Br	58.10	—
碘乙烷	C_2H_5I	58.52	—
氯甲烷	CH_3Cl	38.46	38.46
氯仿	$CHCl_3$	60.61	60.61
四氯化碳	CCl_4	63.95	64.37
二氯甲烷	CH_2Cl_2	51.83	53.50
甲酸乙酯	$HCOOC_2H_5$	60.61	—
苯	C_6H_6	61.45	57.27
乙醇	C_2H_5OH	62.70	65.21
乙醚	$(C_2H_5)_2O$	64.79	60.61
氯代异丙烷	iso-C_3H_7Cl	54.76	66.04
氯代正丁烷	*n*-C_4H_9Cl	—	48.49
氯代正丙烷	*n*-C_3H_7Cl	61.03	65.21
2-氯丁烷	sel-C_4H_9Cl	—	62.70

实际计算有机物蒸气的吸附热时可以忽略温度的影响。对一些有机化合物，吸附热与吸附蒸气量的关系可利用下述公式估算：

$$q = ma^n \tag{5-38}$$

式中：q ——吸附热，kJ/kg 炭；

a ——已吸附蒸气量，m^3/kg 炭；

m，n ——常数，其值见表 5-16。

表 5-16 式（5-38）的常数 m 和 n

物质名称	分子式	n	m
氯乙烷	C_2H_5Cl	0.915	1 716
二硫化碳	CS_2	0.920 5	1 816
甲醇	CH_3OH	0.938	2 021
溴乙烷	C_2H_5Br	0.900	1 885
碘乙烷	C_2H_5I	0.956	2 273
氯仿	$CHCl_3$	0.935	2 210
甲酸乙酯	$HCOOC_2H_5$	0.907 5	2 083
苯	C_6H_6	0.959	2 342
乙醇	C_2H_5OH	0.928	2 214
四氯化碳	CCl_4	0.930	2 301
乙醚	$(C_2H_5)_2O$	0.921 5	2 229

5.3.3.4 吸附剂的再生

在吸附操作中，吸附剂的吸附能力逐渐趋于饱和，当吸附能力降到一定程度时，需将吸附物解吸出来。常用的再生方法有改变压力、改变温度、通气吹扫、置换脱附、溶剂萃取及化学转化。下面介绍几种具体的再生方法。

（1）高频脉冲再生法

和普通的高温再生法不同，高频脉冲法不需要逐渐升温及预热，也不需要通入水蒸气或 CO_2 等气体，而是直接将吸附剂直接放入再生炉内，在电磁场的反复交替作用下，使吸附质在每个周期内正反改变运动方向，伴随分子间迅速旋转，产生分子间的内部摩擦，从而使电能转化为热能。频率越高，分子间的运动越剧烈，在极短的时间内产生大量的热量，吸附质因此达到高温条件，发生分解、炭化，使反应产物排出，活性炭得以再生。这种方法是在隔绝空气的条件下进行的。加热具有一定选择性，吸附剂本身的温度不一定高，但吸附质的温度却很高，达到了活化的条件。因再生后的吸附剂强度和粒度没有变化，所以不存在吸附剂的烧蚀，吸附剂的使用寿命比一般再生法长很多。

（2）强制放电再生技术

强制放电再生是指利用吸附剂自身的导电性和电阻控制能量使其强制形成电弧，对被再生的吸附剂进行放电，从而达到再生的目的。在强制放电过程中会产生如下作用：高温使吸附质迅速气化、炭化；放电弧隙中的气体热游离和电锤效应使吸附剂里的吸附质被电离而分解；放电形成的紫外线使吸附剂颗粒间空气中的氧有一部分生成臭氧，对吸附质起放电氧化作用。

当具有一定能量的电流在吸附剂的许多接触点通过突然分离时接触点处的电流密度很大，在该点立即产生高温，且吸附剂颗粒间距离小，故电场强度极大，在吸附剂颗粒间极小的距离内吸附剂颗粒内部的自由电子再从阴极表面逸出，自由电子在电场中运动时要撞击中性气体分子，使之激励和游离，产生正负离子和电子，而当中性气体分子产生的电子向阳极运动时又会继续撞击其他中性分子，这样吸附剂颗粒间产生大量的带电粒子，最终使气体导电形成炽热的电子流弧，弧隙间产生的大量热能使吸附剂颗粒整体温度迅速达到再生温度。

（3）微波辐照再生法

吸附剂再生中最常用的高温加热再生法需要效率高、加热快、能耗低的加热方式，微波加热技术由于其独特的加热方式及优异的加热性能，使其在吸附剂高温加热再生上的应用受到了研究者的重视。

影响微波辐照再生的主要因素有微波功率及频率、微波辐照时间、吸附量、含水率、载气及载气流速。微波辐照解吸所需时间都极少，一般为常规加热再生法的十几分之一甚至几十分之一，吸附剂的升温很快，在几分钟内即可达到吸附剂解吸所需的温度，且解吸效果良好。

5.3.4 吸收法控制挥发性有机物

吸收法是采用低挥发或不挥发溶剂对 VOCs 进行吸收，再利用有机分子和吸收剂物理性质的差异将二者分离的净化方法。吸收效果主要取决于吸收剂性能和吸收设备的结构特征。

5.3.4.1 吸收剂

吸收剂应具有如下特点：吸收剂必须对被去除的 VOCs 有较大的溶解性；如果需回收有用的 VOCs 组分，则回收组分不得和其他组分互溶；吸收剂的蒸气压必须相当低，如果净化过的气体被排放到大气中，吸收剂的排放量必须降低到最低；洗涤塔在较高的温度或较低的压力下，被吸收的 VOCs 容易从吸收剂中分离出来，并且吸收剂的蒸气压必须足够低，才不会污染被回收的 VOCs；吸收剂在吸收塔和汽提塔的运行条件下必须具有较好的化学稳定性及无毒无害性；吸收剂分子量要尽可能低（同时需考虑低吸收剂蒸气压的要求），使吸收能力最大化。

5.3.4.2 吸收工艺

吸收法控制 VOCs 污染的工艺流程如图 5-8 所示。

含 VOCs 的气体由底部进入吸收塔，在上升的过程中与来自塔顶的吸收剂逆流接触而被吸收，被净化后的气体由塔顶排出。吸收了 VOCs 的吸收剂通过热交换器后，进入汽提塔顶部，在温度高于吸收温度或（和）压力低于吸收压力时得以解吸，吸收剂再经过溶剂冷凝后进入吸收塔循环使用。解吸出的 VOCs 气体经过冷凝器、气液分离器后以纯 VOCs 气体的形式离开汽提塔，被进一步回收利用。该工艺适用于 VOCs 浓度较高、温度较低和压力较高的场合。

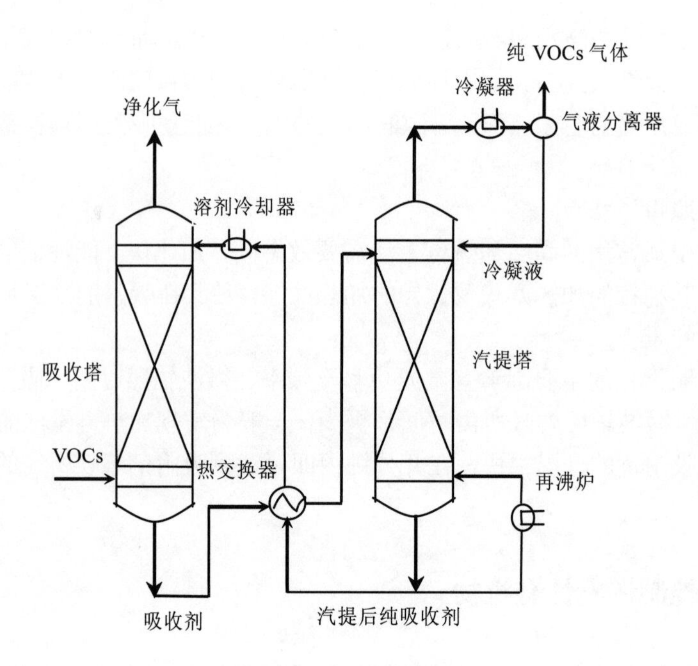

图 5-8　工艺流程

5.3.4.3　吸收设备

用于 VOCs 净化的吸收装置多数为气液相反应器，一般要求气液有效接触面积大，气液湍流程度高，设备的压力损失小，易于操作和维修。目前工业上常用的气液吸收设备有喷洒塔、填料塔、板式塔、鼓泡塔等。其中在喷洒塔、填料塔中，气相是连续相，而液相是分散相，其特点是相界面面积大，所需气液比亦较大。在板式塔、鼓泡塔中，液相是连续相，气相是分散相。VOCs 吸收净化过程，通常污染物浓度相对较低、气体量大，因而选用气相为连续相、湍流程度较高、相界面大的如填料塔、湍球塔型较为合适。填料塔的气液接触时间、气液比均可在较大范围内调节且结构简单，因而在 VOCs 吸收净化中应用较广。下面简要讨论填料塔的设计指标。

（1）液气比

液气比既是重要的操作参数，也是重要的设计参数。它既影响操作条件下的气液平衡（操作线的斜率），也影响吸收过程的经济性。

（2）塔径

填料塔直径取决于气体的体积流量与空塔气速，前者由生产条件决定，后者则在设计时规定。在气体处理量一定的条件下，气速大则塔径小，又由于传质系数提高，可使填料的总体积减小，因而设备费可降低；气速大则阻力大，使操作费提高。气速又不能过于靠近液泛点，否则生产条件稍有波动，操作就不稳定。因此，在设计时应充分考虑填料层的压力降、液泛气速、载液气速及其他一些水力性能。在正常运行时，气体流速一般控制在液泛气速的 75%以内。液泛速度可由半经验方程计算或用关联图（图 5-9）查出。也可以根据生产条件，规定出可允许的压力降，由此压力降反算出可采用的气速。

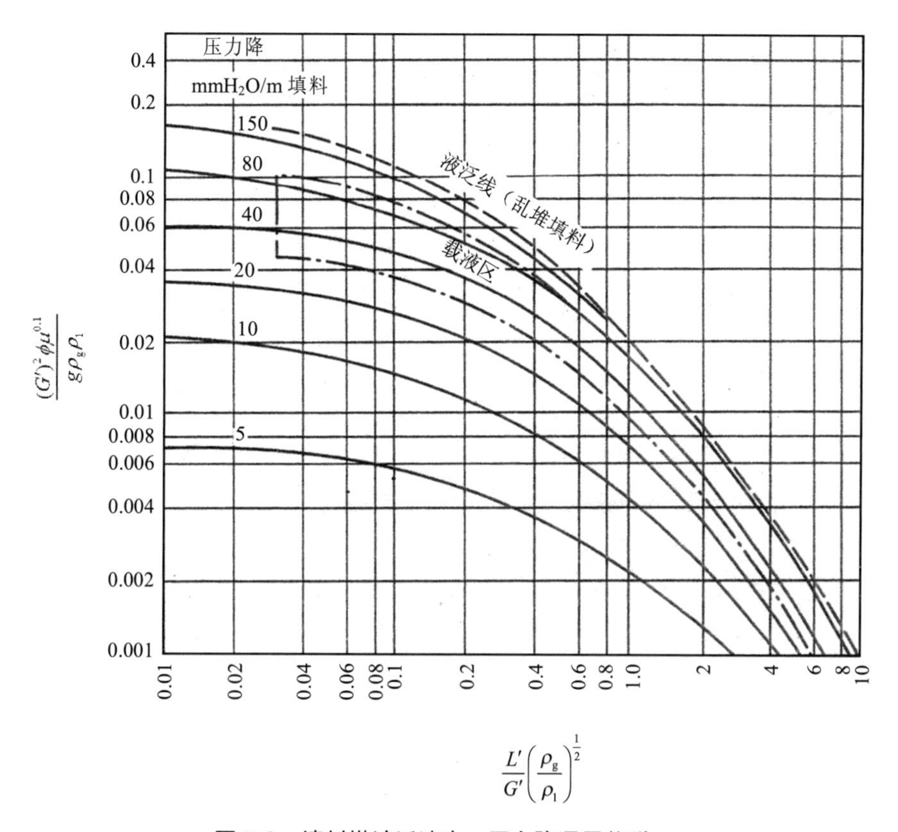

$$\frac{(G')^2\phi\mu^{0.1}}{g\rho_g\rho_l}$$

$$\frac{L'}{G'}\left(\frac{\rho_g}{\rho_l}\right)^{\frac{1}{2}}$$

图 5-9　填料塔液泛速度、压力降通用关联

注：横坐标为气液流量关联式；纵坐标为压降关联式。

G'、L'——气体与液体的质量流率，kg/（m^2·s）；

ρ_g、ρ_l——气体与液体的密度，kg/m^3；

ϕ——填料因子，l/m；

μ——液体黏度，mPa·s；

g——重力加速度，m/s^2。

（3）填料层高度

填料层高度可由传质单元数和传质单元高度推算。根据经验，对工业用吸收塔，传质单元高度可取 1.5～1.8 m。如果算出的高度太大则要分成若干段，每段高度一般不宜超过 6 m。填料尺寸也影响填料层高度的分段。例如，采用拉西环，每段填料层高度可为塔径的 3 倍，若采用鲍尔环及鞍形填料，则为 5～6 倍。

该方法对处理大风量、常温、低浓度有机废气比较有效，操作费用低，已在工程中得到实际应用。如福建省晋江市明辉鞋业有限公司的“三苯”废气治理中，使用高效吸收净化塔，以 0 号柴油作吸收剂，“三苯”总净化率为 93.85%。

5.3.5 非平衡等离子体控制挥发性有机物

5.3.5.1 概述

等离子体是由大量的正负带电粒子和中性粒子组成并表现出集体行为的一种准中性气体。等离子体可以分为热力学平衡状态等离子体和非热力学平衡态等离子体。当电子温度 T_e 与离子温度 T_i、中性粒子温度 T_g 相等时，等离子体处于热力学平衡状态，称为平衡态等离子体（equilibrium plasma）或热等离子体（thermal plasma），其温度一般在 5×10^3 K 以上；当 $T_e \gg T_i$ 时，称为非平衡态等离子体（non-thermal equilibrium plasma），其电子温度可高达 10^4 K 以上，而离子和中性粒子的温度却只有 300～500 K，非平衡态等离子体又可称为低温等离子体（cold plasma）。气体放电产生非平衡态等离子体的种类较多，按电极结构和供能方式的差异，可将气体放电方法分为电晕放电、介质阻挡放电和表面放电等。其中电晕放电又包括直流电晕放电、脉冲电晕放电和交流电晕放电。这些放电方式有一个共同的特点，就是均能在较高的气体压力下形成非平衡态等离子体。

（1）直流电晕放电

直流电晕放电是在直流高压作用下，利用电极间电场分布的不均匀性产生气体放电的一种方式。这种放电方法广泛用于静电除尘方面。在有机污染物的净化方面也有人做过研究，尽管也有一定的净化效果，但是直流电晕放电形成的等离子体活性空间小，仅限于电晕极附近，同时在略高的操作电压下即会击穿形成火花放电，使气体温度升高。研究表明，静电除尘过程与有机污染物的降解过程对放电的要求有较大差别，前者放电以提供离子源为目的，所需的电晕区较小，用直流电晕即可满足要求；而后者要求放电能为有机污染物的降解反应提供足够多的活性物质，因而反应器应有较大的活性空间，而直流电晕放电较难满足这个要求，所以不适用于有机污染物的净化。

（2）脉冲电晕放电

20 世纪 80 年代初期，日本、美国的学者最先提出了脉冲电晕产生常压非平衡等离子体的方法。该方法是利用高能电子的作用激发气体分子，使其电离或离解，并产生强氧化性的自由基。脉冲电晕放电采用窄脉冲高压电源供能，脉冲电压的上升前沿极陡（上升时间为几十纳秒至几百纳秒），峰宽较窄（几微秒以内），在极短的脉冲时间内，电子被加速而成为高能电子，而其他质量较大的离子由于惯性作用在脉冲瞬间来不及被加速而基本保持静止。因此放电提供的能量主要用于产生高能电子，能量效率较高。

与电子束照射法相比，该法不需要电子加速器，也无须辐射屏蔽，因而具有较好的安全性和可操作性。与直流电晕放电相比，脉冲电晕放电还有以下优点：可以在较高的脉冲电压下操作，不像直流电晕放电那样容易过渡到火花放电，因而可提供比直流电晕放电高几个数量级的活性离子浓度；在高电压作用下，电晕区较大而且放电空间电子密度较高，同时空间电荷效应也使电子在反应器内分布趋于均匀，所以其活性空间也比直流电晕放电大得多；电子密度大、分布广，反应器可以设计成较大空间，允许较宽的反应器制造误差。由于脉冲电晕放电具有这些优点，所以其在空气污染物净化方面具有更强的应用前景。

（3）介质阻挡放电

介质阻挡放电是绝缘介质插入放电空间的一种气体放电。介质可以覆盖在电极上或者悬挂在放电空间里，当在放电电极上施加足够高的交流电压时，即使在很高气压下，电极间的气体也会被击穿而形成所谓的介质阻挡放电。这种放电表现为均匀、漫散和稳定，貌似低气压下的辉光放电，但是实际上其是由大量细微的快脉冲放电通道构成的。通常放电空间的气体压强可达 10^5 Pa 或更高，所以这种放电属于高气压下的非热平衡放电。在历史上这种放电又称无声放电，因为它不像空气中的火花放电那样会发出巨大的击穿响声。

介质阻挡放电可以用频率 50 Hz～1 MHz 级的高电压来启动。在大气压强（105 Pa）下这种气体放电呈现微通道的放电结构，即通过放电间隙的电流由大量快脉冲电流细丝组成。电流细丝在放电空间和时间上都是无规则分布的，这种电流细丝就称为微放电，每个微放电的时间过程都非常短促，寿命不到 10 ns，而电流密度却可高达 0.1～1 kA/cm^2。圆柱状细丝的半径约为 0.1 mm。在介质表面上微放电扩散成表面放电，这些表面放电呈明亮的斑点，其线径约几毫米。

（4）表面放电

表面放电的主体是结构致密的陶瓷（陶瓷管或瓷板），在陶瓷的内部埋有金属板作为接地极，陶瓷的一侧表面上布置导电条件作为高压电极，另一侧作为反应器的散热面。在中、高频电压作用下，放电从放电极沿陶瓷表面延伸，在陶瓷表面形成许多细致的流注通道。与其他放电方式相比，表面放电的功率消耗大，放电过程中发热比较严重，常需在反应器的外部强制冷却，能量利用率不高。另外由于放电只集中在陶瓷表面附近，提供的等离子体反应空间亦不够，加上结构复杂，故不便于实际应用。

5.3.5.2 脉冲电晕放电降解 VOCs 机理分析

电晕法处理 VOCs 的根本出发点在于电晕放电产生的物理和化学反应，而对 VOCs 分子产生分解和氧化作用。脉冲电晕放电是在两个不均匀的电极之间叠加一个脉冲电压，由于脉冲电压波形的前后沿极陡、峰宽较窄，故会在极短的脉冲时间内，在电晕极周围发生激烈、高频率的脉冲电晕放电，产生高浓度的等离子体。其催化净化机理包括两个方面：①在产生等离子体过程中，高频放电产生的瞬时高能量可打开某些有害气体分子的化学键，使其分解成单质原子或无害分子。②等离子体中包含有大量高能电子、离子、激发态分子和自由基，这些活性粒子的能量高于气体分子的键能，它们会与挥发性有机物分子发生频繁的碰撞，打开气体分子的化学键，同时产生大量 O、OH、OH_2 等自由基和氧化性极强的 O_3 与有害气体分子发生化学反应生成无害产物。

（1）电晕放电等离子体处理 VOCs 的基本过程

当电极间加上电压时，电极空间里的电子从电场中获得能量加速运动。电子在运动过程中和气体分子发生碰撞，结果使气体分子电离、激发或吸附电子成负离子。电子在碰撞过程中，产生三种可能的结果：第一种是电离中性气体产生离子和衍生电子，衍生电子又加入电离电子的行列维持电离继续进行；第二种是与电子亲和力高的分子（如 O_2、H_2O 等）碰撞，被这些分子吸收形成负离子；第三种是和一些气体分子碰撞使其激发，激发态的分子极不稳定，很快回到基态辐射出光子，具有足够能量的光子照射到电晕极上有可能导致光电离而产生光电子，光电子对放电维持有贡献。经过电子碰撞后的气体分子形成了具有高活性的粒子，这些活性粒子然后与 VOCs 分子进行氧化、降解反应，从而最终将污染物转化为无害物。过程如图 5-10 所示。

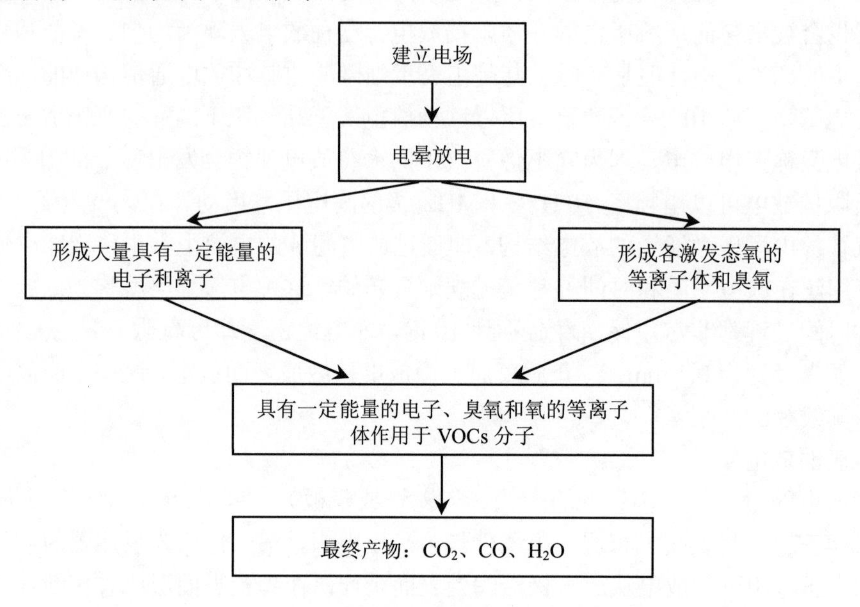

图 5-10 电晕法处理 VOCs 的过程

（2）各种粒子的作用

从前面的等离子体处理 VOCs 的基本过程可以看出，起根本作用的是自由电子、各种离子及氧的等离子体等，要研究 VOCs 的去除必须先分析这三种离子的作用。

1）高能电子。电晕放电过程中，气体中产生的大量自由电子在电场力的作用下获得能量，做加速运动并与某个气体分子发生非弹性碰撞，将能量传递给该分子，使气体分子的外层电子脱离它的束缚，从而产生更多的电子和带正电的离子。

电子在电场中能量的增加不是一次性完成的，而是经过多次弹性碰撞之后才能达到一定的能量水平。在大气压力和常温下，电子的平均自由程为 10^{-7} m。电子在每一个自由程内能量水平仅能增加几分之一电子伏，甚至几十分之一电子伏，同时要求电场的方向与电子运动方向一致，且电场强度达到每厘米几千伏到几万伏。电子在一个平均自由程获得能量后，与其他粒子继续发生弹性碰撞，电子在下一个平均自由程内再获得能量，直到该电子的能量达到一定水平，此时将与气体分子发生非弹性碰撞，将大部分能量传递给分子，使分子能够电离、离解和激发，再产生自由电子。

电子在电场中获得能量的大小决定了其作用于 VOCs 分子的选择性，在脉冲电晕中电子的平均能量分布范围为 2～20 eV，最大概率的能量分布在 2～12 eV。

2）氧的等离子体

在电晕放电过程中，氧的形态由于电场中自由电子的作用和放电产生的光电效应而变得十分复杂，这种复杂的氧的状态称为氧等离子体。由前面对电晕等离子体的理论分析中可知，在电晕区内电子因雪崩而产生大量的电子，这些电子从电晕区出来以后在电场的作用下加速到另一极。氧分子在高速运动的电子冲击下和光电效应作用下，发生碰撞、离解和电离。氧的等离子体中存在多种离子，产生氧的等离子体过程中的反应是非常复杂的，反应式达 70 多个。

（3）电晕放电等离子体对 VOCs 的降解

当电晕放电产生之后，具有一定能量的电子在电场中运动，不仅产生氧的等离子体和臭氧，而且对 VOCs 的分子产生弹性或非弹性碰撞。当电子具有的能量与 VOCs 分子内部某一化学键的键能相同或略大时，电子与 VOCs 分子产生非弹性碰撞，在非弹性碰撞中，电子将其具有的大部分能量传递给其所碰撞的 VOCs 分子，从而使 VOCs 分子发生电离、离解或激发等，形成具有高度活性的活性粒子，同时破坏某个化学键。VOCs 分子中主要化学键合成和分解的能量见表 5-17。

表 5-17 VOCs 分子中主要化学键合成和分解的能量

化学键	合成和分解的能量/eV	化学键	合成和分解的能量/eV
C—C	3.16	C≡C	8.4
C＝C	6.13	C—F	4.4
C＝C（在环中）	5.15	C≡N	9.3
C—H	4.13	O—O	1.4
C—O	3.17	C—S	2.7
C＝O（在 CO_2 中）	8.13	C—N	3.1
C—Cl	3.15	O—H	4.8

电子在放电过程获得的平均能量分布范围为 2～20 eV，最大概率的能量分布为 2～12 eV，对照上述的主要键的键能，其合成和分解所需的能量均在自由电子能量分布概率最大的区域内，这样电晕放电产生的自由电子就可有效地破坏 VOCs 分子的结构，例如环状结构被破坏成直链结构，长链被分解成短链。在电子破坏 VOCs 分子的结构后，气体中的臭氧和氧的等离子体可以比较容易地与这些结构已经被破坏了的 VOCs 分子发生反应，同时氧的等离子体中高能态的离子体和臭氧也可直接与 VOCs 分子进行氧化反应，它们的反应生成物均为 CO_2、CO 和 H_2O。这种反应是一种链式反应，即一旦 VOCs 分子受到电子非弹性碰撞，分子被电离、离解或激发成活性粒子，同时又释放出能量和电子，这些电子在电场中被加速，继续与目标分子发生碰撞，再释放出能量和电子。

5.3.6 生物法控制挥发性有机物

对于工业上气量大、浓度低且污染物大都无回收价值的 VOCs 废气治理而言，生物法与其他方法相比，无论从经济角度，还是从技术角度上来讲，都有不可比拟的优越性和重要性。其工艺简单、操作方便、运行稳定、处理效果好、无二次污染，特别是费用低、能耗少，是实施可持续发展的一项有利技术措施。因此，生物法备受人们的青睐，世界各国许多环保人士致力于生物处理技术的研究。

5.3.6.1 概述

生物法处理挥发性有机废气的工艺主要有生物洗涤法、生物滴滤法和生物过滤法三种，下面对其工艺特点进行详细介绍。

（1）生物洗涤法

生物洗涤法也称生物吸收法。生物洗涤法是利用由微生物、营养物和水组成的微生物吸收液处理废气，适合于吸收可溶性气态污染物。对吸收了污染物的微生物混合液可再次进行好氧处理，去除液体中吸收的污染物，经处理后的吸收液再重复使用。在生物洗涤法中，微生物及其营养物配料存在于液体中，气体中的污染物通过与悬浮液接触后转移到液体中从而被微生物所降解。其降解工艺如图 5-11 所示。

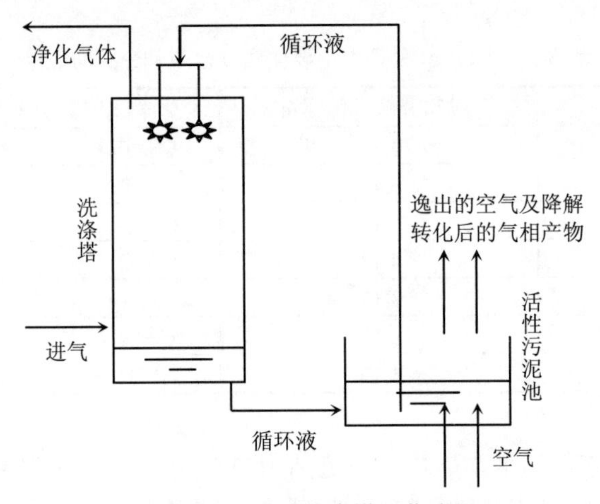

图 5-11 生物洗涤塔工艺流程

生物洗涤法的操作过程分为吸收洗涤过程和再生过程两部分。生物洗涤液（循环液）自吸收塔顶部喷淋而下，废气中的有机物和氧在这个过程中传入液相。吸收了有机污染物的洗涤液再进入再生反应器（活性污泥池）中，洗涤液中的有机物被再生反应器中的微生物降解，从而达到再生的目的。

生物洗涤法中气、液相的接触方法，除采用液相喷淋，还可以采用气相鼓泡。一般地，若气相阻力较大，可用喷淋法；反之，液相阻力较大时则用鼓泡法。鼓泡与污水生物处理技术中的曝气相仿，废气从洗涤塔底通入，与新鲜的生物悬浮液接触后被吸收。日本一家污水处理厂用含有臭气的空气作为曝气空气将其送入曝气池，同时进行废水和废气的处理，取得脱臭效率达 99%的效果。富山等在臭气净化处理实验中发现，当活性污泥浓度控制在 5 000～10 000 mg/L、气量＜20 m^3/h 时，装置的运行负荷和去除率均较理想。日本一铸造厂采用此法处理含胺、酚和乙醛等污染气体时，设备采用二级洗涤脱臭装置，装置运行十多年来一直保持较高的去除率。德国开发的二级洗涤脱臭装置中，臭气从下而上经二级洗涤，浓度从 2 100 mg/L 降至 50 mg/L，且运行费用极低。

生物洗涤方法可以通过增大气液接触面积，如鼓泡法中加填料，以提高处理气量；或在吸收液中加某些不影响生物生命代谢活动的溶剂，以利于气体吸收，达到去除某些不溶水的有机物的目的。

由于生物洗涤法的循环洗涤液需采用活性污泥法来再生，所以，在通常情况下，循环洗涤液主要是水，因此，该方法只适用于水溶性较好的 VOCs，如乙醇、乙醚等，而对于难溶的 VOCs，该方法则不适用。

（2）生物滴滤法

生物滴滤法净化 VOCs 废气的工艺流程如图 5-12 所示。VOCs 气体由塔底进入，在流动过程中与生物膜接触而被净化，净化后的气体由塔顶排出。循环喷淋液从填料层上方进入滤床，流经生物膜表面后在滤塔底部沉淀，上清液加入 N、P、pH 调节剂等循环使用，沉淀物排出系统。

喷淋液的作用主要有：提供微生物所需的除碳源以外的其他营养物质；保证微生物生存的湿度环境；调节微生物生长环境的 pH；带走代谢产物；通过水力冲刷保持生物膜的厚度，防止生物膜内厌氧。

生物滴滤床填料通常采用粗碎石、塑料、陶瓷等无机材料，比表面积一般为 100～300 m^2/m^3。采用这类填料，一方面可为气流通过提供大量的空间；另一方面，也可降低填料压实程度，避免由微生物生长和生物膜脱落引起填料层堵塞。

生物滴滤法和生物洗涤法有相似的优点：反应条件（pH、温度）易于控制（通过调节循环液的 pH、温度），故在处理卤代烃、含硫、含氮等微生物降解过程中会产生酸性代谢产物的污染物时，生物滴滤床较生物滤床更有效；负荷大，缓冲能力强。缺点包括气态污染物在液相中的溶解存在着气体传质问题。喷淋液量过大或过小都不可取，喷淋液量过大，不利于微生物的生长；喷淋液量过小，微生物不宜存活。

（3）生物过滤法

生物过滤法处理 VOCs 废气的工艺流程如图 5-13 所示。生物过滤法由增湿塔和生物过滤塔组成。挥发性有机气体在增湿塔增湿后进入过滤塔，与已经接种挂膜的生物滤料接触而被降解，最终生成 CO_2、H_2O 和微生物基质，净化气体由顶部排出。该法需定期在塔顶喷淋营养液，为滤料上的微生物提供养分、水分和维持恒定的 pH。生物过滤法工艺简单、易于操作，而且滤料具有比表面积大、吸附性能好的特性，可大大减缓入口负荷变化引起的净化效率的波动。

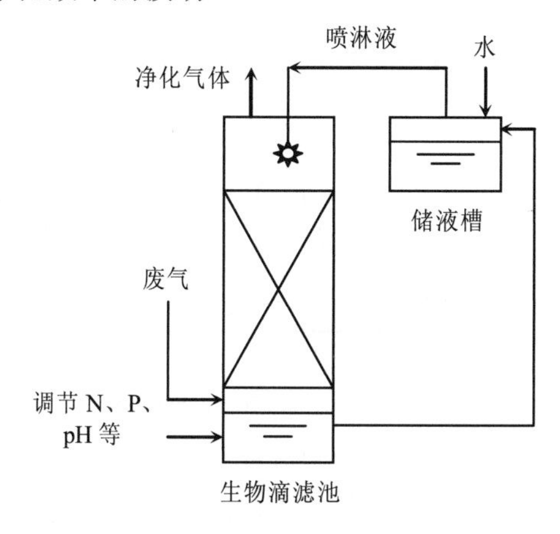

图 5-12　生物滴滤塔净化 VOCs 工艺流程

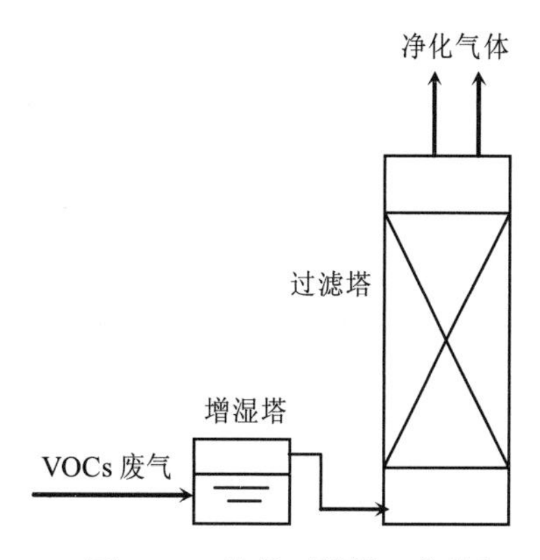

图 5-13　生物过滤塔工艺流程

目前，较为常用的生物过滤工艺有土壤法和堆肥法。土壤法中微生物生活的适宜条件为：温度为5～30℃，湿度为50%～70%，pH值为7～8。土壤滤层材料一般的混合比例为：黏土为1.2%，有机质沃土为15.3%，细砂土约为53.9%，粗砂为29.6%。滤层厚度为0.5～1.0 m，气流速度为6～100 m^3/（$m^2 \cdot h$）。土壤生物滤床具有较好的通气性和适度的通水性、持水性，以及完整的微生物群落，能有效地去除烷烃类化合物，对于乙醇等生物易降解物质的处理效果更佳。土壤法的优点是设备简单、运行和管理费用低；缺点是占地面积大，开放式的场地会因雨水和灰尘的沉积而使滤层的通气性降低，生物活性变差，去除效率降低，这些因素制约了该法的应用。

堆肥法以泥炭、堆肥、土壤、木屑等有机材料为滤料，经熟化后形成一种有利于气体通过的堆肥层，更适宜于微生物生长繁殖，因而堆肥生物滤床中的生物量比土壤床多，污染物的去除负荷及净化效率均比土壤床高，空床停留时间也较短（堆肥法一般只需30 s，而土壤法则需60 s），因此可大大减小占地面积。但堆肥易被生物降解，寿命有限，运行1～5年后必须更换。

传统生物过滤器在运行中会碰到一些问题，如填料降解需要更新，负荷过高发生堵塞，酸化导致pH上升，废气湿度低使填料干化等。针对这些问题，人们对生物过滤法进行了许多改进，如多点进气、生物滴滤反应器、膜生物反应器等。所谓多点进气就是沿生物过滤器高度方向分几个点进气。与传统的底部一点进气相比，这种进气方式更加均匀，可以避免或减缓生物过滤器下端堵塞、生物沿生物过滤器高度分布不均匀等现象。

（4）生物法工艺比较

生物法工艺性能比较见表5-18。

表5-18 生物法工艺性能比较

工艺	系统类别	适用条件	运行特性	备注
生物洗涤法	悬浮生长工艺	气量小、浓度高、易溶、生物代谢速率较低的VOCs	系统压降较大；采用活性污泥系统再生洗涤液，所以VOCs可能通过曝气由液相转移到气相	对较难溶气体可采用鼓泡塔、多孔板式塔
生物滴滤法	附着生长工艺	气量大、浓度低、有机负荷较高、降解过程中产酸的VOCs	处理能力大，工况易调节，不易堵塞	有机负荷较高时需要进行反冲洗以防止填料堵塞
生物过滤法	附着生长工艺	气量大、浓度低的VOCs	处理能力大，操作方便，工艺简单，能耗少，运行费用低，具有较强的缓冲能力	不适于处理降解过程中产酸，降解产物或中间产物对微生物有抑制作用的VOCs

从表5-18可知，不同成分、浓度、气量的VOCs各有其适宜的生物净化系统。针对净化气量小、浓度大且生物代谢速度较低的气体污染物时，可采用以穿孔板塔、鼓泡塔为吸收设备的生物洗涤器，以增加气液接触时间和接触面积，但系统的压降较大，对易溶气体

则可采用生物喷淋塔；对于负荷较高，降解过程易产酸的 VOCs 则宜采用生物滴滤系统；对于大气量、低浓度的 VOCs 可采用生物过滤系统，该系统工艺简单、操作方便。可见生物过滤塔、生物洗涤塔和生物滴滤塔各有其特点和应用条件，因此，应根据废气中污染物的特性和条件，选择适宜的生物处理技术。

目前，国外运行的生物过滤系统很多，并在此基础上，正在研究开发封闭式的成套生物法处理装置，以利于过程控制和监测。如通过选择合适的支撑材料来改善气流条件，强化传质能力；通过选择比表面积大的滤料和细胞固定化技术，来增加单位滤塔体积的生物量，为高负荷处理提供条件；通过控制适当的微生物生长的环境参数，来提高污染物的转化率。石油化工行业是我国重要经济产业之一，其排放的烃类废气量巨大，该行业排放的气态有机污染物主要来自甲醇、乙醛、醋酸、环氧丙烷、苯、甲苯、乙苯、氯乙烯、苯乙烯、对苯二甲酸、顺丁橡胶、丙烯腈和环氧丙烷等的生产装置。此外，大批化工和石油化工污水处理厂释放出的恶臭气体尚无有效治理技术。因此，生物法处理含 VOCs 废气在我国石油化工和其他化工行业具有很大的需求和良好的应用前景。

5.3.6.2　生物过（滴）滤降解模型

（1）降解机理

生物过（滴）滤降解挥发性有机物的过程如图 5-14 所示。降解过程是一个多相反应过程，主要包括如下几个步骤：①挥发性有机物和氧气从气相主体传递到气膜表面；②挥发性有机物和氧气从气膜扩散到生物膜表面；③挥发性有机物和氧气在生物膜内部的扩散；④生物膜内的降解反应；⑤代谢产物排出生物膜。在上述的 5 个过程中，②③④对于挥发性有机物的去除都很重要，①⑤对挥发性有机物的去除影响较小，一般可以忽略。生物膜内的降解反应是最为重要的，因为它是气相传质及生物膜内扩散的原动力。

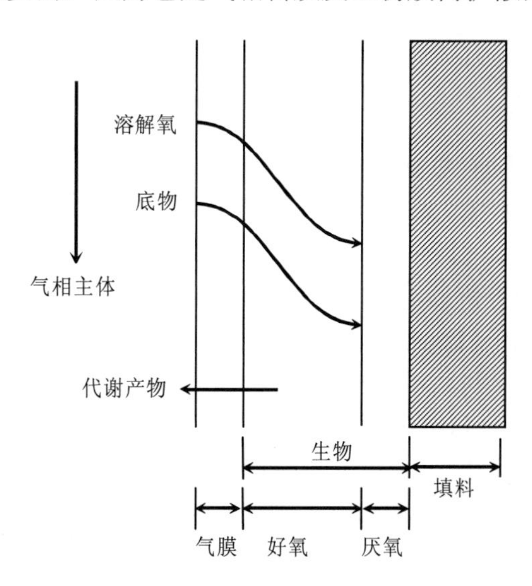

图 5-14　生物降解挥发性有机物示意

（2）降解过程分析

生物膜内 Δx 微元上的物质平衡如图 5-15 所示。

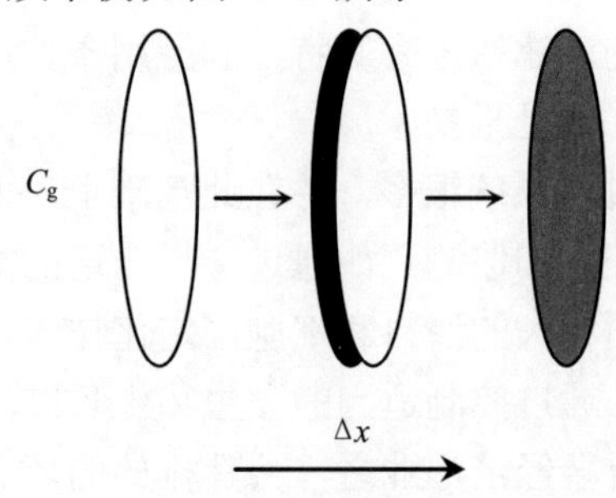

图 5-15 生物膜内 Δx 微元上的物质平衡示意

输入量：

$$-D_e a \frac{dC_f}{dx}|_x \tag{5-39}$$

输出量：

$$-D_e a \frac{dC_f}{dx}|_{x+\Delta x} \tag{5-40}$$

降解的量：

$$-ra\Delta x \tag{5-41}$$

在稳态条件下，生物膜内 Δx 微元上的物质平衡方程为

$$-D_e \frac{dC_f}{dx}|_x + D_e \frac{dC_f}{dx}|_{x+\Delta x} - r\Delta x = 0 \tag{5-42}$$

即

$$D_e \frac{d^2C_f}{dx^2} - r = 0 \tag{5-43}$$

式中：D_e——挥发性有机物在生物膜内的扩散系数，m^2/h；

a——填料的比表面积，m^2/m^3；

C_f——在 x 生物膜处的挥发性有机物浓度，kg/m^3；

dC_f/dx——挥发性有机物在生物膜内的浓度梯度；

r——挥发性有机物去除速率，kg/（$m^3 \cdot h$）。

（3）稳态时模型的求解

生物过（滴）滤塔中有液体喷淋，挥发性有机物通过液膜才能与生物过滤介质接触，挥发性有机物以扩散形式从气相进入生物膜相，在生物膜相被微生物氧化为 CO_2 和 H_2O，或转化为微生物自身的生命物质。生物降解数学模型描述了稳态条件下的物质运输及生物降解过程。生物降解挥发性有机物模型如图 5-16 所示。

为了使模型简化和便于应用做如下假设：

1）生物膜厚度与填料粒子的直径相比较小。

2）假定乙苯以扩散形式进入生物膜，扩散通量按 Fick 第一定律计算：

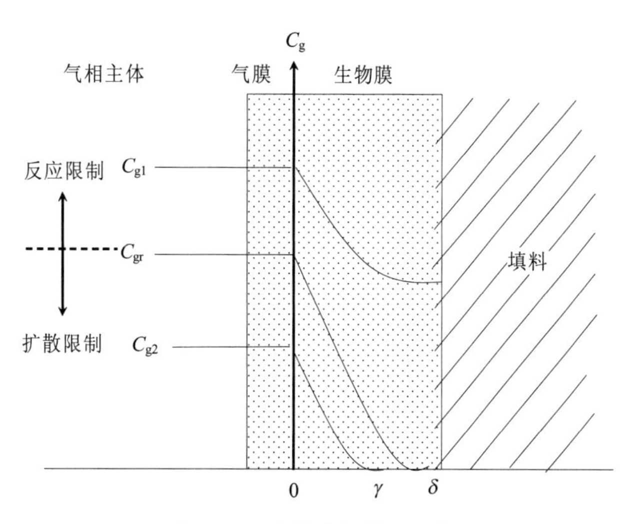

图 5-16　生物降解模型示意

$$N_s = -D_e(\mathrm{d}C_f/\mathrm{d}x)|_{x=0} \tag{5-44}$$

式中：N_s——乙苯由气相进入生物膜相的扩散通量，kg/（m^2·h）。

3）气膜阻力及液膜阻力可以忽略不计，生物膜相与气相边界处的气相乙苯浓度与气相主体中的浓度相同。

4）在稳态条件下，生物过滤塔中的微生物分布均一，活性相同。

5）乙苯在生物膜内的降解符合 Monod 动力学方程：

$$r = \frac{r_{max}C_f}{k_m + C_f} \tag{5-45}$$

式中：r_{max}——理论上乙苯最大去除速率，kg/（m^3·h）；

k_m——生物降解反应常数，kg/m^3。

伴随 C_f 值的变化，式（5-44）可被简化为零级和一级反应动力学。

在稳态条件下，废气中乙苯浓度的减少等于乙苯由气相进入生物膜相所传递的量，即

$$-Q_g\frac{\mathrm{d}C_g}{\mathrm{d}h} = N_s A_s a \tag{5-46}$$

式中：Q_g——气体流量，m^3/h；

dh——轴向微元；

A_s——填料塔的横截面面积，m^2。

①零级降解动力学

当废气中乙苯的浓度较高时，即 $C_f \gg k_m$ 时，方程（5-45）可简化为零级动力学方程。此时方程（5-43）转化为

$$D_e\frac{\mathrm{d}^2C_f}{\mathrm{d}x^2} - k_0 = 0 \tag{5-47}$$

式中：k_0——零级反应常数，kg/（m^3·h）。

若过程处于反应限制区，C_f 处≥0，利用边界条件：

$$x=0\text{时},\quad C_f = C_g / m \tag{5-48}$$

$$x=\delta\text{时},\quad \frac{dC_f}{dx}=0 \tag{5-49}$$

式中：δ——生物膜厚度，m；

m——分配系数。

则式（5-47）的解为

$$C_f = \frac{k_0}{2D_e}x^2 - \frac{k_0}{D_e}\delta x + \frac{C_g}{m} \tag{5-50}$$

此式只适用于 C_f≥0 的区域，在 $x=\delta$ 处，

$$C_f = \frac{C_g}{m} - \frac{k_0\delta^2}{2D_e} \tag{5-51}$$

故必须

$$\delta \leqslant \sqrt{\frac{2D_e C_g}{mk_0}} \tag{5-52}$$

若 C_f 处≥0，则

$$N_s = k_0\delta \tag{5-53}$$

将式（5-53）代入式（5-46）可得

$$-Q_g\frac{dC_g}{dh} = k_0\delta A_s a \tag{5-54}$$

边界条件：$h=0$ 时，$C_g = C_{g,in}$

则方程（5-54）的解为

$$C_{g(h)} = C_{g,in} - \frac{k_0\delta A_s a}{Q_g}h \tag{5-55}$$

式中：$C_{g,in}$——气相入口乙苯浓度，kg/m^3；

h——填料层高度，m。

若过程处于扩散限制区，利用边界条件：

$$x=0\text{时},\quad C_f = C_g / m \tag{5-56}$$

$$x=\gamma\text{时},\quad C_f = 0 \tag{5-57}$$

式中：γ——有用的生物膜厚度，m。

则式（5-47）的解为

$$C_{\mathrm{f}} = \frac{k_0}{2D_{\mathrm{e}}}x^2 - \frac{k_0}{D_{\mathrm{e}}}\gamma x + \frac{C_{\mathrm{g}}}{m} \tag{5-58}$$

有用的生物膜厚度为

$$\gamma = \sqrt{\frac{2D_{\mathrm{e}}C_{\mathrm{g}}}{mk_0}} \tag{5-59}$$

将式（5-59）代入式（5-44）得

$$N_{\mathrm{s}} = k_0\gamma \tag{5-60}$$

将式（5-60）代入式（5-46）得

$$-Q_{\mathrm{g}}\frac{\mathrm{d}C_{\mathrm{g}}}{\mathrm{d}h} = k_0\gamma A_{\mathrm{s}}a \tag{5-61}$$

边界条件：$h=0$ 时，$C_{\mathrm{g}} = C_{\mathrm{g,in}}$

则方程（5-61）的解为

$$C_{\mathrm{g(h)}} = C_{\mathrm{g,in}}\left[1 - \frac{A_{\mathrm{s}}ha}{Q_{\mathrm{g}}}\sqrt{\frac{k_0D_{\mathrm{e}}}{2mC_{\mathrm{g,in}}}}\right]^2 \tag{5-62}$$

②一级降解动力学

当废气中乙苯的浓度较低时，即 $C_{\mathrm{f}} \ll k_{\mathrm{m}}$ 时，方程（5-45）可简化为一级动力学方程。此时式（5-43）转化为

$$D_{\mathrm{e}}\frac{\mathrm{d}^2C_{\mathrm{f}}}{\mathrm{d}x^2} - k_1C_{\mathrm{f}} = 0 \tag{5-63}$$

式中：$k_1 = r_{\max}/k_{\mathrm{m}}$，$k_1$ 为一级反应常数，h^{-1}。

边界条件：$x=0$ 时，$C_{\mathrm{f}} = C_{\mathrm{g}}/m$

$$x=\delta \text{ 时，} \frac{\mathrm{d}C_{\mathrm{f}}}{\mathrm{d}x} = 0$$

则式（5-63）的解为

$$C_{\mathrm{f}} = \frac{C_{\mathrm{g}}}{m}\frac{\mathrm{ch}(\theta\frac{\delta - x}{\delta})}{\mathrm{ch}(\theta)} \tag{5-64}$$

式中：$\theta = \delta\sqrt{k_1/D_{\mathrm{e}}}$。

将式（5-64）代入式（5-44）得

$$N_{\mathrm{s}} = D_{\mathrm{e}} \frac{C_{\mathrm{g}}}{\delta m} \theta \mathrm{th} \theta \quad (5\text{-}65)$$

将式（5-52）代入式（5-45）得

$$-Q_{\mathrm{g}} \frac{\mathrm{d}C_{\mathrm{g}}}{\mathrm{d}h} = D_{\mathrm{e}} \frac{C_{\mathrm{g}}}{\delta m} A_{\mathrm{s}} a \theta \mathrm{th} \theta \quad (5\text{-}66)$$

边界条件：$h = 0$ 时，$C_{\mathrm{g}} = C_{\mathrm{g,in}}$

则式（5-66）的解为

$$C_{\mathrm{g(h)}} = C_{\mathrm{g,in}} \exp\left[-\frac{D_{\mathrm{e}} A_{\mathrm{s}} a \theta \, \mathrm{th} \theta}{Q_{\mathrm{g}} \delta m} h \right] \quad (5\text{-}67)$$

5.3.7 膜基吸收控制挥发性有机物

膜基吸收净化技术是采用中空纤维微孔膜，使需要接触的两相分别在膜的两侧流动，两相的接触发生在膜孔内或膜表面的界面上，这样就可避免两相的直接接触，防止发生乳化现象。与传统膜分离技术相比，膜基吸收的选择性取决于吸收剂，且膜基吸收只需要用低压作为推动力，使两相流体各自流动，并保持稳定的接触界面。

在膜基吸收净化技术过程中，有两种不同的中空纤维膜被应用。一种膜是对挥发性有机废气进行吸收。吸收剂须对挥发性有机废气有很高的溶解性，而对空气中的其他成分基本上不溶解，而且吸收剂必须是一种惰性、无毒、不挥发的有机物溶剂，吸收膜对挥发性有机废气的吸收如图 5-17 所示。在运行过程中，应始终保持气相压力比液相压力高，以保证膜气体的有效吸收。

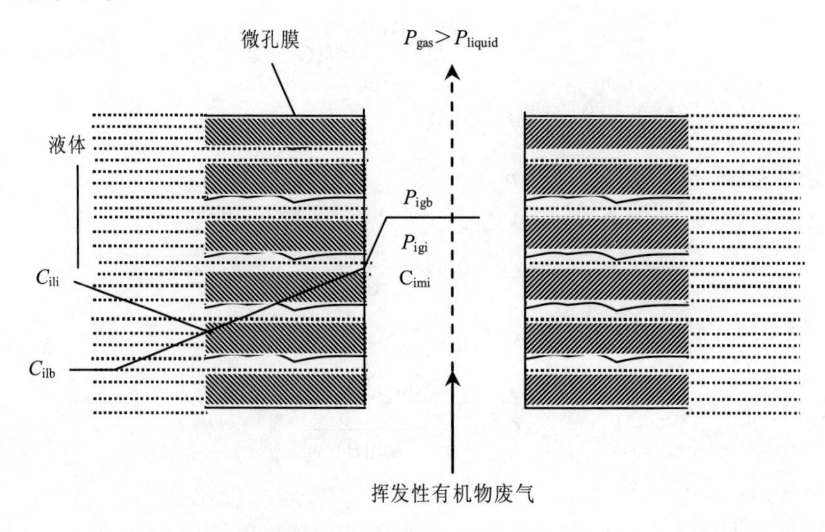

图 5-17 吸收膜对 VOCs 的吸收时气液浓度和压力分布

另一种膜是用来对吸收剂进行脱吸操作，在加热和抽真空条件下，将吸收剂中有机物脱吸出来，吸收剂回用，被脱吸出来的气体浓缩回收。脱吸膜对挥发性有机物的脱吸如图 5-18 所示。在运行过程中须保持真空条件从而将气体脱除。

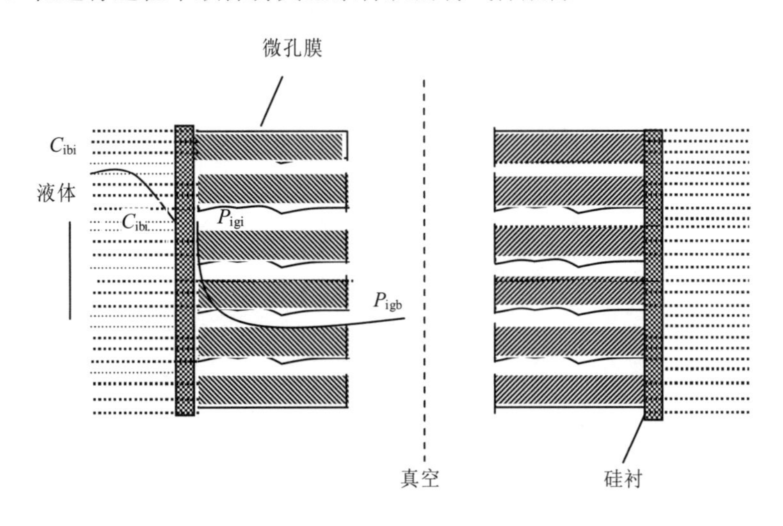

图 5-18　脱吸膜对 VOCs 的脱吸时气液浓度和压力分布

在膜空气净化过程中，所用的膜是微孔疏水中空纤维膜，只是在脱吸膜中膜的外表面有一层超薄等离子聚合硅橡胶膜，它对 VOCs 有选择性透过作用，而吸收剂却不能透过，以使脱吸操作顺利进行。这种膜基吸收净化技术对极性和非极性挥发性有机废气均能去除，小流量和大流量均可适用；而且它是一个连续过程，净化有机污染废气的效率较高，且可回收有机物。

膜吸收和膜脱吸过程中气液的流动方向如图 5-19 所示。

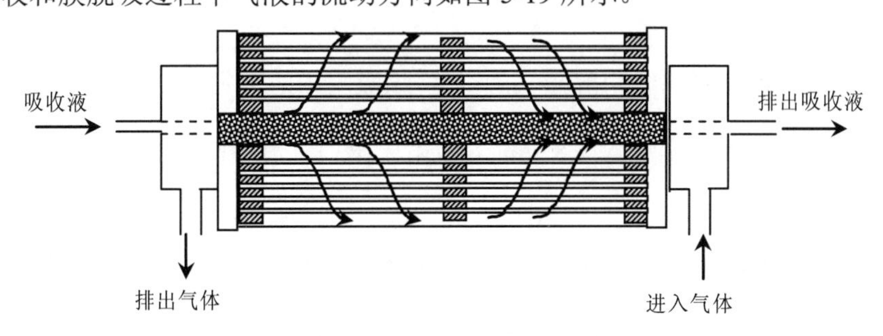

图 5-19　膜装置中气液相流动

由图 5-19 可以看到，中间的挡板将膜吸收或脱吸分成两部分，前区液体流动由中心向外，流动过程中气体通过膜与液体充分吸收，然后液体到达周缘，绕过挡板后进入后区。在后区液体由外周向中心流动，直到排出膜反应器。无论在前区还是后区，液体与气体在膜两侧的分散面积都比传统的填料床或板式塔的气流接触面积大 5～30 倍，这就大大提高了吸收与脱吸效率。

膜空气净化装置工艺流程如图 5-20 所示。

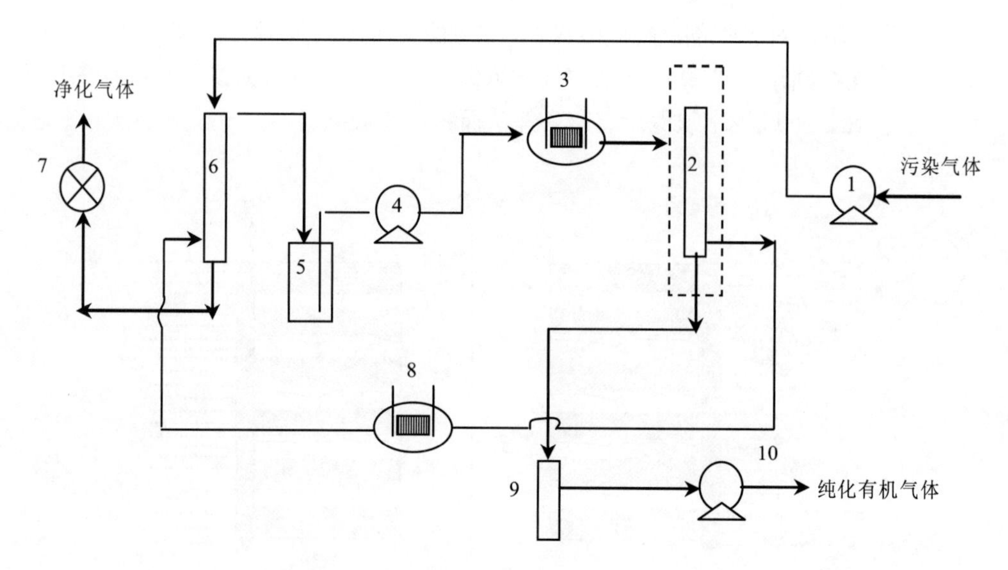

1—空压机；2—膜脱吸器；3—热交换器；4—计量泵 ；5—吸收液储槽；6—膜吸收器；
7—控压器；8—热交换器；9—冷却器；10—真空泵

图 5-20 膜基吸收净化有机废气工艺流程

污染气体进入膜吸收器，吸收液对其进行吸收，压力控制器控制气相压力比液相压力大，使吸收能够完全进行；吸收了挥发性有机废气的吸收液被输送到膜脱吸器进行脱吸，脱吸始终在真空泵的控制下运行，脱吸后的吸收液冷却后送到膜吸收器中循环使用；脱吸出的气体回收。

习题

1. 用活性炭吸附床吸附含甲醇蒸气的空气，该吸附床的直径为 2 m，床层厚度为 0.5 m。空气中甲醇蒸气的初始浓度为 $\rho_0 = 8\ \text{g/m}^3$，吸附床出口气流中的甲醇浓度为 0.05 g/m^3，按吸附床整个截面计算的气流速度 $v = 10\ \text{m/min}$，每次间歇操作的持续时间为 460 min。活性炭的堆积密度为 600 kg/m^3，活性炭及混合气体的初始温度为 298 K，求吸附热导致的升温。

2. 利用溶剂吸收法处理甲苯废气。已知甲苯的浓度为 8 000 mg/m^3，气体在标准状态下的流量为 16 000 m^3/h，处理后甲苯浓度为 120 mg/m^3，试选择合适的吸收剂，计算吸收剂的用量、吸收塔的高度和塔径。

3. 用生物过滤法去除含甲苯、苯、二甲苯和乙苯的废气。生物降解反应可以表示为下列方程：

$$a\mathrm{C}_m\mathrm{H}_n + b\mathrm{CO(NH_2)_2} + c\mathrm{O_2} \longrightarrow \mathrm{C_5H_7NO_2} + d\mathrm{CO_2} + e\mathrm{H_2O}$$

$C_5H_7NO_2$ 是生物组成的经验公式，C_mH_n 是有机物的一般表达式，生成 CO_2 的量与有机物的体积去除负荷之间的关系如下：

甲苯：$P_c=0.96L_r+7.07$；苯：$P_c=1.05L_r+3.99$

二甲苯：$P_c=1.00L_r+1.42$；乙苯：$P_c=0.96L_r+1.06$

方程中：P_c——CO_2生成量，g/（$m^3 \cdot h$）；

L_r——有机物的体积去除负荷，g/（$m^3 \cdot h$）。

试计算有机物完全氧化时P_c/L_r的理论值与试验值及反应平衡方程中的系数。并根据计算结果，说明甲苯、苯、二甲苯和乙苯生物降解途径是否存在相似性。

4．从技术、经济等方面比较挥发性有机物控制工艺的优缺点，并给出各工艺的最佳使用条件和适用范围。

第 6 章　室内空气污染控制

据统计，人每天 24 h 中约有 22 h 是在室内或交通工具中度过的，室外活动仅 2 h 左右，因而室内空气的质量与人的健康有着紧密的联系。

室内环境中的化学性污染物主要有甲醛、苯、甲苯、二甲苯、氨气、二氧化硫、二氧化氮、一氧化碳、二氧化碳、总挥发性有机物（TVOC）、可吸入颗粒物。这些污染物的来源主要有建筑及室内装饰材料、室外周边环境、燃烧产物和人的活动。

6.1　室内空气污染来源

6.1.1　室外来源

1）大气。大气中很多污染物均可通过门窗、孔隙、管道等途径进入室内。主要污染物有 SO_2、NO_2、氯气、烟雾、油雾、氨、硫化氢、花粉等。

2）房基地。有的房基地的地层中含有某些可逸出或挥发性有害物质，这些有害物可通过地基的缝隙逸入室内，如氡及其子体、农药、化工染料等。

3）质量不合格的生活用水。这类用水往往用于室内淋浴、冷却空调、加湿空气等方面，以喷雾形式进入室内。水中可能存在的致病菌或化学污染物可随着水雾喷入室内空气中，如军团菌、苯、机油等。

4）人为带进室内。如，人为地将工作服带入家中，使工作环境中的污染物转入居室内，如苯、铅、石棉等。

6.1.2　室内来源

1）人呼出的气体。主要含有 CO_2、水蒸气及一些氨类化合物等内源性的气态物质。此外，呼出气中还可能含有甲醇、乙醇、苯系物、乙醚、氯仿等数十种有害气态物质，其中有些是外来物的原形，有些则是外来物在体内代谢后产生的气态产物，如甲醛的氧化物甲酸。呼吸道传染病患者和带菌者通过咳嗽、喷嚏、谈话等活动可将其病原体随飞沫喷出，污染室内空气，如流感病毒、结核分枝杆菌、链球菌等。

2）由室内进行的燃烧或加热生成。主要是指各种燃料、烟草、垃圾的燃烧以及烹调油的加热。

3）从室内各种化工产品中释放。这类化工产品包括建筑材料、装饰材料、家庭用化学品，如化妆品、黏合剂、空气消毒剂、杀虫剂等。

4）家用电器的电磁辐射。近年来，电视机、组合音响、微波炉、电热毯、手机、健身器等多种家用电器进入家庭，导致人们接触电磁辐射的机会增多。

6.2　室内空气污染物种类和性质

6.2.1　甲醛（HCHO）

6.2.1.1　甲醛的化学性质及危害

HCHO 是最简单的醛类，具有易挥发的特性，熔点为–92℃，沸点为–19.5℃。甲醛为无色气体，具有刺激性气味，密度比空气略大，常温下易溶于水。常压下，当温度大于 150℃时，甲醛分解为甲醇和 CO，有光照时很容易催化氧化为 CO_2。甲醛易与空气中的示踪物和污染物发生化学反应，白天无 NO_2 时，甲醛的半衰期为 50 min；有 NO_2 时，下降到 35 min。室内甲醛主要来自装修材料及家具、吸烟、燃料燃烧和烹饪，它的释放速率除与家用物品所含的甲醛量有关外，还与气温、气湿、风速有关，气温越高，甲醛释放得越快。甲醛的水溶性很强，如果室内湿度大，则甲醛易溶于水雾中，滞留室内；如果室内湿度小，空气比较干燥，则容易向室外排放。

甲醛对黏膜有强烈的刺激作用，能引起视力和视网膜的选择性损害。人对甲醛可嗅阈值为 0.06～0.07 mg/m^3，但个体差异很大。它对人体的健康危害主要有 3 种作用机理：刺激作用、致敏作用和致突变作用（表 6-1）。

表 6-1　甲醛对人体的危害

甲醛质量浓度/（mg/m^3）	人体反应	甲醛质量浓度/（mg/m^3）	人体反应
0.0～0.05	无刺激和不适	0.1～25	上呼吸道刺激反应
0.05～1.0	可嗅阈值	5.0～30	呼吸系统和肺部刺激反应
0.05～1.5	神经生理学影响	50～100	肺部水肿及肺炎
0.01～2.0	眼睛刺激反应	大于 100	死亡

室内空气中甲醛浓度的高低与室内温度、相对湿度、室内建材散发率指标、室内建材的装载度及室内换气数等因素密切相关。

6.2.1.2　控制标准

《民用建筑工程室内环境污染控制标准》（GB 50325—2020）规定 I 类民用建筑工程甲醛的室内最高容许浓度为 0.07 mg/m^3，II 类民用建筑工程甲醛的室内最高容许浓度为 0.10 m/m^3。《室内空气质量标准》（GB/T 18883—2022）规定甲醛浓度的小时均值为 0.08 mg/m^3。

6.2.1.3　治理方法

对甲醛的污染治理有 3 种方法：一是使用活性炭和某些绿色植物。在家中放置一些活性炭，原理类似海绵吸水，利用它微小且不规则的孔容积能够去除空气中的大分子有机物，如苯、醛、氨等，同时也能消除香烟的尼古丁和家居的异臭、异味等；在室内培育一些绿色植物，可起到一定净化空气的作用。二是通风透气，甲醛在室内环境中的含量和房屋的使用时间、温度、湿度及房屋的通风情况有密切的关系。在一般情况下，房屋的使用时间越长，室内环境中甲醛的残留量越少；温度越高，湿度越大，越有利于甲醛的释放；通风条件越好，建筑、装修材料中甲醛的释放也相应越快。三是使用化学药剂。

6.2.2 其他挥发性有机物（VOCs）

6.2.2.1 VOCs的化学性质及危害

VOCs是一大类重要的室内空气污染物，包括烷类、芳烃类、烯类、卤烃类、酯类、醛类、酮类和其他化合物共8类。这类污染物主要源于室内装修过程中使用的产品，包括装饰材料、胶黏剂、涂料、空气清新剂等，这类产品及原材料中均含有大量VOCs；人类吸烟及自身的新陈代谢也是室内 VOCs 的一个来源；同时在室外大气中亦含有一定量的VOCs，汽车尾气，工业污染物的释放和染料的燃烧都能产生许多VOCs，这些VOCs进入室内的污染不应被忽视。

多种 VOCs 具有神经毒性、肾毒性、肝毒性和致癌性，许多 VOCs 可损害血液成分和心血管系统，引起胃肠道紊乱。此外，VOCs 也可引起免疫、内分泌、泌尿生殖系统以及造血系统等方面的问题，还可引起代谢缺陷，降低肝脏的清除能力（表6-2、表6-3）。

表6-2 总挥发件有机化合物（TVOCs）暴露浓度与人体健康反应的关系

TVOC质量浓度范围/（mg/m^3）	人体健康反应
＜0.2	对人体无影响，未感觉到刺激和不适
0.2～3.0	与其他因素联合可能产生刺激和不适
3～25	有刺激和不适感，与其他因素联合可能产生头痛
＞25	毒性效应明显，除头痛外，可能出现其他神经毒性作用

注：TVOC—VOCs的总浓度。

表6-3 部分VOCs对人体健康的影响

VOCs	对健康影响	VOCs	对健康影响
苯	致癌，刺激呼吸系统	二氯甲烷	麻醉，影响中枢神经系统，可能导致人体癌症
二甲苯	麻醉，刺激；影响心脏、肝脏、肾和神经系统	1,4-二氯苯	麻醉，对眼睛、呼吸系统产生严重刺激，影响中枢神经系统
甲苯	麻醉、贫血	氯苯	刺激或抑制中枢神经系统，影响肝脏和肾脏功能，刺激眼睛和呼吸系统
苯乙烯	麻醉，影响中枢神经系统，致癌		
甲苯二异氰酸酯	过敏，致癌		
二氯乙烯	致癌，影响中枢神经系统	丁酮	刺激或抑制中枢神经系统
乙苯	对眼睛、呼吸系统产生严重刺激，影响中枢神经系统	汽油	刺激中枢神经系统，影响肝功能和肾功能

6.2.2.2　标准

德国学者 Bernd Seifert 于 1990 年推荐了一套 VOCs 室内空气浓度指导限值，为 300 μg/m³，其中单个化合物的质量浓度不超过所属分类的 50%，也不超过 TVOCs 的 10%（不适用于致癌性化合物的评价，同样也不包括甲醛），见表 6-4。

表 6-4　推荐的室内空气 VOCs 浓度指导限值

VOCs 的化学分类	推荐浓度限值（质量浓度）/（μg/m³）
烷类	100
芳烷类	50
萜烯类	30
卤烃类	30
酯类	20
醛类和同类	20
其他化合物	50
TVOCs	300

近年来，我国环境保护部门在做了大量的调查和研究后，也给出了一些指导性的限值，如《室内空气质量卫生规范》中规定室内空气中 TVOCs 的试行浓度限值为 600 μg/m³，北京市环保局提供的住宅小区室内空气中 VOCs 的试行最高允许浓度为 0.9 mg/m³。

6.2.2.3　治理

由于 VOCs 种类多，在人体内的作用方式复杂，所以对 VOCs 的环境暴露和职业暴露应采取多种检测措施和预防性措施，同时应重视 VOCs 监测指标、监测方法的灵敏性。对 VOCs 污染的预防控制应成为未来研究工作的重点，其中对 VOCs 源头的控制主要是选择和开发绿色建筑材料。在室内空气污染比较严重的情况下，可以进一步采取物理吸附、冷触媒催化技术、化学中和技术、空气负离子技术和材料封闭技术进行治理，使室内空气得以净化，保护人体健康。

6.2.3　氨

6.2.3.1　化学性质及危害

氨（NH_3）为无色气体，有强烈的刺激性臭味，熔点为−77.7℃，沸点为−33.4℃。易溶于水中，其水溶液呈弱碱性。居室内的氨源于粪尿、汗液、体表散发的气体以及蔬菜、植物腐败后产生的气体，但最主要的来源是建材中加入的防冻剂和增强剂，它们含有氨类化合物。使用这类建材后，大量的氨气就会释放于室内，引起室内氨浓度的升高。人对氨的嗅觉阈值是 0.5～1 mg/m³。

氨对健康影响主要表现为对上呼吸道刺激和腐蚀作用，严重中毒时可出现喉部水肿、声门狭窄、窒息、肺水肿。氨气浓度达 3 500 mg/m^3 以上时，可致人立即死亡。轻度中毒时，会出现鼻炎、咽炎、气管炎、咽喉痛、咳嗽、咯血、胸闷、胸骨后疼痛等，还能刺激眼结膜水肿、角膜溃疡、虹膜炎、晶状体浑浊，甚至角膜穿孔。

6.2.3.2 标准

根据《民用建筑工程室内环境污染控制标准》（GB 50325—2020）Ⅰ类民用建筑工程空气中氨浓度≤0.15 mg/m^3，Ⅱ类民用建筑工程空气中氨浓度≤0.2 mg/m^3。

我国 NH_3 室内空气质量评价标准分为三级，标准建议值见表 6-5。

表 6-5 我国 NH_3 室内空气质量评价标准建议值 单位：mg/m^3

分级	标准值（1 h）
一级	0.10
二级	0.20
三级	0.50

注：一级指高档舒适优良的室内环境，能保护易感人群和普通人群健康；二级指良好的室内环境，能保护易感人群健康，包括老人和儿童；三级指可接受的室内环境，能保护普通人群健康。

6.2.3.3 治理

首先，采取预防措施消除室内氨气污染十分重要，特别是对于混凝土外加剂引起的室内氨污染。其次，多开窗或安装空气抽风减少污染或使用空气净化器清除有害气体。在此基础上也可采取对污染源空间强制加热，促使氨气快速分解、散发、排逸，以在较短时间内达到排污效果。目前市场上有销售的氨降解剂，每隔 3～5 d 向室内喷洒一遍，大约在 10 次以后可将室内的氨降解掉，从而洁净室内空气。

6.2.4 氡

6.2.4.1 化学性质及危害

氡（Rn）是一种无色、无味、无臭的惰性气体，在自然界中有 3 种放射性同位素存在，即 ^{219}Rn、^{220}Rn 和 ^{222}Rn。其中 ^{222}Rn 半衰期最长，为 3.825 d。另外两种同位素的半衰期都非常短（^{219}Rn 为 3.96 s、^{220}Rn 为 55.65 s）。因此通常所指的氡以 ^{222}Rn 为主。氡在衰变过程中放出 α 粒子、β 粒子、γ 粒子后衰变为各种氡子体，氡及其子体均为放射性粒子。氡是作为一种惰性放射性气体，易扩散，能溶于水，极易溶于脂肪。在适当体温条件下，氡在脂肪和水中的分配系数为 125∶1，故极易进入人体组织。一般住宅内在不通风情况下，氡及氡子体的浓度仅为 24 Bq/m^3 和 0.006 4 WL 以下。有研究结果表明，即使是低浓度、长期暴露情况下，氡仍可导致室内人群肺癌发病危险性上升。

氡对人类的健康危害主要表现为确定性效应和随机效应。

1）确定性效应表现为在高浓度氡的暴露下，机体出现血细胞的变化。氡对人体脂肪有很高的亲和力，特别是氡与神经系统结合后危害更大。

2）随机效应主要表现为肿瘤的发生。由于氡是放射性气体，当人吸入体内后，氡衰变产生的 α 粒子可对人的呼吸系统造成辐射损伤，诱发肺癌。专家研究表明，氡是除吸烟以外引起肺癌的第二大因素。

6.2.4.2　标准

2016 年，国家卫生健康委员会颁布《室内氡及其子体控制要求》（GB/T 16146—2015），对于室内氡浓度，优先使用以下年均氡浓度控制值：①对新建建筑物室内氡浓度设定的年均氡浓度目标水平为 100 Bq/m^3；②对已建建筑物室内氡浓度设定的年均氡浓度目标水平为 300 Bq/m^3。北京市出台的《民用建筑工程室内环境污染控制规程》（DB11/T 1445—2017）中规定，新建、扩建或改建的 I 类民用建筑工程室内氡浓度不得高于 200 Bq/m^3；II 类民用建筑工程室内氡浓度不得高于 400 Bq/m^3。

6.2.4.3　治理

氡的浓度不仅与建材及装饰材料有关，而且与燃煤、燃气、生活用水、建筑物所选择的地基、建筑结构、地基处理方式有关，更与人们的生活习惯、室内通风情况有关。因此，为降低氡浓度，一方面应从源头控制，对于即将修建的建筑物，在选址、规划设计、地基处理、建筑装饰材料的使用等各个环节都应考虑；另一方面，应加强通风，在已建房屋内应多采用开窗换气、机械通风、空气净化器等方法降低室内氡浓度。

6.3　通风换气

由以上章节内容可知，通风换气是室内污染物控制的最有效的技术方法。简单地说，通风就是把不符合卫生标准的污浊空气排至室外，把新鲜空气或经过净化的空气送入室内。可把前者称为排风，把后者称为送风。

按照工作动力的差异，通风方法可分为两类：自然通风和机械通风。前者是利用室外风力造成的风压或室内外温度差产生的热压进行通风换气；后者依靠机械动力（如风机风压）进行通风换气。机械通风既包括局部通风，又包括全面通风。局部通风只作用于室内局部地点，全面通风是对整个控制空间进行通风换气，通常情况下，前者所需通风量远小于后者。

6.3.1　自然通风

自然通风是指风压和热压作用下的空气运动，具体表现为通过墙体缝隙的空气渗透和通过门窗的空气流动。这种通风方式特别适合气候温和地区，目的是降低室内温度或引起空气流动，改善热舒适性。充分合理地利用自然通风是一种经济、有效的措施。因此，对于室内空气温度、湿度、清洁度和气流速度均无严格要求的场合，在条件许可时，应优先考虑自然通风。

（1）影响自然通风的相关因素

与自然通风效果相关的因素如图 6-1 所示。

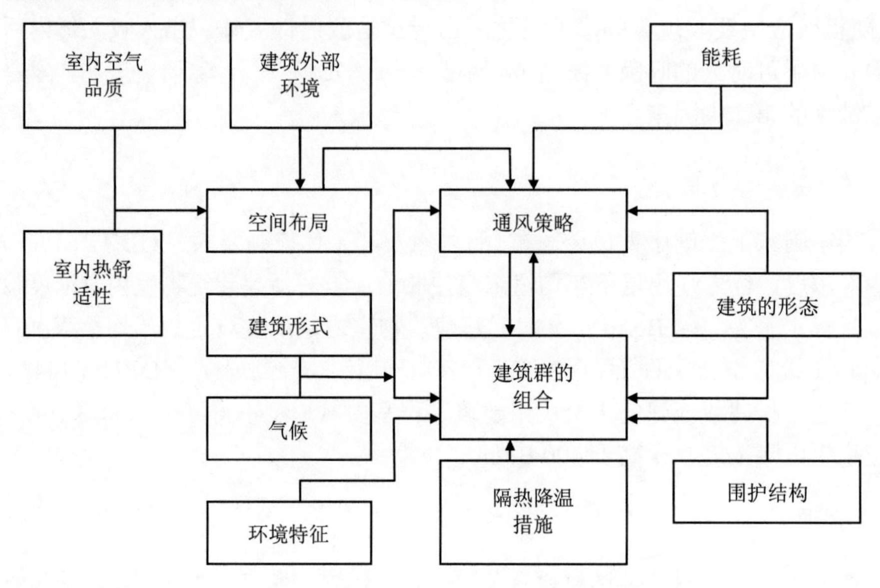

图 6-1 与自然通风效果相关的因素

（2）自然通风的原理

根据压差形成的机理，自然通风可以分为风压作用下的自然通风和热压作用下的自然通风。

1）热压作用。

计算公式为

$$\Delta P = gh(\rho_e - \rho_i)$$

式中：ΔP——热压，Pa；

h——开口高度差，m；

ρ_e——室外空气密度，kg/m^3；

ρ_i——室内空气密度，kg/m^3；

g——重力加速度，m/s^2。

2）风压作用。

计算公式为

$$\Delta P = \frac{K\rho_e V^2}{2g}$$

式中：ΔP——风压，Pa；

V——风速，m/s；

ρ_e——室外空气密度，kg/m^3；

ρ_i——室内空气密度，kg/m^3；

K——空气动力系数，1；

g——重力加速度，m/s^2。

3）风压与热压同时作用下的自然通风

一个综合考虑风压和热压作用的自然通风量计算模型为：

$$I = A + B\Delta T + Cv^2$$

式中：I——通过建筑物的自然通风量，表示为空气交换率（单位时间的换气次数），次/h；

A——拦截系数，对应于 $\Delta T=0$ 和 $v=0$ 的空气流量，次/h；

B——温度系数，次/（h·℃）；

ΔT——室内外空气温差，℃；

C——风速系数，次·h/m^2；

v——风速，m/h。

6.3.2　机械通风

6.3.2.1　局部通风

局部通风系统分为局部送风和局部排风两大类，这两类都是利用局部气流，使工作地点不受有害物污染，以改善工作地点空气条件的。

局部排风是在产生污染物的局部地点将污染物捕集起来，经处理后排至室外。其系统由集气罩、风管、净化装置和风机组成。如图 6-2 所示。

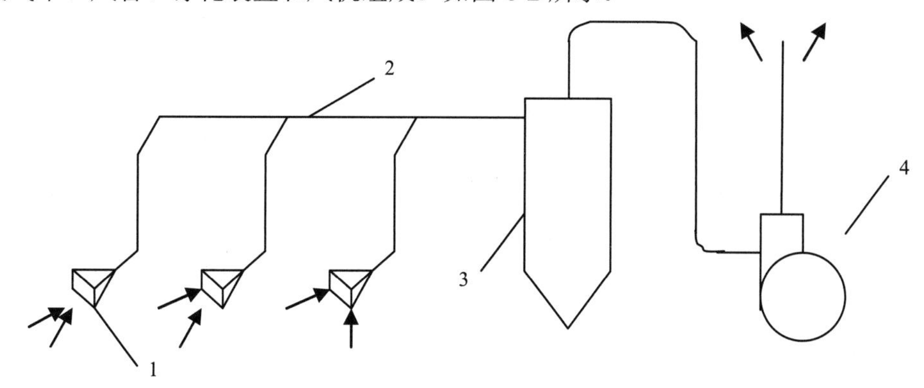

1—集气罩；2—风管；3—净化装置；4—风机

图 6-2　局部排风系统示意

局部送风是将干净的空气直接送到室内人员所在位置，改善每位工作人员周围的局部环境，使其达到要求的标准，而并非为整个空间环境达到该标准。这种方法比较适用于房间面积大和高度较高而且人员分布不密集的场所，如图 6-3 所示。

与全面通风相比，局部通风更为经济有效，被广泛应用于工业生产过程，以控制作业场所的污染物或为作业人员提供洁净的空气。也可用于控制非工业性室内空气污染物，如办公复印机产生的臭氧，以及照相胶片冲洗产生的乙酸、甲醛和其他蒸气，还有排除浴室的蒸汽，排除厨房产生的烟气和烹饪油烟、蒸汽，地下室的通风。

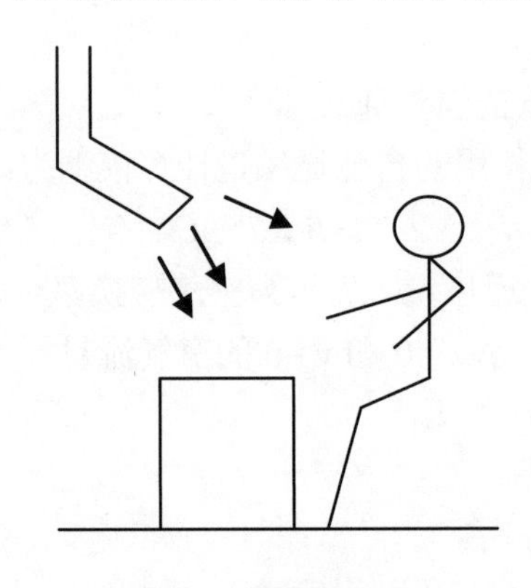

图 6-3　局部送风示意

设计合理的局部通风系统能有效防止污染气流进入室内，或在较短的时间内降低室内污染物浓度。正常情况下，从室内排出的气体进入空气环境后，会迅速被周围空气气流带走，稀释到较低的浓度。但是，若排出的污染物浓度高，或排气口设置不合理，有可能造成交叉污染或污染气体回流。

6.3.2.2　全面通风

全面通风亦称稀释通风，即对整个控制空间进行通风换气，使室内污染物浓度低于容许的最高浓度。由于全面通风的风量与设备较大，因此只有当局部通风不适用时，才考虑全面通风。

全面通风控制室内空气污染物的效果主要取决于通风量和通风气流组织形式两个方面。就气流组织而言，应遵循的基本原则为：将干净空气直接送至工作人员所在地或污染物浓度低的地方，然后排出。

由图 6-4 可以看出，方案一是将进风先送到人的位置，再经过污染源排至室外，这样在人的位置保持空气新鲜。方案二是进风先经过污染源，再送至人的位置，这样人呼吸到的空气必然比较污浊。

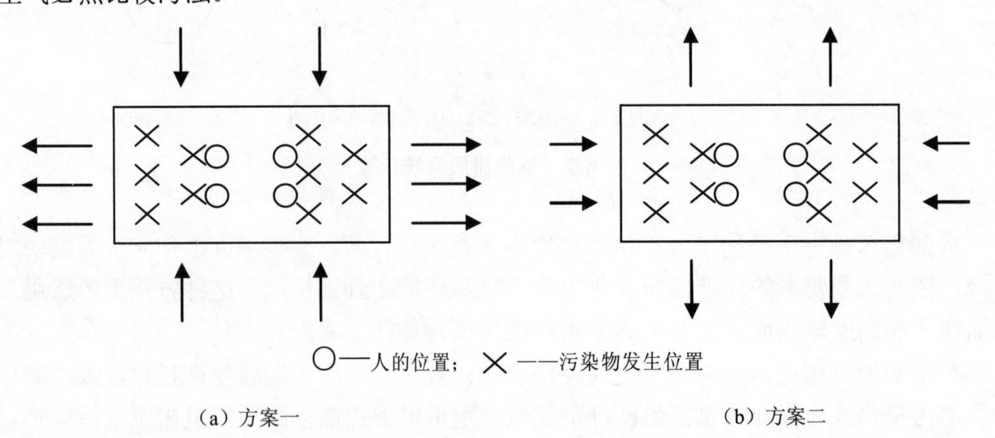

图 6-4　全面通风气流组织方案

选择送排风方式时，要遵循的原则有：送风口位于排风口上风侧，并且接近人员所在位置或者污染物浓度低的地方；排风口应设在污染物浓度高的位置；整个空间内，要控制涡流，尽量保证气流均匀。

6.3.3 置换通风

置换通风是基于空气的密度差形成热气流上升、冷气流下降的原理实现通风换气。置换通风的送风分布器通常靠近地板布设，送风口面积较大，因此其出风速度较低（一般低于 0.5 m/s），在这样低的流速下，送风气流与室内空气的掺混量很小，能够保持分区的流态，置换通风用于夏季降温时，送风温度通常低于室内空气温度 2～4℃。

置换通风送入室内的这种低速、低温空气在重力作用下先下沉，随后缓慢扩散，在地面上方形成一空气层。与此同时，室内热污染源产生的热浊气流由于浮力的作用而上升，并在上升过程中不断卷吸周围空气，形成一股蘑菇状的上升气流。系统的排风口通常设置在顶棚附近，热浊气流从这里排出。由于热浊气流上升过程的“卷吸”作用和后续新风的“推动”作用，以及排风口的“抽吸”作用，覆盖在地板上方的新鲜空气便缓缓上升，形成类似活塞的向上单向流动，于是工作区的污浊空气被后续的新风所取代，即被置换了（表 6-6）。

表 6-6 全面通风与置换通风的比较

	全面通风	置换通风
原理	送风仅为动量源	送风既是动量源，又是浮力源
目标	在空间形成排风条件	在空间形成送风条件
结果	用新风混合稀释室内污染物，降低污染物浓度	用新风置换污染空气，并将新风直接送到呼吸区

6.4 室内空气净化技术

为了改善和提高室内空气质量，创造健康、舒适的室内环境，已开发了多种空气净化技术，以去除室内空气中的颗粒物、微生物和气体污染物。

6.4.1 微粒捕集技术

（1）纤维过滤技术。阻隔性质的微粒过滤器按微粒被捕集的位置可分为表面过滤器和深层过滤器两大类。微粒捕集主要借助筛滤、碰撞、拦截、沉降等作用实现。

（2）静电过滤技术。静电防尘被广泛用于工业粉尘的治理，在空调及其他室内空气净化装置中也可应用。两者在应用上存在的主要区别为：工业除尘的目的是去除工业生产过程产生的粉尘，防止其进入大气环境；而空调或其他室内空气净化装置的目的是净化室外空气或室内循环空气，防止微粒进入室内环境。

6.4.2 吸附法

吸附法按作用力的性质可分为物理吸附和化学吸附。物理吸附的产生基于分子间的范德华力，它相当于流体相分子在表面上的凝聚，不需要活化能且速度快，一般是可逆的；化学吸附的实质是一种发生在固体颗粒表面的化学反应，固体颗粒表面与吸附质之间产生化学键的结合，反应需要活化能且速度较慢，一般是不可逆的。

活性炭吸附是目前采用最多的技术，其原理是利用活性炭或活性炭纤维的高比表面积，对空气中的有害气体进行吸附。活性炭纤维比表面积大，孔径分布高，吸附容量大，吸附脱附速度快，再生容易，而且不容易粉化，活性炭纤维作为活性炭的新品种，是近几十年迅速发展的新型高效吸附材料。

吸附法净化室内空气的优点：

1）应用范围广。不仅可以吸附空气中的多种污染成分，如固体颗粒、有害气体等，而且有些吸附剂（如 TiO_2、蛇纹石）本身具有抗菌、抑菌作用，可以消除空气中的致病性微生物。应用场所不受限制，无论是在居室、厨房、厕所、办公室，还是公共娱乐场所都适用。

2）应用方便。吸附剂可以选择多种载体，操作起来方便可靠。只要同空气相接触就可以发挥作用。在油漆、涂料和布料中加入吸附型添加剂就可增加原有产品的功能。

3）价格便宜。普通吸附剂价格不高又不需要专门设备，不消耗能量，应用起来比较经济。

活性炭吸附过滤方法的主要缺点是细菌等生物容易在活性炭中继续繁殖，成为生物污染的滋生地，反而降低空气质量。

6.4.3 低温等离子体技术

低温等离子体技术是集物理学和化学于一体的技术。等离子体体系中含有大量活性基团并具有较高能量，平均电子能量为 2.4～9.8eV，因此足以使大多数气态有机物中的化学键发生断裂，从而使之降解。即使一些较强还原性的无机物（如硫化氢等）也极易被低温等离子体系中的活性基团氧化，而一些键能较小的物质则会被体系中能量高的活性离子打开，生成一些单原子、分子，最终转化为无害物。低温等离子体净化技术可实现对室内 VOCs 的净化、颗粒物的去除及有害气体的消除。低温等离子体技术的主要缺点是会产生一定浓度的臭氧，可能对人体健康产生影响，是必须解决的问题。目前，也开发出协同高效的低温等离子体净化技术，例如，低温等离子体协同催化技术，即在低温等离子体系统内引入催化剂，利用低温等离子体与催化剂之间的协同作用，净化有机物。其协同作用在于低温等离子体中的活性粒子能在催化作用下将挥发性有机物转化为无害物。

6.4.4 臭氧净化技术

利用臭氧的强氧化性，可以和很多有机物发生氧化还原反应，达到净化空气的目的。

臭氧对空气净化的作用主要表现在两个方面，悬浮在空气中的病菌和有害颗粒物，以及居室中的甲醛、苯和 TVOC 等装修污染物。基于此，也开发出了室内空气臭氧净化器。臭氧净化技术主要缺点是对无机有害气体净化效果较弱；即使挥发性有机物也达不到深度氧化的目的，常产生一些有害副产物，其本身也是一种对健康有明显影响的物质。所以应用范围小。另外，单一的臭氧氧化需要较高的臭氧浓度，且难以达到较高的去除效率，为克服以上缺陷，需研究开发协同高效新型臭氧净化技术。

6.4.5　负离子净化作用

负离子净化技术，是以负离子为净化因子，通过除尘杀菌实现室内空气净化的一种技术。其原理在于：通过负离子发生器中的电子脉冲振荡电路将低电压升至直流高电压，利用针尖或碳刷尖端直流高压产生高电晕，高速放出大量负电荷，这些负电荷大部分会被空气中的氧分子所捕获而形成负（氧）离子。一方面负氧离子与空气中带正电的粉尘相互吸引中和继而粉尘聚合沉降；另一方面，负氧离子具有较强的活性，能改变细菌的带电性从而影响细胞膜或细胞原生质活性酶的活性，借以达到除尘杀菌清新空气的效果。

采用负离子技术净化室内空气具有以下优势：（1）净化无死角：负离子具有活性高、自然扩散距离远的特性，可以到达特定空间的各个角落，对空气中的颗粒物和细菌进行有效凝聚沉降和杀灭。（2）维护成本低：单独采用负离子净化技术的设备不需要滤网，省却了后期更换滤网的高额费用。（3）无噪声：负离子自身质量小、运动速度快，所以只需借助小风机外吹即可遍布整个空间。所以，净化过程基本不产生噪音。

尽管负离子净化技术有以上优势，但也存在一些问题，包括（1）负离子净化器会产生臭氧。负离子发生器释放出的负电荷大部分会被空气中的氧气所捕获，剩下那些未被捕获的部分电子则会将空气中的氧分子电离成氧原子，氧原子再与空气中的氧分子结合形成臭氧。电压越高，释放的负电荷越多，当电压高到一定程度，易出现臭氧超标，少量的臭氧对人体无害，而且能起到杀菌作用，但过量就会与一些有机物结合产生致癌物质，危害人体健康。（2）易造成二次污染。负离子在高压下电离空气可能分解出氮氧化物，造成空气的二次污染。（3）负离子对甲醛苯系物等污染物的净化效果一般，对污染物以甲苯、甲醛等 TVOC 为主的新修的屋子净化效果不佳。（4）负离子净化器只是让粉尘聚合沉降于地面而不是将其收集起来，落于地面的粉尘容易再因空气流动而重新扬起，形成二次污染。

6.4.6　光催化净化方法

光催化净化方法由催化氧化技术发展而来。光源一般采用黑光灯、高压汞灯、荧光灯，甚至太阳光。催化剂是在一定波长光线照射下具有很高光活性的化学物质，主要是半导体光催化剂。光催化技术是一种低温深度氧化技术，可以在室温下将空气中有机污染物完全氧化为 CO_2 和 H_2O，同时，还具有安全、防腐、除臭、杀菌等功能，是目前最具有广阔前景的室内空气净化新技术。光催化空气净化器主要由光催化剂载件、光催化氧化反应中的光源、吸排风系统三部分组成，其运行原理在于通过将含有污染物的室内空气吸入净化器中，光催化剂由载件内喷出，与空气中有毒物质结合，通过光源的照射作用完成光催化氧化反应，再由吸排风系统向外排出，反复多次后室内空气污染解决。目前国内已有相关企业通过在基材的表面负载一层强度高、活性高、透明性好的二氧化钛薄膜，制得光催化净化模块，解决了传统光催化剂易脱落、受光照射不充分而效率降低的问题。

单一污染物在室内空气中存在浓度很低，低浓度下污染物的光催化降解速率较慢，并且光催化氧化分解污染物要经过许多中间步骤、生成有害中间产物。为了克服这些不足，可采用光催化与吸附或臭氧氧化分解组合方法。

6.4.7 植物吸收法

植物通过叶子和根的气孔，吸收对人体有害的物质，并经过一系列的“自觉”反应，将这些有害物质转化成 O_2、糖和各种氨基酸。植物净化室内空气的主要机理包括：

1）释氧固碳，降温调湿。室内植物通过光合作用吸收 CO_2，释放 O_2，而人在呼吸过程中吸入 O_2、呼出 CO_2，从而使室内的 O_2 和 CO_2 达到动态平衡，使空气保持新鲜。另外植物叶片的吸热和蒸腾可使室内温度降低。研究显示，不同观赏植物在不同室内环境下的气候调节能力有所不同。

2）滞尘。室内观赏植物能够吸附空气中的尘埃，从而使空气得到净化，如兰花，其纤毛能截留并吸滞空气中的飘浮微粒及烟尘，加速室内微粒的沉降，增加室内相对湿度，对空气有良好的改善作用。有些植物，如常青藤，能够吸收室内环境中的醛、铅、甲苯和氨等有害气体，降低有毒化学物质浓度，分解室内环境中令人不快的气味，减轻室内污染。

3）吸收有害气体。观赏植物的微观有机体是去除室内污染物的主要结构，发挥着生物合成过滤器的作用。当植物放置于有污染物的房间内，有毒气体经叶片或者茎上的气孔、皮孔进入植体内，植物细胞识别后，释放出特异性蛋白质，同化或分解有毒物质，可达解毒目的。例如，苯类物质被吸收后，通过芳香烃键断裂形式被氧化，碳被合成细胞组织成分碎片，一部分以 CO_2 形式释放，另一部分被合成不可挥发的有机酸性物质。氨进入植物后，细胞将其转化为氨基酸，以满足自身需要。

4）吸收空气中的病菌。水分从植物叶片蒸发的过程称为蒸散作用。水气蒸散时，和 O_2、CO_2 等气体一样，都是由气孔排出，而这些微小的开口，大多位于叶子的下表面。当叶片表面与空气温差显著时就会产生对流，即使在空气不流通的情况下也会使空气流动。而这种让空气流动的能力，正是植物之所以能够移除室内环境毒素的原因。因为蒸散作用旺盛时，空气中的湿度增加，相对也会变重；因此，含有毒素的空气便会向植物根部移动，并由根部的微生物将气体分解为养分与能量来源。若植物根部水分不足，保卫细胞就会关闭气孔，避免水分散失；一旦蒸散的水分比根部所能吸收的水分多，那么，植物就会枯萎。

植物净化室内空气的优点：有效期长。与一般人造的空气净化装置不同，室内观赏植物对室内空气净化能力是持久有效的。不消耗能源，大多数无特异性。无二次污染；美化室内环境。缺点是室内空气污染严重时，植物净化作用缓慢，建议辅助其他方式净化空气。表 6-7 列出常见的净化室内空气的植物及其作用，供具体选择。

表 6-7　常见的室内净化植物及作用

名称	作用
吊兰	吸收一氧化碳、过氧化氮及其他挥发性有害气体
仙人掌	增加空气中的负离子
虎尾兰	净化多种有害气体，两盆虎尾兰基本上可使一般居室内空气完全净化
芦荟	吸收甲醛、吸收异味
月季	吸收硫化氢、氟化氢、苯、乙苯酚、乙醚等气体；对二氧化硫、二氧化氮也有相当的抵抗能力
常春藤	净化苯、细菌和其他有害物质，甚至可以吸纳连吸尘器都难以吸到的灰尘
非洲茉莉	产生的挥发性油类具有显著的杀菌作用
鸭脚木	吸收尼古丁和其他有害物质、甲醛等
龟背竹	吸收甲醛、二氧化碳；提高含氧量
富贵竹	具有吸毒功能，有效地吸收废气，使卧室的私密环境得到改善
橡皮树	对空气中的一氧化碳、二氧化碳、氟化氢等有害气体有一定的抗性，还能消除可吸入颗粒物污染、室内灰尘，能起到有效的滞尘作用
白掌	抑制人体呼出的废气（如氨气和丙酮）的“专家”。同时也可以过滤空气中的苯、三氯乙烯和甲醛。其高蒸发速度可以防止鼻黏膜干燥，使患病的可能性大大降低
垂叶榕	叶片与根部能吸收二甲苯、甲苯、三氯乙烯、苯和甲醛，并将其分解为无毒物质
滴水观音	有清除空气灰尘的作用

6.5　室内空气污染控制对策

一般来说，室内空气污染的对策主要有：①避免或减少室内污染源，用无污染或低污染的材料取代高污染材料。②对于已经存在的室内空气污染源，应在摸清污染源特性及其对室内环境的影响方式基础上，采取通风换气、撤出室内、封闭或隔离等措施，防治散发的污染物进入室内环境。例如，对于新的刨花板和硬木胶合板之类散发大量甲醛的木制品，可在其表面覆盖甲醛吸收剂。这些材料老化后，可涂覆虫胶族，阻止水分进入树脂，从而抑制甲醛释放。③使用绿色建材并注重绿色装修。绿色建材是指对人体和周边环境无害的健康型、环保型、安全型建筑材料。④推行绿色建筑理念。绿色建筑是充分利用环境自然资源，不影响环境基本生态平衡的建筑物，绿色建筑不仅能提供舒适而且安全的室内环境，同时具有与自然环境和谐的良好的建筑外部环境。绿色建筑考虑到当地气候、建筑形态、使用方式、设施状况、营建过程、建筑材料、使用管理对外部环境的影响，以及舒适、健康的内部环境，同时考虑投资人、用户、设计、安装、运行、维修人员的利害关系。绿色建筑的主要目标是寻求室内环境、室外环境和建筑效率之间的协调。我国室内污染治理市场发展十余年来，基本形成了以空气净化器、新风机、净化材料、净化治理服务和室内环境检测仪器、检测机构于一体的产业链发展体系。我国消费者对装修之后的室内空气污染问题格外重视，并且随着我国餐饮业单位数量不断增加，餐饮业油烟污染源已经成为重要的室内污染源。因此，国空气净化器和油烟净化设备是国内空气净化行业的发展潜力所在。

习题

1．室内空气污染的来源有哪些？

2．室内空气净化技术有哪些？

第 7 章　典型气体净化设备设计与运行管理

7.1　静电除尘系统设计与运行

电除尘器的总体设计是根据用户提供的原始资料及使用要求，确定电除尘器的主要参数以及各部分的主要尺寸，其中主要包括确定各主要部件的结构型式，计算所需的集尘面积；选定电场数；根据确定的参数计算电除尘器断面面积、通道数、电场长度等；然后计算电除尘器各部分的数量和尺寸等并画出电除尘器外形图；计算高压供电装置所需的电流、电压值，并确定供电装置的型号、容量；计算各支座的载荷并画出载荷图；提供电气设备所需资料。

7.1.1　电除尘器的设计基础

（1）电除尘器的选择

1）了解资料。电除尘器的设计计算主要是根据用户提供的原始资料及使用要求确定电除尘器的集尘面积、电场横断面积、电场长度、集尘极和电晕极的数量和尺寸等。

2）确定有效驱进速度ω。

3）电除尘器型号的选择。根据德意希方程确定集尘极板面积 A，再根据 A 选择电除尘器的型号。

4）校核 η。

（2）确定电除尘器主要部件的结构型式

主要分为：①总体型式：一般有立式、卧式、干式、湿式等，通常电力系统多采用板卧式干清灰电除尘器；②收尘极板及电晕线的型式和固定方式；③阴、阳极振打方式；④进出口烟箱型式；⑤气流均布板型式、层数和开孔率；⑥入口导流板层数、安装角度（一般④⑤⑥项均需通过气流分布模拟实验来确定）；⑦灰斗型式、个数；⑧单室还是双室；⑨高压直流变压器采用户外式还是户内式等。

7.1.2　电除尘器的设计案例

7.1.2.1　基本资料

设计某钢铁烧结机电除尘器。

基本资料：①烟气性质：处理量为 2 592 000 m^3/h，入口含尘浓度为 3×10^{-2} kg/m^3，要

求出口含尘浓度降至 1.5×10^{-5} kg/m^3。为该机组设计配置两台电除尘器。②设定电场 u=1.0 m/s，极板采用“C”形板，紧固型悬挂方式；电场数 m 一般为 4～6。③设定板间距 2B=300 mm，极线采用长管状芒刺线（起晕电压 15 kV）。④电场强度 E=50 000 V/m。⑤电压 U=70 kV。

7.1.2.2 设计计算

（1）确定ω

选择钢铁烧结机产生的粉尘在电除尘器中的有效驱进速度为 0.115 m/s。设计 2 台电除尘器，则每台处理烟气量为

$$L=\frac{A}{2Hn}=\frac{16\ 590}{2\times14\times86}=6.9\ \text{m}\ ,\ Q=\frac{2\ 592\ 000/2}{3\ 600}=360\ \text{m}^3/\text{s} \tag{7-1}$$

（2）除尘效率

$$\eta=\left(1-\frac{c_2}{c_1}\right)\times100\%=\frac{1.5\times10^{-5}}{3\times10^{-2}}\times100\%=99.5\% \tag{7-2}$$

（3）收尘极板面积

$$A=\frac{-Q}{\omega}\ln\left(\frac{1}{1-\eta}\right)K=\frac{-360}{0.115}\ln\left(\frac{1}{1-0.995}\right)=16\ 590\ \text{m}^2 \tag{7-3}$$

式中：A——所需收尘极面积，m^2；

Q——被处理烟气量，m^3/s；

η——除尘器要求的除尘效率；

ω——粉尘驱进速度，m/s；

k——储备系数，这里取 k=1。

（4）初选电场断面 F

电场风速 u=1.0 m/s，则电场横断面积为：

$$F'=\frac{Q}{u}=\frac{360}{1.0}=360\ \text{m}^2 \tag{7-4}$$

（5）电场高度 H

极板的有效高度，F＞80 m^2 时

$$H\approx\sqrt{\frac{F'}{2}}=\sqrt{\frac{360}{2}}=13.42\ \text{m}\approx14\ \text{m} \tag{7-5}$$

极板的有效宽度

$$B = \frac{F'}{H} = \frac{360}{14} = 25.7\ \text{m} \tag{7-6}$$

采用单进风口（每台除尘器仅有 1 个进气箱）。

为了使气流沿断面均匀分布，所以进风口所对应的断面要接近于正方形或高度略大于宽度（最大取 1.1 倍）。

（6）通道数 n

已知板间距为 $2B$=300 mm，高 H=14 m，则通道数为

$$n = \frac{F'}{2BH} = \frac{360}{0.3 \times 14} = 85.7\ \text{个} \approx 86\ \text{个} \tag{7-7}$$

电场长度 L 为

$$L = \frac{A}{2Hn} = \frac{16\,590}{2 \times 14 \times 86} = 6.9\ \text{m} \tag{7-8}$$

（7）实际电场断面 F

$$F' = 2B \times n \times H \times \text{室数} = 0.3 \times 86 \times 14 \times 1 = 336 \tag{7-9}$$

室数取 1，单室电场。

反算极板的宽度 B'

$$B' = n \times 2B = 86 \times 0.3 = 25.8\ \text{m} \tag{7-10}$$

验算实际横断面积

$$F = HB' = 14 \times 25.8 = 361.2\ \text{m}^2 \tag{7-11}$$

验算电场风速

$$u' = \frac{Q}{F} = \frac{1\,296\,000}{361.2 \times 3\,600} = 0.997\ \text{m/s} \tag{7-12}$$

u=1.0 m/s，$u_{\text{实}}$=0.997 m/s，$u-u_{\text{实}}$= 0.003＜0.1，则合格。

若不合格，则重新选取 n 和 h 进行计算。

（8）单电场长度

电场长度为

$$l = \frac{A}{2mHn} = \frac{16\,590}{2 \times 4 \times 14 \times 86} = 1.72\ \text{m} \tag{7-13}$$

$$L = n \times l = 4 \times 1.72 = 6.88\ \text{m} \tag{7-14}$$

式中：m——电场数量，为 4～6，本设计取 4。

（9）柱间距 L_k

除尘器内壁宽度为 L_B，其中最外层的一排极板中心线与内壁的距离为 Δ，此值根据除尘器大小在 50～100 mm 间选取；本设计 Δ=100 mm

$$L_B = 2B \times n + 2\Delta = 300 \times 68 + 2 \times 100 = 20\,600\ \text{mm} \tag{7-15}$$

沿气流方向上的柱间距 L_d（取 $l_e = 500$ mm，$C = 400$ mm）

$$L_d = l + 2l_e + C = 1\,720 + 2 \times 500 + 400 = 3\,120\ \text{mm} \tag{7-16}$$

与气流垂直方向的柱间距 L_k（取 $e' = 400$ mm），z 为除尘室个数，这里计算为单室

$$L_k = (L_B + e') / z = (20\,600 + 400) / 1 = 21\,000\ \text{mm} \tag{7-17}$$

（10）内高 H_1

除尘器顶梁底面至灰斗上端面的距离 H_1 可按下式计算：

$$H_1 = H + h_1 + h_2 + h_3 \tag{7-18}$$

式中：H——收尘极板有效高度，m；

h_1——当极板上端悬吊于顶梁的“X”形梁上时（型式Ⅱ），h_1=0；

h_2——收尘极下端至撞击杆的中心距离，按结构型式不同取 h_2=35～50 mm；

h_3——撞击杆的中心至灰斗上端的距离，一般取 h_3=160～300 mm。

取 h_2=40 mm，h_3=240 mm，有

$$H_1 = H+h_1+h_2+h_3=1\,400+0+40+260=1\,700\ \text{mm} \tag{7-19}$$

（11）进气箱

烟气都是从流速较高的管道引入除尘器，为了保持除尘器有较高的除尘效率，烟气流速沿电场断面要尽可能均匀。因此，进气箱的形状、尺寸以及气流均布装置设计要合理，进气箱的进气方式有上进气和水平进气两种。该设计方案采用水平引入式的进气箱：

进气箱的进气口尺寸按下式计算：

$$F_0 = \frac{Q}{3\,600 \times v_0} = \frac{1\,296\,000}{3\,600 \times 10} = 36\ \text{m}^2 \tag{7-20}$$

式中：F_0——进气口面积，m^2；

v_0——进气口处的风速，m/s，取 v_0=10 m/s。

进气口应尽可能与电厂断面相似；进气烟箱的进口截面形状为 6 m×6 m 的正方形，底板斜度为 60°，进气烟箱的长为

$$L_1 = 0.35(a_1 - a_2) + 250 = 0.35(B' - a_2) + 250 = 0.35 \times (25\,800 - 6\,000) + 250 = 7\,180 \text{ mm} \tag{7-21}$$

式中：a_1，a_2——分别为 F_K、F_O 处最大边长，F_K 为进气烟箱大端面积。

（12）出气箱

电除尘器出气箱的大端尺寸一般设计成比进气烟箱的大端尺寸小，可降低二次飞扬。本设计采用水平出气，则有：

出气箱小端面积 F_0'：

$$F_0' = F_0 = 6 \times 6 = 36 \text{ m}^2 \tag{7-22}$$

底板与水平夹角≥60°，出气烟箱长

$$L_w = 0.8L_1 = 0.8 \times 7\,180 = 5\,744 \text{ mm} \tag{7-23}$$

（13）灰斗

因为锅炉排出的烟气量为 2 592 000 m^3/h，烟气含尘浓度为 30 g/m^3，η 为 99.5%，所以灰斗的排灰量 G_0 为

$$G_0 = 2\,592\,000 \times 30 \times 99.5\% = 77.371\,2 \text{ t/h} \tag{7-24}$$

采用角锥形灰斗，沿气流方向设 3 个灰斗，与气流垂直方向上设 4 个灰斗，灰斗的下口取 500 mm×500 mm，斗壁斜度最小为 60°；底部卸灰阀高度取 600 mm。

灰斗高度 h_4 为

$$h_4 = 1.732 \times \frac{\frac{B}{n_1} - B_1}{2} = 1.732 \times (\frac{14\,000}{3} - 500) = 7\,216.7 \text{ mm} \tag{7-25}$$

式中：B——电场宽度；

n_1——沿电场宽度灰斗数；

B_1——灰斗下口宽。

灰斗下端至支柱基础面距离依电场大小可取 H_2=800～1 200 mm。

根据计算尺寸进行绘图及相关设备选型，图 7-1～图 7-3 为钢铁烧结机除尘平面布置图和除尘剖面图。

7.1.3　电除尘器的运行与维护

由于电除尘器具有高效、低阻等特点，所以广泛应用在各工业部门中，特别是火电厂、冶金、建材、化工及造纸等工业部门。随着工业企业的日益大型化和自动化，对环境质量控制日益严格，电除尘器的应用数量仍不断增长，新型高性能的电除尘器仍在不断地研究、制造并投入使用。电除尘属于大型户外综合性设备，正确使用维护和有效的管理对电除尘的正常运行和延长使用寿命非常重要。

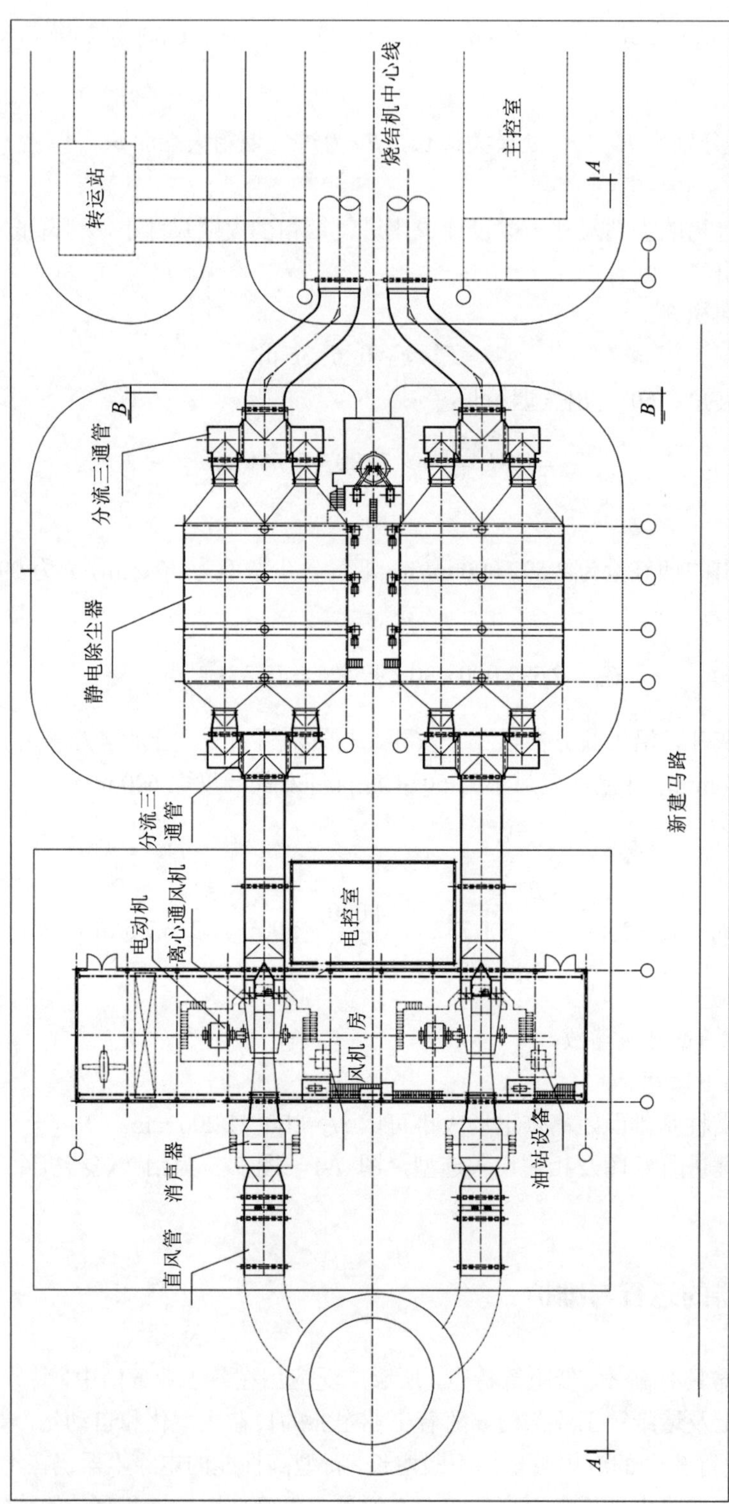

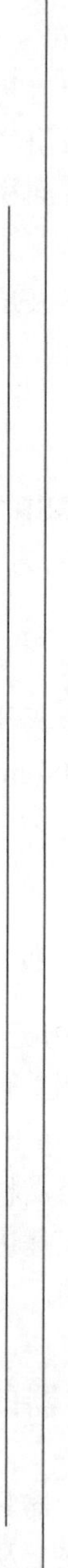
图 7-1 钢铁烧结机除尘平面布置

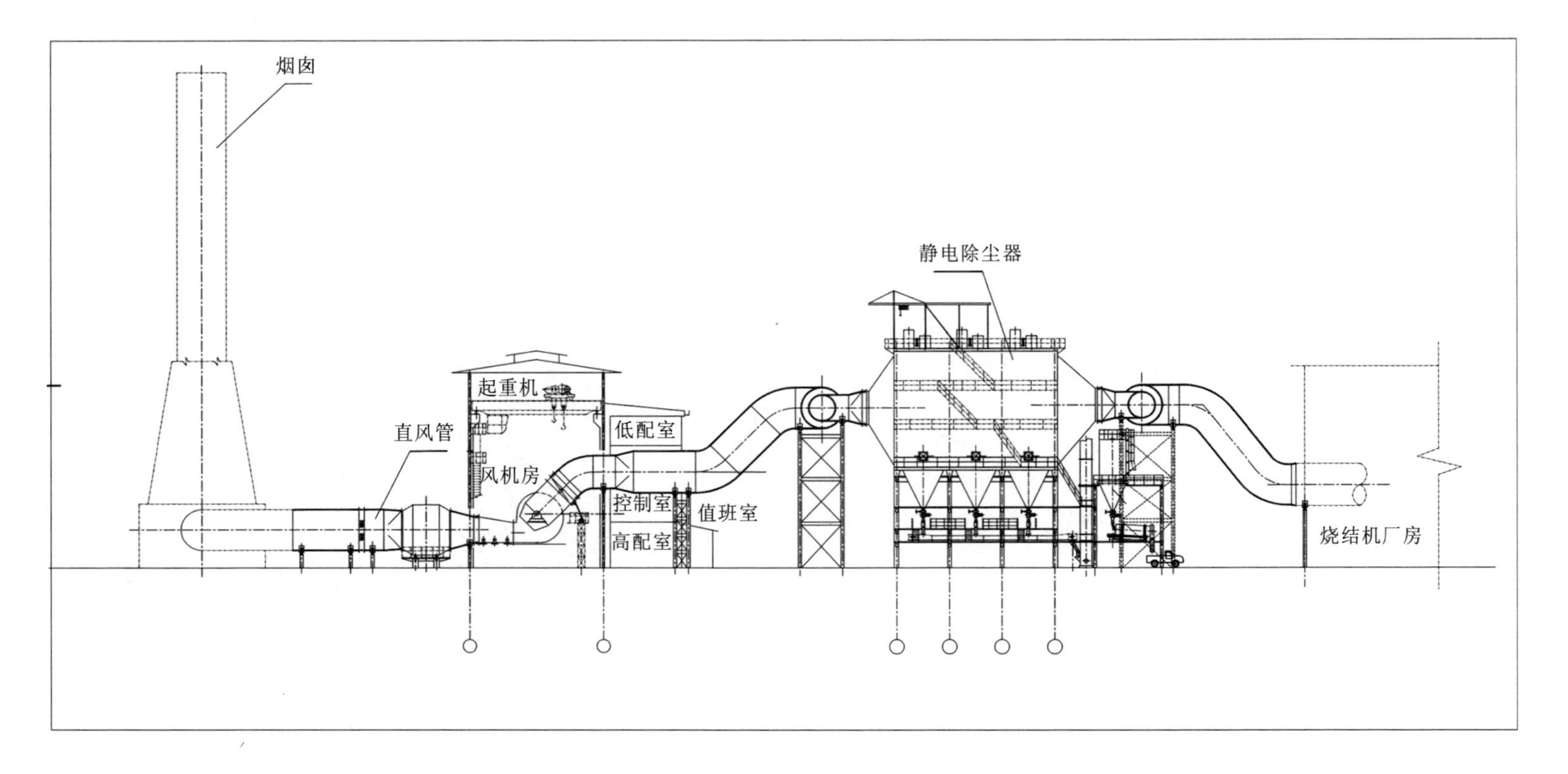

图 7-2　钢铁烧结机除尘 A-A 剖面

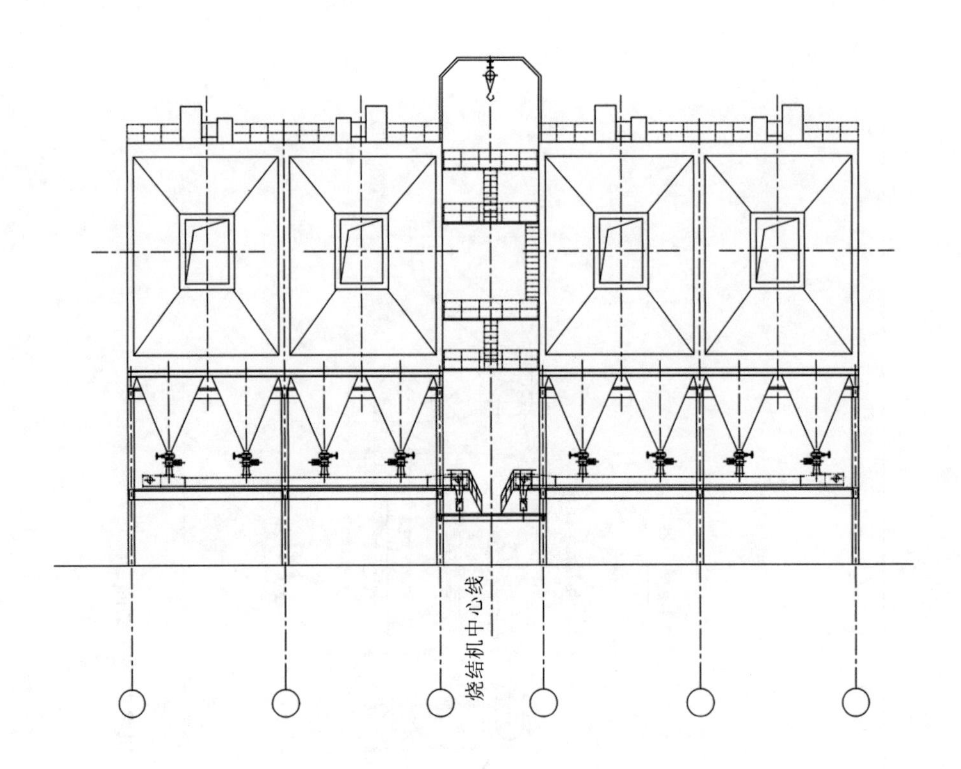

图 7-3 钢铁烧结机除尘 B-B 剖面

7.1.3.1 电除尘器的安装与调试

电除尘器安装好后，必须进行一系列的调试，以使设备处于最佳性能状态。调试的结果应记录并妥善保存，以后设备检修后也要进行相应的调试，将检修后调试的结果与第一次调试的结果进行比较，可以了解设备的性能变化情况。主要包括：

1）阴阳极间距调整。严格控制阴阳极之间的距离，是获得高除尘效率最重要的保证。设备安装后，一定要对间距进行认真调整，阴极线必须置于通道正中，偏差小于指标值。

2）空载试验。设备安装竣工后，应在电场通空气的状态下，逐个电场进行升压试验，这也可以作为检验电除尘器阴阳极安装质量的一种方法。

3）漏风检查。电除尘器是一台密封性很高的设备，需对其密封性能进行检查，利用停机机会对各连接部位、外壳、灰斗、顶部盖板、各管道等部位进行认真检查并做好记录。

4）振打周期调整。收集在极线、极板上的灰尘要经过振打落入灰斗。单位时间内振打次数的多少对除尘效率有直接的影响，所以在使用时应按实际情况进行适当调整。调整遵循原则有相邻两排阴极或阳极不能同时振打和相邻两个电场不同时振打。

7.1.3.2 电除尘器操作过程

电除尘器操作过程可分为 4 个步骤，即投运前检查、启动、运行、停运。

投运前的检查：包括检查所有电场内、通道内、灰斗内工具或其他杂物，如铁丝、电焊条、螺栓等；确认电机转向正确，再轮流开振打电机注意有无异常，振打点是否正中；检查各绝缘件表面是否干净无裂纹；检查各电加热器是否完好，温度继电器是否运作，同时调整好上下限；检查变压器是否漏油，是否按规定可靠接地，接地电阻应小于 4Ω；确认所有工作人员都已从电除尘器内出来后拆除阴极系统上的接地棒；严格检查各入孔门的密封性，门四周的螺栓必须拧紧。检查料位仪运行情况，料位仪一般要进行复位检测，调整零位；检查进出口风门开启情况，手动、电动是否灵活。

电除尘启动：电加热器在启动前 12～24 h 先投入运行，以确保灰斗内和各绝缘件的干燥，防止因冷凝结露表面击穿（爬电）引起的各种伤害。

电除尘器的运行：当班人员应经常观察设备的运行情况，并做相关检查，如有异常情况做好记录。

电除尘器停运：电除尘器设备运行中会碰到一系列问题，从处理手段看可分为 3 类，即立即停运设备，酌情考虑停运和运行中进行调整。

7.1.3.3　电除尘维护保养

为了使电除尘能长期有效运行，达到预期的效果，对设备的日常维护保养是非常重要的。包括停运时的日常维护，检查积灰情况，及时清堵，保证气流分布板、灰斗加热器正常及料位计的正常，料位计是避免堵灰的可靠保障。检查电场侧板、检查门、屋顶板、极板和外侧板之间及其他传热部位是否有结露腐蚀现象，分析原因并清除。检查各传动是否有卡阻，减速机、电机、振打锤转动是否灵活，检查加注润滑油。检查阳极、阴极线松紧程度是否恰当，电腐蚀情况如何等；检查接地位置，检测接触开关、高压硅整流装置和控制柜，更换已坏元件。检查检修门的密封性，根据需要更换密封材料。检查振打轴的轴承磨损情况，如磨损过大，造成锤头击打位置偏移 5 cm 以上时，则更换轴承。检查各种保护装置功能是否完好，若失灵则必须进行检修恢复。

7.2　布袋除尘系统设计与运行

袋式除尘器的种类很多，因此其选型特别重要，设备过大，会造成不必要的浪费；设备过小会影响生产，难以满足环保要求。

袋式除尘器的设计依据主要是国家和地方的有关标准以及用户与设计者之间的合同文件，在合同文件中应包括除尘器规格大小、装备水平、技术指标、质量保证、使用年限、备品备件、技术服务等项内容。在进行开发性设计时，主要依据是开发研究要达到的特定目的和要求。

选型计算方法有很多，一般地说，计算前应了解烟气的基本工艺参数，如含尘气体的流量、性质、浓度以及粉尘的分散度、浸润性、黏度等；根据这些参数，通过计算过滤风速、过滤面积、滤料及设备阻力，再选择设备类别型号。此外，还要了解工程所在地气象地质条件等。

7.2.1 布袋除尘器的设计步骤

一般可按以下步骤进行：

1）确定滤袋的尺寸，即直径 D 和高度 L；

2）计算每条滤袋面积；

3）计算滤袋数：若需要滤袋数量较多时，可根据清灰方式及运行条件，将滤袋分为若干组；

4）进行其他辅助设计：壳体设计，包括除尘器箱体、进排气风管形式、灰斗结构、检修孔及操作平台等，如果箱体和进排气管带压，则应按压力窗口设计和强度计算；粉尘清灰机构的设计和清灰制度的确定；粉尘输送、回收及综合系统的设计等。

7.2.2 布袋除尘器的设计案例

7.2.2.1 设计基础数据

某工业锅炉小型单室布袋除尘器设计如下。

1）含尘气流的温度 T=300℃，进气流量 Q =3 600 m^3/h，含尘浓度为 5 g/m^3。

2）选择逆气流反吹清灰方式，过滤气速经验值为 0.5～2.0 m/min，选取=1 m/min。

3）袋式除尘器的压力损失，通过清洁滤袋的压力损失一般为 100～130 Pa，当压力损失接近 1 000 Pa 时一般需要对滤袋进行清灰。该设计方案选取为 100 Pa。

4）石灰的堆积密度经验值为 1 500 kg/m^3，含尘气流排放浓度为 200 mg/m^3（一般根据当地的排放标准实施）。

5）设计相邻两滤袋安装的中心距为 210～250 mm，滤袋与花板边界距离为 200 mm，单元间隔大于相邻两滤袋的间隔。

6）一般灰斗倾斜角大于 45°。

7）含尘气体进气流速为 15 m/s，净气出口流速为 3～8 m/s。

7.2.2.2 设计计算

（1）过滤面积 A、滤袋数目 n 的确定

袋式除尘器的过滤面积 A

$$A=\frac{Q+Q_{\mathrm{L}}}{v_{\mathrm{f}}}=\frac{3\,600+720}{1\times 60}=72\ \mathrm{m}^2 \tag{7-26}$$

根据杨建勋、张殿印主编的《袋式除尘器设计指南》，滤袋长度 L 与直径 D 的比（L/D）取值范围为 4～40，滤袋尺寸的参考数据选取 L=3 000 mm，d=200 mm。

计划所需滤袋总数

$$n = \frac{A}{\pi L d} = \frac{72}{\pi \times 3 \times 0.2} = 38.22\text{条} \tag{7-27}$$

单室布袋集尘，按 6×7 布置，总计 42 条滤袋；相邻滤袋间隔 50 mm，边排滤袋和壳体留有 400 mm 宽的人行道，如图 7-4 所示。

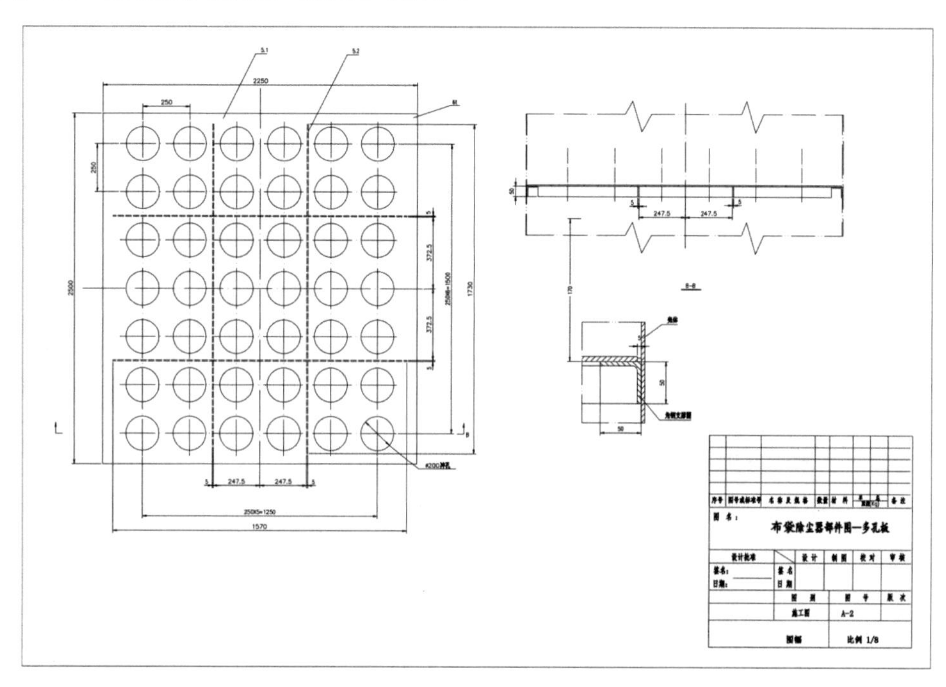

图 7-4　布袋除尘器多孔板

（2）除尘室的尺寸

除尘室的尺寸：

长度 L=（6×0.2+5×0.05）+0.4×2=2.25 m，取L=2.25 m

宽度 D =（7×0.2 + 6×0.05）+ 0.4×2 = 2.5 m，取D=2.50 m

截面积：$S=LD$=2.25×2.50=5.625 m^2

（3）滤袋清灰时间 t

根据式（2-15），设 Δp 达到 1 000 Pa 时清灰一次，将已知数据代入上式：

$$\Delta p_{\mathrm{P}} = R_{\mathrm{P}} v_{\mathrm{f}}^{2} \rho t$$

即 1 000 = 100 + 1.50×1×5×t

解得：t = 120 min = 2 h

故滤袋运行 2 h 清灰一次。

（4）灰斗的尺寸

参考郝吉明、马庆、王书肖主编的《大气污染控制工程》，标准状况下含尘浓度为

$$\rho_N = \frac{T}{T_N} \times \rho = \frac{300 + 273}{273} \times 5 = 10.5\ \text{g/m}^3 \tag{7-28}$$

为达到标准所需的除尘率

$$\eta = 1 - \frac{\rho_{出}}{\rho_N} = 1 - \frac{200}{10\,500} = 98\% \tag{7-29}$$

则灰堆积速度应为

$$q = \frac{Q\rho\eta}{\rho_P} = \frac{3\,600 \times 5 \times 98\%}{1\,500 \times 1\,000} = 0.012\ \text{m}^3/\text{h} \tag{7-30}$$

取灰斗倾斜角为 50°，排灰口边长 a_0 取 0.5 m，排灰斗高度

$$H = \frac{1}{2}\tan 50° - \frac{1}{2}a_0 \tan 50° = \frac{1}{2} \times 2.25 \times \tan 50° - \frac{1}{2} \times 0.5 \times \tan 50° = 1.04\ \text{m} \tag{7-31}$$

取 1.1 m。

积灰高度 h 取 0.8 m，估算积灰体积

$$\begin{aligned} V &= \frac{1}{3}\left(2 \times \frac{\mathrm{h}}{\tan 50°}\right)^2 h - \frac{1}{3}a_0^2 \times \frac{a_0}{2}\tan 50° \\ &= \frac{1}{3}\left(2 \times \frac{1.2}{\tan 50°}\right)^2 1.2 - \frac{1}{3}0.5^2 \times \frac{0.5}{2}\tan 50° = 0.455\,8\ \text{m}^3 \end{aligned} \tag{7-32}$$

灰斗的容积

$$V = \frac{L^2 h}{3} = 1.35\ \text{m}^3 \tag{7-33}$$

灰斗容积大于每次的卸灰量，设计合格。

排灰时间 $t_{排} = \frac{2V}{q} = \frac{2 \times 1.35}{0.012} = 225\ \text{h}$，故每 225 h 灰斗排灰一次。

7.2.2.3 辅助结构计算

为便于进气管与灰斗连接，采用方形断面管，断面边长

$$L_1 = \sqrt{\frac{Q}{3\,600\, v_i}} = \sqrt{\frac{3\,600}{3\,600 \times 15}} = 0.258\,2\ \text{m} \tag{7-34}$$

取整为 260 mm。

净气出流速度 v_0 取 5 m/s，出口管道选圆截面管道，截面直径为

$$D=\sqrt{\frac{Q/3\,600v_0}{\pi/4}}=\sqrt{\frac{3\,600/(3\,600\times5)}{\pi/4}}=0.505\text{ m}=505\text{ mm}，取\ 510\text{ mm}。$$

设计参数见表 7-1。

表 7-1　设计参数

项目	内容	
除尘器型式	单室布袋除尘器	
清灰方式	逆气流反吹清灰	
清灰制度	二状态清灰	
滤袋	过滤风速	1 min/（m^2·s）
	过滤面积	72 m^2
	滤袋尺寸	长 L=3 000 mm，直径 d=200 mm
	滤袋总数	42 条
	清灰时间	2 h
灰斗	排灰体积	0.455 8 m^3
	积灰高度	800 mm
	排灰时间	225 h
	灰斗高度	1 100 mm
进气口	气流速度	15 m/s
	边长	260 m
出气口	气流速度	5 m/s
	直径	510 mm

根据上述尺寸，选择除尘器型号，以及根据袋式除尘器的压力损失[计算详见式（2-151）]。

7.2.2.4　选择风机和电机

计算风量

$$Q_t=Q(1+K_1)K_2=10\,000\times(1+0.1)\times1.15=12\,650\text{ m}^3/\text{h} \tag{7-35}$$

计算风机的风压：$P_t=(\Delta P_1K_3+\Delta P_2)K_4$

式中：Q——管道计算总风量，m^3/h；

ΔP_1——管道计算总压损，Pa；

ΔP_2——除尘器阻力，Pa；

K_1——考虑系统漏风所附加的安全系数，除尘管道取 0.10～0.15；

K_2——考虑风管漏风所附加的安全系数，取 1.15；

K_3——管道系统阻力的附加系数，取 1.15；

K_4——附加系数，取 1.08。

根据上述风量和风压以及《除尘设备》风机样本选择相应型号；并进行相应的工程预算核算（略）。该设计的单室袋式除尘器如图 7-5 所示。

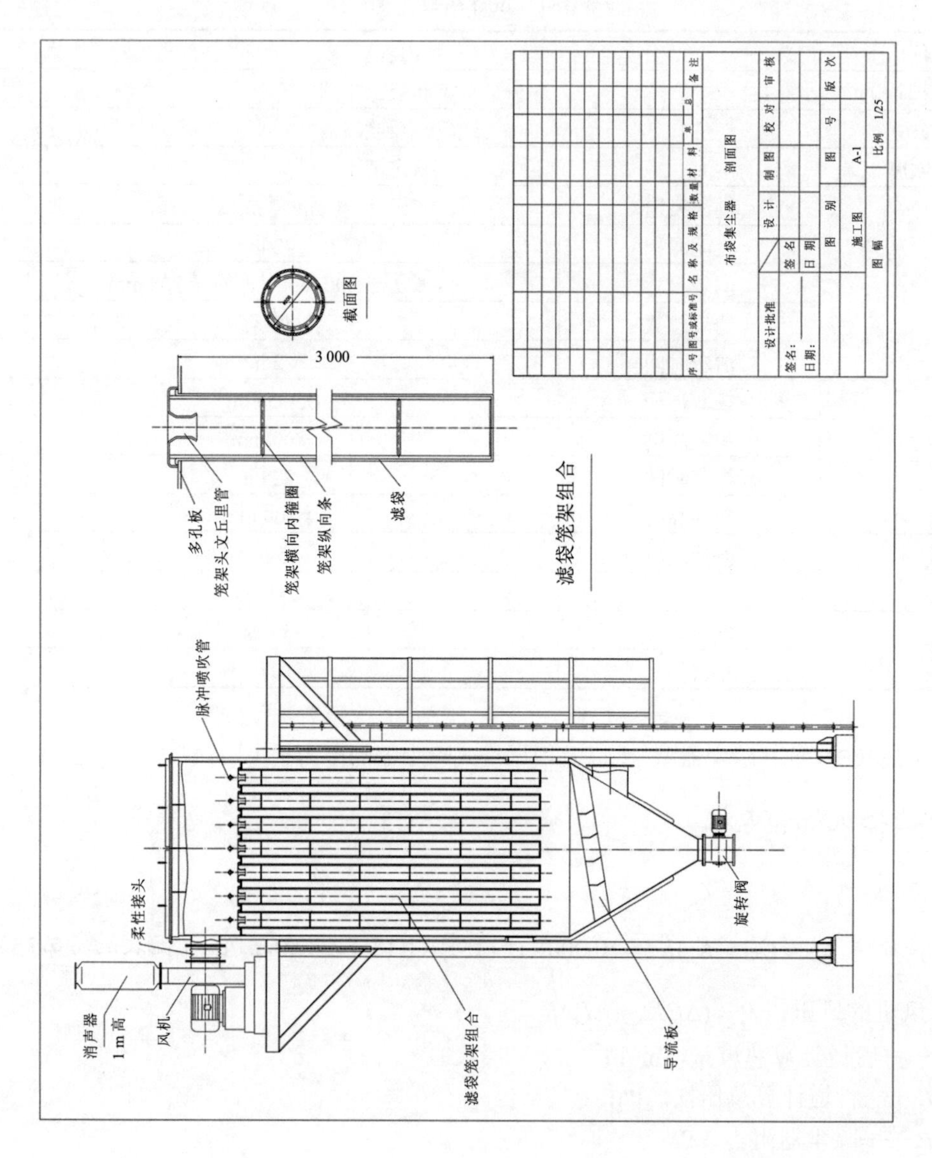
消声器
1 m高
风机
柔性接头
脉冲喷吹管
滤袋笼架组合
导流板
旋转阀
多孔板
笼架头文丘里管
笼架横向内箍圈
笼架纵向条
滤袋
3 000
截面图
滤袋笼架组合
序号
图号或标准号
名称及规格
数量
材料
备注
布袋集尘器
剖面图
设计批准
签名：
日期：
签名
日期
设计
制图
校对
审核
图别
施工图
图号
A-1
版次
图幅
比例
1/25

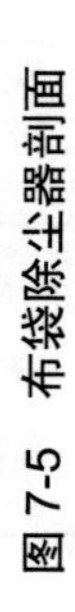
图 7-5　布袋除尘器剖面

7.2.3 布袋除尘器运行与维护

除尘器运行时，应保持除尘器内温度高于露点，一般应高于 145℃，对壳体采取保温措施。在启动和停炉时，为防止除尘器内产生水分冷凝，可用加热器使内部在任何时间都高于露点，或启动前预热除尘器，也可以在停炉前停止清灰，在滤袋上形成灰尘层，以便在下次启动时保护滤袋。

在袋式除尘器的日常运行中，由于运行条件发生某些改变，或者出现某些故障，都将影响设备的正常运转状况和工作性能，要定期地进行检查和适当的调节，目的是延长滤袋的寿命，降低动力消耗及回收有用的物料。应注意以下问题：

（1）运行

每个通风除尘系统都要安装和备有必要的测试仪表，在日常运行中必须定期进行测定，并准确地记录下来，这就可以根据系统的压差，进出口气体温度，主电机的电压、电流等的数值及变化来进行判断，并及时地排出故障，保证其正常运行。

通过记录发现的问题有：清灰机构的工作情况、滤袋的工况（破损、糊袋、堵塞等），以及系统风量的变化等。

（2）定期检测

袋式除尘器需定期检测，及时更换或关闭破袋。即使一个破袋都可能导致排灰浓度迅速升高，气流在通过一个小破洞时会导致该滤袋以及周围邻近的滤袋快速破坏，造成很大的损失。检测滤袋的方法有多种，如向袋式除尘器的入口喷入荧光粉，用能使荧光粉发光的紫外灯来检测定位破袋。对于脉冲型袋式除尘器的滤袋检漏，是在过滤后的清洁烟气导管中进行的。

滤袋面对高速气流时运行易损坏，这经常发生在刚刚安装好的新滤袋上，因此必须对新安装或刚更换的滤袋启动进行仔细的控制。

（3）滤袋的更换

滤袋的更换有两种方法，即同时更换同一个袋式除尘器中的所有滤袋或者根据要求更换某一单元室。在对所有滤袋进行更换时，运行最坏的单元室控制了整个滤袋的寿命，会损失部分滤袋的寿命，但由于全部是新的滤袋，除尘器的启动运行易于控制，气流过大时滤袋损坏的机会要小。如果滤袋在线更换，必须限制气流，直到滤袋已经充分调节好。

（4）优化清灰频率

清灰过于频繁会导致烟尘排放浓度较高，并会明显缩短滤袋寿命，因此需要在清灰频率和压力降之间进行优化。

清灰效果与进入袋内的清灰能量及附着在袋上灰层的强度有关，运行过程中的某些偏差可能会导致灰层强度的增加。如低温运行可能导致灰层上的酸冷凝，锅炉管道的泄漏可导致烟尘带水造成灰层硬化，燃油时操作不当可导致烟尘带油等。

（5）安全

袋式除尘器要特别注意采取防止燃烧、爆炸和火灾事故的措施。在处理燃烧气体或高温气体时，常常有未完全燃烧的粉尘、火星，有燃烧和爆炸性气体等进入系统中，有些粉尘具有自燃着火的性质或带电性，同时，大多数滤料的材质又都是易燃烧、摩擦易产生积聚静电的，在这样的运转条件下，存在发生燃烧、爆炸事故的危险，这类事故的后果往往是很严重的。

需考虑采取防火、防爆措施：

1）在除尘器的前面设燃烧室或火星捕集器，以便使未完全燃烧的粉尘与气体完全燃烧或把火星捕集下来。

2）采取防止静电积聚的措施，各部分用导电材料接地，或在滤料制造时加入导电纤维。

3）防止粉尘的堆积或积聚，以免粉尘的自燃和爆炸。

4）人进入袋室或管道检查或检修前，务必通风换气，严防 CO 中毒。

7.3 大型石灰石-石膏法烟气脱硫系统设计与运行

石灰石-石膏法烟气脱硫技术已经有几十年的发展历史，技术成熟可靠，适用范围广泛，据有关资料介绍，该工艺市场占有率已经达到 85%以上。石灰石-石膏法烟气脱硫系统安装于燃烧锅炉烟道的末端、除尘系统之后，用石灰石（$CaCO_3$）浆液做洗涤剂，在反应塔中对烟气进行洗涤，从而除去烟气中的 SO_2。下面主要以典型石灰石-石膏湿法烟气脱硫（FGD）工艺为例详解。

7.3.1 石灰石-石膏湿法 FGD 系统介绍

典型石灰石-石膏烟气脱硫系统主要由烟气系统、SO_2吸收系统、石灰石浆液循环系统、氧化空气系统、石灰石卸料系统、制浆供给系统、石膏脱水及排出系统、废水处理系统等组成。

（1）烟气系统及设备

烟气系统的主要作用是进行 FGD 系统的投入和切除，为 FGD 系统运行提供烟气通道，一般包括烟道、烟气进口挡板、烟气出口挡板、烟气旁路挡板、烟气密封风挡板、增压风机及其辅助系统、GGH 及其辅助系统等。FGD 系统在正常运行时，进口、出口挡板开启，烟气旁路挡板关闭，烟气经过 FGD 由烟囱向大气排放；烟气旁路挡板布置在 FGD 系统进口、出口挡板之间，在 FGD 系统停用或事故状态下，全流量的烟气旁路挡板应打开，烟气脱硫装置的烟气进口、出口挡板关闭。FGD 整套装置停止运行，烟气通过烟气旁路挡板经烟囱向大气排放。FGD 烟气挡板配备了挡板密封风机，在 FGD 烟气挡板关闭时起密封作用，密封风压力至少维持比烟气最高压力高 500 Pa，密封风系统配有电加热器，加热密封风防止结露腐蚀。

烟气系统主要设备包括烟道、膨胀节、烟气挡板、挡板密封风系统、增压风机及其辅助系统、GGH 及其辅助系统、烟囱等，流程如图 7-6 所示。

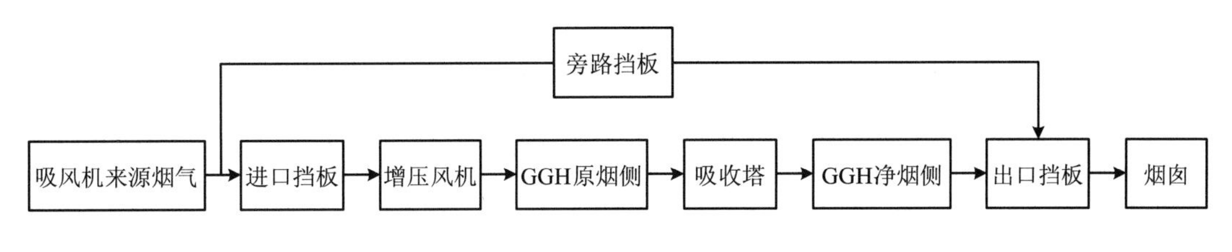

图 7-6 烟气系统流程

在锅炉最大工况（BMCR）下，烟道内任意位置的烟气流速应不大于 15 m/s。烟道留有适当的取样接口、试验接口和人孔。

对于每台锅炉的 FGD 系统，配置 1 台 100%BMCR 烟气量的增压风机（BUF），布置于吸收塔上游的干烟区。增压风机为动叶可调轴流风机，包括电动机、密封空气系统等。

（2）SO_2 吸收系统及设备

SO_2 吸收系统主要用于脱除烟气中 SO_2、SO_3、HCl、HF 等污染物及烟气中的飞灰等物质。SO_2 吸收系统包括吸收塔系统、浆液再循环系统、氧化空气系统等子系统。采用石灰石或石灰作脱硫吸收剂，制成吸收浆液，经 GGH 降温后，原烟气进入吸收塔，塔内烟气中的 SO_2 与浆液中的 $CaCO_3$ 进行吸收反应，生成亚硫酸氢钙，亚硫酸氢钙通过氧化、结晶生成石膏。同时烟气中的 Cl、F 和灰尘等大多数杂质也在吸收塔中被去除，含有石膏、灰尘和杂质的吸收剂浆液的一部分被排入石膏脱水系统。脱除 SO_2 后的烟气经除雾器去除烟气中的液滴，经 GGH 加热升温后进入烟囱排入大气。主要设备有吸收塔、循环泵、循环喷嘴、除雾器及其冲洗系统、氧化风机、搅拌器和排出泵等。

吸收塔是石灰石-石膏烟气脱硫系统的核心装置，要求气液接触面积大，气体的吸收反应良好，压力损失小，并且适用于大容量烟气处理。吸收塔塔体材料为碳钢内衬玻璃鳞片。吸收塔烟气入口段为耐腐蚀、耐高温合金。吸收塔内烟气上升流速为 3.2～4 m/s，塔内部根据各部分的具体功能自下而上可分为氧化结晶区、吸收区和除雾区。浆液在吸收区从烟气中吸收硫的氧化物和其他酸性物质，脱硫后的烟气经过除雾区后与液滴分离。氧化结晶区是石灰石溶解，吸收 SO_x 后生成的亚硫酸钙通过鼓入的空气被氧化为硫酸钙，然后形成石膏晶体析出的场所，吸收塔内的浆液具有腐蚀性，所以必须进行防腐处理。

吸收塔根据不同的工作原理进行分类，主要有填料塔、双回路塔、喷射鼓泡塔、液柱吸收塔、喷淋塔等。

（3）氧化风系统

氧化风系统通过向反应池中鼓入氧化空气，在搅拌作用下，将 $CaSO_3$ 氧化生成 $CaSO_4$，$CaSO_4$ 结晶析出生成石膏，其作用一方面可以保证吸收 SO_2 过程的持续进行，提高脱硫效率，同时提高石膏的品质；另一方面可以防止亚硫酸钙在吸收塔和石膏浆液箱中结垢。

氧化工艺分为自然氧化工艺和强制氧化工艺两种，石灰石湿法烟气脱硫工艺中，区别在于吸收塔底部的反应池中是否鼓入强制氧化空气。在自然氧化工艺中不通入强制氧化空气，吸收浆液中的 HSO_3^- 只有一部分被烟气中剩余的氧气在吸收区氧化成 SO_4^{2-}，脱硫产物主要是亚硫酸钙和亚硫酸氢钙；在强制氧化工艺中，在吸收塔反应池中利用氧化风机提供强制氧化空气，吸收浆液中的 HSO_3^- 几乎全部被反应池底部充入的空气强制氧化成 SO_4^{2-}，脱硫产物主要为石膏。强制氧化工艺不论是在脱硫效率还是在系统运行的可靠性等方面均比自然氧化工艺更优越。因此，目前国际上石灰石湿法烟气脱硫装置主要以强制氧化工艺为主。

强制氧化装置，因空气导入和分散方式的不同，形式主要有管网式（又称固定式空气喷射器）、矛式（又称搅拌器和空气喷枪组合式）两种。

（4）石灰石浆液制备与供给系统

石灰石浆液制备系统分为石灰石的磨制和浆液的制备两部分，石灰石磨制系统有干磨系统和湿磨系统，两者的区别在于石灰石的磨制方式。石灰石浆液制备系统主要设备有石灰石卸料系统、石灰石仓、称重给料机、钢球磨石机。如为湿磨系统还有旋流站、浆液再循环箱、浆液储存箱等；如为干磨系统还有选粉机，选粉风机、石灰石粉输送设备，石灰石粉储存仓及其空气炮、石灰石粉仓及其流化设备等。

该系统设置一个石灰石浆液箱，每塔设置两台石灰石浆液供浆泵。吸收塔配有一条石灰石浆液输送管，石灰石浆液通过管道输送到吸收塔。每条输送管上分支出一条再循环管回到石灰石浆液箱，以防止浆液在管道内沉淀。

脱硫所需的石灰石浆液量由锅炉负荷、烟气的 SO_2 浓度和 Ca/S 来联合控制，而需要制备的石灰石浆液量由石灰石浆液箱的液位来控制，浆液的浓度由浆液的密度计控制测量。

（5）石膏脱水系统

由吸收塔底部抽出的浆液主要由石膏晶体组成，固体含量为 8%～15%，经一级水力旋流器分离出的密度较低的含有石膏、飞灰和石灰石残留物构成的固体，因为重力作用返回到溢流箱，然后通过溢流泵返回吸收塔。经一级水力旋流器浓缩为 40%～60%的石膏浆液，并依靠重力流至真空皮带脱水机，被均匀地分布在真空皮带机滤布上。通过真空皮带机脱水，形成一层滤饼，脱水至含水量小于 10%的石膏后进入石膏仓。

为防止滤布堵塞，装有滤布冲洗系统。为降低石膏中的氯离子含量，确保石膏品质，装设有滤饼冲洗系统，用工艺水对滤饼进行冲洗。石膏脱出的滤液水通过气液分离器将气体分离出来，气体被排出，液体被收集到滤液箱，然后用滤液泵送至吸收塔或湿式钢球磨石机。

为了维持整个吸收塔系统的氯离子平衡，水力旋流站溢流送至废水旋流器旋流后，溢流进入废水处理系统，底流返回溢流箱。

石膏脱水系统主要设备有石膏排出泵、石膏旋流器、真空泵、真空皮带脱水机、气水分离器、滤布冲洗水泵、滤饼冲洗水泵以及相关的箱罐、阀门、管道、仪表等。

（6）公用系统

公用系统由工艺水系统、冷却水系统、压缩空气系统等组成，为脱硫系统提供用水和控制用气。

1）工艺水系统

脱硫系统工艺水一般来自电厂工业水或回用水，通过管道输送至工艺水箱中，由工艺水泵输送至各用水点，工艺水系统通常是几台 FGD 装置公用的。FGD 装置运行时，由于烟气携带、废水排放和石膏携带水会造成水损失。工艺水通过除雾器冲洗的同时为吸收塔提供补水，以维持吸收塔内的正常液位。此外，各设备的冲洗、密封和冷却等用水也采用工艺水。FGD 冷却水主要用户是增压风机油站、氧化风机电动机、磨石机主轴承和减速电动机等。

2）压缩空气系统

压缩空气系统可设置专门的压缩气泵或从主机控制气系统接出，压缩空气系统主要提供脱硫系统的气控门、滤布纠偏、仪表吹扫用气等。按需要应设置足够容量的储气罐，仪用稳压罐和杂用储气罐应分开设置。储气罐的供气能力应满足当全部空气压缩机停运时，依靠储气罐的储备，能维持整个脱硫控制设备继续工作不少于 15 min 的耗气量。气动保护设备和远离空气压缩机房的用气点，宜设置专用稳压储气罐。储气罐工作压力按 0.8 MPa 考虑，最低压力不低于 0.6 MPa。

3）事故浆液排放系统

事故浆液排放系统包括事故浆液系统和地坑系统，当 FGD 系统停运检修或发生故障需要排空 FGD 系统内浆液时，FGD 吸收塔内浆液由浆液排出泵排至事故浆液箱，直至吸收塔内浆液位于低液位为止，其余的浆液则排至地坑中，再由地坑泵排至事故浆液箱。事故浆液箱用于临时储存吸收塔内的浆液，并为 FGD 系统再次启动提供“晶种”。地坑系统用于储存 FGD 系统内各类浆液，同时还可收集、输送或储存设备运行、运行故障、取样、冲洗过程或渗漏产生的浆液，主要设备包括搅拌器和地坑泵。

（7）废水处理系统

FGD 装置的废水主要来自石膏脱水系统的旋流器溢流，其中的一部分循环使用，另一部分经处理达标后排放。通过排放废水，可以控制吸收塔循环浆液的 Cl^-和 F^-等有害元素的浓度不至过高，同时将烟气中被洗涤下来的部分飞灰排出。废水中含有的杂质主要包括悬浮物、过饱和的亚硫酸盐、硫酸盐以及重金属。脱硫废水的主要问题是弱酸性 pH 为 4～6，悬浮物（含固体量为 0.6%～1.0%）和汞、铅、镍、锌等重金属以及砷、氟等非金属污染物含量超标，若直接排放将造成环境污染必须经过处理达标后才能排放。火电厂石灰石-石膏去湿法脱硫废水水质控制指标（DL/T 997—2006）见表 7-2。

表 7-2 脱硫废水处理系统出口监测项目和污染物最高允许排放浓度

项目	单位	浓度
pH	—	6.0～9.0
COD	mg/L	≤150
悬浮物	mg/L	≤70
硫化物	mg/L	≤1.0
总镉	mg/L	≤0.1
氟化物	mg/L	≤30
总铬	mg/L	≤1.5
总砷	mg/L	≤0.5
总铅	mg/L	≤1.0
总镍	mg/L	≤1.0
总锌	mg/L	≤2.0

脱硫废水处理系统包括以下 3 个子系统：脱硫装置废水处理系统、化学加药系统、污泥脱水系统。废水处理的工艺大致分为中和、脱重金属、絮凝、浓缩、澄清、污泥处理几部分。其中中和采用 $Ca(OH)_2$ 作为中和剂加入脱硫废水中，一方面可以中和废水的酸性，另一方面还可以脱除 F^-，并使部分重金属沉淀下来，脱硫废水处理工艺流程如图 7-7 所示。具体参见水处理工艺系统。

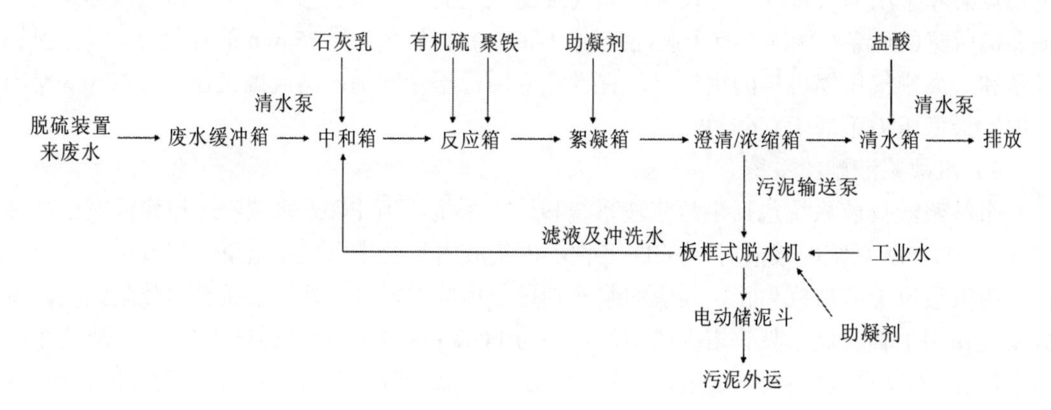

图 7-7 脱硫废水处理工艺流程

7.3.2 FGD 系统设计案例

7.3.2.1 脱硫设备结构设计计算

（1）脱硫系统设计的初始条件

在进行脱硫系统设计时，所需的初始条件一般有以下几个：

1）处理烟气量。该项目单个锅炉的烟气（标准状态下）为 2 000 000 m^3/h。

处理烟气量的大小是设计脱硫系统的关键，一般处理烟气量由业主方给出或根据除尘器尾部引风机风量大小确定。若只知道锅炉蒸汽量，可根据经验系数计算。

2）燃料的含硫率及消耗量，单位为%、t/h。

当没有 SO_2 初始浓度设计值时，可用燃料中的含硫率及消耗量计算 SO_2 初始浓度。

3）进气温度，单位为℃。

进气温度为经过除尘后进入脱硫塔的烟气温度值，进气温度高低关系到脱硫系统烟气量的换算和初始 SO_2 浓度换算。

4）SO_2 初始浓度（标准状态下），为 3 000 mg/m^3；

5）SO_2 排放浓度（标准状态下），不大于 200 mg/m^3。如果无规定，按当地排放标准值。

6）锅炉蒸汽量，单位为 t/h。

（2）脱硫效率计算

脱硫效率

$$\eta = \frac{C_1 - C_2}{C_1} \times 100\% = \frac{3 \times 10^3 - 200}{3 \times 10^3} \times 100\% = 93.33\% \qquad (7\text{-}36)$$

式中：C_1——脱硫前烟气中 SO_2 的浓度，mg/m^3；

C_2——脱硫后烟气中 SO_2 的浓度，mg/m^3。

（3）脱硫塔的设计计算

1）脱硫塔计算

a. 塔直径设计

首先，脱硫塔内操作温度为 50℃，根据理想气体状态方程 $PV=nRT$ 换算，烟气流量 Q 校正为

$$2\,000\,000 \times (273+50) / (273+20) = 2\,204\,778.16 \text{ m}^3/\text{h} \qquad (7\text{-}37)$$

设定喷淋区烟气流速 v，则喷淋塔直径 D_1：

$$D_1 = 2 \times \sqrt{\frac{Q}{3\,600 \times v \times 3.14}} = 14.93 \text{ m/s} \qquad (7\text{-}38)$$

式中：Q——进脱硫塔的烟气流量，m^3/h；

v——喷淋区烟气流速，m/s，一般逆流喷淋速度设定为 3～4.5 m/s。

假设流速 v =3.5 m/s，假定进口烟气温度为 100℃。

塔径 D_1 取整：15 m。

烟气流速校正：将 D_1=15 m 代入式（7-38），得 v =3.46 m/s。

吸收塔高度见表 7-3。

表 7-3 吸收塔高度

项目	范围
吸收塔入口宽度与直径之比/%	60～90
入口烟道到第一层喷淋层的距离/m	2.0～3.5
喷淋层间距/m	1.2～2.0
最顶端喷淋层到除雾器的距离/m	1.2～2.0
除雾器高度/m	2.0～3.0
除雾器到吸收塔出口的距离/m	0.5～1.0
吸收塔出口宽度与直径之比/%	60～100

b. 喷淋除雾区高度设计

吸收塔塔高包括吸收区高度 H_1、浆液池高度 H_2、烟气进口底部至浆液面的距离 H_3、除雾区高度 H_4、烟气进口高度 H_5、烟气出口高度 H_6，即

$$H=H_1+H_2+H_3+H_4+H_5+H_6$$

①吸收区高度 H_1：一般指烟气进口水平中心线到喷淋层中心线的距离。烟气接触反应时间一般为 2～5 s。取接触反应时间 3 s，则吸收区高度为

$$H_1=v\times t=3.46\times 3=10.38\ \text{m} \tag{7-39}$$

根据吸收塔高度参考表 7-3，吸收区高度一般为 5～15 m。

吸收区一般设置 3～6 个喷淋层，本设计取 6 个喷淋层，喷淋层间距一般为 1.2～2 m，本设计取 1.5 m。

入口烟道到第一喷淋层的距离一般为 2～3.5 m，本设计方案为：

$$h=10.38-1.5\times(6-1)=2.88\ \text{m} \tag{7-40}$$

符合要求。

②浆液池设计。

脱硫液在循环池中的停留时间一般为 5～10 min，液气比一般为 13～30 L/m^3。

浆池容量 V_1 的计算表达式如下：

$$V_1=\frac{L}{G}Qt_1 \tag{7-41}$$

式中：L/G——液气比，本设计取 15 L/m^3；

Q——烟气在标准状态下的湿态容积，m^3/h；

t_1——浆液停留时间，取 5～10 min，该设计取 5 min。

由上式可得喷淋塔浆液池体积

$$V_1=(L/G)\times Q\times t_1=15\times(2\,000\,000/3\,600)\times 300/1\,000=2\,500\ \text{m}^3 \tag{7-42}$$

选取浆液池内径等于吸收区内径，内径 D_1=15 m。

选取浆液池内径 D_2 略大于吸收区内径，本设计取 D_2=16 m。

根据 V_1 计算浆液池高度 H_2；

$$H_2=4V_1/(\pi D_2^{\,2})=\frac{4\times 2500}{\pi\times 16^2}=12.44\ \text{m} \tag{7-43}$$

③烟气进口底部至浆液面的距离 H_3，一般为 0.8～1.2 m，本设计取 H_3=1 m。

④除雾区高度 H_4。

吸收塔均应装备除雾器，在正常运行状态下除雾器出口烟气中的雾滴浓度应该不大于 75 mg/m^3。

除雾器通常安装在吸收塔的顶部（低流速烟气垂直布置），也可安装在吸收塔后的烟道上（高流速烟气水平布置）。其作用是捕集脱硫后洁净烟气中的水分，尽可能保护其后

的管路及设备不受腐蚀与沾污。一般要求脱硫后烟气中的残余水分不超过 100 mg/m^3。吸收塔由上、下两级除雾器及冲水系统构成。

参考表 7-3，确定取最后一层喷淋层到除雾器的距离 h_2=1.2 m，除雾器到吸收塔出口的距离 h_3 =0.8 m，除雾器的高度 h_4=3 m，采用 2 层除雾，则除雾区的总高度为

$$H_4=h_2+h_3+h_4n=1.2+0.8+3\times2=8 \text{ m} \tag{7-44}$$

⑤烟气进口、出口设计

为了进气在塔内能够分布均匀，且烟道呈矩形，故高度尺寸取值较小，但宽度不宜过大，否则影响稳定性。由表 7-3 得，进口宽/直径取 0.6，出口宽/直径取 0.7：

入口宽度：$L_{进}=D_1\times a=15\times60\%=9.0$ m

出口宽度：$L_{出}=D_1\times b=15\times70\%=10.5$ m

典型设计工况下，吸收塔入口烟气温度为 100℃，吸收塔出口冷烟气温度为 50℃，推算进出口的烟气流量 $V_{入}$及 $V_{出}$；

进出口烟气流速一般为 12～18 m/s，确定烟气流速 $v_{入}$及 $v_{出}$；

本设计进口烟气流速取 18 m/s，出口烟气流速取 15 m/s，故

$$V_{进}=2\,000\,000/3\,600\times(273+100)/273=759.1 \text{ m}^3/\text{s} \tag{7-45}$$

$$V_{出}=2\,000\,000/3\,600\times(273+500)/273=657.3 \text{ m}^3/\text{s} \tag{7-46}$$

进口高度：$H_5= V_{进}/(v_{进}\times L_{进}) = 759.1/(18\times9) =4.69$ m

出口高度：$H_6= V_{出}/(v_{出}\times L_{出}) = 657.3/(15\times10.5) =4.17$ m

因此，吸收塔高 $H=H_1+H_2+H_3+H_4+H_5+H_6=10.38+12.44+1+8+4.68+4.17=40.67$ m

本设计方案吸收塔高度参数见表 7-4。

表 7-4　本设计方案吸收塔高度参数

吸收塔各部分	尺寸/m
直径	15
吸收塔高度	10.38
烟气进口高度	4.68
烟气出口高度	4.17
浆液池高度	12.44
除雾区高度	8
烟道入口到第一层喷淋层的距离	2.88
烟道进口底部至浆液面的距离	1
最顶层喷淋层到除雾器的距离	1.2
除雾器到吸收塔出口的距离	0.8
吸收塔最终高度	40.67

2）浆液循环系统设计

吸收塔再循环泵安装在吸收塔旁，吸收塔内石膏浆液的再循环采用单流和单级卧式离心泵，由于吸收塔循环液是固液双相流介质，这种高速流动且成分复杂的介质，对循环泵的用材提出了苛刻的要求。浆液循环泵过流部件的耐蚀、耐磨性能是决定泵使用寿命的重要指标。

浆液再循环系统采用单元制，每个喷淋层配备 2 台浆液循环泵。

浆液循环量由液气比和烟气流量共同决定，本设计中液气比等于 15 L/m³，烟气量为 555.6 m³/s，因此浆液循环量为

$$L=15\times 555.6=833.4\ \text{L/s}=30\ 002.4\ \text{m}^3/\text{h} \quad (7\text{-}47)$$

吸收塔喷淋层设计为 6 层，每层 2 台，故每台循环泵对应的流量为 2 500.2 m³/h，取 2 600 m³/h。

根据循环量选择循环泵型号。

3）氧化风机的选型

一般要求石膏产物中亚硫酸钙的含量低于 3%，如果达不到，不仅会影响石膏品质，而且会影响脱硫的效率。

SO_2 的产生量为：

$$3\ 000/64/1\ 000\times 22.4\times 2\ 000\ 000/3\ 600/1\ 000=0.58\ \text{m}^3/\text{s} \quad (7\text{-}48)$$

已知空气含水（标准状态下）0.013 96 kg/m³，则水汽体积分数

$$\varphi=\frac{0.013\ 96}{18\times 10^3}\times 22.4\times 10^3=0.017\ 4 \quad (7\text{-}49)$$

鼓风机风量

$$Q=0.58\times(1+79/21)\times(1+0.017\ 4)=2.81\ \text{m}^3/\text{s}=10\ 115.9\ \text{m}^3/\text{h} \quad (7\text{-}50)$$

根据鼓风量选择风机，一台运行一台备用。

4）石灰石浆液制备系统

石灰石粉消耗量的计算

$$\begin{array}{ll} SO_2+CaCO_3+2H_2O \longrightarrow CaSO_3\,2H_2O+CO_2 \\ 64 \quad\ \ 100 \end{array}$$

$$M_{石灰石}=(\text{Ca/S})\times Q\times C_{SO_2}\times \eta_S\times 100\div 64\div W_{石灰石}\div 10^6 \quad (7\text{-}51)$$

式中：Q——进脱硫塔的烟气流量，m³/h；

C_{SO_2}——入口 SO_2 初始浓度，mg/m³；

η_S——脱硫效率，%；

$W_{石灰石}$——石灰石粉的纯度，%；

Ca/S——钙硫比，本系统设计钙硫比为 1.2∶1。

石灰石纯度为 90.67%，则石灰石消耗为

$$1.2\times2\,000\,000\times3\,000\times93.33\%\times100/64\times10^{-6}/0.906\,7=11\,580\ \text{kg/h} \quad (7\text{-}52)$$

根据浆液密度 1 250 kg/m^3（含固体量为 30%），可以计算出所需浆液量为

$$11\,580/(1\,250\times30\%)=30.88\ \text{m}^3/\text{h} \quad (7\text{-}53)$$

本系统共配有 1 座石灰石浆液箱和两台石灰石浆液泵，每座吸收塔配有 1 条石灰石浆液输送管，石灰石浆液通过管道被输送到吸收塔。每条输送管上分出一条再循环管回到石灰石浆液箱，以防止浆液在管道内沉淀。

5）石膏脱水系统

石膏脱水系统包括石膏浆液排放泵、石膏旋流站、真空皮带过滤机、滤布冲洗水箱、滤布冲洗水泵、滤液水箱及搅拌器、滤液水泵、石膏饼冲洗水泵、石膏库等。

脱硫系统最终的副产品——石膏的品质为纯度＞90%，含水量＜10%。石膏（$CaSO_4\cdot2H_2O$）产量计算如下：

$$SO_2 \longrightarrow CaSO_4\cdot2H_2O$$
$$64 \qquad 172$$

$$G_{\text{石膏}}=Q\times C_{SO_2}\times\eta_S\times172\div64\div W_{\text{石膏}}\div10^6 \quad (7\text{-}54)$$

式中：Q——进脱硫塔的烟气流量，m^3/h；

C_{SO_2}——入口 SO_2 初始浓度，mg/m^3；

η_S——脱硫效率，%；

$W_{\text{石膏}}$——石膏的纯度，%，取值 90%。

$$G=2\,000\,000\times3\,000\times93.33\%\times172/64\times10^{-6}/0.906\,7=16.6\ \text{t/h} \quad (7\text{-}55)$$

（4）总平面布置

当工艺流程和设备选定以后，可进行设备的平面、断面布置。一般脱硫设备的布置应满足以下基本要求：

①考虑到与现有设备的位置关系、未来电厂发展规划、维护检修、运行和监护；

②工艺流程合理，布置紧凑，烟道短捷；

③充分利用厂内公用设施；

④应结合地形和地质条件，合理布局，以减少投资并使运行方便；

⑤节约用地，工程量少，运行费用低；

⑥交通运输方便；

⑦符合环境保护、劳动安全和工业卫生要求。

根据上述计算，得图 7-8 所示石灰石-石膏法脱硫系统的工艺流程。根据工程情况进行工程概算（略）。

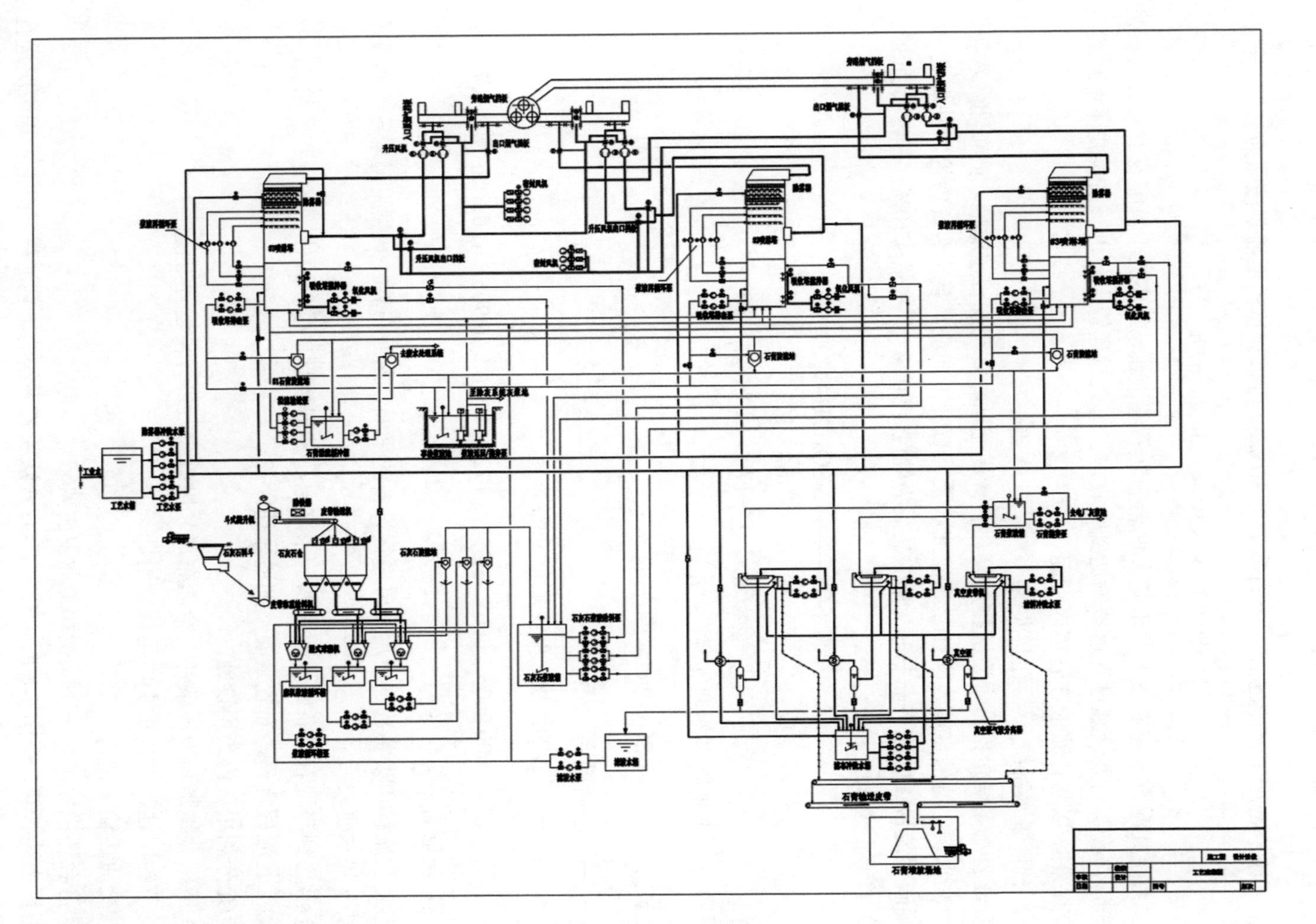

图 7-8 脱硫工艺流程

7.3.3　FGD 系统的运行与维护

7.3.3.1　FGD 系统的安全性

FGD 系统的安全性一方面指 FGD 系统本身的安全程度，如系统各设备的安全性、防腐性等；另一方面指系统对发电机组安全性的影响程度，如对锅炉运行影响、对烟囱腐蚀等。

（1）本身安全性

1）除雾器的安全性。

由于典型石灰石-石膏湿法 FGD 系统的除雾器是在十分恶劣的环境下运行，因此除雾器的安全性格外重要。运行人员要密切注意除雾器的堵塞问题，一旦除雾器堵塞面积变大，FGD 系统被迫停机，需要花费大量人力和时间来疏通；另外，运行人员应控制好原烟气温度，否则会损坏吸收塔内部设备和除雾器。

2）搅拌器的安全性

典型石灰石-石膏湿法 FGD 中搅拌器处于系统中腐蚀环境最为恶劣的区域之一，必须对其有严格的防腐措施，否则搅拌器叶片会因腐蚀而严重损坏。

金属的腐蚀可分为全面腐蚀和局部腐蚀，局部腐蚀形态多样，可以发生孔腐蚀、缝隙腐蚀、晶间腐蚀和应力腐蚀开裂等，而搅拌器叶片明显属于局部腐蚀。腐蚀的原因主要有：①SO_2（SO_3）的腐蚀；②SO_4^{2-}和 SO_3^{2-}的腐蚀，它们对钢铁的腐蚀主要表现为氧去极化腐蚀；③Cl^-（F^-）的腐蚀，氯离子的含量虽然很少，但对 FGD 系统有着重大的影响，它是引起金属腐蚀和应力腐蚀的重要因素；④高速流体及其携带颗粒物的腐蚀。

3）浆液泵的安全性

FGD 系统的浆液为固液两相流介质，介质中 Cl^-的含量为 20 000～60 000 mg/L，pH 为 4.5～7，会对过流元件造成孔蚀与酸蚀。浆液中的固体成分为石灰石与石膏，浓度一般为 20%～35%，最高可达 60%。固体粒径在几十微米至几百微米之间。浆液的高速流动又会对过流元件表面造成冲刷与磨损，因此，浆液泵磨损比较严重。泵的气蚀主要是由于泵和系统设计不当，包括泵的进口管道设计不合理，出现涡流和浆液发生扰动；另外，进入泵内的气泡过多以及浆液中含气量较大，也会加剧气蚀。

总之，减少泵的磨损、气蚀以及提高泵的寿命，关键在于选好耐磨材料，运行中减少进入泵内的空气量，调整好吸入侧护板与叶轮之间的间隙。

4）烟气换热器（Gas Gas Heater，GGH）的安全性

GGH 约占 FGD 系统设备费用的 10%以上，其检修、改造费用相当高，也是造成 FGD 事故停机的主要设备，因而它的安全性要求很高。GGH 的安全隐患主要是 GGH 的低温腐蚀和堵灰。

5）喷嘴的损坏

喷嘴的损坏通常有堵塞、断裂和磨损 3 种。如果运行方式控制不当、长期运行、安装不合理等很容易出现喷嘴局部或全部损毁问题。因此，FGD 系统停运时应检查循环喷嘴的磨损情况，必要时更换循环喷嘴。

6）FGD 系统水平衡失衡

水平衡即进入系统的水与系统消耗的水的平衡。系统水平衡一旦破坏将使吸收塔液位无法控制，使吸收塔液位过高或过低，吸收塔液位对于脱硫效率及系统安全影响极大，如吸收塔液位高，会缩短吸收剂与烟气的反应空间，降低脱硫效率，造成吸收塔溢流，严重时甚至造成脱硫热烟道进浆；吸收塔液位过高，必然会影响除雾器冲洗频率，会引起除雾器堵塞，严重时造成除雾器的坍塌，除雾器的不正常工作将使除雾器出口液滴量增加，使 GGH 堵塞的可能性增加，并使烟气露点温度提高，使除雾器下游设备低温腐蚀可能性增加。如果吸收塔液位低，会降低氧化反应空间，影响石膏品质，严重时可能造成搅拌器振动损坏甚至循环泵跳闸，FGD 保护动作。

（2）发电机组安全性

FGD 系统与锅炉的联系是通过 FGD 进口、出口挡板及旁路挡板进行烟气的切换。FGD 系统正常运行时不会对锅炉产生影响，只有在 FGD 系统故障解列时，以及 FGD 系统启停时，才会对锅炉产生影响。因为 FGD 系统启停或解列时，烟气的切换是由旁路和主路来实现的，由于两路烟道的阻力不一样，故会对锅炉的炉膛负压产生明显的影响，若操作不当，将使锅炉 MFT（主燃料跳闸），甚至危及锅炉炉膛的安全。因此，相应采取的措施有：首先采用合适的旁路快开或半快开装置。FGD 系统的旁路挡板全开时间在 15s 左右，这样会减缓对锅炉炉膛负压的冲击，但该方法不是 100%安全。其次，旁路挡板部分打开或全部打开。在 FGD 系统运行时将旁路挡板部分打开或全部打开，同时调节升压风机负荷，使少量脱硫后的净烟气产生再循环，这也许是不妨碍锅炉正常运行的最好方法。需要特别注意的是，净烟气再循环量应控制至最小，但实际运行时很难控制。

7.3.3.2 FGD 装置防腐

（1）FGD 装置腐蚀

FGD 装置腐蚀可分为金属的腐蚀和非金属衬里的腐蚀，防腐设备主要有衬胶管道、烟气烟道、烟气换热器（GGH）、吸收塔、各类浆液泵、浆液箱、搅拌装置等。影响 FGD 系统腐蚀的因素有温度、干湿交替、固体颗粒和浆液性质、速度、几何结构、Cl^-浓度、pH、F^-浓度、金属离子、添加剂、运行参数变化等。为了防止防腐层开裂，可以采用高耐腐蚀合金材料，但造价高；也可以改变鳞片树脂防腐层的结构，可收到良好的效果。

FGD 系统的防腐，除了在设计时针对不同的腐蚀环境选用适宜的防腐材料和施工工艺，在运行中还应采取以下措施防止或减少腐蚀的发生。

1）监测浆液 Cl^-浓度，加强废水排放，防止 Cl^-浓缩导致其浓度过高。

2）监测浆液 pH，控制 pH 范围，以防止 pH 过低而加速腐蚀。

3）保持表面无沉积物或氧化皮，沉积物或氧化皮的聚积会增大点蚀和缝隙腐蚀的危险，因此，在有条件时应及时冲洗。

4）定期检查，发现问题及时处理。

（2）烟囱防腐

烟气造成烟囱腐蚀的条件如下：

1）烟囱内壁温度低于酸露点温度，经过湿式脱硫后的烟气，其排烟温度及烟囱内壁温度均较低，烟气含湿量较大。另外，烟气中只要有少量 SO_3，就会使酸露点温度大大提高，酸露点温度随烟气含湿量及 SO_3 含量的增加而增加。如果烟囱内壁温度低于酸露点温度，则有可能造成酸（主要是 SO_3 遇水后形成的 H_2SO_4）凝结在内壁上，从而构成对内壁低温酸腐蚀的条件。

2）烟囱内部存在正压区，烟囱内部是否出现正压，是决定烟囱内部是否会受到腐蚀的另一重要因素。而烟囱内部是否出现正压，是由烟囱内烟气流速决定的。如果烟囱在负压条件下运行，则基本不存在烟气向烟囱外壁渗透问题，一般希望烟囱全程负压运行。烟囱内如果出现正压，烟气会通过内壁裂缝渗入钢筋混凝土筒身内表面，由于该处温度比烟气温度低得多，烟气冷却到低于露点温度时就会在该处或者烟囱筒壁析出硫酸，导致承重结构腐蚀加快，从而减少烟囱寿命。其腐蚀程度随烟气腐蚀性的增强而增加，所以烟囱内出现正压区对烟囱的安全是不利的。

研究显示，脱硫后烟囱进口烟气温度降低，导致烟气密度增大，烟囱的自抽吸能力降低，使烟囱内压力分布改变，正压区扩大。

3）烟囱出口的烟气流速过大或过小。烟囱顶部发生腐蚀的主要原因是冷空气进入。如果冷空气进入烟囱顶端的迎风面截面，会引起烟囱内表面冷却，进而可引起酸凝结。为防止这种现象发生，避免冷空气进入，应保证烟囱出口烟气流速不低于一定值，但如果烟气流速过大，超过一定值后，烟囱顶部一段范围内烟气有可能由负压变成正压。现行规程对烟囱出口流速的限值见表 7-5。

表 7-5　烟囱出口流速的限值　　单位：m/s

烟气温度/℃	烟囱高度/m			
	150	180	210	240
80	21	23	25	27
100	25	27	29	31
110	25	27	29	31
130	27	30	32	34

脱硫后的烟气温度比未脱硫的烟气温度低，烟囱内烟气温度的变化对烟囱带来的影响主要有：①烟气温度的降低出现酸结露现象，造成烟囱内部腐蚀；②烟气温度的变化使烟囱的热应力发生改变；③烟温降低影响烟气抬升高度，从而影响烟气的排放；④烟温的降低造成正压区范围扩大。在 FGD 系统运行过程中要注意这些负面影响，须定期对烟囱进行检查，发现问题及时处理。对尾部烟道应进行防腐保护，如加铺玻璃防腐材料等。

7.3.3.3　FGD 系统启动与运行

（1）FGD 系统的状态

FGD 系统的状态大致可分为四种：正常运行状态、短时停运状态、短期停运状态、长期停运状态。正常运行状态是指 FGD 系统稳定地运行，各参数正常调整，各设备正常启停和切换；短时停运状态是指主要停运烟气系统增压风机，烟气短时间内走旁路，其余设备正常运行或处于随时启动状态，停运时间在 24 h 内，FGD 系统可快速启动；短期停运状态是指停运时间在 1～7 d，FGD 主要设备或机组临时检修，FGD 制浆系统、脱水系统、废水处理系统等基本停运；长期停运状态指 FGD 系统完全停运，停运时间在 7 d 以上。

（2）FGD 系统的启动

FGD 系统的启动包括压缩空气系统的启动、工艺水系统启动、循环冷却水系统投入、注水与冲洗、制浆系统的启动、吸收塔的启动、烟气系统的启动、石膏脱水系统启动、废水处理系统的启动。FGD 系统启动流程如图 7-9 所示。

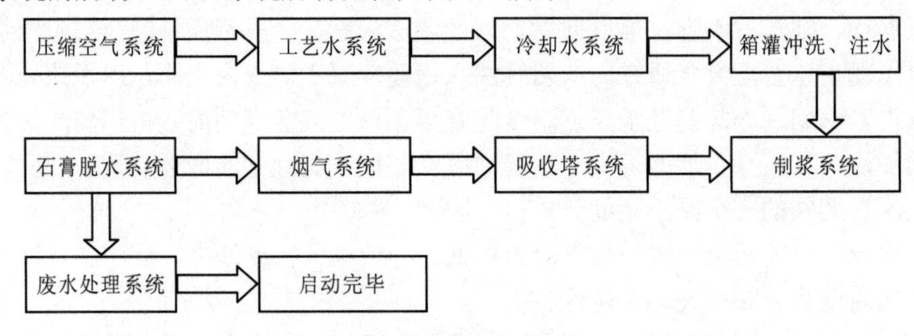

图 7-9　FGD 系统启动流程

（3）FGD 系统的正常运行与调整

1）FGD 系统运行与调整的主要任务

①在主机正常运行情况下，满足机组烟气脱硫的需要，实现 FGD 系统的环保功能。

②保证机组和 FGD 装置的安全稳定运行。

③保持各参数在最佳工况下运行，降低电耗、粉耗、水耗等各种消耗。

④保证 FGD 系统的各项技术经济指标在设计范围内，脱硫效率、石膏品质、废水品质等满足要求。

2）FGD 系统故障时的对策

FGD 系统故障主要包括浆液循环泵故障、吸收塔内搅拌器故障、氧化风机故障、石膏排出泵系统故障问题、石灰石浆液系统故障、压缩空气系统故障、工艺水/工业水系统故障。一般情况如果 1 台设备出现故障，可通过启动备用设备，并联系检修立即检查检修，恢复正常运行。当系统无法修复时，FGD 系统考虑停运。

（4）FGD 系统停运

FGD 系统停运主要包括石灰石制浆系统停运、吸收塔系统停运、烟气系统停运、脱水系统停运、废水处理系统停运、清空浆罐、公用系统停运，流程如图 7-10 所示。

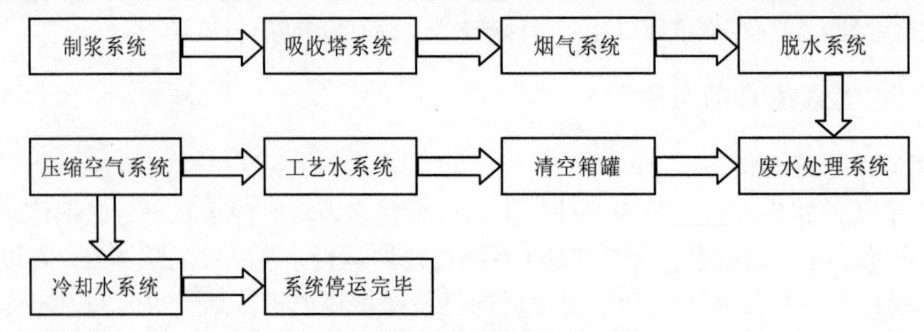

图 7-10　FDG 系统停运流程

7.4　大型选择性催化还原烟气脱硝系统设计与运行

7.4.1　SCR 脱硝工艺系统及主要设备

典型 SCR 系统一般由氨的储存系统、氨与空气混合系统、氨气喷入系统、SCR 反应器系统、省煤器旁路、SCR 旁路、检测控制系统等组成。如图 7-11 所示。

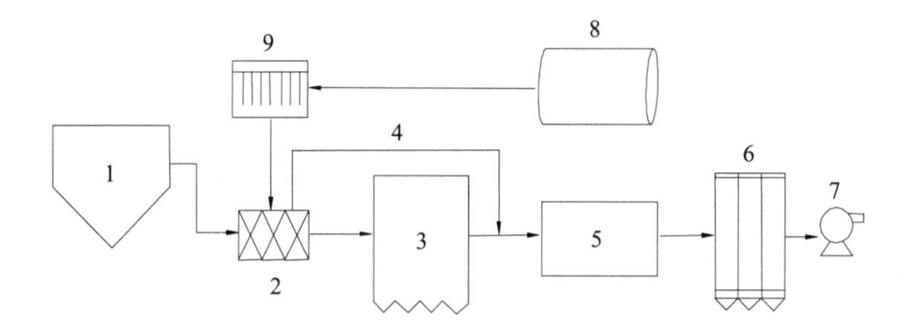

1—省煤器；2—氨与烟气混合器；3—SCR 反应器；4—SCR 旁路；5—空气预热器；

6—除尘器；7—风机；8—氨罐；9—喷氨格栅

图 7-11　SCR 装置的系统组成

7.4.2　SCR 反应系统设计计算公式

基本的设计计算公式见表 7-6。

表 7-6　SCR 计算公式

计算内容		计算公式	符号说明
基本参数	①单个反应器烟气流量	$q_{\text{fluegas}}=\dfrac{Q}{n_{\text{SCR}}}$	n_{SCR}—反应器预设个数； q_{fluegas}—锅炉烟气流量，m^3/h
	②NO_x 去除率	$\eta_{NO_x}=\dfrac{NO_{xin}-NO_{xout}}{NO_{xin}}\times100\%$	η_{NO_x}—脱硝效率
	③理论氨逃逸率	$slip=\text{ASR}-\eta_{NO_x}$	ASR—NH_3 与 NO_x 的化学摩尔比，典型的 SCR 系统中 ASR 值大约取 1.05
SCR 反应器尺寸	④催化剂横截面面积	$A_{\text{catalyst}}=\dfrac{q_{\text{fluegas}}}{3\,600v}$	$q_{\text{flue gas}}$—锅炉烟气流量，m^3/h； v —典型的流经催化剂表面的速度，m/s，通常取 5 m/s； 3 600—单位换算系数
	⑤SCR 反应器横截面面积	$A_{\text{SCR}}=1.15A_{\text{catalyst}}$	A_{catalyst}—催化剂横截面面积，m^2

计算内容		计算公式	符号说明
SCR反应器尺寸	⑥SCR反应器宽	$w=\frac{A_{SCR}}{l}$	l— 反应器长，8 m
	⑦催化剂体积	$V_{SCR}=\frac{q_{flue\ gas}\ln\left[1-\left(\frac{\eta_{NO_x}}{ASR}\right)\right]}{K_{catalyst}A_{specific}}$	$K_{catalyst}$—催化剂活性常数，取厂商经验值； $A_{specific}$—催化剂比表面积，由厂商提供
	⑧催化剂层数	$n_{layer}=\frac{V_{catalyst}}{h'_{layer}A_{catalyst}}$	$V_{catalyst}$—催化剂体积，m^3； h'_{layer}—典型的催化剂额定高度约为1 m； $A_{catalyst}$—催化剂横截面面积，m^2。 n_{layer} 取值为2
	⑨催化剂总层数	$n_{total}=n_{layer}+n_{empty}$	n_{layer}—估算的催化剂层数； n_{empty}—将来再安装的备用催化剂层数，取值1
	⑩SCR反应器高度	$h_{SCR}=n_{total}(C_1+h_{layer})+C_2$	n_{total}—催化剂总层数； h_{layer}—催化剂层高度，m； C_1—支撑、安装催化剂所需的空间高度； C_2—整流层安装高度及安装需要的空间高度
反应塔计算	塔高	$H=h_{SCR}+h_1$	h_1—SCR反应器以下部位的底座高度，m
	塔长L、宽W	$L=W=l+1$	为方便安装和调试在反应器2个方向留空间，这里取2 m
	塔体的壁厚	$\delta_i=L\sqrt{\frac{6\alpha_i\rho g(h_{i-1}+h_i)}{[\sigma]^t}}$ $\delta=\delta_i+C'_1+C'_2$	α_1—系数，其值根据H_1/L查表获得； ρ—材料密度，20号钢，kg/mm^3； g—重力加速度，m/s^2； $[\sigma]^t$—设计温度下材料的许用应力，MPa。 δ_i—第i段壁板壁厚； C'_1—钢板负偏差，mm； C'_2—腐蚀裕量，mm
液氨储存系统计算	反应物氨的流量	$m_{reagent}=\frac{NO_{x in}Q_B ASR M_{reagent}}{M_{NO_x}}$	$m_{reagent}$—反应物（氨）的流量，lb/h； $M_{reagent}$—反应物分子量，取17.03 g/mol； M_{NO_x}—反应物分子量，取46.01 g/mol， Q_B—燃烧产生的热量，MMBTU/h
	液氨的流量	$m_{sol}=\frac{m_{reagent}}{C_{sol}}$	m_{sol}—液氨的流量，lb/h（1 lb=0.454 kg）； C_{sol}—液氨的质量分数，%
	液氨的体积流量	$q_{sol}=\frac{m_{sol}}{\rho_{sol}}V_{sol}$	q_{sol}—液氨的流量； ρ_{sol}—液氨的密度，20℃时为0.610 258 kg/L； V_{sol}—液氨的体积分数，1.13
	液氨容器体积	$V_{Tank}=q_{sol}t$	V_{Tank}—容器体积（标准状态下），m^3； t—SCR系统运行天数，通常按14 d的储量计算

7.4.3　SCR 系统设计案例

7.4.3.1　项目执行标准

1）《火电厂大气污染物排放标准》（GB 13223—2011）；

2）《大气污染物综合排放标准》（GB 16297—1996）；

3）《火电厂烟气脱硝工程技术规范　选择性催化还原法》（HJ 562—2010）。

7.4.3.2　基本设计参数

某电厂改建工程 600 MW 机组，锅炉采用单炉膛四角切向燃烧，该工程脱硝装置采用“高含尘布置方式”的 SCR 脱硝装置，用液氨作为还原剂。在设计时，按锅炉最大工况、处理 100%烟气量条件下，脱硝装置结构及相关系统按脱硝效率不小于 75%的完整设计方案，催化剂层数按“2+1”布置方式，即初期运行 2 层、1 层备用。

标况下，最大工况下处理气量 Q：2×10^6 m^3/h；烟气温度 T 为 364℃；进口浓度 NO_{xin} 为 450 mg/m^3（标准状态下，6%含氧量）；脱硝效率 η_{NO_x} ≥75%；NH_3 逃逸率≤3×10^{-6}；催化剂化学寿命≥24 000 h。

液氨含量≥99.6%，液氨含量符合《液体无水氨》（GB 536—2017）指标（99.0%合格品）。

7.4.3.3　SCR 反应器设计计算

（1）SCR 系统流程图

SCR 脱硝装置主要工艺系统包括液氨储存、供应及废气排放系统、氨与空气混合系数、氨气喷入系统、脱硝反应系统、吹灰和灰输送系统、检测控制系统等，如图 7-12 所示。

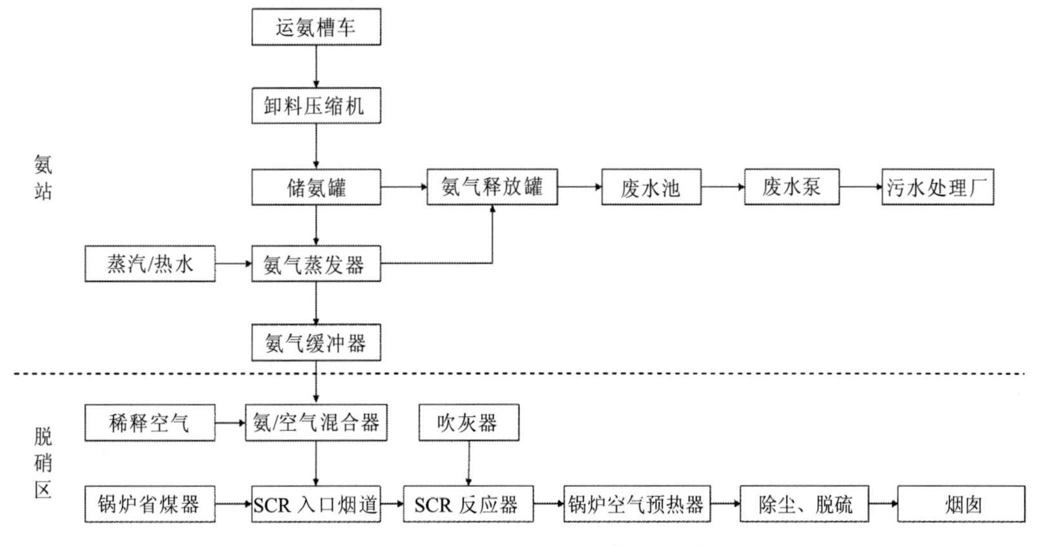

图 7-12　SCR 装置的系统组成与总体布置

按设计煤种、锅炉工况最大、处理 100%烟气量条件下进行，脱硝装置结构及相关系数按脱硝效率不小于 75%、催化剂层数按“2+1”布置方式，即初期运行 2 层、1 层备用。整个工程分为氨站和脱硝区两个区域，如图 7-12 所示，液氨由液氨槽车运送，利用液氨卸料压缩机将液氨由槽车输入氨储罐中。储罐中的液氨输送到液氨蒸发器内连续加热蒸发为氨气，由氨气缓冲罐控制一定的压力和流量，然后与稀释空气在混合器中混合均匀，再送至脱硝系统。氨气系统紧急排放的氨气排入氨气稀释槽中，用水进行吸收后排入废水池，再经废水泵送至废水处理系统处理。氨站装置安全阀泄放出的氨气体、储罐清理时释放出的废氨气全部进入气氨吸收罐用水进行吸收，产生的污水进入全厂污水处理系统进行集中处理，无废渣排放。

（2）SCR 反应系统计算

该工程采用 SCR 法脱硝，共设置两个 SCR 反应器，液氨卸料、储存、蒸发等为公用系统。

1）烟气脱硝系统

烟气脱硝系统包括省煤器出口烟道到 SCR 反应器入口、入口烟道上设置喷氨格栅和烟气导流板、SCR 反应器以及 SCR 出口到空气预热器进口烟道包含的支吊架、膨胀节、保温、外护板等部件。

2）SCR 反应

一般每台锅炉设置两台 SCR 反应器，则单个反应器烟气流量

$$Q_{\text{flue gas}}=10^6\ \text{m}^3/\text{h} \tag{7-56}$$

理论氨逃逸率

$$\text{slip}=\text{ASR}-\eta_{\text{NO}_x}=1.05-0.75=0.3 \tag{7-57}$$

式中：ASR——NH_3 与 NO_x 的化学摩尔比，典型的 SCR 系统中 ASR 值取 1.05。

3）SCR 反应器尺寸计算

①催化剂横截面面积

$$\begin{aligned}A_{\text{catalyst}}&=\frac{q_{\text{flue gas}}}{3\,600\times v}\\&=\frac{10^6}{3\,600\times 5}\\&=55.56\ \text{m}^2\end{aligned} \tag{7-58}$$

式中：$q_{\text{flue gas}}$——锅炉烟气流量，m^3/h；

v——典型的流经催化剂表面的速度，m/s，一般为 4～6 m/s，通常取 5 m/s；

3 600——单位换算系数。

②SCR 反应器横截面面积

考虑催化剂模块几何形状及其他方面，SCR 反应器横截面面积约比催化剂横截面面积

大 15%。且反应器的容积和尺寸适应板式和蜂窝式催化剂互换的要求，催化剂区域内流速为 4～6 m/s。则 SCR 反应器横截面面积

$$\begin{aligned} A_{SCR} &= 1.15A_{catalyst} \\ &= 1.15 \times 55.56 \\ &= 63.89\ m^2 \end{aligned} \tag{7-59}$$

式中：$A_{catalyst}$——催化剂横截面面积，m^2。

设反应器长 $l = 8\ m$，则反应器宽 w：

$$\begin{aligned} w &= \frac{A_{SCR}}{l} \\ &= \frac{63.89}{8} \\ &= 8\ m \end{aligned} \tag{7-60}$$

③催化剂体积

$$V_{SCR} = \frac{q_{fluegas} \ln\left[1-\left(\frac{\eta_{NO_x}}{ASR}\right)\right]}{K_{catalyst}A_{specific}} = 62.4 \tag{7-61}$$

式中：$q_{flue\ gas}$——锅炉烟气流量，m^3/h；

η_{NO_x}——脱硝率；

ASR——NH_3 与 NO_x 的化学摩尔比，典型的 SCR 系统中 ASR 值取 0.8～1.05，这里取 1.05；

$K_{catalyst}$——催化剂活性常数，取厂商经验值；

$A_{specific}$——催化剂比表面积，由厂商提供。

④催化剂层数估算

$$\begin{aligned} n_{layer} &= \frac{V_{catalyst}}{h'_{layer}A_{catalyst}} \\ &= \frac{75.62}{1 \times 55.56} \\ &= 1.4 \end{aligned} \tag{7-62}$$

式中：$V_{catalyst}$——催化剂体积，m^3；

h'_{layer}——典型的催化剂额定高度，约为 1m；

$A_{catalyst}$——催化剂横截面面积，m^2。

n_{layer} 取值为 2。

⑤催化剂总层数

$$\begin{aligned} n_{total} &= n_{layer} + n_{empty} \\ &= 2+1 \\ &= 3 \end{aligned} \quad (7\text{-}63)$$

式中：n_{layer}——估算的催化剂层数；

n_{empty}——将来再安装的备用催化剂层数，取值 1。满足“2+1”设置。

⑥SCR 反应器高度

$$\begin{aligned} h_{SCR} &= n_{total}(C_1 + h_{layer}) + C_2 \\ &= 3\times(2.1+1)+2.7 \\ &= 12\ \text{m} \end{aligned} \quad (7\text{-}64)$$

式中：n_{total}——催化剂总层数；

h_{layer}——催化剂层高度，m；

C_1——气体流动、支撑、安装催化剂所需的空间高度，取 2.1 m；

C_2——整流层安装高度及安装需要的空间高度，取 2.7 m。

根据市场调研，本设计选择蜂窝式钒基催化剂作为 SCR 催化剂，比表面积为 502 m^2/m^3，单元体截面为 150 mm×150 mm，模块截面为 1 800 mm×900 mm，高为 1 000 mm，每一催化剂层共有 12 个模块。

在催化剂层上方的整流层设有 1 510 mm×1 250 mm 的清灰口和 600 mm×600 mm 的人孔门以便于整流层的清灰和检修。在每层催化剂层外均设置有催化剂维修及更换所必需的起吊装置和平台。在每层催化剂层外设有截面为 2 300 mm×1 510 mm 的催化剂安装门，以便于催化剂的安装与更换。每层催化剂设置测试块，每 6 个模块设置一个测试块。

4）塔的设计计算

塔内装有 3 层塔盘及钢筋操作台，用于安装催化剂，选用钢结构架。塔体采用不锈钢，表面附有 100 mm 的保温层，保温材料密度为 300 kg/m^3。

①塔高 H 的计算：

$$\begin{aligned} H &= h_{SCR} + h_1 \\ &= 12+5 \\ &= 17\ \text{m} \end{aligned} \quad (7\text{-}65)$$

式中：h_1——SCR 反应器以下部位的底座高度，m，参考《化工设备设计全书塔设备设计》；

h_{SCR}——主反应器高，m。

②塔长、宽的计算

为方便安装和调试在反应器两个方向共留 2 m。

则塔的长 L、宽 W 分别为

$$L = l + 1 = 8 + 1 = 9\ \text{m} \tag{7-66}$$

$$W = L = 9\ \text{m} \tag{7-67}$$

式中：l——SCR 反应器长度，m，取 8 m；

L——塔的长度，m；

W——塔的宽度，m。

③塔体的壁厚δ计算

$$\delta = \frac{PW}{2[\sigma]^t \varphi - P} = \frac{0.980 \times 9}{2 \times 163 \times 0.85 - 0.980} = 0.032 \tag{7-68}$$

式中：δ——塔体的壁厚，m；

P——塔体设计压力，MPa；

φ——壳体焊缝系数；

$[\sigma]^t$——设计温度下材料的许用应力，MPa。

经厚度附加量并取圆整，名义厚度最终δ取 40 mm。

5）氨喷射系统

氨的喷射系统采用格栅，为保证氨气和烟气混合均匀，氨喷射系统设置有流量调节阀，能根据烟气不同的工况进行调节，喷射系统具有良好的热膨胀性、抗热变形性和抗振性。

反应物的流量计算：

$$m_{\text{reagent}} = \frac{\text{NO}_{x\text{in}} Q_{\text{B}} \text{ASR} M_{\text{reagent}}}{M_{\text{NO}_x}} = \frac{0.86 \times 5\,700 \times 1.05 \times 17.03}{46.01} = 1\,905\ \text{lb/h} \tag{7-69}$$

式中：$Q_{\text{B}} = B_{\text{MW}}\text{NPHR} = 600 \times 9.5 = 5\,700$ MMBTU/h

Q_{B}——燃烧产生的热量。

液氨的流量计算：

$$m_{\text{sol}} = \frac{m_{\text{reagent}}}{C_{\text{sol}}} = \frac{1\,905}{0.996} = 1912.78\ \text{lb/h} = 868.4\ \text{kg/h} \tag{7-70}$$

液氨的体积流量计算：

$$q_{\text{sol}}(\text{标准状态下})=\frac{m_{\text{sol}}}{\rho_{\text{sol}}}V_{\text{sol}}=\frac{868.4}{0.610\,258}\times 1.13=1.608\ \text{m}^3/\text{h} \qquad (7\text{-}71)$$

容器体积计算：

$$V_{\text{Tank}}(\text{标准状态下})=q_{\text{sol}}t=1.608\times 14\times 24=540.288\ \text{m}^3 \qquad (7\text{-}72)$$

式中：t——SCR 系统运行天数，通常按 14 d 的储量计算。

采用两个液氨储罐，则每个储罐有效容积

$$V_{\text{Tank}}(\text{标准状态下})=540.288/2=270.144\ \text{m}^3 \qquad (7\text{-}73)$$

考虑附加量，取圆整（标准状态下）300 m^3。

液氨储罐直径的计算：

$$D=\sqrt{\frac{4\times V_{\text{Tank}}}{\pi H}}=5.05 \qquad (7\text{-}74)$$

式中：D——液氨储罐直径，m；

H——液氨储罐高，这里取 15 m。

取圆整 D=5.5 m。

则液氨储罐的尺寸为：$\phi 5\,500\times 15\,000\ \text{mm}^2$。

6）氨气与烟气混合用风机选型

①气量的计算

氨气与烟气混合用风机的体量等于烟气量加喷氨格栅喷出气体量，则风机鼓风量

$$Q_{\text{W}}(\text{标准状态下})=Q_{\text{flue gas}}+q'_{\text{sol}}=1\,000\,000+8\,427=1\,008\,427\ \text{m}^3/\text{h} \qquad (7\text{-}75)$$

式中：q'_{sol}——液氨挥发后的氨气每小时用量（标准状态下），m^3/h，根据气体状态方程换算。

则氨气混合用的风机气体量（标准状态下）为 1 008 427 m^3/h。

②风压计算

管速的计算：

$$v=\frac{q'}{A_1}=\frac{1\,000\,000}{8\times 4}=8.68\ \text{m/s} \qquad (7\text{-}76)$$

③管道沿程摩擦压力损失计算

根据《全国通用通风管道计算表》获取动压、压损。

（3）设备选型

根据上述计算参数，确定风机、泵、蒸发器等的型号，吹灰系统等。通常采用一用一备。图 7-13、图 7-14 分别为 SCR 剖面图和 SCR 脱硝系统工艺流程，根据设计进行工程概算和预算核算（略）。

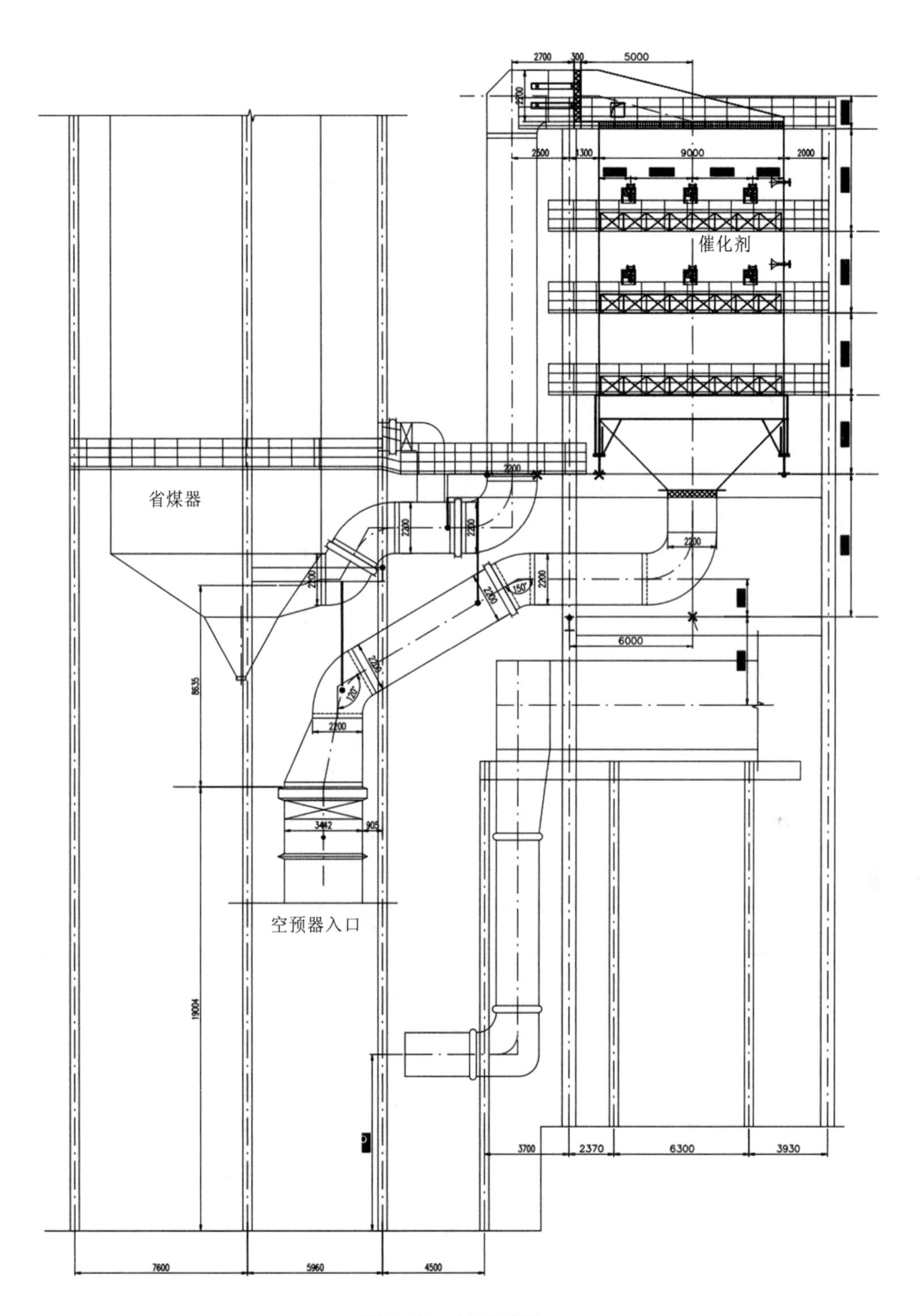

图 7-13　SCR 装置

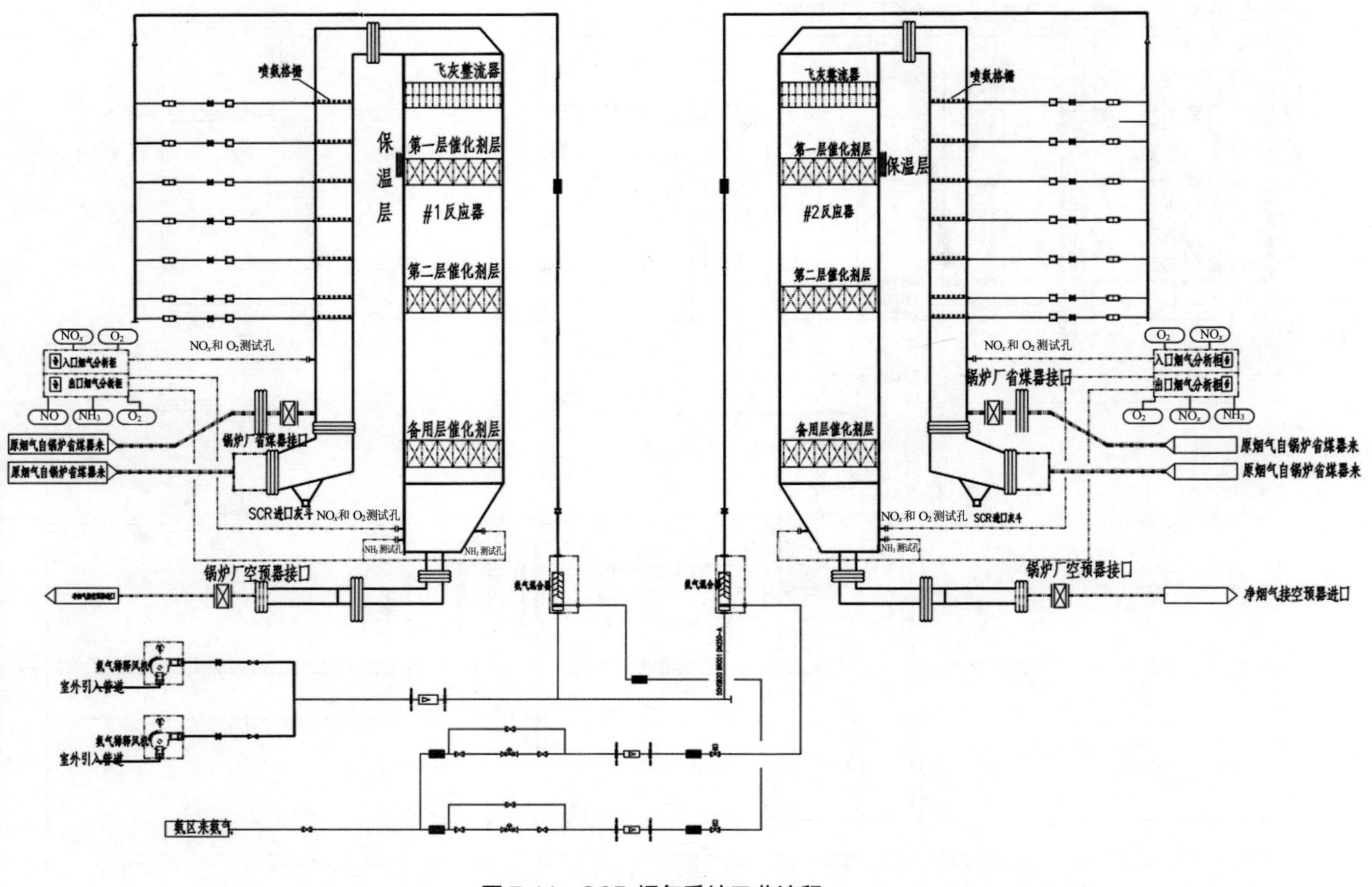

图 7-14 SCR 烟气系统工艺流程

7.4.4 SCR脱硝系统经济分析与运行维护

7.4.4.1 经济分析与评价

设计过程中需要对技术方案进行技术经济计算与分析评价，从经济上对技术进行优化，以得到更完美的技术。因此，重视技术经济指标的分析、比较不仅能使工程造价最低，也是促进生产力发展的一个重要动力。

经济分析与评价的目的是追求费用最小或者效益最大，遵循费用最小化原则和经济效益最大化原则。

7.4.4.2 SCR脱硝系统运行维护

（1）SCR系统操作规程

1）定期检查监测点的烟气浓度变化，要定期观察反应器内的积灰状况和催化剂的堵塞状况，吹灰管要定期进行反吹冲洗。

2）当出现异常情况时，应上报厂区管理人员。确定某台反应器有问题时，停运，烟气都切换到另一台反应器进行处理，并尽快抢修故障反应器。

3）建设单位应对脱硝系统的管理和人员进行定期培训，使管理和运行人员系统掌握脱硝设备及其他附属设施正常运行的具体操作和应急情况的处理措施。

（2）安全规范

1）一般规定

①在脱硝系统的设计、建设、运行过程中产生的废气、废水、废渣、噪声、温度、辐射及其他污染物的防治与排放，应贯彻执行国家现行的环境保护法规和标准的有关规定。

②脱硝系统可行性研究阶段应有环境保护、劳动安全、工业卫生的论证内容，进行相应的安全性评价、环境影响评价工作并取得许可文件。在初步设计阶段，应提出符合要求的环境保护、劳动安全和工业卫生专篇。

③脱硝系统的设计、建设、运行中，应高度重视劳动安全和职业卫生，采取各种防护措施，保护人身安全和健康。

④脱硝系统内的劳动安全和职业卫生设施应与脱硝系统同时建成运行，并制定相应的操作规程。

⑤脱硝系统的安全管理应符合《危险化学品安全管理条例》、《生产过程安全卫生要求总则》（GB/T 12801）等有关法规标准的规定。

2）氨区的安全规范

氨是强腐蚀性气体，氨区是单独规划出的安全区域，严禁非工作人员进入氨区。

①液氨用槽车或钢瓶装运，不能与下列物质共存：乙醛、丙烯醛、硼、卤素、环氧乙烷、次氯酸、硝酸、汞、氯化银、硫、锑、双氧水等。

②发生火灾时，消防人员必须穿戴全身防护服，切断气源，用水保持火场中容器冷却，用水喷淋保护切断气源的人员。

③包装标志为有毒气体，副标志为易燃气体。包装方法为耐低压或中压的钢瓶。储运条件为储存于阴凉、通风良好、不燃结构建筑的库房。远离火源和热源。设备都要接地线。与其他化学物品，特别是氧化性气体、氟、溴、碘和酸类、油脂、汞等隔离储运。平时检查钢瓶漏气情况。搬运时穿戴全身防护服。戴好钢瓶的安全帽及防震橡胶圈，避免滚动和撞击，防止容器受损。

④处理泄漏务必穿戴全身防护服。钢瓶泄漏应使阀门处于顶部，并关闭阀门。无法关闭时，应将气瓶浸入水中。

3）安全和环境保护

①脱硝建设项目内在的危险、有害因素对建设项目周边的单位生产、经营活动或者居民生活不得产生影响。

②脱硝系统的设计、建设应以 GB 13223 标准和电厂所在地的地方排放标准为依据，经过脱硝系统处理后的烟气排放应符合该标准。

③脱硝废水经处理后的排放标准应达到 GB 8979 标准和建厂所在地的地方排放标准的相应要求。

④脱硝氨气储存和供应系统应有事故状态下污染的消防水的收集、处置系统，并有详细的处置方案。

⑤脱硝系统的设计和建设，应采取有效的隔声、消声、绿化等降低噪声的措施，噪声和振动控制的设计应符合 GBJ 87 和 GB 50040 的规定，各厂界的噪声应符合 GB 12348 的要求。

7.4.5 工程概算

总投资包括建设资金和生产流动资金两部分。其中，总投资部分根据当地市场信息价，工艺设备及通用设备、催化剂购置等根据制造厂近期报价、订货价及其他类似工程的设备价格资料进行计算。工程建设费及预备费根据工程的实际情况进行估算，包括其他费用如设计、监理、报建费、安装费、其他基建工作等费用的核算。生产成本费用包括运行动力费、药剂费、工资福利、修理基金、日常检修、管理费等。

7.5 选择性非催化还原烟气脱硝系统设计与运行

本书第 4.3.2 节对选择性非催化还原（SNCR）技术的基本原理进行了介绍，本节重点介绍 SNCR 的系统设计与运行。尿素具有安全系数高、易存储等优势，是目前工业 SNCR 工艺中应用的主要还原剂种类。本节以尿素还原剂为例，介绍常规 SNCR 脱硝流程（图 7-15）和工艺系统（图 7-16）。尿素-SNCR 系统主要包括尿素溶液配制系统、在线稀释系统和炉前喷射系统。尿素站中的主要设备包括尿素溶解槽、配料输送泵、尿素溶液储罐、水加压泵以及尿素溶液泵。SNCR 脱硝过程主要通过将尿素溶液喷进省煤器跟燃烧室中间的过热区域完成。

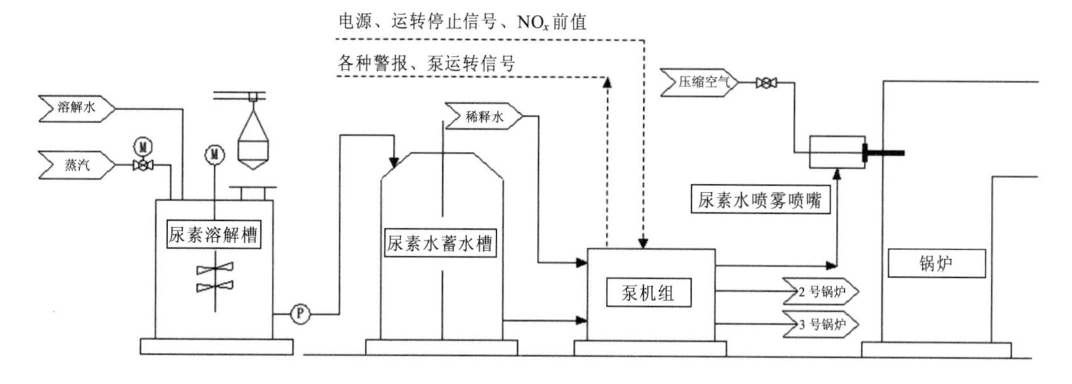

图 7-15　普通大型锅炉 SNCR 流程

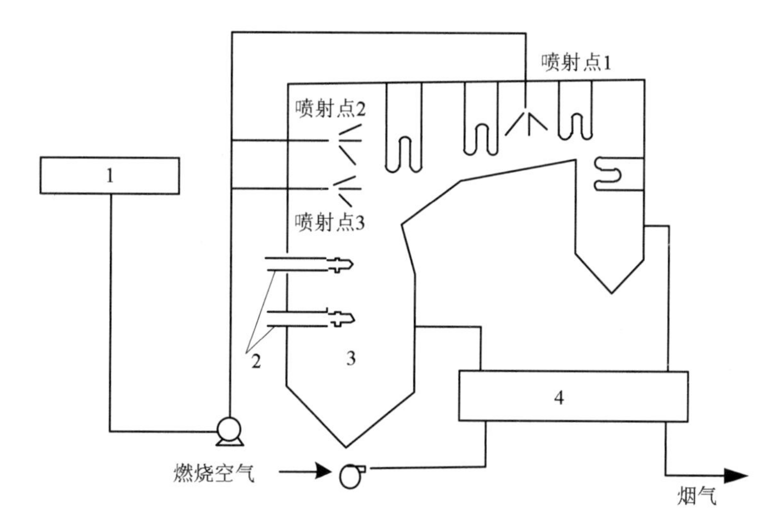

1—氨或尿素储槽；2—燃烧器；3—锅炉；4—空气加热器

图 7-16　SNCR 工艺系统示意

7.5.1　SNCR 脱硝工艺系统

（1）配料与尿素存储系统

配料是在配料池中将固体尿素颗粒溶解并配置成为一定浓度的尿素溶液的过程。配料池与热水阀组成控制回路，设置机械搅拌装置使尿素颗粒溶解。配料池配备液位检测装置监测配料池液位，配备温度检测装置监测配料池温度。配料池温度应高于设定温度以防止出现尿素结晶，配料池设定温度和供给热水应依据尿素溶液浓度计算。例如，当配料池尿素溶液浓度为 40%时，根据尿素在水溶液中的溶解度计算得到该浓度尿素溶液的结晶温度为 0℃。尿素溶解是吸热过程，配料热水温度应高于结晶温度 5～10℃；此时，配料池设定温度应为 5～10℃。通过配料输送泵，尿素溶解槽中的尿素溶液输送到尿素溶液储罐中；

尿素溶液储罐配备液位检测装置监测储罐液位，同时与储罐进液组成回路以控制储罐出液口的流量。尿素溶液储罐配备温度检测装置监测储罐温度，用于检测储罐中溶液的温度，防止尿素溶液温度过低而结晶。尿素溶液配制系统只在需要配制尿素溶液时才启动。小型锅炉的尿素溶液配制系统同时具有储备尿素溶液的功能，大型锅炉则需单独设置存储系统。

（2）稀释系统

在线稀释系统是将来自储罐的尿素溶液和稀释水混合，为送入炉前喷枪进行尿素喷射准备。设置在线稀释系统，而非直接采用尿素溶液喷射对于SNCR系统稳定运行具有重要意义。NO_x浓度会因锅炉负荷、炉膛出口等因素变化，此时送入炉膛的尿素量也应随之变化。当直接采用特定尿素溶液喷射时，需调整送入喷枪的流量。如果喷枪的流量大幅变化，会直接影响雾化喷射效果，影响NO脱除效率与氨残余。在线稀释系统的设计旨在通过调控输入尿素溶液浓度，保障运行工况变化时喷嘴中流体流量的稳定性。在线稀释系统包括尿素溶液母管和稀释水管两条管路，通过对锅炉运行状况的监测，确定两管路流量配比。两管路均需设置压力检测装置，防止因压力过高或过低导致危险和后续喷射质量下降；同时均需设置温度检测装置，防止因温度过低导致尿素在管道内结晶。

（3）炉前喷射系统

炉前喷射系统是将稀释系统中经过稀释的尿素溶液送到正在运行的喷射层，通过雾化，最终与烟气NO发生还原反应。锅炉烟气的温度场分布复杂、变化较大，因此一般需要设置多喷射层。根据实时锅炉运行情况与对烟气温度的检测，启动不同层面喷射头，实现在烟道内不同的位置喷射如图7-17、图7-18、图7-19所示。雾化过程指通过喷嘴将尿素溶液喷射到气体介质中，使之涣散并粉碎成颗粒液滴，从而使尿素溶液与烟气中的氮氧化物充分混合接触反应。雾化过程对保证脱硝效果、提高尿素利用率、减少尿素用量和减少尾部氨残余具有重要作用。雾化过程中控制雾化液滴大小是关键。雾化过程不要求把尿素溶液全部雾化成很小的液滴，而是需要使尿素液滴以不同大小分布。当尿素液滴全部以小颗粒形式存在时，在刚喷射出的高温区就会全部进行蒸发反应，下游低温区烟气中NO_x无法获取足够的尿素还原剂进行反应；当尿素液滴全部以大颗粒形式存在时，液滴蒸发过慢，脱硝反应全部在下游温度较低的不利环境下进行。两种情况都会极大地降低脱硝效率，并使氨逃逸率显著增加。当雾化使尿素液滴以不同的尺寸分布喷出时，小液滴在喷入口炉壁附近就挥发反应，大液滴深入炉膛进行析出反应，可以保障整体脱硝效率。炉前喷射系统中的每只喷枪都配有电动推进器，可实现自动推进和推出。将推进器的位置信号与SNCR控制系统连接，与开/停雾化介质和开/停尿素溶液的阀门动作连动，可实现整个SNCR系统的喷枪自动运行。值得注意的是，SNCR过程锅炉或管道内烟气的流速快且烟气中夹杂着大量的粉尘，极易造成喷枪磨损。相比于SCR，SNCR对喷枪的耐高温、耐磨损和抗腐蚀性具有更高要求。

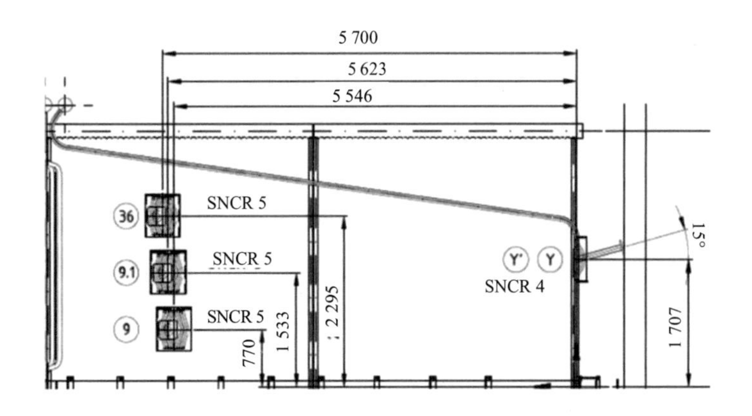

图 7-17　位于锅炉左侧墙壁的喷射系统

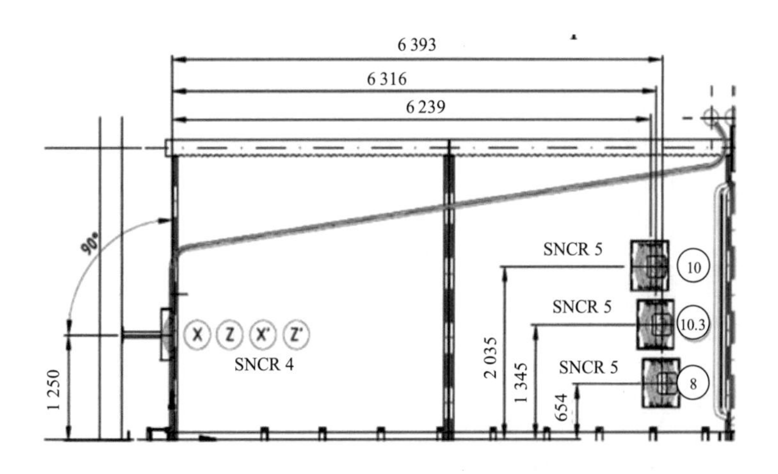

图 7-18　位于锅炉右侧墙壁的喷射系统

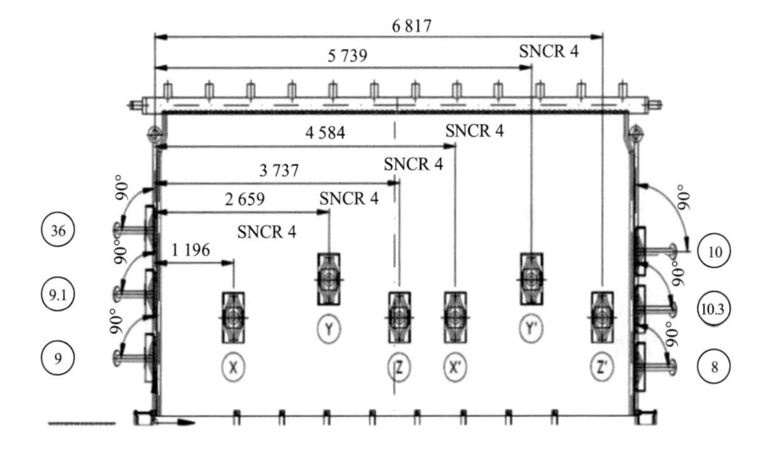

图 7-19　位于锅炉前壁的喷射系统

（4）SNCR 系统中的主要设备

SNCR 主要设备清单见表 7-7。

表 7-7 SNCR 主要设备清单

设备名称	描述
尿素卸货滑道	带有软管的离心泵，可连接到铁路罐车或卡车
尿素储罐	立式绝缘玻璃纤维增强塑料储罐，配备通风孔、笼式梯子、人行道和加热垫
循环模块	循环模块包括： •循环泵 •电加热器 •绝缘/伴热管道 •泵和加热器的隔离阀 •流量、压力、温度和控制面板的仪表
注射区计量模组（1～5 组）	计量模块包括： •计量泵、液压隔膜，配有变量高速电机驱动 •涡轮增压水泵 •绝缘/伴热管道 •泵的隔离阀和控制阀 •流量、压力、温度和控制面板的仪表
空压机分配模组（1～5 组）	回转式尿素溶液分配模块包括： •用于尿素和雾化空气的阀连接 •隔离阀和压力控制阀，用于为每个系统供应空气/尿素
注射器	•用于向每个喷油器供气/尿素的压力指示器 •向每个喷射器供应尿素的流量指示器
进样器	壁式：双流体壁式喷油器，带模块，炉壁面板和空气和尿素供应软管 喷枪型：双流体型喷枪，带有炉壁板和用于空气和尿素供应
管道	位于尿素卸料橇与尿素罐之间；尿素罐和循环模块之间。绝缘/伴热管路，不锈钢材质
省煤器出口排放显示器	监控烟气中的 NO_x 和 O_2 并提供尿素的反馈信号注射控制
机壳	用于加热和通风的外壳

7.5.2 SNCR 运行与控制体系

以华北某电站 SNCR 脱硝系统为例，其运行控制系统如下。

（1）配料与尿素存储系统的运行与控制

尿素溶液配制过程控制如图 7-20 所示。

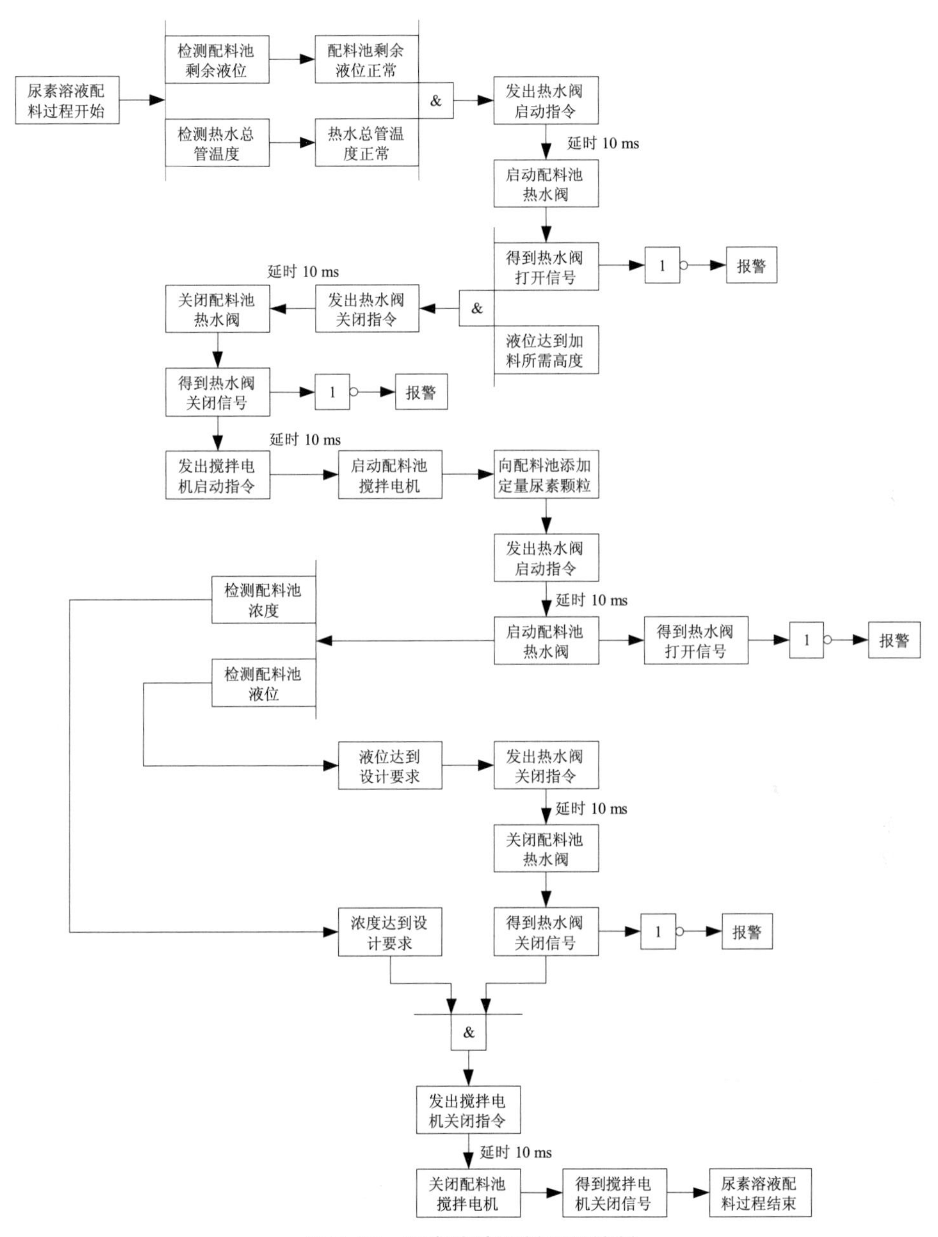

图 7-20　尿素溶液配制过程控制

尿素溶液充装过程控制如图 7-21 所示。

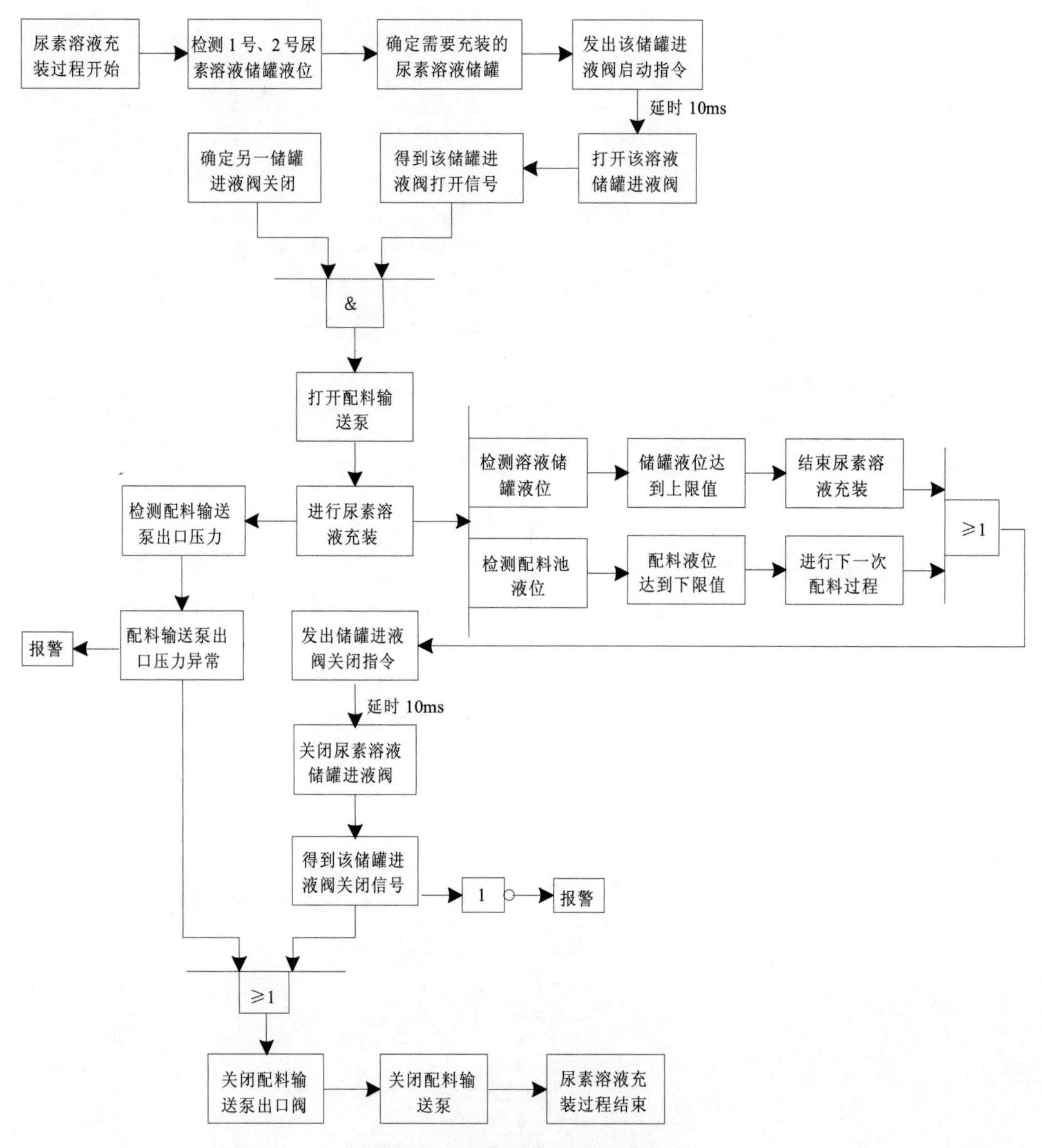

图 7-21 尿素溶液充装过程控制

（2）稀释系统的运行与控制

在线稀释系统管路调节系统控制如图 7-22 所示。

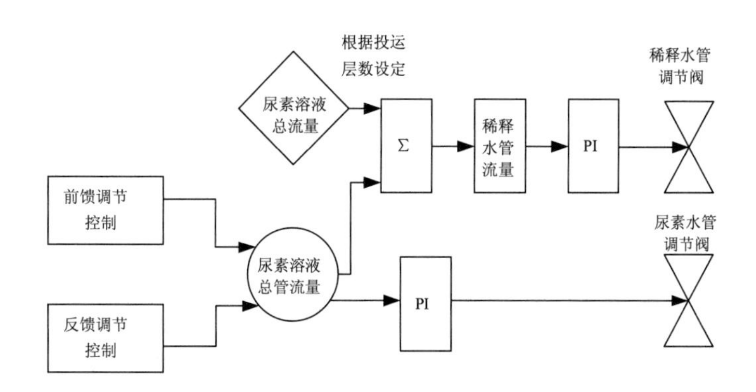

图7-22　在线稀释系统管路调节系统控制

（3）炉前喷射系统的运行与控制

单层喷尿素运行控制如图7-23所示。

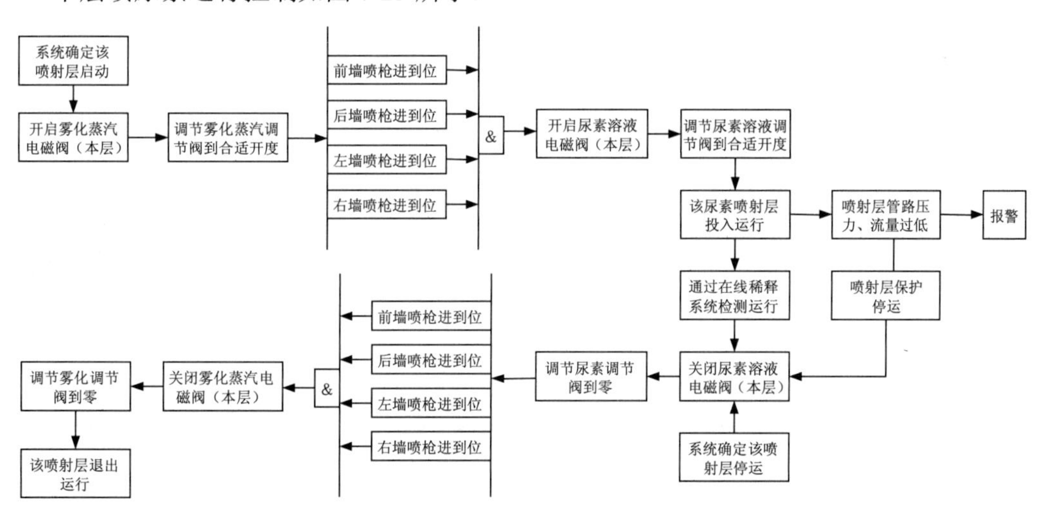

图7-23　单层喷尿素运行控制

SNCR喷射系统运行应注意还原剂喷射量控制。在脱硝系统运行时，系统自动检测尾部烟气中NO和NH_3的浓度，如果两者浓度均低于设定的上限值，则系统正常运行。如果NH_3的浓度高于上限值，则降低还原剂喷射量；如果NO_x的浓度高于上限值，则增加还原剂喷射量。如果NH_3和NO的浓度同时高于设定值，说明SNCR脱硝反应的“温度窗口”过低，需要切换喷尿素层，然后再通过还原剂喷射量调节系统。此外，SNCR运行过程中，一般设定尾部氨浓度，满足氨逃逸量低于设定限值是调节还原剂喷射量的先决条件；且当氨氮比高于2，不论尾部NO_x浓度高低，均停止增加还原剂喷射量。

此外，应根据电厂实际运行负荷调节喷射位置。当锅炉低负荷运行时，烟气流速低、炉膛整体温度向烟道下游偏移；同时，还原剂在炉内停留时间长，被带入烟道下游的还原剂少，因此，锅炉低负荷运行SNCR还原剂喷射位置应向烟道下游偏移。当锅炉以额定负荷运行时，烟气量增加、流速高，炉膛整体温度向烟道上游偏移，还原剂在炉内停留时间短，且大量被带入烟道下游，因此，锅炉额定低负荷运行 SCNR 还原剂喷射位置应向烟道上游偏移。对比电厂不同运行负荷下的 SNCR 脱硝效率，低负荷下脱硝效率普遍略高于高负荷下脱硝效率。一方面，额定负荷下烟气温度过高，超出 SNCR 脱硝最适温度，而低负荷条件下较低的烟气温度更适于 SNCR 反应进行；另一方面，额定负荷下烟气流速过快，还原剂与烟气接触时间短，不利于充分混合，而低负荷下较低的烟气流速是其具有更高脱硝效率的重要原因。

7.5.3 SNCR 运行主要参数

（1）锅炉输入热量

$$Q_B = \mathrm{HHV} \times m_{\mathrm{fuel}} \tag{7-77}$$

式中：Q_B——锅炉输入热量，kJ/h；

HHV——燃料热值，kJ/kg；

m_{fuel}——锅炉最大油耗率，kg/h。

各煤种的热值见表 7-8。

表 7-8 各煤种的热值

煤种类	能量/（kJ/kg）
褐煤	11 630～17 445
亚沥青	18 608～23 260
沥青	25 586～34 890
无烟煤	32 564

如果锅炉为发电锅炉，则其最大输入热量可以通过锅炉净厂热率估算：

$$Q_B = \mathrm{NPHR} \times B_{\mathrm{mw}} \tag{7-78}$$

式中：B_{mw}——满负荷下的锅炉兆瓦额定值，MW·h；

NPHR——锅炉净厂热率，kJ/MW。

如果锅炉净厂热率是未知的，则可以将 10 550 kJ/（kW·h）作为煤转换的估算值；11 605 BTU/（kW·h）作为石油转换的估算值；8 651 kJ/（kW·h）作为天然气转换的估算值。

（2）系统容量系数

$$\mathrm{CF}_{\mathrm{total}} = \mathrm{CF}_{\mathrm{plant}} \mathrm{CF}_{\mathrm{SNCR}} \tag{7-79}$$

式中：$\mathrm{CF}_{\mathrm{total}}$——系统容量系数；

$\mathrm{CF}_{\mathrm{plant}}$——锅炉容量，即实际年燃油消耗量与潜在最高年燃油消耗量比；

CF_{SNCR}——SNCR 系统容量因子，即 SNCR 实际运行天数与全年天数（365 d）比值。

对于电站锅炉，锅炉容量为实际燃料年燃烧量与潜在最大燃料年燃烧量的比值

$$CF_{plant}=\frac{B_{output}}{(B_{MW}\times 8\,760)} \tag{7-80}$$

式中：B_{MW}——满负荷运行锅炉兆瓦额定值，MW·h；年度实际兆瓦输出，MW/a。

对于工业锅炉，CF_{plant} 为每年实际燃料燃烧量与潜在最大燃料燃烧量之比。

$$CF_{plant}=\frac{BC_{actual}}{BC_{max}} \tag{7-81}$$

式中：BC_{actual}——实际燃料燃烧量；

BC_{max}——潜在最大燃料燃烧量。

SNCR 系统可以全年运行，也可以在全年中一定时段运行。SNCR 系统容量因子为 SNCR 实际运行天数与全年天数（365 d）比值。

$$CF_{SNCR}=\frac{t_{SNCR}}{365} \tag{7-82}$$

式中：t_{SNCR}——SNCR 系统年实际运行天数；

365——全年天数。

（3）NO_x 脱除效率

$$\eta_{NO_x}=\frac{NO_{x_{in}}-NO_{x_{out}}}{NO_{x_{in}}} \tag{7-83}$$

式中：η_{NO_x}——NO_x 脱除效率；

$NO_{x_{in}}$——锅炉未控制的 NO_x 含量，kg/kJ；

$NO_{x_{out}}$——SNCR 出口 NO_x 排放速率，kg/kJ。

（4）NO_x 脱除速率

NO_x 脱除速率为 NO_x 年脱除量，以吨为计量单位。

$$R_{NO_x}=NO_{xin}\times\eta_{NO_x}\times Q_B\times t_{op} \tag{7-84}$$

式中：R_{NO_x}——NO_x 脱除速率，t/a；

Q_B——锅炉输入热量，kJ/h；

t_{op}——每年运行时长（$CF_{total}\times 8\,760$），h/a。

（5）氨氮化学计量比

由于在 SNCR 反应中还原剂实际使用量大于反应动力学的理论量，故用氨氮比（NSR）反映 SNCR 过程实际所需还原剂用量。

$$NSR = \frac{NH_3\text{化学平衡摩尔量}}{\text{未控制的}NO_x\text{排放量}} \tag{7-85}$$

实际化学剂量比（ASR）为

$$ASR = \frac{\text{注入的还原剂摩尔数}}{\text{未控制的}NO_x\text{排放量}} \tag{7-86}$$

此外，ASR 可以由 NSR 计算得到。

$$ASR = \frac{NSR}{SR_T} \tag{7-87}$$

式中：SR_T——理论化学剂量比，代表注入每摩尔还原剂对应产生的 NH_3 摩尔量。

因此，NH_3-SNCR 中 ASR=1，尿素-SNCR 中 ASR=2。

还原剂利用率是反应的试剂摩尔数与注入的摩尔数之比，反映在 SNCR 过程中有多少还原剂真正参与反应，有多少泄漏逃逸。还原剂利用率可以根据 NSR 和 NO_x 还原量来计算。

$$\text{还原剂利用率} = \frac{\eta_{NO_x}}{NSR} \tag{7-88}$$

（6）试剂消耗量和水箱体积

计算得到 NSR 后，则还原剂消耗速率（$m_{reagent}$）可以通过下式计算。

$$m_{reagent} = \frac{NO_{x_{in}} \times Q_B \times NSR \times M_{reagent}}{M_{NO_x} \times SR_T} \tag{7-89}$$

式中：$m_{reagent}$——还原剂消耗速率，kg/h；

$M_{reagent}$——还原剂分子量（尿素为 60.06 g/mol，氨为 17.03 g/mol）；

M_{NO_x}——NO_2 的分子质量（46.01 g/mol）。

对于尿素或氨溶液，还原剂溶液质量流速（m_{sol}）可通过以下算式计算。

$$m_{sol} = \frac{m_{reagent}}{C_{sol}} \tag{7-90}$$

式中：m_{sol}——还原剂溶液质量流速，kg/h；

C_{sol}——还原剂水溶液浓度，%。

溶液体积流量（q_{sol}）可通过以下式计算。

$$q_{sol} = \frac{m_{sol}}{p_{sol}} \tag{7-91}$$

式中：q_{sol}——溶液体积流速，m^3/h；

P_{sol}——还原剂溶液密度，g/m^3。

还原剂水箱体积取决于 SNCR 运行的天数，可通过以下式计算。

$$\mathrm{Vol}_{\mathrm{tank}} = q_{\mathrm{sol}} \times t_{\mathrm{storage}} \times 24 \tag{7-92}$$

式中：$\mathrm{Vol}_{\mathrm{tank}}$——驻存在水箱中的溶液体积，$m^3$；

t_{storage}——SNCR 运行天数，d；

24——小时和天的单位转换系数，1 d 为 24 h。

7.5.4　SNCR 系统成本核算

（1）SNCR 设备设计成本影响因子

下面为影响 SNCR 系统设备设计成本的主要因素，一旦这些因素确定即可大概估算成本范围。

1）锅炉装机容量热输入。

2）锅炉容量曲线。锅炉以给定热量输入速率运行时间百分比。

3）燃烧单元类型。干/湿底锅炉、壁挂式、切向燃烧、旋风燃烧；建造年份和制造商。

4）锅炉尺寸。侧面剖视图、正面剖视图、炉膛平面图（宽度×深度）、炉膛高度（从地板到炉膛出口）、烧成区高度、辐射和连接的传热腔（区域）、其他（如分隔壁/面板）。

5）锅炉炉膛过热空气口的位置。

6）锅炉观察口、温度探头口、吹灰器开口的位置和大小，以及可能的新口的其他位置。

7）空气预热器的设计和运行数据，包括吹灰机数据。

8）燃料数据。主要和次要燃料的成分分析。

9）在满负荷和部分负荷下的燃油燃烧率。

10）试验数据或燃烧计算。设计或实际条件下的烟气流速，满负荷和部分负荷时的过量空气速率，烟气成分，包括 O_2、NO_x、CO、SO_2 和 HCl 等。

11）从炉子出口到省煤器的烟气温度曲线。

12）烟气停留时间。各种负荷下尿素在上部炉中的可用烟气停留时间和温度窗口。

13）未安装 SNCR 系统的锅炉 NO_x 和 CO 排放数据，或是已经安装其他相关控制系统的锅炉 NO_x 和 CO 排放数据。数据应包括全负荷和部分负荷下运行情况数据。

14）最低预期 NO_x 减少量或烟囱 NO_x 排放水平，该数据应包括全负荷和部分负荷下情况数据。

15）允许的副产物排放浓度范围（如氨逃逸量）。

不同的锅炉配置燃料使用情况以及特定现场的情况会导致 SNCR 的成本和成本效益发生变化。例如，容量为 100 MW 电站锅炉的 SNCR 资金成本为 250～300 元/kW；40 MW 电站锅炉 SNCR 的资金成本为 65～90 元/kW；70 MW 电站锅炉 SNCR 的资金成本为 30～50 元/kW。

（2）SNCR 运行成本核算

SNCR 运行成本包括 SNCR 运行年度直接费用和 SNCR 运行年度间接费用。SNCR 直接年度费用包括可变成本和半可变成本。可变直接年度费用包括购买试剂、公用事业（电力和水）以及任何其他费用 SNCR 运行产生的煤和灰分处置。半变量直接年度费用包括操作和监督方面的人工和维护费用。

$$直接年度费用=可变成本+半可变成本 \tag{7-93}$$

1）操作与运行监控人工费用

通常，SNCR 设备不需要额外的人员来操作或维护。因此，SNCR 运营或监督劳动力的成本可以忽略不计。

2）保养与养护费用

保养与养护费用包括年度维护人工和材料成本，材料成本主要包括更换喷嘴的喷射器。一般认为保养与养护费用可以以总资本投资的 1.5%计。

3）试剂消耗费用

试剂消耗成本通过 SNCR 运行中的溶液试剂体积流量、运行时间和试剂单价决定。

$$年实际消耗费用 = q_{sol} \times t_{op} \times \mathrm{Cost}_{reag} \tag{7-94}$$

式中：q_{sol}——溶液体积流速，m^3/h；

Cost_{reag}——试剂价格；

t_{op}——年运行时间，可通过系统容量系数（CF_{total}）计算得到。

$$t_{op} = \mathrm{CF}_{total} \times 8\,760\ \mathrm{h/a} \tag{7-95}$$

4）电力消耗费用

SNCR的电力消耗量与未控制的NO_x排放浓度、氨氮比（NSR）和锅炉净厂热率（NPHR）相关。

$$P = \frac{0.47 \times \mathrm{NO}_{x_{in}} \times Q_B \times \mathrm{NSR}}{\mathrm{NPHR}} \tag{7-96}$$

式中：P——SNCR 系统的电力消耗，kW；

0.47——常数；

NPHR——锅炉净厂热率，kJ/MW。

根据电力消耗量，年电力费用为：

$$年电力费用= P \times \mathrm{Cost}_{elect} \times t_{op} \tag{7-97}$$

式中：Cost_{elect}——1 kW·h 需缴纳电费。

5）水消耗费用

SNCR 系统中的水消耗主要用于稀释尿素，因此水消耗量可通过尿素溶液的质量流速和存储的尿素溶液浓度计算得到。其计算公式如下：

$$q_{\text{water}} = \frac{m_{\text{sol}}}{p_{\text{water}}}\left\{\frac{C_{\text{uera sol}_{\text{stored}}}}{C_{\text{uera sol}_{\text{inj}}}} - 1\right\} \tag{7-98}$$

式中：q_{water}——稀释试剂溶液所需的用水量；

p_{water}——水密度；储存的还原剂溶液浓度，%；注入还原剂溶液的浓度，质量百分比。

基于此，年水消耗费用可由以下算式得到。

$$\text{年水消耗费用} = q_{\text{water}}\text{Cost}_{\text{elect}}t_{\text{op}} \tag{7-99}$$

式中：$\text{Cost}_{\text{elect}}$——单位用水水费。

6）还原剂溶液蒸发所需额外燃料成本

在 SNCR 系统运行过程中，为了使喷射溶液汽化释放还原剂，需要额外燃料提供热量。所需燃料可由以下公式计算：

$$\Delta\text{Fuel} = Hv \times m_{\text{reagent}} \times \left\{\frac{1}{C_{\text{uera sol}_{\text{inj}}}} - 1\right\} \tag{7-100}$$

式中：ΔFuel——SNCR 系统使还原剂溶液汽化所需燃料，kJ/h；

Hv——还原剂溶液的汽化热量，kJ/kg；

$\frac{1}{C_{\text{uera sol}_{\text{inj}}}}$——喷射尿素溶液质量分数，%；

m_{reagent}——质量流率，kg/h。

空气加热器尾部烟道温度约为 150℃，此时近似 Hv 为 2 091 kJ/kg。

$$\text{年额外燃料费用} = \Delta\text{Fuel} \times \text{Cost}_{\text{fuel}} \times t_{\text{op}} \tag{7-101}$$

式中：$\text{Cost}_{\text{fuel}}$——年燃料费用。

7）煤灰处置费用

对于燃煤锅炉，还原剂溶液蒸发所需额外燃料的煤会产生额外的灰分，这部分灰分处置费用同样应该包含于 SNCR 成本计算中，计算公式如下所示：

$$\Delta\text{Ash} = \frac{\Delta\text{Fuel} \times \text{Ash}}{\text{HHV}} \tag{7-102}$$

式中：ΔAsh——需要额外处理的灰分，kg/h；

HHV——燃料热值，kJ/kg；

Ash——灰分占煤燃烧产物的比例，%。

$$\text{年煤灰处置费用} = \Delta\text{Ash} \times \text{Cost}_{\text{ash}}t_{\text{op}} \tag{7-103}$$

式中：Cost_{ash}——年飞灰处置费用。

年度间接费用包括资本回收费用和行政费用。行政费用约等于年度维修费用的 3%；资本回收费用（CR）可以通过以下算式得到。

$$CR = CRF \times TCI \tag{7-104}$$

式中：CR——SNCR 系统年度间接费用；

TCI——设备投资费用；

CRF——资本回收率。

CRF 可以由下式定义

$$CRF = \frac{i(1+i)^n}{(1+i)^n - 1} \tag{7-105}$$

式中：i——利率；

n——SNCR 系统的设备预期寿命。

SNCR 系统普遍寿命为 15～20 年。

通过直接费用和间接费用可以计算得到 SNCR 系统运行年度总费用，总费用与 NO_x 年度脱除量的比值即为该 SNCR 的成本效益，单位为元/t。

$$\text{SNCR成本效益} = \frac{\text{SNCR运行总成本}}{NO_x\text{年脱除量}} \tag{7-106}$$

7.6 燃烧法控制挥发性有机物系统设计与运行

本书第 5.3.1 节介绍了燃烧法控制挥发性有机物技术的基本原理，本节对燃烧法控制挥发性有机物的系统设计与运行重点描述。如前所述，催化燃烧是相对成本低且效益高的治理技术。我国工艺市场的占有率超过 22%，在国外市场占有率高达 29%，显示出其日益成熟并且被市场广泛接受。本节分别对几种典型的催化燃烧技术和工艺流程进行介绍。

7.6.1 燃烧法控制挥发性有机物装置和工艺流程

（1）常规催化燃烧装置和工艺流程

催化燃烧装置的结构及处理流程如图 7-24 所示。含 VOCs 废气进入装置入口，经过滤器过滤后进入换热器室进行热交换，再进入燃烧器室对废气进行预加热（燃烧用氧气为废气中所含有的空气，也可通过旁路风阀补充空气），待加热至 350℃后由送风机将预热气体抽至催化剂室进行催化氧化。处理后的无害气体将被送入一次换热器，与从入口来的废气进行热交换，达到节约热源的目的，最后排出。风机需采用耐高温型号，放置于设备本体下游，目的在于使上游路径形成负压，防止气体泄漏。在装置排气口预设取样孔，用于对处理后的废气进行成分检测。

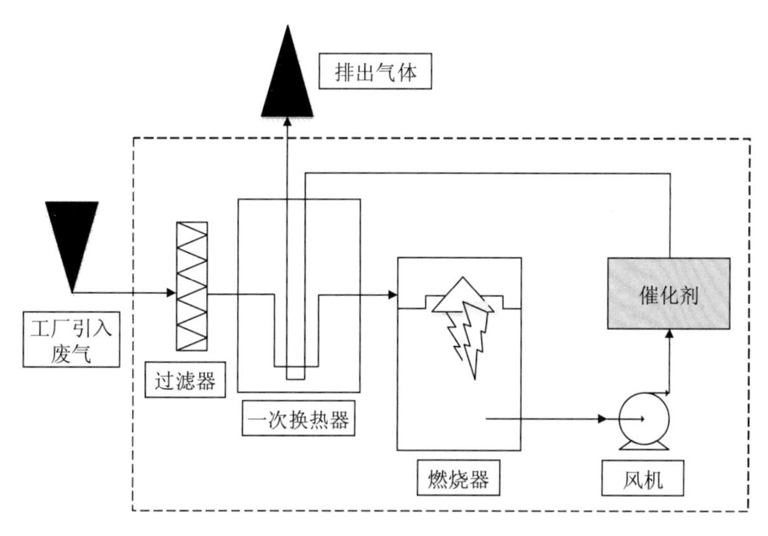

图 7-24 催化燃烧装置结构流程

该流程的组成具有如下特点：

1）进入催化燃烧装置的气体首先要经过预处理，除去粉尘、液滴及有害组分，避免催化床层的堵塞和催化剂中毒。

2）进入催化床层的气体温度必须达到所用催化剂的起燃温度，催化反应才能进行。因此，对于低于起燃温度的进气，必须进行预热使其达到起燃温度。气体的预热方式既可以采用电加热也可以采用烟道气加热，目前应用较多的是电加热。

3）催化燃烧反应放出大量的反应热，燃烧尾气温度较高，对这部分热量应考虑回收。

（2）流向变换催化燃烧反应装置和工艺流程

流向变换催化燃烧反应技术是在催化燃烧反应中将预热、反应和热量回收集中在一个反应器内的技术。流向变换催化燃烧反应装置主体由催化剂、蓄热体、控制流向变换的阀门等部分组成（图 7-25）。催化剂填充在反应器中间位置。反应器两端填充具有一定热容的惰性材料（如陶瓷等），其目的是将气体催化燃烧放出的热量蓄积在反应器中，利用反应器中蓄积的热量维持催化燃烧反应所需的温度，促进催化燃烧反应的持续运行。阀门组用于控制系统内气体的流向变换。阀门 1 和阀门 4、阀门 2 和阀门 3 各自为一组，通过每组阀门开闭可调控催化反应气流方向。当阀门 1 和阀门 4 关闭、阀门 2 和阀门 3 开启时，气流的方向如图中自右向左所示；反之，气流的方向如图中自左向右所示。通过设定两组阀门自动交开启和关闭，则能实现系统内气体流向的周期性变换。

流向变换催化燃烧反应装置通过采用蓄热式燃烧技术并通过流向周期性地改变，使反应放热基本上保存在催化段。一方面，该技术可减少辅助燃料使用，降低成本；另一方面，气固两相之间的巨大热容差使 VOCs 催化燃烧反应能够保持良好的稳定性，其浓度、气速等在一定范围内波动下反应能够稳定运行，甚至停机一段时间后也可不用预热就能正常工作。流向变换催化燃烧反应装置基于其良好的特性，已有投入工业应用的实际案例。

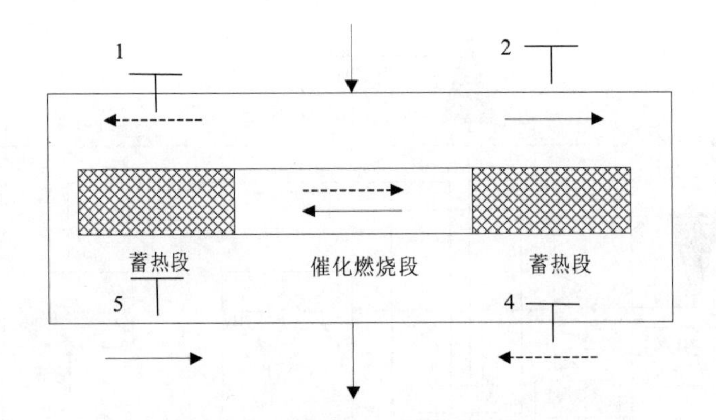

图 7-25 流向变换催化燃烧反应装置和工作原理

（3）吸附浓缩-催化燃烧联用装置和工艺流程

催化燃烧装置对处理废气中 VOCs 浓度具有一定要求，当风量较大而 VOCs 质量浓度过低时废气处理效果往往不佳，此时，可以采用吸附浓缩-催化燃烧技术。吸附浓缩-催化燃烧技采用吸附剂（蜂窝活性炭或活性炭纤维等）预先对有机废气进行吸附浓缩，当吸附剂饱和后进行解吸脱附再生处理，对经浓缩后的小风量、高浓度有机气体进行催化燃烧，转化为 CO_2 和 H_2O 等无机小分子化合物，达到充分净化的效果。吸附浓缩-催化燃烧联用工艺流程包括喷淋模块、干燥模块、吸附模块和燃烧模块，如图 7-26 所示。

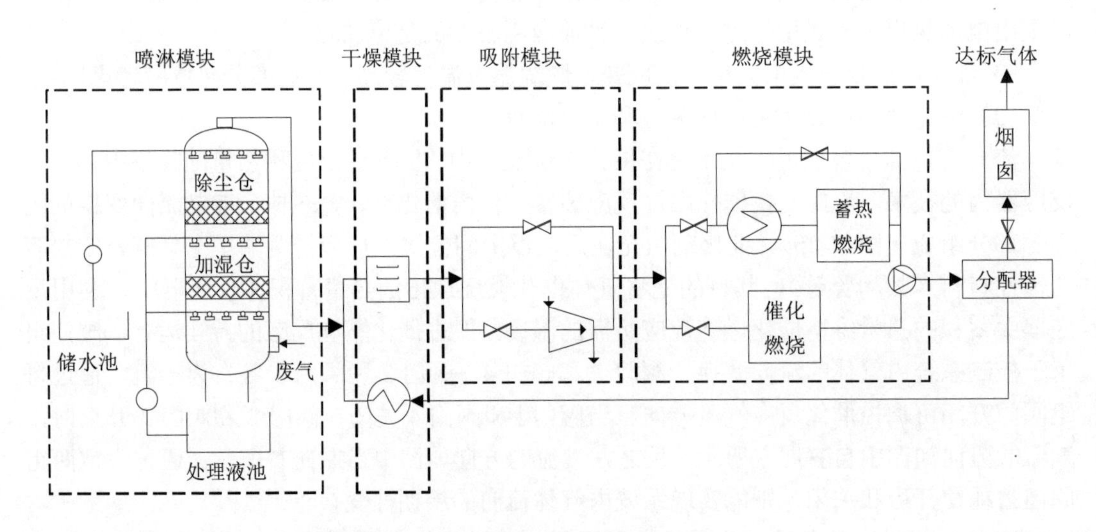

图 7-26 吸附浓缩-催化燃烧技术工艺流程

7.6.2 燃烧法控制挥发性有机物系统中的主要参数

本节以石油化工企业废气为例，介绍燃烧法控制挥发性有机物系统设计过程中需要确定的主要参数。

（1）待处理废气特征参数

废气体积流量，废气温度，废气氧含量，废气化学组分，惰性气体组分含量，热值，废气中颗粒物含量，需达到的能量回收率等指标，处理后需达到的排放指标（依据相关国家或地方标准）和废气排放温度标准（依据相关国家或地方标准）。

（2）废气氧气含量

待处理废气中必须有足够的氧气来支持燃烧废气有机物，理论氧气含量应高于 20%，若废气氧气含量不足，则需要在催化燃烧系统中额外补充氧气。本案例中石油化工企业废气氧含量为 20.86%，满足条件。

（3）废气的混合爆炸限 LEL_{mix}

$$LEL_{mix}=\left[\sum_{j=1}^{n}\frac{x_j}{(\sum_{j=1}^{n}x_i)LEL_j}\right]^{-1} \tag{7-107}$$

式中：x_j——有机气体组分 i 占废气的体积分数比，%；

LEL_j——有机气体组分 j 的爆炸下限，10^{-6}；

n——废气中有机气体组分种类数。

已知本案例中石油化工企业含有 $1\ 000\times10^{-6}$ 甲苯和 $1\ 000\times10^{-6}$ 的苯。查表得到甲苯的爆炸下限为 1.27%，苯的爆炸下限为 1.4%（体积分数计），则

$$LEL_{mix}=\left[\frac{1\ 000}{2\ 000\times1.4\times10\ 000}+\frac{1\ 000}{2\ 000\times1.27\times10\ 000}\right]^{-1}=13\ 318\times10^{-6} \tag{7-108}$$

10 000 为体积分数与 10^{-6} 的转换系数，$1\%=10\ 000\times10^{-6}$。

$$LEL_{mix}=\frac{\text{废气中有机污染气体总浓度}}{LEL_{mix}}\times100\% \tag{7-109}$$

$$LEL_{mix}=\frac{2\ 000}{13\ 318}\times100\%=15.0\% \tag{7-110}$$

一般认为含挥发性有机物废气的爆炸上限为 25%。当废气混合爆炸限高于 25%时，应通过稀释使其降低到 25%以下，以保障系统运行的安全性。值得注意的是，该计算方法默认废气中不含有除 N_2 外其他大量惰性气体的一般情况。若废气中额外含有大量惰性气体，应采取更加复杂的计算方法，此处不进行详细说明。

（4）燃烧体积热（$-\Delta h_{cw}$）

废气燃烧体积热可以通过废气中单一有机气体组分燃烧体积热与其在废气中所占比例计算得到。

$$-\Delta h_{cw}=\sum_{i=1}^{n}\left(-\Delta h_{ci}\right)x_i \tag{7-111}$$

式中：$-\Delta h_{cw}$——气体流燃烧热（标准状态下），MJ/m^3；

$-\Delta h_{ci}$——气体组分 i 在25℃燃烧体积热（标准状态下），MJ/m^3；

x_i——气体组分 i 在废气中的体积百分比，%；

n——废气中有机气体组分种类。

单一有机气体组分燃烧体积热可查表得到。

通过查表得到 $-\Delta h_{苯}$（标准状态下）=141 177.5 MJ/m³；$-\Delta h_{甲苯}$=159 165.525

$$x_{苯} = 1\,000 \times 10^{-6} \times 10^{-6} = 0.1\% \tag{7-112}$$

$$x_{甲苯} = 1\,000 \times 10^{-6} \times 10^{-6} = 0.1\% \tag{7-113}$$

则混合废气的燃烧体积热（标准状态下）为

$$-\Delta h_{cw} = 141177.5 \times 0.1\% + 159\,165.525 \times 0.1\% = 300.34\ MJ/m^3 \tag{7-114}$$

有机气体的催化燃烧属于放热反应，一般来说有机混合气的爆炸上限相当于废气燃烧体积热（标准状态下）1 862.5 MJ/m³；有机混合气的爆炸下限相当于废气燃烧体积热（标准状态下）484.25 MJ/m³。因此，混合废气的燃烧体积热（标准状态下）应为 484.25～1 862.5 MJ/m³，以保障系统运行与其安全性。

（5）催化剂床出口温度（T_{fi}）

当气体通过催化剂床时，催化剂床中有机污染物氧化释放的能量会使气体温度升高 ΔT，因此催化剂床温度与出口温度具有一定差异。国家与地方标准通常对废气排放温度具有一定范围要求，因此系统设计过程中必须考虑。催化剂床出口温度与有机废气的组分和浓度相关，同时取决于催化剂的类型。对于本节中处理的含有 $1\,000\times10^{-6}$ 苯和 $1\,000\times10^{-6}$ 甲苯的石油化工废气，催化床出口温度为482℃。

（6）热交换器出口温度

热交换器出口温度与催化剂床出口温度估算类似，其进出口温差 ΔT 取决于能量回收率。

能量回收率=实际回收能量/达到换热器最低温度的最大可回收能量

（7）辅助燃料需求（Q_{af}）

辅助燃料需求（Q_{af}）可通过预热器燃烧室和催化剂室的质量-能量平衡计算。计算得到的 Q_{af} 必须满足以下两点要求：

Q_{af} 必须是大于0，若计算得到负值则表示目前的燃烧体积热对于一级热交换器能量回收比过高。

辅助燃料量必须能够高于一定水平以维持预热器燃烧室燃烧火焰稳定。

对于本节中处理的含有 $1\,000\times10^{-6}$ 苯和 $1\,000\times10^{-6}$ 甲苯的石油化工废气，以甲烷为辅助燃料，辅助燃料需求为1 132 L/min。

（8）催化床入口温度（T_{ri}）

催化剂床的入口温度应高于燃烧室中可燃有机化合物起燃温度，该温度与废气组分浓度以及选择使用的催化剂相关。此外，应确保催化剂床入口温度 T_{ri} 与催化剂床内增加温度之和等于催化剂床出口温度（T_{fi}）。

$$T_{ri} = T_{fi} + \Delta T \quad (7\text{-}115)$$

（9）通过燃烧室的总体积流量（Q_{fi}）

通过燃烧室的总体积流量（Q_{fi}）是确定燃烧室尺寸和成本的关键参数。在 25℃和 1 个标准大气压下，燃烧导致的气体摩尔数的增加可以被忽略，通过燃烧室的总体积流量等于废气总体积流量与辅助燃料需求流量之和。

$$Q_{fi} = Q_{wo} + Q_{af} \quad (7\text{-}116)$$

式中：Q_{fi}——通过燃烧室的总体积流量，L / min；

Q_{WO}——废气总流量，L/min；

Q_{af}——辅助燃料需求，L/min。

对于本节中处理的含有 $1\,000\times10^{-6}$ 苯和 $1\,000\times10^{-6}$ 甲苯的石油化工废气，废气总流量（Q_{wo}）为 56 620 L/min，辅助燃料需求（Q_{af}）为 1 132 L/min，则通过燃烧室总体积流量 Q_{fi} 为 57 752 L/min。

（10）催化剂床中催化剂的体积

催化剂的体积用量与其几何形状、催化剂的总压降、气体中的可氧化成分、气体温度和反应速率等因素存在复杂关系。因此催化剂的体积用量难以通过计算得到准确值。但是当已知通过燃烧室的总体积流量（Q_{fi}）和废气在催化剂床中的停留时间（空速），则可以估算催化剂体积用量。

但是根据行业经验，给出大致空速范围，空速表达式如下。

$$\Phi = \frac{Q_{fi}}{1\,000V_{cat}} \quad (7\text{-}117)$$

式中：Φ——反应空速，h^{-1}；

Q_{fi}——焚烧炉的总体积流量，L/min；

V_{cat}——催化剂床中催化剂的体积，m^3；

1 000——单位转换系数，1 m^3=1 000 L。

根据石油化工行业惯例，在 8℃、1 个大气压条件下，以贵金属整体催化剂催化有机废气的空速应为 10 000～60 000 h^{-1}，依据空速估算催化剂体积。

综上，本案例中石油化工行业含苯和甲苯的有机污染物废气处理系统参数见表 7-9。

表 7-9　石油化工行业含苯和甲苯的有机污染物废气处理系统参数

空气含量	99.8%		
氧含量	20.86%		
混合爆炸极限（LEL_{mix}）	15.0%		
燃烧体积热（标准状态下）（$-\Delta h_{cw}$）	300.34 MJ/m^3		
催化剂床入口温度（T_{wi}）	37.78℃	总体积流量（Q_{fi}）	57 752 L/min
催化剂床出口温度（T_{fi}）	482.00℃	辅助燃料需求（Q_{af}）	1 132 L/min

7.6.3 影响催化燃烧法控制挥发性有机物的关键因素

（1）催化剂

高性能催化剂在催化燃烧方法中是关键所在，其性能的高低直接影响催化剂燃烧分解VOCs的效率。目前用于治理VOCs的催化剂主要可以分为两类：贵金属催化剂和过渡金属催化剂。对VOCs具有高效催化分解能力的贵金属催化剂包括Ru、Ir、Rh、Os、Pd和Pt等，其中Ru、Ir、Rh和Os稳定性相对较差，因此工业催化燃烧装置脱除VOCs主要以Pd和Pt两种催化剂为主，最佳使用温度在350℃左右，形状大多为粉末状或蜂窝状。一般使用期限在5年左右，这需要根据待处理气体的浓度与成分而定。利用贵金属催化剂脱除VOCs催化活性高，应用技术成熟，但其资源匮乏，因此成本高昂。Mn、Co、Cr、Cu和Ni等廉价的过渡族金属具有取代贵金属催化剂的趋势，但目前尚处于研究阶段，实际应用较少。

（2）催化剂载体

催化剂载体能够增大催化剂的有效使用面积，提高稳定性和力学强度，节省使用量，避免烧结。根据载体材料的不同催化剂载体可分为陶瓷载体和金属载体等。尽管金属载体（如Al_2O_3、ZrO_2、TiO_2等）具有提高催化剂床层的传热效率和VOCs脱除效率等优势，但在金属载体上涂层困难和涂层容易脱落，使其在实际工业中应用具有一定难度。陶瓷蜂窝载体热膨胀系数低、机械强度高、耐高温和多孔结构，是最广泛使用的结构化催化剂载体。载体根据形态不同可分为泡沫状、蜂窝状和球状，如图7-27所示。

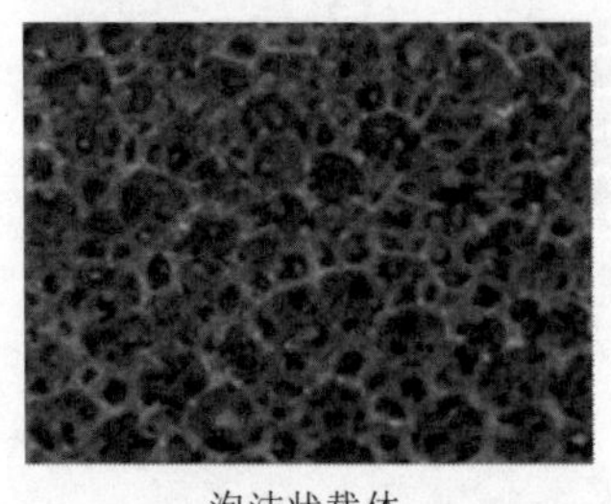
泡沫状载体

蜂窝状载体

球状载体

图7-27 商业催化剂载体形态

目前商业中以蜂窝状陶瓷催化剂载体为应用主流。载体的单位面积孔数量对催化剂性能具有显著影响。当单位面积孔增加、壁厚降低，载体抗热冲击性能提升，热冲击破坏温度点提高；整体催化剂点火时间缩短，起燃温度降低；整体催化剂成本降低。目前在大公司生产线上应用较广的是400～600目，壁厚0.1～0.15 mm的陶瓷蜂窝载体。

（3）催化剂中毒

若废气中可能含有杂质，则可能导致贵金属催化剂中毒。催化燃烧过程中毒害催化剂物质和元素、中毒机理、中毒程度和对策见表7-10。

表 7-10　常见废气杂质和对催化剂中毒

催化剂中毒	中毒机理	中毒程度	中毒对策
铁锈、灰尘、碳等物理粉尘	暂时性中毒	低中毒	吹气、过滤
油雾、焦油等液态杂质	暂时性中毒	强中毒	再加热除油
有机硅	永久性中毒	极强中毒	预处理催化剂、化学修复
有机磷	永久性中毒	强中毒	预处理催化剂、化学修复
有机金属、金属蒸气	永久性中毒	强中毒	预处理催化剂、置换催化剂
卤素和含硫化合物	永久性/暂时性中毒	浓度差异	升温再生或置换催化剂

物理粉尘不会直接导致催化剂失活，但是大量的固态粉尘可能会覆盖催化剂的表面，并导致压降增加。应对物理粉尘杂质的对策之一是通过在催化剂反应器的上游安装过滤器以减少灰尘的积聚［图 7-28（a）］。一旦催化剂被大量灰尘覆盖，可以采用水洗或吹气的方式使催化剂再生。一般要求废气中的粉尘量（标准状态下）不能高于 5 mg/m^3。焦油状杂质是油漆化工能行业中常见的废气杂质，通常在废气中以蒸气形式存在，在催化剂入口温度较低的情况下，某些焦油可能不会燃烧，而是沉积在催化剂表面，导致催化剂失活［图 7-28（b）］。该情况下通过控制温度可使催化剂加热，使焦油燃烧，恢复催化剂性能。当废气中含有汽化的有机硅、有机磷或有机金属化合物时，这些杂质可与催化剂表面的活性金属（铂、钯等）发生反应，在催化剂表面形成非挥发性氧化物，导致催化剂性能降低。所以这些毒物的浓度即使很低（$\times10^{-9}$级）也可能影响其催化剂性能［图 7-28（c）］。此时，对策之一是在催化剂床的上游放置可以捕获或分解催化剂毒物的预处理催化剂。此外，通过化学修复对策使失活催化剂再生也可以减轻使催化剂在一定程度上修复。

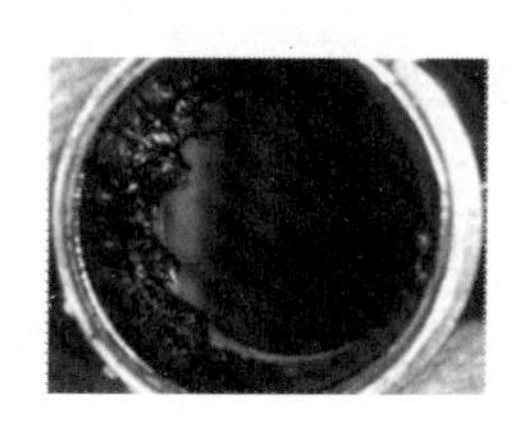

新鲜催化剂活性位　中毒催化剂活性位

新鲜催化剂表面　中毒催化剂表面

（a）物理粉尘中毒　（b）油雾、焦油等液态杂质中毒　（c）有机硅、有机磷中毒

图 7-28　催化剂中毒

有机/无机卤素化合物即使在很低的浓度下（10^{-6}级）也会使催化剂失活。但是，其具有挥发性，所以一旦废气中不再含有卤素，则催化剂性能得以恢复。可见卤素在大多数情况下对催化剂的中毒具有暂时性。废气中的 SO_x 可能会在短时间内通过生成硫酸盐严重破坏催化剂活性位点。当废气中硫浓度较低（10^{-6}），通过增加操作温度可以使催化剂性能恢复。但在高浓度硫的情况下，如数百 ppm①或更高，可能对催化剂造成永久性毒害，使催化剂活性难以恢复。

① 1 ppm=10^6。

参考文献

[1] 江得厚，王贺岑，张营帅. 袋式除尘器在燃煤电厂烟气“超低排放”应用分析探讨[J]. 工业安全与环保. 2015，41（10）：87-91.

[2] 中国环境保护产业协会袋式除尘委员会. 袋式除尘行业 2016 年发展综述[J]. 中国环保产业. 2017，（06）：14-21.

[3] 姚群，宋七棣，陈志炜. 2020 年袋式除尘行业发展评述和展望[J]. 中国环保产业. 2021，（03）：19-22.

[4] 蒋文举. 烟气脱硫脱硝技术手册. 化学工业出版社，2006.

[5] 周晓猛. 烟气脱硫脱硝工艺手册，化学工业出版社，2016.

[6] 张殿坤，祁连中，李坤. 锅炉烟气脱硫脱硝除尘一体化超低排放技术研究与实践，中国环保产业. 2021，（05） 30-35.

[7] 王海芳. 环境监测，国防工业出版社，2014 年.

[8] 方德明，陈冰冰. 大气污染控制技术与设备，北京：化学工业出版社，2005.

[9] 王春燕，王廷杰，王海玉. 烟气脱硫技术的进展、现状、展望，科技视界. 2021（14）：144-145.

[10] 郭静，阮宜纶. 大气污染控制工程（第二版），北京：化学工业出版社，2008 年.

[11] 郝吉明，马广大. 大气污染控制工程（第三版），北京：高等教育出版社，2010 年.

[12] 何争光. 大气污染控制工程及应用实例，北京：化学工业出版社，2004 年.

[13] 王纯，张殿印，王海涛，等. 除尘工程技术手册，北京：化学工业出版社，2016 年.

[14] 王纯，张殿印. 废气处理工程技术手册，化学工业出版，2020 年 12 月.

[15] 张殿印，张学义，朱晓华，等. 除尘技术手册（第二版），化学工业出版社，2015 年.

[16] 潘琼. 大气污染控制工程案例教程，北京：化学工业出版社.2014 年.

[17] 王志魁，向阳，王宇. 化工原理（第五版）. 北京：化学工业出版社，2018 年.

[18] 陈敏恒，丛德滋，方图南，等. 化工原理（第四版）北京：化学工业出版社，2015 年.

[19] 龚金科. 汽车排放及控制技术（第 2 版），人民交通出版社，2012 年.

[20] 鞠美庭，等. 环境学基础（第二版），北京：化学工业出版社：2010 年.

[21] 全国环保产品标准化技术委员会环境保护机械分技术委员会，中钢集团天澄环保科技股份有限公司，环保装备技术丛书 袋式除尘器，中国电力出版社，2017.

[22] 刘瑾，张殿印. 袋式除尘器工艺优化设计，化学工业出版社，2020 年.

[23] 张殿印，王海涛. 袋式除尘器管理指南：安装、运行与维护，机械工业出版社，2013 年.

[24] 张殿印，申丽. 工业除尘设备设计手册，化学工业出版社，2012 年.

[25] 郭东明. 脱硫工程技术与设备（第三版），化学工业出版社，2019 年.

[26] 朱国宇. 脱硫运行技术问答 1100 题，中国电力出版社，2015 年.

[27] 本书编委会. 火电厂烟气脱硫装置运行检修岗位培训教材，中国电力出版社，2012 年.

[28] 向晓东. 除尘理论与技术，冶金工业出版社，2013 年.

[29] 全国环保产品标准化技术委员会环境保护机械，电袋复合除尘器，中国电力出版社，2015 年.

[30] 孙超凡，等. 大型电袋复合除尘器运行特性与优化，中国电力出版社出版，2016 年.

[31] 潘涛. 三废手册 3 本套（废水污染控制技术手册废气处理工程技术、固体废物处理工程技术手册、环境工程实验、环境工程技术手册），化学工业出版社，2020 年.

[32] 金文. 大气污染控制与设备运行，高等教育出版社，2007.

[33] 鹿政理. 大气污染控制设备，北京：化学工业出版社，2002 年 5 月.

[34] 童志权. 工业废气净化与利用，北京：化学工业出版社，2001 年 5 月.

[35] 吴忠标. 大气污染控制工程，北京：化学工业出版社，2001 年 9 月.

[36] 吴忠标. 实用环境工程手册-大气污染控制工程，化学工业出版社，北京，2001 年 9 月.

[37] 2019 年中国环境统计年鉴. https：//data.cnki.net/trade/Yearbook/Single/N2021030182？z=Z008.

[38] 肖文德，吴志泉. 二氧化硫脱除与回收. 北京：化学工业出版社，2003 年 10 月.

[39] 吴俊. 低低温高效燃煤烟气处理工艺的应用研究，节能与环保，2020，（12）：89-90.

[40] 姚强，等. 燃煤排放细颗粒污染控制技术研究概述，清华同方技术通讯，2002（12）：61～62.

[41] 马俊飞，王建峰，徐克涛. 低低温电除尘器飞灰理化特性规律研究，中国电机工程学报，2021，41（10）：3454-3465+3671.

[42] 张杨，冯前伟，杨用龙，等，燃煤电厂烟气 SO3 排放控制研究进展，中国电机工程学报. 2021，41（01）：231-248+413.

[43] 曾抗美，李正山，魏文韫. 工业生产与污染控制，化学工业出版社，北京，2005 年 7 月.

[44] 张殿印，张学义. 除尘技术手册，北京：冶金工业出版社，2002，97

[45] 中华人民共和国国家标准 GB12625 90，袋式除尘器用滤料及袋技术条件.

[46] 中华人民共和国环境保护行业标准 HJ/T2.2-2018－环境影响评价技术导则大气环境.

[47] 钟秦. 燃煤烟气脱硫脱硝技术及工程实例，北京：化学工业出版社，2002

[48] 周立新. 工业脱硫技术，北京：化学工业出版社，2006 年 9 月.

[49] 姚群，宋七棣，陈志炜. 2020 年袋式除尘行业发展评述和展望，中国环保产业. 2021，（03）：19-22.

[50] 周兴求，叶代启. 环保设备设计手册——大气污染控制设备，北京：化学工业出版社，2004 年.

[51] 李晨曦，孟繁伟，叶青. NH_3 选择性催化还原 NOX 催化剂及其中毒研究进展，化工新型材料，2021.

[52] 中华人民共和国国家标准 GB 18285—2018，汽油车污染物排放限值及测量方法（双怠速法及简易工况法）.

[53] 汪宗御. 低温等离子体辅助活性炭催化脱除船舶废气 NOx 研究[D]，大连海事大学博士学位论文，2019.12.

[54] 王汉青. 通风工程（第 2 版），机械工业出版社，2019 年.

[55] Can Li，Chris McLinden，Vitali Fioletov，et al.，India Is Overtaking China as the World's Largest Emitter of Anthropogenic Sulfur Dioxide，Scientific Reports，7（2017）：14304.

[56] Air Pollution-Monitoring，Modelling，Health and Control，INTECH Open Access Publisher，2012.

[57] Davis，Wayne T.（EDT）/Air & Waste Management Association（COR）. Air Pollution Engineering Manual. John Wiley & Sons Inc，2000.

[58] Kenneth C. Schifftner. Air Pollution Control Equipment Selection Guide. CRC Press，Inc.，2021.

[59] PaulN. Cheremisinoff. Air Pollution Control and Design for Industry，CRC Press，2018.

[60] Cai Ming，Bian Xue，Xie Feng，et al.，Cen Peng. Preparation and Performance of Cerium-Based Catalysts for Selective Catalytic Reduction of Nitrogen Oxides：A Critical Review. Catalysts，2021，11（3）：361-361

[61] Howrde Hesketh. Air Pollution Control：Traditional and Hazardous Pollutants. Technomic Publishing，1991.

[62] Clean Air Act Amendments of l990（Public L aw l012549），November l5，1990.

[63] David Popp. International Innovation and Diffusion of Air Pollution Control Technologies：The Effects of NOx and SO_2 Regulation in the Us，Japan，and Germany. Journal of Environmental Economics and Management，2006，51（1）：46-71.

[64] Japan Enveronment Agency. NO*x* Counter measures in Japan. Japan Environment Quarterly.2000.

[65] Japan Enveronment Agency. The Countermeasure of SO_2 Pollution in Japan. Japan Environment Quarterly.1999.

[66] Japan Environment Agency. Air Pollutionin Japan. Japan Environment Quarterly，2000，5（4）.

[67] Japan Envitonmental Management Association for Industry Industrial Pollution Control（2ndRevised）[M]. Japan：BRAINWORK INC.，TOKYO，1998.

[68] K.R. Parker（eds.）. Applied Electrostatic Precipition. Blackie Academic &Professional（Imprint of Chapman &Hall），1997

[69] Karl B. Schnelle，Charles A. Brown. Air Pollution Control Technology Handbook. CRC Press LLC，2002.

[70] A.Jaworek，A.T.Sobczyk，A.Krup，et al.，Hybrid electrostatic filtration systems for fly ash particles emission control. A review，Separation and Purification Technology，2019，213（15）：283-302.

[71] Kumar Ganesan，Louis Theodore，Handbook of Environmental Engineering：Air Pollution Control Engineering，Humana Press，2018.

[72] Thad Godish. Indoor Air Pollution Control. CRC Press，2019.

附　录

附录一　空气的物理参数（压力为 101 325 Pa）

空气温度 t/℃	1 m³ 干空气			饱和水蒸气压/kPa	饱和时水蒸气的含量/g		
	质量/kg	自 0℃换算成 t℃时的体积值（$1+at$）/m³	自 t℃换算成 0℃时的体积值 $\left(\frac{1}{1+at}\right)$/m³		在 1 m³ 湿空气中	在 1 kg 湿空气中	在 1 kg 干空气中
−20	1.396	0.927	1.079	0.123 6	1.1	0.8	0.8
−19	1.390	0.930	1.075	0.135 3	1.2	0.8	0.8
−18	1.385	0.934	1.071	0.148 8	1.3	0.9	0.9
−17	1.379	0.938	1.066	0.160 9	1.4	1.0	1.0
−16	1.374	0.941	1.062	0.174 4	1.5	1.1	1.1
−15	1.368	0.945	1.058	0.186 7	1.6	1.2	1.2
−14	1.363	0.949	1.054	0.206 5	1.7	1.3	1.3
−13	1.358	0.952	1.050	0.224 0	1.9	1.4	1.4
−12	1.353	0.956	1.046	0.264 2	2.0	1.6	1.6
−11	1.348	0.959	1.042	0.264 2	2.2	1.6	1.6
−10	1.342	0.963	1.038	0.279 0	2.3	1.7	1.7
−9	1.337	0.967	1.031	0.302 2	2.5	1.9	1.9
−8	1.332	0.971	1.030	0.327 3	2.7	2.0	2.0
−7	1.327	0.974	1.026	0.354 4	2.9	2.2	2.2
−6	1.322	0.978	1.023	0.383 4	3.1	2.4	2.4
−5	1.317	0.982	1.019	0.415 0	3.4	2.6	2.60
−4	1.312	0.985	1.015	0.449 0	3.6	2.8	2.80
−3	1.308	0.989	1.011	0.485 8	3.9	3.0	3.00
−2	1.303	0.993	1.007	0.525 4	4.2	3.2	3.20
−1	1.298	0.996	1.004	0.568 4	4.5	3.5	3.50
0	1.293	1.000	1.000	0.613 3	4.9	3.8	3.80
1	1.288	1.001	0.996	0.658 6	5.2	4.1	4.10
2	1.284	1.007	0.993	0.706 9	5.6	4.3	4.30
3	1.279	1.011	0.989	0.758 2	6.0	4.7	4.70

空气温度 t/℃	1 m³干空气			饱和水蒸气压/kPa	饱和时水蒸气的含量/g		
	质量/kg	自0℃换算成t℃时的体积值（$1+at$）/m³	自t℃换算成0℃时的体积值 $\left(\frac{1}{1+at}\right)$/m³		在1 m³湿空气中	在1 kg湿空气中	在1 kg干空气中
4	1.275	1.015	0.986	0.812 9	6.4	5.0	5.00
5	1.270	1.018	0.982	0.871 1	6.8	5.4	5.40
6	1.265	1.022	0.979	0.933 0	7.3	5.7	5.82
7	1.261	1.026	0.975	0.998 9	7.7	6.1	6.17
8	1.256	1.029	0.972	1.068 8	8.3	6.6	6.69
9	1.252	1.033	0.968	1.143 1	8.8	7.0	7.12
10	1.248	1.037	0.965	1.221 9	9.4	7.5	7.64
11	1.243	1.040	0.961	1.301 5	9.9	8.0	8.07
12	1.239	1.044	0.958	1.394 2	10.6	8.6	8.69
13	1.235	1.048	0.955	1.488 2	11.3	9.2	9.30
14	1.230	1.051	0.951	1.587 6	12.0	9.8	9.91
15	1.226	1.055	0.948	1.693 1	12.8	10.5	10.62
16	1.222	1.059	0.945	1.804 7	13.6	11.2	11.33
17	1.217	1.062	0.941	1.922 7	14.4	11.9	12.10
18	1.213	1.066	0.938	2.047 5	15.3	12.7	12.93
19	1.209	1.070	0.935	2.181 7	16.2	13.5	13.75
20	1.205	1.073	0.932	2.318 6	17.2	14.4	14.61
21	1.201	1.077	0.929	2.465 8	18.2	15.3	15.60
22	1.197	1.081	0.925	2.621 0	19.3	16.3	16.60
23	1.193	1.084	0.922	2.784 9	20.4	17.3	17.68
24	1.189	1.088	0.919	2.957 7	21.6	18.4	18.81
25	1.185	1.092	0.916	3.139 8	22.9	19.5	19.95
26	1.181	1.095	0.913	3.331 5	24.2	20.7	21.20
27	1.177	1.099	0.910	3.533 7	25.6	22.0	22.55
28	1.173	1.103	0.907	3.746 5	27.0	23.1	21.00
29	1.169	1.106	0.904	3.970 6	28.5	24.8	25.47
30	1.165	1.110	0.901	4.206 1	30.1	26.3	27.03
31	1.161	1.111	0.898	4.453 8	31.8	27.8	28.65
32	1.157	1.117	0.895	4.714 2	33.5	29.5	30.41
33	1.154	1.121	0.892	4.987 8	35.4	31.2	32.29
34	1.150	1.125	0.889	5.275 0	37.3	33.1	34.23
35	1.146	1.128	0.886	5.576 5	39.3	35.0	36.37
36	1.142	1.132	0.884	5.893 0	41.4	37.0	38.58

空气温度 t/℃	1 m^3 干空气			饱和水蒸气压/kPa	饱和时水蒸气的含量/g		
	质量/kg	自 0℃换算成 t℃时的体积值（$1+at$）/m^3	自 t℃换算成 0℃时的体积值 $\left(\frac{1}{1+at}\right)$/$m^3$		在 1 m^3 湿空气中	在 1 kg 湿空气中	在 1 kg 干空气中
37	1.139	1.136	0.881	6.225 0	43.6	39.2	40.90
38	1.135	1.139	0.878	6.573 1	45.9	41.1	43.35
39	1.132	1.143	0.875	6.938 0	48.3	43.8	45.93
40	1.128	1.147	0.872	7.320 3	50.8	46.3	48.64
41	1.124	1.150	0.869	7.720 8	53.4	48.9	51.20
42	1.121	1.154	0.867	8.140 1	56.1	51.6	54.25
43	1.117	1.158	0.864	8.578 8	58.9	54.5	57.56
44	1.114	1.161	0.861	9.038 0	61.9	57.5	61.04
45	1.110	1.165	0.858	9.518 1	65.0	60.7	64.80
46	1.107	1.169	0.856	10.020 3	68.2	64.0	68.61
47	1.103	1.172	0.853	10.545 0	71.5	67.5	72.66
48	1.100	1.176	0.850	11.093 1	75.0	71.1	76.90
49	1.096	1.180	0.848	11.665 7	78.6	75.0	81.45
50	1.093	1.183	0.845	12.263 4	82.3	79.0	86.11
51	1.090	1.187	0.843	12.887 2	86.3	83.2	91.30
52	1.086	1.191	0.840	13.536 9	91.4	87.7	96.62
53	1.083	1.194	0.837	14.217 1	94.6	92.3	101.29
54	1.080	1.198	0.835	14.924 9	99.1	97.2	108.22
55	1.076	1.202	0.832	15.662 6	103.6	102.3	114.43
56	1.073	1.205	0.830	16.431 3	108.4	107.3	121.06
57	1.070	1.209	0.827	17.232 2	133.3	113.2	127.98
58	1.067	1.213	0.825	18.066 0	118.5	119.1	135.13
59	1.063	1.216	0.822	18.934 0	123.8	125.2	142.88
60	1.060	1.220	0.820	19.837 4	129.3	131.7	152.45
65	1.044	1.238	0.808	24.924 2	160.6	168.9	203.50
70	1.029	1.257	0.796	31.076 8	196.6	216.1	275.00
75	1.014	1.275	0.784	38.466 1	239.9	276.0	381.00
80	1.000	1.293	0.773	47.282 3	290.7	352.8	544.00
85	0.986	1.312	0.763	57.734 6	350.0	452.1	824.00
90	0.973	1.330	0.752	70.047 2	418.8	582.5	1 395.00
95	0.959	1.348	0.742	84.486 2	498.3	757.6	3 110.00
100	0.947	1.367	0.732	101.325	589.5	1 000.0	∞

附录二　水和水蒸气的物理参数

温度 t/℃	压力 P/atm	密度 ρ/（kg/m^3）	热焓 H/[kJ/（kg·℃）]	比热 C/[kJ/（kg·℃）]	导热系 λ/[W/（m·℃）]	导温系 α/（10^{-4} m/h）	黏滞系数 μ/ 10^{-5}Pa·s	运动黏滞系数 ν/（10^{-6} m^2/s）
0	0.968	999.8	0	4.208	0.558	4.8	182.5	1.790
10	0.968	999.7	42.04	4.191	0.563	4.9	133.0	1.300
20	0.968	998.2	83.87	4.183	0.593	5.1	102.0	1.000
30	0.968	995.7	125.61	4.179	0.611	5.3	81.7	0.805
40	0.968	992.2	167.40	4.179	0.627	5.4	66.6	0.659
50	0.968	988.1	209.14	4.183	0.642	5.6	56.0	0.556
60	0.968	983.2	250.97	4.183	0.657	5.7	48.0	0.479
70	0.968	977.8	292.80	4.191	0.668	5.9	41.4	0.415
80	0.968	971.8	334.75	4.195	0.676	6.0	36.6	0.366
90	0.968	965.3	376.75	4.208	0.680	6.1	32.1	0.326
100	0.997	958.4	418.87	4.216	0.683	6.1	28.8	0.295
110	1.410	951.0	461.07	4.229	0.685	6.1	26.0	0.268
120	1.960	943.1	503.70	4.246	0.686	6.2	23.5	0.244
130	2.660	934.8	545.98	4.267	0.686	6.2	21.6	0.226
140	3.560	926.1	587.85	4.292	0.685	6.2	20.0	0.212
150	4.690	916.9	631.82	4.321	0.684	6.2	18.9	0.202
160	6.100	907.4	657.36	4.354	0.683	6.2	17.5	0.190
170	7.820	897.3	718.91	4.388	0.679	6.2	16.6	0.181
180	9.900	886.9	762.87	4.426	0.675	6.2	15.6	0.173
190	12.390	876.0	807.25	4.463	0.670	6.2	14.8	0.166
200	15.350	864.7	852.05	4.514	0.663	6.1	14.1	0.160
210	18.830	852.8	897.27	4.606	0.655	6.0	13.4	0.154
220	23.000	840.3	943.33	4.648	0.645	6.0	12.8	0.149
230	27.610	827.3	989.81	4.689	0.637	6.0	12.2	0.145
240	33.040	813.6	1037.12	4.731	0.628	5.9	11.7	0.141

附录三 《环境空气质量标准》（GB 3095—2012）

污染物名称	取值时间	浓度限值		浓度单位
		一级标准	二级标准	
二氧化硫（SO_2）	年平均	20	60	μg/m^3
	日平均	50	150	
	一小时平均	150	500	
总悬浮颗粒物（TSP）	年平均	80	200	
	日平均	120	300	
可吸入颗粒物（PM_{10}）	年平均	40	70	
	日平均	50	150	
二氧化氮（NO_2）	年平均	40	40	
	日平均	80	80	
	一小时平均	200	200	
一氧化碳（CO）	日平均	4	4	mg/m^3（标准状态下）
	一小时平均	10	10	
臭氧（O_3）	一小时平均	160	200	μg/m^3
铅（Pb）	季平均	1	1	
	年平均	0.5	0.5	
苯并[*a*]芘（B[*a*]P）	日平均	0.002 5	0.002 5	
氟化物（F）	24 小时平均	7①	7①	
	一小时平均	20①	20①	
	月平均	1.8②	3.0③	μg/（dm^2·d）
	植物生长季平均	1.2②	2.0③	

注：①适用于城市地区；②适用于牧业区和以牧业为主的半农半牧区，蚕桑区；③适用于农业和林业区。

附录四 《火电厂大气污染物排放标准》（GB 13223—2011）

表 1 火电发电锅炉及燃气轮机组大气污染物排放浓度限值

单位：mg/m^3（烟气黑度除外）

序号	燃料和热能转化设施类型	污染物项目	适用条件	限值	污染物排放监控位置
1	燃煤锅炉	烟尘	全部	30	烟囱或烟道
		二氧化硫	新建锅炉	100 200[1]	
			现有锅炉	200 400[1]	
		氮氧化物（以 NO_2 计）	全部	100 200[2]	
		汞及其化合物	全部	0.03	
2	以油为燃料的锅炉或燃气轮机组	烟尘	全部	30	
		二氧化硫	新建锅炉及燃气轮机组	100	
			现有锅炉及燃气轮机组	200	
		氮氧化物（以 NO_2 计）	新建燃油锅炉	100	
			现有燃油锅炉	200	
			燃气轮机组	120	
3	以气体为燃料的锅炉或燃气轮机组	烟尘	天然气锅炉及燃气轮机组	5	
			其他气体燃料锅炉及燃气轮机组	10	
		二氧化硫	天然气锅炉及燃气轮机组	35	
			其他气体燃料锅炉及燃气轮机组	100	
		氮氧化物（以 NO_2 计）	天然气锅炉	100	
			其他气体燃料锅炉	200	
			天然气燃气轮机组	50	
			其他气体燃料燃气轮机组	120	
4	燃煤锅炉，以油、气体为燃料的锅炉或燃气轮机组	烟气黑度（林格曼黑度，级）	全部	1	烟囱排放口

注：（1）位于广西壮族自治区、重庆市、四川省和贵州省的火力发电锅炉执行该限值。

（2）采用“W”形火焰炉膛的火力发电锅炉，现有循环流化床火力发电锅炉，以及 2003 年 12 月 31 日前建成投产或通过建设项目环境影响报告书审批的火力发电锅炉执行该限值。

重点地区的火力发电锅炉及燃气轮机组执行表2规定的大气污染物特别排放限值。

执行大气污染物特别排放限值的具体地域范围、实施时间，由国务院环境保护行政主管部门规定。

表2 大气污染物特别排放限值

单位：mg/m^3（烟气黑度除外）

序号	燃料和热能转化设施类型	污染物项目	适用条件	限值	污染物排放监控位置
1	燃煤锅炉	烟尘	全部	20	烟囱或烟道
		二氧化硫	全部	50	
		氮氧化物（以NO_2计）	全部	100	
		汞及其化合物	全部	0.03	
2	以油为燃料的锅炉或燃气轮机组	烟尘	全部	20	
		二氧化硫	全部	50	
		氮氧化物（以NO_2计）	燃油锅炉	100	
			燃气轮机组	120	
3	以气体为燃料的锅炉或燃气轮机组	烟尘	全部	5	
		二氧化硫	全部	35	
		氮氧化物（以NO_2计）	燃气锅炉	100	
			燃气轮机组	50	
4	燃煤锅炉，以油、气体为燃料的锅炉或燃气轮机组	烟气黑度（林格曼黑度，级）	全部	1	烟囱排放口

附录五　欧洲汽车排放标准

欧洲汽车排放标准 I

法规名称	车型	CO/(g/km)	HC/(g/km)	NO_x/(g/km)	HC+NO_x/(g/km)	PM/(g/km)	实施日期
欧洲 I 号	汽油车和柴油车（形式认证/一致性认证）	2.72/3.16			0.97/1.13	0.14/0.18	形式认证 1992.7.1 一致性认证 1992.12.31
欧洲 II 号	汽油车	2.2			0.5		形式认证 1996.1.1
	非直喷柴油车	1			0.7	0.08	一致性认证 1997.1.1
	直喷柴油车	1			0.9	0.1	
欧洲III号	汽油车	2.3	0.2	0.15			形式认证 2000.1.1
	柴油车	0.64		0.5	0.56	0.05	一致性认证 2001.1.1
欧洲IV号	汽油车	1	0.1	0.08		0.025	形式认证 2005.1.1
	柴油车	0.5		0.25	0.3	0.025	一致性认证 2006.1.1
欧洲 V 号	汽油车	1	0.1	0.06		0.005	2009.9.1
	柴油车	0.5		0.18	0.23	0.005	
欧洲VI号	汽油车	1	0.1	0.06		0.005	2014.9.1
	柴油车	0.5		0.08	0.17	0.005	

注：欧洲 V 号标准和欧洲 VI 号标准已经于 2006 年 12 月 13 日在欧洲议会通过，V 号标准于 2009 年 9 月 1 日开始施行。

欧洲汽车排放标准 II

法规名称	车型	CO/(g/km)	HC/(g/km)	NO_x/(g/km)	HC+NO_x/(g/km)	PM/(g/km)	实施日期
欧洲 I 号	汽油车和柴油车（形式认证/一致性认证）	2.72/3.16			0.97/1.13	0.14/0.18	形式认证 1992.7.1 一致性认证 1992.12.31
欧洲 II 号	汽油车	2.2			0.5		形式认证 1996.1.1
	非直喷柴油车	1			0.7	0.08	一致性认证 1997.1.1
	直喷柴油车	1			0.9	0.1	
欧洲III号	汽油车	2.3	0.2	0.15			形式认证 2000.1.1
	柴油车	0.64		0.5	0.56	0.05	一致性认证 2001.1.1
欧洲 IV 号	汽油车	1	0.1	0.08		0.025	形式认证 2005.1.1
	柴油车	0.5		0.25	0.3		一致性认证 2006.1.1

注：欧洲V号标准和欧洲VI号标准已经于 2006 年 12 月 13 日在欧洲议会通过，V 号标准于 2009 年 9 月 1 日开始施行。

附录六　轻型汽车污染物排放限值及测量方法（中国第六阶段）（GB 18352.6—2016）

Ⅰ型实验排放限值（6a 阶段）

车辆类型		基准质量 TM/kg	限值						
			CO/（g/km）	THC/（g/km）	NMHC/（g/km）	NO_x/（g/km）	N_2O/（g/km）	PM/（g/km）	PN(1)/（个/km）
第一类车		全部	700	100	68	60	20	4.5	6.0×10^{11}
第二类车	Ⅰ	RM≤1 305	700	100	68	60	20	4.5	6.0×10^{11}
	Ⅱ	1 305＜RM≤1 760	880	130	90	75	25	4.5	6.0×10^{11}
	Ⅲ	RM＞1 760	1000	160	108	82	30	4.5	6.0×10^{11}

（1）2020 年 7 月 1 日前，汽油车过渡限值为 6.0×10^{12} 个/km。

Ⅰ型实验排放限值（6b 阶段）

车辆类型		基准质量 TM/kg	限值						
			CO/（g/km）	THC/（g/km）	NMHC/（g/km）	NO_x/（g/km）	N_2O/（g/km）	PM/（g/km）	PN(1)/（个/km）
第一类车		全部	500	50	35	35	20	3.0	6.0×10^{11}
第二类车	Ⅰ	RM≤1 305	500	50	35	35	20	3.0	6.0×10^{11}
	Ⅱ	1 305＜RM≤1 760	630	65	45	45	25	3.0	6.0×10^{11}
	Ⅲ	RM＞1 760	740	80	55	50	30	3.0	6.0×10^{11}

（1）2020 年 7 月 1 日前，汽油车过渡限值为 6.0×10^{12} 个/km。

1）气态污染物（gaseous pollutants）

排气污染物中的一氧化碳（CO）、氮氧化物（NO_x）和碳氢化合物（THC 和 NMHC）。

氮氧化物（NO_x）用二氧化氮（NO_2）当量表示；碳氢化合物（THC 和 NMIC）假定碳氢比如下：

（a）汽油：$C_1H_{1.85}$；

（b）柴油：$C_1H_{1.86}$；

（c）液化石油气（LPG）：$C_1H_{2.525}$；

（d）天然气（NG）：CH_4。

2）颗粒物（particulate matter，PM）

按附件 CE 中描述的试验方法，在最高温度为 325K（52℃）的稀释排气中，由过滤器收集到的排气成分。

3）粒子数量（particle numbers，PN）

按附件 CF 中描述的试验方法，在去除了挥发性物质的稀释排气中，所有粒径超过 0.023 um 的粒子总数。

注：1）轻型汽车是指至少有 4 个车轮，或有 3 个车轮且厂定最大总质量超过 1 t，除驾驶员外，乘客不超过 8 人，最大总质量不超过 3.5 t 的车型；或乘客超过 8 人，最大总质量不超过 5 t；或最大总质量不超过 3.5 t 的载货客车。

2）第一类车是指至少有 4 个车轮，或有 3 个车轮且厂定最大总质量超过 1 t，除驾驶员外，乘客不超过 6 人，最大总质量不超过 2.5 t 的车型。第二类车是处第一类车之外的其他轻型汽车。

附录七 恶臭污染物排放标准（DB 12/059—2018，天津市地方标准）

序号	控制项目	单位	标准值	污染物排放监控位置
1	氨	mg/m^3	0.20	周界
2	三甲胺	mg/m^3	0.05	
3	硫化氢	mg/m^3	0.02	
4	甲硫醇	mg/m^3	0.002	
5	甲硫醚	mg/m^3	0.02	
6	二甲二硫	mg/m^3	0.05	
7	二硫化碳	mg/m^3	0.50	
8	苯乙烯	mg/m^3	1.0	
9	乙苯	mg/m^3	1.0	
10	丙醛	mg/m^3	0.065	
11	丁醛	mg/m^3	0.06	
12	戊醛	mg/m^3	0.04	
13	乙酸乙酯	mg/m^3	3.0	
14	乙酸丁酯	mg/m^3	0.40	
15	2-丁酮	mg/m^3	1.4	
16	甲基异丁基酮	mg/m^3	1.2	
17	臭气浓度	mg/m^3	20	

注：1）大气环境质量标准中的一类、二类、三类区内的企业分别执行一级、二级、三级标准。一类区中不得建新的排污单位。

2）1994 年 6 月 1 日起立项的新、扩、改建设项目及其建成后投产的企业执行二级、三级标准中相应的标准值。

附录八 恶臭污染物排放标准（续）
（DB12/059—2018，天津市地方标准）

序号	控制项目	排气筒高度/m	最高允许排放速率/（kg/h）	污染物排放监控位置
1	氨	15	0.600	车间或生产设施排气筒
		20	1.000	
		30	3.400	
2	三甲胺	15	0.150	
		20	0.250	
		30	0.860	
3	硫化氢	15	0.030	
		20	0.100	
		30	0.340	
4	甲硫醇	15	0.006	
		20	0.010	
		30	0.030	
5	甲硫醚	15	0.060	
		20	0.100	
		30	0.350	
6	二甲二硫	15	0.150	
		20	0.250	
		30	0.860	
7	二硫化碳	15	1.500	
		20	2.500	
		30	6.000	
8	苯乙烯	15	1.500	
		20	2.500	
		30	8.500	
9	乙苯	15	1.500	
		20	2.500	
		30	8.500	

序号	控制项目	排气筒高度/m	最高允许排放速率/（kg/h）	污染物排放监控位置
10	丙醛	15	0.200	车间或生产设施排气筒
		20	0.330	
		30	1.100	
11	丁醛	15	0.180	
		20	0.310	
		30	1.000	
12	戊醛	15	0.120	
		20	0.200	
		30	0.690	
13	乙酸乙酯	15	1.800	
		20	3.000	
		30	10.000	
14	乙酸丁酯	15	1.200	
		20	2.000	
		30	6.900	
15	2-丁酮	15	2.100	
		20	3.600	
		30	12.000	
16	甲基异丁基酮	15	1.800	
		20	3.000	
		30	10.000	
17	臭气浓度	≥15	1 000.000	

注：国家标准《恶臭污染物排放标准》（征求意见稿 GB 14554—201X）替代国家标准 GB 14554—93 于 2018 年 12 月颁布并征求意见中，部分地区如上海、天津等已实施最新排放标准，本表列出天津恶臭排放标准。